# 軍隊の対内的機能と関東大震災

## 明治・大正期の災害出動

吉田律人

日本経済評論社

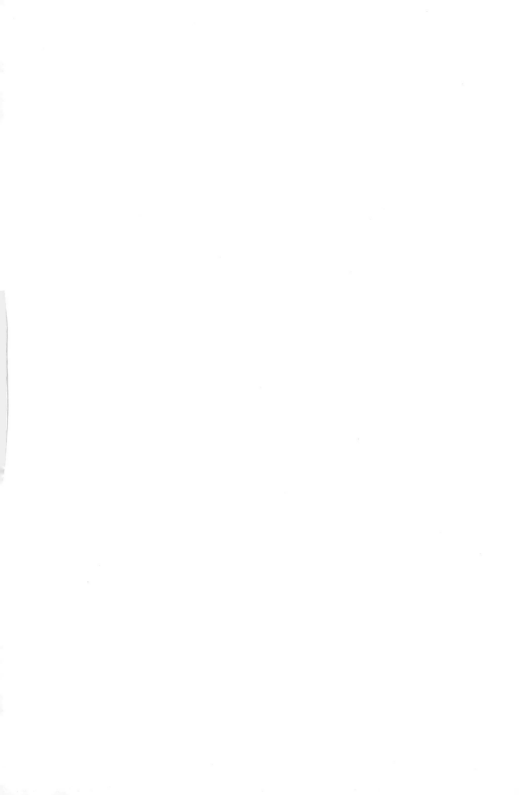

# 目次

〔凡例〕

※法令条文の引用については、特に注記のない限り、当該年度の『法令全書』（原書房復刻版）に依拠し、法令の制定年月日と種類・番号を付した。また、条文の引用にあたっては適宜句読点を付した。

※史料の引用については、旧字体は原則として新字体に改め、適宜句読点を加えた。

※「鮮人」など今日では不適当な表現もあるが、本書では歴史用語として用いた。

※官僚・軍人の所属・氏名等については印刷局発行の各年度『職員録』に依拠した。また、軍人及び警察官の場合は、初出の場合のみ、当時の階級を記した。

# 序　章

## 第1節　本書の目的

国内の治安維持において、軍隊はどのような役割を担ってきたのか。本書は、一九四五（昭和二〇）年の敗戦以前、平時における最大の危機であった関東大震災と、その前後の軍事的空間の変化を見据ながら、軍事法制の変遷や、暴動及び災害への対応事例、さらに軍隊と国民、他の行政機関との関係などを複合的に分析することで、明治・大正期の軍隊の対内的機能を明らかにするものである。

国内で暮らす人々が安定した経済活動を行い、かつ平穏な日々を過ごすには、第一に日常の安全が国家によって保障されなければならない。その方法は様々だが、暴動や災害などの非常事態に対し、物理的に対処するのは、警察や消防、軍隊などの実力を行使する機関である。特に軍隊の存在は大きく、最終的な治安維持装置として機能していたと推察できる。しかしながら、戦争行為に代表される対外的機能と異なり、軍隊の対内的機能は、暴動鎮圧の側面を除き、これまで体系的な分析はなされてこなかった。軍隊の本務は外敵への備えであり、また、国家権力の「暴力装置」である軍隊が反抗的な民衆を弾圧するのは自明のことであった。

だが、国内の非常事態は、人為的な暴動だけでなく、火災や水害、地震などの災害も含んでいる。軍隊は災害に対してどのような姿勢で臨み、また、如何なる対応をとったのか。従来の研究は災害時の軍隊の活動について等閑に付してきた(1)。この部分の解明は、近代以降の軍隊の性格を捉え直すとともに、今日の防災政策を考える上でも有益であろう。本書では、災害に対する軍隊の役割に焦点をあてながら、軍隊の対内的機能を総体的に把握していく。それと同時に、近代日本の治安維持システムについても軍隊の存在を中心に考察を加えていきたい。

## 第2節　研究史の整理

### (1) 軍事史研究

軍隊の対内的機能、すなわち国内における軍隊の実力行使については、主に軍事史と民衆史の二つの文脈から研究がなされてきた。ここでは従来の研究を俯瞰しつつ、本書において取り組むべき課題を抽出していきたい。まずは前者から検討してみよう。

戦後歴史学における軍隊の分析は、主に天皇制研究や戦争責任論研究の一環として行われてきた(2)。そうしたなか、軍事史研究の基盤を形づくったのは、松下芳男をはじめとする軍隊経験者で、松下の『明治軍制史論』は制度の変遷から明治期の軍事史を通観している(3)。ここで描かれた軍隊像は、現在の軍事史でも基底の部分で生きている。

以後、軍事史研究の潮流は政軍関係の分析を中心に、戦闘史や技術史などの所謂「狭義の軍事史」が主流を占めるようになった。つまり、研究者の主な問題関心は、〔Ⅰ〕政治勢力として台頭する軍部と他の政治勢力との関係や、〔Ⅱ〕陸軍の大陸政策、さらに〔Ⅲ〕敗戦原因の究明、小さく見れば、〔Ⅳ〕教訓として活かせる技術面の解明にあったといえる[4]。また、傾向としては、①分析対象の時間軸が昭和期に集中している点や、②中央の政治史が中心である点、当然であるが、③国外にむかう軍隊の姿を描く点などが挙げられよう。その反面、国内にむかう軍隊の姿、換言すれば、地域における軍隊像や、軍隊と社会との関係などは描かれてこなかった[5]。もちろん、軍隊の対内的機能についても部分的な言及にとどまっている。

そうした背景には、『明治軍制史論』以降、軍事史の通史で指摘されてきた陸軍部隊の運用構想が影響している[6]。すなわち、明治維新以降、鎮台制のもと、国内の治安維持に重きを置いていた陸軍が、一八八八（明治二一）年五月の師団制移行を契機に、外征軍に脱皮したという評価である。これは大筋において間違いないだろう。警察組織の充実とともに、国内の治安維持に対する軍隊の機能は低下し、その力を国外にむけていった。以後、通史の叙述は、対外戦争や軍備の拡充、軍部の誕生とその発展という視点で展開されていく。要するに、軍事史全体の問題関心は対内的な課題から対外的な課題へと移行していったのである。

だが、国内に対する軍隊の機能がなくなったわけではない。松下は『暴動鎮圧史』において、対内的軍事法制の整備と実際の発動事例を対比させながら対内的武力行使の変遷を通観し、暴動鎮圧における軍隊の役割を提示した[7]。管見の限り、これが歴史的な視点から軍隊の対内的機能を分析したほぼ唯一の成果で、現在の研究水準を示している[8]。自衛隊の治安出動を意識する松下は、敗戦以前の対内的武力行使の実例を、①明治維新後の新国家体制建設反対暴動を抑圧する場合、②現政府および現政治に反対する暴動を抑圧する場合、③労働争議の暴動を制圧する場合、④新領土住民の民族主義的反抗暴動を抑圧する場合、⑤社会秩序維持の場合の五種類に大別、軍隊の力を内側にむけるべきではないとしながらも、警察力の補助としてその使用を容認している[9]。

本書では、対内的軍事法制と実際の出兵事例を相互に比較・検討する分析方法を継承しつつ、松下の提示した枠組みに、新たに災害対応を加えることで、軍隊の対内的機能の再検討を試みたい。松下の分析対象は暴動への対応であり、関東大震災以外の災害事例は扱っていない。また、対内的軍事法制についても、制度の根本を定める法令の分析が中心で、実際の執行を定めた細則等の検討は不十分である。これらの点に加え、軍隊と国民との関係を踏まえながら検証作業を進めることで、軍隊の対内的機能の実態を浮き彫りにできると考える。

### (2) 戒厳令に関する研究

軍隊の実力行使を定める対内的軍事法制については、松下芳男の研究以外にも、戒厳令に関する研究蓄積が存在する。一八八二（明治一五）年八月五日に制定された戒厳令（太政官布告第三六号）は、第一条に「戒厳令ハ戦時若クハ事変ニ際シ兵備ヲ以テ全国若クハ一地方ヲ警戒スル方法トス」とあるように、「戒厳」状態を定めた法令で、フランスやドイツの合囲状態法を参考に制定された。

周知の通り、軍隊に地方行政権及び司法権が移管される戒厳は、戦前の日本において五回あった。すなわち、〔Ⅰ〕日清戦争に際して広島及び宇品に布かれた一八九四年一〇月の例、〔Ⅱ〕日露戦争に際して長崎・佐世保・函館・対馬等に布かれた一九〇四年二月の例（その後、澎湖島列島・台湾にも適用）、〔Ⅲ〕日比谷焼打ち事件に際して東京市とその周辺部に布かれた一九〇五年九月の例、〔Ⅳ〕関東大震災に際して東京府・神奈川県・埼玉県・千葉県に布かれた一九二三（大正一二）年九月の例、〔Ⅴ〕二・二六事件に際して東京市に布かれた一九三六（昭和一一）年二月の例である。そのうち日比谷焼打ち事件、関東大震災、二・二六事件の三つの場合は、戦時における本当の意味の「戒厳」でなく、平時において条文の一部を適用した状態で、主に「行政戒厳」という概念で説明されている[10]。これらの状況を見ると、戒厳令の性格には、①戦時下の軍事行動を円滑にする有事法制としての側面と、②国内の非常事態に対応する緊急事態法制としての側面の二つがあった。

満州事変以後、軍関係者を中心に、戦時下の戒厳状態を想定した研究が進展したほか[11]、戦後も有事法制の問題が浮上するなか、実態解明が進んできた。その代表的な研究が戒厳令の通史を描いた大江志乃夫の研究である[12]。自衛隊の治安出動と戦時立法を意識する大江は、戒厳令の機能や性格を分析した上で、戒厳令の危険性を指摘、有事法制の制定に警鐘を鳴らした。この研究を基礎としつつ、戒厳令へのアプローチは政治学や歴史学の分野で試みられてきた。例えば、藤井徳行は戒厳令の制定過程や戦前の戒厳令研究を検証したほか[13]、纐纈厚は戦前から戦後に至る有事法制の変遷を通観する過程で戒厳令の分析を行った[14]。また、北博昭は治安出動と戒厳の境を意識しつつ、社会の動きも踏まえながら戒厳令を分析、現在の戒厳令研究の到達点を示している[15]。

以上の研究によって人々の権利を制限する戒厳令の像が形づくられてきた。ただし、これにはいくつかの問題点も存在する。その第一は、自衛隊や有事法制への反対を前提とするため、戒厳令の評価に偏りがある点、第二は戒厳以前の状態、つまり、通常の軍隊の出動体制を十分に踏まえていない点である。また。第三として軍隊以外の行政機関、特に警察との関係が不明確な点も挙げられよう。そうした点に留意しつつ、本書では、戒厳令を含めた対内的軍事法制の変化を体系的に分析していきたい。

### (3) 民衆史研究

軍隊の対内的機能を解明する上で忘れてならないのは、実力を行使する側だけでなく、その行為を受け止める側の視点である。先に述べた通り、軍隊の実力が民衆弾圧にむくのは自明のことで、民衆史研究は、当然ながら軍隊の実力行使を批判的に分析してきた。それ故、明治維新期の農民一揆や士族反乱、自由民権運動の流れで発生した秩父事件、都市騒擾の先駆けとなった日比谷焼打ち事件、労働問題と関係した足尾暴動事件など、関連する研究を含め、軍隊に関する叙述は出兵の事実が簡単に触れられるか、もしくは民衆に敵対する存在として描かれるかであった[16]。

そうしたなか、一九一八（大正七）年の米騒動を研究する松尾尊兊は、民衆史の視点から軍隊の出兵を分析している[17]。

全国規模で展開された出兵行動に着目した松尾は、検事の吉河光貞が残した『所謂米騒動事件の研究』を先行研究に挙げつつ[18]、国家権力による研究の妨害や史料の隠蔽を批判、裁判記録や新聞史料を駆使しながら出兵の実態を調査した。その上で、出兵の問題点や内務官僚及び軍部の動向、さらに民衆の抵抗等を分析し、全国規模の出兵を「軍隊の階級的本質は国民の前に露呈され、大正初年の陸軍二個師団問題・海軍のシーメンス事件以来国民の間に醸成された軍部に対する疑惑の念は、ここに軍隊そのものに対する不信の感情に転化した。軍人の中に少数ながら鎮圧に消極的なもの、騒動に参加するものを出すほど軍隊それ自体の動揺もおおい難かった」と結論付けた[19]。以後、松尾は関連史料の発掘とともに、数字の修正を行ったほか、地方長官の意向が出兵を左右した点も指摘した[20]。松尾の示した枠組は検討の余地があるものの、民衆側の軍隊観の変化や、それを基盤とする故の軍隊側の動揺は示唆に富んでいる。

他方、先に指摘したように、災害もまた国内の治安維持にとって重要な問題であった。しかし、災害は人々の生活に多大な影響を与える事象であるにもかかわらず、歴史学では、ごく一部の研究者を除き、関心を払ってこなかった[21]。日本史上、最大の被害を出した一九二三年九月の関東大震災についても、厚い研究蓄積があるものの、その大部分は朝鮮人や中国人の「虐殺」に関するもので、災害自体を扱った研究は僅かであった[22]。災害時の軍隊の活動についても、殺傷行為と関係する治安維持活動を除き、十分な分析はなされていない。

関東大震災に対する戦後歴史学の問題関心は、隠蔽され続けてきた「虐殺」問題の実態解明にあり、関連史料の発掘とともに、地域レベルの検証作業に力が注がれてきた[23]。今日、殺害された朝鮮人や中国人の正確な数は把握できないが、一説には朝鮮人六六〇〇人、中国人六六〇人に上るという[24]。この文脈のなかで、軍隊は「虐殺」を行った主体として批判的に分析され、最終的には、国家の加害者責任が問われている[25]。例えば、松尾章一は複数の研究者と国立公文書館等の震災関係資料を調査、その成果を『関東大震災政府陸海軍関係史料』にまとめた[26]。今日、同資料集は姜徳相・琴秉洞編『現代史資料六　関東大震災と朝鮮人』とともに、関東大震災を研究する際の基本文献となっている。

この編纂過程で松尾のグループは、東京都公文書館所蔵『陸軍震災資料』第四の中に収められた「震災警備ノ為兵器ヲ使用セル事件調査表」を翻刻、「虐殺」問題への軍隊の関与を指摘したほか、松尾は同資料集を活用しながら関東大震災における軍隊の活動を検証していった(27)。

そうした先行研究によって殺傷事件への軍隊の関与は論証されており、筆者もそれ自体を否定するものではない。ただし、軍隊が殺傷行為に至った経緯に踏み込んでいないほか、「虐殺」の実態解明に重きを置くあまり、救護活動を含めた軍隊の総体的な評価には至っていない。仮に軍隊とその背後にある国家責任を問うならば、軍隊の行動原理を踏まえた上で、震災時の活動を一つひとつ検証する必要があるだろう。また、震災時の軍隊の活動を暴動鎮圧の連続性だけでなく、災害対応の連続性から捉え直すことも求められる。本書では、軍民双方の視点、特に軍事の論理を踏まえながら震災時の軍隊の活動を分析していきたい。

### (4)　軍事社会史の進展

これまで整理してきたように、軍事史と民衆史は別々の形で存在したが、時間の経過とともに、軍隊経験のない世代が増加したことで、遠くなった在郷軍人会や銃後組織、徴兵制、戦没者慰霊への関心が高まった。それと同時に、歴史学の問題意識は、民衆や地域にとっての軍隊像にむくようになり、次第に軍事史と民衆史との接近が図られるようになった。そうした過程で「軍隊と地域」を主題とした研究が登場する。二〇〇〇年代初頭に発表された荒川章二『軍隊と地域』(28)、上山和雄編『帝都と軍隊』(29)、本康宏史『軍都の慰霊空間』はその先駆けといえよう(30)。

以後、軍隊と社会の関係性を問う軍事社会史は市民権を獲得、陸海軍の所在地を対象とした研究が相次いだほか(31)、それ以外の地域においても分析が進みつつある(32)。また、軍隊所在地の構造分析など、これまでは軍隊の存在は地域社会にどのような影響を与えたのか、という地域史的な問題関心が中心だったが、近年は地域社会が軍隊にどのような影響を与えたのか、という軍事史的なアプローチも求められている[33]。

他方、軍隊の実力行使ついては、軍事社会史においてもその重要性が唱えられてきたが、十分な検討はなされてこなかった。例えば、横関至は荒川『軍隊と地域』の書評において、米騒動や労働争議、関東大震災を事例に挙げつつ、治安維持活動に関する研究蓄積が看過された点を指摘、「社会運動を鎮圧し国民の政治活動を抑圧する存在としての軍隊の姿が後景に退いている」と批判した[34]。この点からも明らかなように、軍隊の持つ治安維持機能が論点の一つになるのは間違いない[35]。だが、呉の米騒動を分析した齋藤義朗の研究を除き、横関の指摘に応える研究は確認できない[36]。実力行使は軍隊の本質的な部分である。本書では、軍民双方の論理を押えつつ、実力行使の内容を分析するとともに、災害発生時の対応にも目をむけながら対内的機能の総体的な評価を行いたい。

さて、もう一つ、軍事社会史の文脈で忘れてならないのが防空体制に関する土田宏成の研究である[37]。土田は防空法の整備や住民の組織化をめぐる内務省と陸軍省の対立を主軸に、「防災」対策を包含した防空体制が確立していく過程を描いている。関東大震災後の人々の意識変化や、関係諸団体の統合運用など、本書の分析作業を進めていく上で学ぶところは大きい。現在のところ、これが「防空」研究の水準で、以後、土田の研究を基礎としつつ、防空体制に関する研究が進展している[38]。

ただし、土田の提示した枠組みには、いくつかの課題も残っている。第一は関東大震災以前の日本の防災体制が不鮮明な点である。内務省と陸軍省との対立の前提として、災害時における軍隊と警察、さらに消防との関係はどのようなものだったのか、この点は警察官と軍人の権限の違いに注目しながら検証する必要があるだろう。第二は戦時体制下での軍隊の対内的機能である。災害対策から空襲対策へ重点が移行するなか、軍隊の役割はどのように変化したのか、また、対外的機能が全面に押し出される戦時下において、軍隊は災害にどのように対処したのか、これらの点は軍隊の性格を考える上で明らかにする必要がある[39]。しかし、紙幅の関係上、これらの課題にすべて応えるのは不可能である。そこで本書では、第一の点に照準を合わせながら空白部分を埋めていく。

### (5)　関東大震災研究の新潮流

大規模な災害が頻発する近年の状況は、他の研究領域との連携とともに、災害教訓の抽出という新たな課題を歴史学に求めた。関東大震災の歴史像についても従来の「虐殺」問題とは異なるアプローチが試みられている(40)。その契機をつくったのが、鈴木淳の研究である。技術史の側面から消防の近代化を明らかにした鈴木は(41)、震災時の消防や医療、ボランティアの活動に着目し、災害とむき合う人々の姿を浮き彫りにしたほか(42)、自身が編集作業の中心となった災害教訓の継承に関する専門調査会編『一九二三　関東大震災報告書』第二編では、公的記録の分析作業を中心に、幅広い視点から関東大震災の災害教訓を提示した(43)。また、災害史研究を先導してきた北原糸子は、歴史災害の体系化を進めるとともに、写真資料から関東大震災の視覚化を図ったほか(44)、全国の文書館等の調査から被災者を取り巻く社会状況の変化と、被災地外の動向を明らかにした(45)。こうした鈴木や北原の研究は、今後、歴史学が切り拓いていくべき関東大震災研究の道筋を示している。

他方、従来の「虐殺」問題の文脈においても新たな視角が提示されつつある。例えば、安江聖也は後藤新八郎の研究を踏まえた上で(46)、行政戒厳の性格や事務手続の過程を分析し、朝鮮人対策とされてきた戒厳令の捉え方に疑問を投げかけた(47)。「虐殺」問題への軍隊の関与について疑問点が残るものの、事実関係を押えた分析方法は評価でき、治安維持に関する警察と軍隊の権限ついても示唆的である。また、警察の「善導」主義に着目した宮地忠彦は、「虐殺」問題の背景を地震発生前の社会状況を踏まえながら検証し、それまで等閑に付されてきた警察側の論理を浮き彫りにしている(48)。震災時の事象を前後の流れを踏まえながら見る視点など、これらの研究から学ぶべき点は多い(49)。本書では、安江や宮地が提示した分析視角を継承しつつ、軍隊の活動を検証する。

さらに二〇一一(平成二三)年三月の東日本大震災以降、自衛隊の災害派遣に注目が集まっており、その文脈から関東大震災の検証作業も進展した。例えば、軍事史学会は『軍事史学』第四八巻第一号において特集「災害と軍隊」を組んだほか、自衛隊関係者を中心に震災対応に関する分析が進んだ(50)。そうした研究は治安維持活動以外の側面に光をあてている点で評価できるが、大部分は活動状況の把握に終始し、同時代において何が問題だったのか、具体的な論点を提示できていない。これは当時の社会状況や出兵制度の変遷、さらに災害対応の連続性などを踏まえていない点に起因している。加えて、活動の叙述を災害誌などの整理された記録に依拠している点も大きい。十分な史料批判とともに、災害対応の歴史的な意義付けが求められる。

以上のような研究動向に留意しつつ、新たな知見や分析方法を踏まえた上で、軍隊の対内的機能の変遷と、関東大震災時の軍隊の活動実態を解明していきたい。

## 第3節　課題と分析視角

さて、冒頭で掲げた目的に立ち戻り、本論で取り組むべき課題と分析視角を提示しておこう。なお、検証作業にあたっては、「軍隊と地域」研究の視点を積極的に取り入れていく。

第一は軍隊の対内的機能の体系化である。国内における出兵とは如何なる状況だったのか、また、軍隊が地域に駐屯することは、地域の秩序を維持する上でどのような意味があったのか。暴動発生時の対応はもちろん、災害発生時の対応を連続的な視点から捉えることで、対内的機能の変化を浮き彫りにする。

第二は平時における軍隊の存在意義である。軍隊の力が発揮される戦時は、平時の延長線上に位置するが、平時の軍隊のあり方について十分な議論はなされていない。戦時の状況を相対化するには、その前段階である平時の状況を把握する必要がある。中央の動向だけでなく、末端の部隊にも眼をむけながら軍隊の治安維持機能を解明していく。

第三は民衆や地域に対する軍隊側の論理である。非常事態に際し、軍隊は民衆に対してどのような姿勢で臨んだのか。民衆史の文脈では、「暴力装置」という認識のもと、軍隊を民衆との対立構造のなかで捉えてきた。だが、戦前の軍隊が徴兵制を基礎とした点を考えれば、民衆や地域こそが軍隊の存立基盤であった。それ故、民衆に対する実力行使は、自らの手で存立基盤を破壊する危険性を孕んでいた。この点を踏まえながら軍隊側の論理を分析する。

第四は軍隊と警察との関係である。戒厳令の適用によって軍隊に地方行政権と司法権が移管されるが、その時、警察の権限はどうなるのか、そもそも軍隊と警察の機能の違いはどこにあるのか[51]。ここで注目したいのは、軍隊において警察権を有した憲兵の存在である。憲兵は軍事警察だけでなく、一般の行政警察や司法警察の機能も担っていた。この存在を分析することで、軍隊の役割を明確にできるだろう。

第五は軍事史における関東大震災の評価である。それまで経験したことのない大規模な災害に対し、軍隊は如何に対応し、その後の治安維持システムはどのように変化したのか。この点については、すでに防空問題の浮上と、国民動員のシステム化が指摘されているが、軍隊の機能について議論は不十分である[52]。また、平時における最大の危機であった関東大震災の検証作業は、今日に活かせる災害教訓を導き出すことにも繋がるだろう。

## 第4節　分析方法

### (1)「治安維持等の為の兵力使用に関する参考」

先に掲げた課題と分析視角を踏まえながら、具体的な検証方法を提示したい。まず本書では、陸軍省が一九三〇(昭

和五）年に作成した「治安維持の為の兵力使用に関する参考」（以下、「兵力使用の参考」と略記）に注目する。(53)

同史料は、防衛省防衛研究所戦史研究センター史料室所蔵の「大日記」、『昭和五年甲第四類　永存書類』に収められた小冊子で、出兵の根拠や内容、他の行政機関との関係、出兵時の注意点などが示されている。八月三〇日に軍務局軍事課が起案した文書には、「兵力使用の参考」の現物とともに、送付先の一覧が付されている。起案文書の印鑑を確認すると、局長は小磯国昭少将、軍事課長は永田鉄山大佐で、起案担当者は局員の西原貫治中佐もしくは西原一策少佐であった。冊子は全部で二五〇〇部印刷され、憲兵を中心に、陸軍中央や各師団司令部、連隊、教育機関等に配布されていった。表紙に「部外秘／昭和五年八月陸軍省印刷」と記されている点や、送付先に内閣や海軍省、その他の官庁を含んでいない点から、「兵力使用の参考」は陸軍の内部資料であった。

ここで重要なのは、関東大震災を経験した昭和初年段階の出兵制度と、それに対する陸軍の指針が「兵力使用の参考」から読み取れる点である。それではその中身を概観してみよう。

序言は、「治安維持は元来地方長官の責任であつて之が為に兵力を使用すると云ふのは地方官憲の力では治安の維持が出来ないといふ場合でなければならぬ。而して出兵には種々な事情が伴ひ措置宜しきを得ないと色々の問題を惹起する虞がある。現に既往に於ても軍隊出動の時機や方法が適切を欠いたり或は地方官民との間が巧く合はなかつたりして種々の問題を惹起した例もあるのであるから特に各級の幹部は平常より諸条規を深刻に研究し確乎たる自信を以て事に当り得る様十分の用意あることが必要である」と、出兵の原則や問題点を揚げている。さらに日比谷焼打ち事件や米騒動、関東大震災などを挙げつつ、社会運動の活発化に言及、「之が為関係地方の行政、司法機関の業務系統、各種団体の状況、要警備物件、交通機関、給水給電等の施設の如き重要な事項に就ては予め十分の研究を遂げ事端発生の場合機を失せず適応の手段を採り得る様万般の準備を為しある事が肝要である」と説き、「現行法規に照し兵力を使用する場合の基礎観念と共に各種の情況に共通する事項に関し之が準拠となるべきものを掲げ参考に供する」と、作成目的を示した。昭和恐慌によって社会不安が増大するなか、出兵による治安維持が課題となっていた[54]。

さて、「兵力使用の参考」は大きく、「一、兵力を使用する各種の場合」、「二、師団司令部条例若は衛戍条例に依る兵力使用の場合」、「三、法律若は緊急勅令に依り戒厳令の一部を適用する兵力使用の場合」、「四、軍隊の出動」、「五、出動軍隊の職域」、「六、出動軍隊の兵力及行動」、「七、出動軍隊の撤去」、「八、兵器の使用」、「九、報告、通報」の九章から構成され、本論の後には、付録として関係条規や第一〇師団（姫路）の出兵事例、軍務局長等の講演記録が付されている。以下、各章の要点を整理していきたい。

「一、兵力を使用する各種の場合」では、出兵を①衛戍条例に基づき地方官から出兵要請があった場合及び請求を待たずに兵力を使用した場合、②師団（軍）司令部条例に基づき地方長官（警視総監・植民地長官）から出兵要請があった場合及び請求を待たずに兵力を使用した場合、③治安維持のため戒厳令の一部を適用する法律若しくは緊急勅令による兵力使用の場合、④戒厳令による兵力使用の場合の四つに分類する。このうち④の事例は「戦時事変の場合に適用せらるゝものであるから前三者とは趣を異にし軍部の自律主動に俟つべき処が多い」とし、研究対象から除外している。一方、①から③の事例は、「平時に於て地方官憲の力では治安の維持が出来ず国民の安寧、秩序、幸福の為に兵力を使用するに至つた場合であるから四に比べると一般行政に偏して居る処が多いのである」とし、①及び②の事例を地方官憲では治安維持が出来ない場合、③の事例を①及び②と戦時の④との中間に位置付けている。

この時点の出兵の根拠は、師団司令部条例や衛戍条例であった。「二、師団司令部条例若は衛戍条例に依る兵力使用の場合」は、出兵の動機や要請に至る原因、軍隊の行動、出兵請求権と出兵時の責任、地域及び海軍との関係など、四つの観点から出兵を解説、続く「三、法律若は緊急勅令に依り戒厳令の一部を適用する兵力使用の場合」では、戒厳令第一四条の停止、禁止、検査、調査、押収、毀壊、退去等を実施する場合を、日比谷焼打ち事件や関東大震災の事例を挙げながら解説し、さらに戒厳状態に対する陸軍省の考えを示した。また、戒厳令には出兵の根拠となる規定はないが、第一条の「兵備ヲ以テ全国若クハ一地方ヲ警戒スルノ方法トス」を拡大解釈した出兵を掲げている。

前章までが法的根拠の解説だったのに対し、「四、軍隊の出動」以降は、具体的な行動を説明、出動時機の注意や、補助憲兵に関する考えが示されたほか、「五、出動軍隊の職域」は治安維持活動や付帯業務（災害時の救療・復旧・救援物資の供給等）に対する立場、司法警察や諸団体との関係について注意を促している。ここでは主に軍隊の権限が論点となっている。その後、「六、出動軍隊の兵力及行動」では、出兵時の部隊編成や行動の注意点、流言への対応、宿営及給養、現場での活動方針が掲げられ、さらに「七、出動軍隊の撤去」では、撤収時の具体的な方法を示した。そして「八、兵器の使用」では、その原則とともに、日比谷焼打ち事件や関東大震災の例を紹介し、実際の兵器使用に至る対応を段階的に解説、最後の「九、報告、通報」は報告・通報についての注意点が挙げられている。

以上の論点をまとめた結語では、出兵の意義について次のように述べる。

治安維持の為軍隊が出動する場合は一般に形勢頗る急迫の状態に立至つた時機、換言すれば軍隊が第一線に立つて活動を要する場合であらねばならぬ。而して軍隊が出動する前には多くの場合憲兵が派遣せらるゝのが通常である。是れ憲兵は其の職務上行政警察、司法警察を兼ね掌り之が出動は軍隊に比し比較的全般に刺激を与ふること少く且制度上一般警察官よりも有効に活動し得るからである。殊に事態が左程重大でない事件には憲兵の出動丈で鎮圧の効を奏する場合が少くない。斯様な次第であるから愈々軍隊の出動となれば此の時は最早他の機関では治安維持の目的が達せられない事態に立ち至つて居るのが通常であるから、軍隊は神速果敢の行動を以て速に其の目的を達成し地方官民の危急を救ひ軍隊に対する国家国民の期待に副はなければならぬ。

出兵の前段階には、警察と憲兵による対応があり、軍隊が出動するのは最後の手段であった。その上で、「兵力使用の参考」は、「軍隊は其の行動を厳正公明にし熟慮軽挙を戒め以て出動目的の範囲外に脱逸せる行動を戒めねばならぬ。其の他徒らに其の成功を誇り地方官憲を侮蔑し或は其の無力を嗤ふが如き態度に出づることは治安維持の常設機関である地方官憲の立場を失はしめる許りで無く軍部と地方官民との折合を損ひ将来の為禍を招くの虞があるから厳に戒めねばならぬ」と、軍隊以外の行政機関や国民との関係に言及しながら全体を締めくくっている。

「兵力使用の参考」の論点を整理すると、①平時における出兵の根拠は師団司令部条例や衛戍条例で、地方長官や地方官には、軍隊に対する出兵請求権があったほか、師団長や衛戍司令官は独断で軍隊を動かすこともできた、②戒厳令の一部適用は平時と戦時の間に位置付けられていた、③出兵に至る前段階には、警察や憲兵による対応があり、軍隊の出動は最後の手段であった、④補助憲兵というシステムが存在した、⑤軍隊は他の行政機関や国民との関係を尊重していたなど、五つの点にまとめることができる。これらは先に挙げた課題と関連しており、軍隊側の論理については、ここに一つの到達点を見出すことができよう。つまり、「兵力使用の参考」で掲げられた各論点をその形成過程から検証することで、本書の課題を解消していくことが可能となる。

### (2) 分析対象と時間軸の設定

先に述べたように、本書では「軍隊と地域」研究の視点を積極的に取り入れていく。軍隊の対内的機能を解明するには、対内的軍事法制の分析だけでなく、実際に軍隊の実力が行使された事例を地域レベルの視点から追う必要がある。具体的な分析対象地域には、東京を中心とする関東地方を設定したい[55]。東京は日本の首都であると同時に、軍の中央機関や二つの師団を有する日本最大の軍事拠点（＝東京衛戍地）でもあった。また、表序－1に示すように、東京市内はもちろん、隣接する郡部や千葉県にも陸軍の部隊が散在していた。試験的な軍事制度は、東京衛戍地で施行された後、全国の衛戍地に導入される傾向もあり、軍事面において東京は模範的な地位にあった。さらに都市騒擾に加え、一九一〇（明治四三）年八月の関東大水害や、関東大震災の被災地になるなど、多くの危機にも直面していた。東京とその周辺の事例を分析することで、同地域における「軍隊と地域」の特殊性を提示できるだろう。ただし、こ

## 表序-1　日露戦後の衛戍地

| 所在地 | | | | | 部　隊 | | |
|---|---|---|---|---|---|---|---|
| 地域 | 道府県 | 衛戍地 | 特徴 | 兵営住所 | 所属師団（所在地） | 所属旅団（所在地） | 連隊・大隊 |
| 北海道／東北 | 北海道 | 札幌 | ◎ | 札幌郡豊平町字月寒 | 第7師団（旭川） | 歩兵第13旅団（旭川） | 歩兵第25連隊 |
| | | 旭川 | ☆★ | 旭川区 | 第7師団（旭川） | 歩兵第13旅団（旭川） | 歩兵第26連隊 |
| | | | | 旭川区 | 第7師団（旭川） | 歩兵第14旅団（旭川） | 歩兵第27連隊 |
| | | | | 旭川区 | 第7師団（旭川） | 歩兵第14旅団（旭川） | 歩兵第28連隊 |
| | | | | 旭川区 | 第7師団（旭川） | — | 騎兵第7連隊 |
| | | | | 旭川区 | 第7師団（旭川） | — | 野砲兵第7連隊 |
| | | | | 旭川区 | 第7師団（旭川） | — | 工兵第7大隊 |
| | | | | 旭川区 | 第7師団（旭川） | — | 輜重兵第7大隊 |
| | | 函館 | — | 函館区亀田村字千代ヶ岱 | 第7師団（旭川） | — | 函館重砲兵大隊 |
| | 青森県 | 青森 | ◎ | 東津軽郡筒井村 | 第8師団（弘前） | 歩兵第4旅団（弘前） | 歩兵第5連隊 |
| | | 弘前 | ☆★ | 中津軽郡清水村 | 第8師団（弘前） | 歩兵第4旅団（弘前） | 歩兵第31連隊 |
| | | | | 中津軽郡千年村 | 第8師団（弘前） | 歩兵第16旅団（秋田） | 歩兵第52連隊 |
| | | | | 中津軽郡堀越村 | 第8師団（弘前） | 騎兵第3旅団（盛岡） | 騎兵第8連隊 |
| | | | | 弘前市富田町 | 第8師団（弘前） | — | 野砲兵第8連隊 |
| | | | | 中津軽郡清水村 | 第8師団（弘前） | — | 輜重兵第8大隊 |
| | 秋田県 | 秋田 | ◎★ | 秋田市中谷地町 | 第8師団（弘前） | 歩兵第16旅団（秋田） | 歩兵第17連隊 |
| | 岩手県 | 盛岡 | ◎★ | 岩手郡厨川村 | 第8師団（弘前） | 騎兵第3旅団（盛岡） | 騎兵第23連隊 |
| | | | | 岩手郡厨川村 | 第8師団（弘前） | 騎兵第3旅団（盛岡） | 騎兵第24連隊 |
| | | | | 岩手郡厨川村 | 第8師団（弘前） | — | 工兵第8大隊 |
| | 宮城県 | 仙台 | ◎☆★ | 仙台市川内中ノ坂通 | 第2師団（仙台） | 歩兵第3旅団（仙台） | 歩兵第29連隊 |
| | | | | 仙台市榴ヶ岡 | 第2師団（仙台） | 歩兵第25旅団（山形） | 歩兵第4連隊 |
| | | | | 仙台市川内澱橋通 | 第2師団（仙台） | — | 騎兵第2連隊 |
| | | | | 仙台市亀ヶ岡通 | 第2師団（仙台） | — | 野砲兵第2連隊 |
| | | | | 宮城郡原町大字南目 | 第2師団（仙台） | — | 山砲兵第1大隊 |
| | | | | 仙台市川内大橋通 | 第2師団（仙台） | — | 工兵第2大隊 |
| | | | | 仙台市川内大磐通 | 第2師団（仙台） | — | 輜重兵第2大隊 |
| | 山形県 | 山形 | ◎★ | 山形市香澄町 | 第2師団（仙台） | 歩兵第25旅団（山形） | 歩兵第32連隊 |
| | 福島県 | 若松 | — | 若松市栄町 | 第2師団（仙台） | 歩兵第3旅団（仙台） | 歩兵第65連隊 |
| 関東 | 茨城県 | 水戸 | ◎★ | 東茨城郡渡里村 | 第14師団（宇都宮） | 歩兵第27旅団（水戸） | 歩兵第2連隊 |
| | | | | 東茨城郡常磐村 | 第14師団（宇都宮） | — | 工兵第14大隊 |
| | 栃木県 | 宇都宮 | ◎☆★ | 河内郡国本村 | 第14師団（宇都宮） | 歩兵第27旅団（水戸） | 歩兵第59連隊 |
| | | | | 河内郡国本村 | 第14師団（宇都宮） | 歩兵第28旅団（宇都宮） | 歩兵第66連隊 |

| | | | | | | | |
|---|---|---|---|---|---|---|---|
| | 栃木県 | 宇都宮 | ◎☆★ | 河内郡城山村 | 第14師団（宇都宮） | — | 騎兵第18連隊 |
| | | | | 河内郡姿川村 | 第14師団（宇都宮） | — | 野砲兵第20連隊 |
| | | | | 河内郡城山村 | 第14師団（宇都宮） | — | 輜重兵第14大隊 |
| | 群馬県 | 高崎 | — | 高崎市 | 第14師団（宇都宮） | 歩兵第28旅団（宇都宮） | 歩兵第15連隊 |
| | 埼玉県 | 所沢 | — | 入間郡所澤町大字所澤 | 近衛師団（東京） | — | 気球隊 |
| | 千葉県 | 佐倉 | — | 印旛郡佐倉町 | 第１師団（東京） | 歩兵第２旅団（東京） | 歩兵第57連隊 |
| | | 千葉 | ◎ | 千葉郡都賀村 | 近衛師団（東京） | — | 鉄道連隊 |
| | | 習志野 | ★ | 千葉郡津田沼町 | 近衛師団（東京） | 騎兵第１旅団（習志野） | 騎兵第13連隊 |
| | | | | 千葉郡津田沼町 | 近衛師団（東京） | 騎兵第１旅団（習志野） | 騎兵第14連隊 |
| | | | | 千葉郡津田沼町 | 第１師団（東京） | 騎兵第２旅団（習志野） | 騎兵第15連隊 |
| | | | | 千葉郡津田沼町 | 第１師団（東京） | 騎兵第２旅団（習志野） | 騎兵第16連隊 |
| | | 国府台 | ★ | 東葛飾郡市川町大字国府台 | 第１師団（東京） | 野砲兵第２旅団（国府台） | 野砲兵第15連隊 |
| | | | | 東葛飾郡市川町大字国府台 | 第１師団（東京） | 野砲兵第２旅団（国府台） | 野砲兵第16連隊 |
| | | | | 東葛飾郡市川町大字国府台 | 第１師団（東京） | 野砲兵第３旅団（下志津） | 野砲兵第17連隊 |
| | | 下志津 | ★ | 印旛郡旭村 | 第１師団（東京） | 野砲兵第３旅団（下志津） | 野砲兵第18連隊 |
| 関東 | 東京府 | 東京 | ◎☆★ | 麹町区代官町 | 近衛師団（東京） | 近衛歩兵第１旅団（東京） | 近衛歩兵第１連隊 |
| | | | | 麹町区代官町 | 近衛師団（東京） | 近衛歩兵第１旅団（東京） | 近衛歩兵第２連隊 |
| | | | | 赤坂区一ツ木町 | 近衛師団（東京） | 近衛歩兵第２旅団（東京） | 近衛歩兵第３連隊 |
| | | | | 赤坂区青山北町 | 近衛師団（東京） | 近衛歩兵第２旅団（東京） | 近衛歩兵第４連隊 |
| | | | | 牛込区下戸塚町 | 近衛師団（東京） | 騎兵第１旅団（習志野） | 近衛騎兵連隊 |
| | | | | 荏原郡駒澤村 | 近衛師団（東京） | 野砲兵第１旅団（東京） | 近衛野砲兵連隊 |
| | | | | 荏原郡駒澤村 | 近衛師団（東京） | 野砲兵第１旅団（東京） | 野砲兵第13連隊 |
| | | | | 荏原郡駒澤村 | 近衛師団（東京） | 野砲兵第１旅団（東京） | 野砲兵第14連隊 |
| | | | | 北豊島郡岩淵町大字袋 | 近衛師団（東京） | — | 近衛工兵大隊 |
| | | | | 荏原郡目黒村 | 近衛師団（東京） | — | 近衛輜重兵大隊 |
| | | | | 豊多摩郡中野町 | 近衛師団（東京） | — | 電信隊 |
| | | | | 赤坂区檜町 | 第１師団（東京） | 歩兵第１旅団（東京） | 歩兵第１連隊 |
| | | | | 麻布区新龍土町 | 第１師団（東京） | 歩兵第２旅団（東京） | 歩兵第３連隊 |
| | | | | 荏原郡世田谷村 | 第１師団（東京） | 騎兵第２旅団（習志野） | 騎兵第１連隊 |
| | | | | 荏原郡駒沢村 | 第１師団（東京） | 野砲兵第２旅団（国府台） | 野砲兵第１連隊 |
| | | | | 北豊島郡岩淵町大字袋 | 第１師団（東京） | — | 工兵第１大隊 |
| | | | | 四谷区西信濃町 | 第１師団（東京） | — | 輜重兵第１大隊 |
| | 神奈川県 | 横須賀 | ★◇ | 横須賀市不入斗 | 第１師団（東京） | 重砲兵第１旅団（横須賀） | 重砲兵第１連隊 |
| | | | | 横須賀市不入斗 | 第１師団（東京） | 重砲兵第１旅団（横須賀） | 重砲兵第２連隊 |
| 甲信越 | 新潟県 | 新発田 | ★ | 北蒲原郡新発田町 | 第13師団（高田） | 歩兵第15旅団司令部（新発田） | 歩兵第16連隊 |
| | | 村松 | — | 中蒲原郡菅名村 | 第13師団（高田） | 歩兵第15旅団司令部（新発田） | 歩兵第30連隊 |
| | | 小千谷 | — | 北魚沼郡千田村 | 第13師団（高田） | — | 工兵第13大隊 |

| | | | | | | | |
|---|---|---|---|---|---|---|---|
| 甲信越 | 新潟県 | 高田 | ☆★ | 高田市 | 第13師団（高田） | 歩兵第26旅団（高田） | 歩兵第58連隊 |
| | | | | 高田市 | 第13師団（高田） | — | 騎兵第17連隊 |
| | | | | 高田市 | 第13師団（高田） | — | 野砲兵第19連隊 |
| | | | | 高田市 | 第13師団（高田） | — | 輜重兵第13大隊 |
| | 長野県 | 松本 | — | 松本市 | 第13師団（高田） | 歩兵第26旅団（高田） | 歩兵第50連隊 |
| | 山梨県 | 甲府 | ◎ | 西山梨郡相川村 | 第１師団（東京） | 歩兵第１旅団（東京） | 歩兵第49連隊 |
| 東海 | 静岡県 | 静岡 | ◎★ | 静岡市追手町 | 第15師団（豊橋） | 歩兵第29旅団（静岡） | 歩兵第34連隊 |
| | | 浜松 | — | 浜松市両追分 | 第15師団（豊橋） | 歩兵第29旅団（静岡） | 歩兵第67連隊 |
| | 愛知県 | 豊橋 | ☆★ | 豊橋市大字東八丁旧城内 | 第15師団（豊橋） | 歩兵第17旅団（豊橋） | 歩兵第18連隊 |
| | | | | 渥美郡高師村 | 第15師団（豊橋） | 歩兵第17旅団（豊橋） | 歩兵第60連隊 |
| | | | | 渥美郡高師村 | 第15師団（豊橋） | 騎兵第４旅団（豊橋） | 騎兵第19連隊 |
| | | | | 渥美郡高師村 | 第15師団（豊橋） | 騎兵第４旅団（豊橋） | 騎兵第25連隊 |
| | | | | 渥美郡高師村 | 第15師団（豊橋） | 騎兵第４旅団（豊橋） | 騎兵第26連隊 |
| | | | | 渥美郡高師村 | 第15師団（豊橋） | — | 野砲兵第21連隊 |
| | | | | 豊橋市大字向山 | 第15師団（豊橋） | — | 工兵第15大隊 |
| | | | | 渥美郡高師村 | 第15師団（豊橋） | — | 輜重兵第15大隊 |
| | | 名古屋 | ◎☆★ | 名古屋西区南外堀町 | 第３師団（名古屋） | 歩兵第５旅団（名古屋） | 歩兵第６連隊 |
| | | | | 東春日井郡守山町 | 第３師団（名古屋） | 歩兵第30旅団（津） | 歩兵第33連隊 |
| | | | | 名古屋西区南外堀町 | 第３師団（名古屋） | — | 騎兵第３連隊 |
| | | | | 名古屋西区南外堀町 | 第３師団（名古屋） | — | 野砲兵第３連隊 |
| | | | | 名古屋西区南外堀町 | 第３師団（名古屋） | — | 工兵第３大隊 |
| | | | | 名古屋西区南外堀町 | 第３師団（名古屋） | — | 輜重兵第３大隊 |
| | 岐阜県 | 岐阜 | ◎ | 稲葉郡北長森村 | 第３師団（名古屋） | 歩兵第５旅団（名古屋） | 歩兵第68連隊 |
| | 三重県 | 津 | ◎★ | 一志郡本村 | 第３師団（名古屋） | 歩兵第30旅団（津） | 歩兵第51連隊 |
| 北陸 | 富山県 | 富山 | ◎★ | 婦負郡東呉羽村 | 第９師団（金沢） | 歩兵第31旅団（富山） | 歩兵第69連隊 |
| | 石川県 | 金沢 | ◎☆★ | 金沢市大手町 | 第９師団（金沢） | 歩兵第６旅団（金沢） | 歩兵第７連隊 |
| | | | | 石川郡野村 | 第９師団（金沢） | 歩兵第31旅団（富山） | 歩兵第35連隊 |
| | | | | 石川郡野村 | 第９師団（金沢） | — | 騎兵第９連隊 |
| | | | | 石川郡野村 | 第９師団（金沢） | — | 野砲兵第９連隊 |
| | | | | 石川郡野村 | 第９師団（金沢） | — | 工兵第９大隊 |
| | | | | 石川郡野村 | 第９師団（金沢） | — | 輜重兵第９大隊 |
| | 福井県 | 鯖江 | — | 丹生郡立待村 | 第９師団（金沢） | 歩兵第６旅団（金沢） | 歩兵第36連隊 |
| | | 敦賀 | ★ | 敦賀郡粟野村 | 第16師団（京都） | 歩兵第18旅団（敦賀） | 歩兵第19連隊 |
| 関西 | 滋賀県 | 大津 | ◎ | 大津市別所 | 第16師団（京都） | 歩兵第18旅団（敦賀） | 歩兵第９連隊 |
| | 京都府 | 京都 | ◎☆★ | 紀伊郡深草村 | 第16師団（京都） | 歩兵第19旅団（京都） | 歩兵第38連隊 |
| | | | | 紀伊郡深草村 | 第16師団（京都） | — | 騎兵第20連隊 |

| | | | | | | | |
|---|---|---|---|---|---|---|---|
| 関西 | 京都府 | 京都 | ◎☆★ | 紀伊郡深草村 | 第16師団（京都） | — | 野砲兵第22連隊 |
| | | | | 紀伊郡伏見町 | 第16師団（京都） | — | 工兵第16大隊 |
| | | | | 紀伊郡深草村 | 第16師団（京都） | — | 輜重兵第16大隊 |
| | | 福知山 | ★ | 天田郡曽我井村 | 第10師団（姫路） | 歩兵第20旅団（福知山） | 歩兵第20連隊 |
| | | | | 天田郡曽我井村 | 第10師団（姫路） | — | 工兵第10大隊 |
| | | 舞鶴 | ◇ | 加佐郡餘内村 | 第10師団（姫路） | — | 舞鶴重砲兵大隊 |
| | 奈良県 | 奈良 | ◎ | 奈良市高畑町 | 第16師団（京都） | 歩兵第19旅団（京都） | 歩兵第53連隊 |
| | 大阪府 | 大阪 | ◎☆★ | 大阪市東区法圓阪町 | 第４師団（大阪） | 歩兵第７旅団（大阪） | 歩兵第８連隊 |
| | | | | 大阪市東区法圓阪町 | 第４師団（大阪） | 歩兵第32旅団（和歌山） | 歩兵第37連隊 |
| | | | | 大阪市東区小橋寺町 | 第４師団（大阪） | — | 騎兵第４連隊 |
| | | | | 大阪市東区法圓阪町 | 第４師団（大阪） | — | 野砲兵第４連隊 |
| | | | | 大阪市東区大手前町 | 第４師団（大阪） | — | 輜重兵第４大隊 |
| | | 高槻 | — | 三島郡高槻町 | 第４師団（大阪） | — | 工兵第４大隊 |
| | 和歌山県 | 和歌山 | ◎★ | 海草郡湊村 | 第４師団（大阪） | 歩兵第32旅団（和歌山） | 歩兵第61連隊 |
| | | 深山 | — | 海草郡加太町 | 第４師団（大阪） | — | 重砲兵第３連隊 |
| | | 由良 | — | 津名郡由良町 | 第４師団（大阪） | — | 重砲兵第３連隊第３大隊 |
| | 兵庫県 | 篠山 | — | 多紀郡岡野町 | 第４師団（大阪） | 歩兵第７旅団（大阪） | 歩兵第70連隊 |
| | | 姫路 | ☆★ | 姫路市本町 | 第10師団（姫路） | 歩兵第８旅団（姫路） | 歩兵第10連隊 |
| | | | | 姫路市本町 | 第10師団（姫路） | 歩兵第20旅団（福知山） | 歩兵第39連隊 |
| | | | | 飾磨郡城北村ノ内平野村 | 第10師団（姫路） | — | 騎兵第10連隊 |
| | | | | 飾磨郡城北村 | 第10師団（姫路） | — | 野砲兵第10連隊 |
| | | | | 飾磨郡城北村 | 第10師団（姫路） | — | 輜重兵第10大隊 |
| 山陽／山陰 | 鳥取県 | 鳥取 | ◎ | 岩美郡宇倍野村 | 第10師団（姫路） | 歩兵第８旅団（姫路） | 歩兵第40連隊 |
| | 島根県 | 浜田 | — | 那賀郡石見村 | 第17師団（岡山） | 歩兵第34旅団（松江） | 歩兵第21連隊 |
| | | 松江 | ◎★ | 八束郡津田村 | 第17師団（岡山） | 歩兵第34旅団（松江） | 歩兵第63連隊 |
| | 岡山県 | 岡山 | ◎☆★ | 御津郡伊島村 | 第17師団（岡山） | 歩兵第33旅団（岡山） | 歩兵第54連隊 |
| | | | | 御津郡伊島村 | 第17師団（岡山） | — | 騎兵第21連隊 |
| | | | | 御津郡伊島村 | 第17師団（岡山） | — | 野砲兵第23連隊 |
| | | | | 御津郡伊島村 | 第17師団（岡山） | — | 山砲兵第２大隊 |
| | | | | 御津郡伊島村 | 第17師団（岡山） | — | 工兵第17大隊 |
| | | | | 御津郡伊島村 | 第17師団（岡山） | — | 輜重兵第17大隊 |
| | 広島県 | 福山 | — | 深安郡野上村 | 第17師団（岡山） | 歩兵第33旅団（岡山） | 歩兵第41連隊 |
| | | 広島 | ◎☆★ | 広島市基町 | 第５師団（広島） | 歩兵第９旅団（広島） | 歩兵第11連隊 |
| | | | | 広島市基町 | 第５師団（広島） | 歩兵第21旅団（山口） | 歩兵第71連隊 |
| | | | | 広島市大須賀町 | 第５師団（広島） | — | 騎兵第５連隊 |

| | | | | | | | |
|---|---|---|---|---|---|---|---|
| 山陽／山陰 | 広島県 | 広島 | ◎☆★ | 広島市基町 | 第５師団（広島） | — | 野砲兵第５連隊 |
| | | | | 広島市大字段原 | 第５師団（広島） | — | 重砲兵第４連隊 |
| | | | | 広島市白島町北町 | 第５師団（広島） | — | 工兵第５大隊 |
| | | | | 広島市基町 | 第５師団（広島） | — | 輜重兵第５大隊 |
| | | 忠海 | — | 豊田郡忠海町 | 第５師団（広島） | — | 芸予重砲兵大隊 |
| | 山口県 | 山口 | ◎★ | 吉敷郡山口町 | 第５師団（広島） | 歩兵第21旅団（山口） | 歩兵第42連隊 |
| | | 下関 | — | 下関市大字関後地村 | 第12師団（小倉） | 重砲兵第２旅団（下関） | 重砲兵第５連隊 |
| | | | — | 下関市大字関後地村 | 第12師団（小倉） | 重砲兵第２旅団（下関） | 重砲兵第６連隊 |
| 四国 | 香川県 | 丸亀 | — | 丸亀市番丁 | 第11師団（善通寺） | 歩兵第10旅団（徳島） | 歩兵第12連隊 |
| | | 善通寺 | ☆★ | 仲多度郡善通寺町 | 第11師団（善通寺） | 歩兵第22旅団（善通寺） | 歩兵第43連隊 |
| | | | | 仲多度郡善通寺町 | 第11師団（善通寺） | — | 騎兵第11連隊 |
| | | | | 仲多度郡善通寺町 | 第11師団（善通寺） | — | 野砲兵第11連隊 |
| | | | | 仲多度郡善通寺町 | 第11師団（善通寺） | — | 工兵第11大隊 |
| | | | | 仲多度郡善通寺町 | 第11師団（善通寺） | — | 輜重兵第11大隊 |
| | 徳島県 | 徳島 | ◎★ | 名東郡加茂名村大字藏木 | 第11師団（善通寺） | 歩兵第10旅団（徳島） | 歩兵第62連隊 |
| | 高知県 | 高知 | ◎ | 土佐郡朝倉村 | 第11師団（善通寺） | 歩兵第22旅団（善通寺） | 歩兵第44連隊 |
| | 愛媛県 | 松山 | ◎ | 松山市 | 第５師団（広島） | 歩兵第９旅団（広島） | 歩兵第22連隊 |
| 九州／沖縄 | 福岡県 | 小倉 | ☆★ | 企救郡企救村 | 第12師団（小倉） | 歩兵第12旅団（小倉） | 歩兵第47連隊 |
| | | | | 小倉市旧城内 | 第12師団（小倉） | 歩兵第35旅団（福岡） | 歩兵第14連隊 |
| | | | | 企救郡企救村 | 第12師団（小倉） | — | 騎兵第12連隊 |
| | | | | 企救郡企救村 | 第12師団（小倉） | — | 野砲兵第12連隊 |
| | | | | 企救郡企救村 | 第12師団（小倉） | — | 工兵第12大隊 |
| | | | | 企救郡企救村 | 第12師団（小倉） | — | 輜重兵第12大隊 |
| | | 福岡 | ◎ | 福岡市大名町 | 第12師団（小倉） | 歩兵第35旅団（福岡） | 歩兵第24連隊 |
| | | 久留米 | ☆★ | 三井郡国分村 | 第18師団（久留米） | 歩兵第24旅団（久留米） | 歩兵第48連隊 |
| | | | | 三井郡高良内村 | 第18師団（久留米） | 歩兵第24旅団（久留米） | 歩兵第56連隊 |
| | | | | 三井郡国分村 | 第18師団（久留米） | — | 騎兵第22連隊 |
| | | | | 三井郡国分村 | 第18師団（久留米） | — | 野砲兵第24連隊 |
| | | | | 三井郡国分村 | 第18師団（久留米） | — | 山砲第３大隊 |
| | | | | 三井郡御井町 | 第18師団（久留米） | — | 工兵第18大隊 |
| | | | | 三井郡国分村 | 第18師団（久留米） | — | 輜重兵第18大隊 |
| | 佐賀県 | 佐賀 | ◎ | 佐賀郡高木瀬村 | 第18師団（久留米） | 歩兵第23旅団（大村） | 歩兵第55連隊 |
| | 長崎県 | 大村 | ★ | 東彼杵郡西大村 | 第18師団（久留米） | 歩兵第23旅団（大村） | 歩兵第46連隊 |
| | | 長崎 | ◎ | 長崎市竹ノ久保町 | 第18師団（久留米） | — | 長崎重砲兵大隊 |
| | | 佐世保 | ◇ | 佐世保市保立町 | 第18師団（久留米） | — | 佐世保重歩兵大隊 |
| | | 鶏知 | — | 下県郡鶏知村 | 第12師団（小倉） | — | 対馬重砲兵大隊 |

| | | | | | | | |
|---|---|---|---|---|---|---|---|
| | 長崎県 | 厳原 | ― | 下県郡厳原町 | 第12師団（小倉） | ― | 対馬警備歩兵大隊 |
| 九州／沖縄 | 大分県 | 大分 | ◎ | 大分市 | 第12師団（小倉） | 歩兵第12旅団（小倉） | 歩兵第72連隊 |
| | 熊本県 | 熊本 | ◎☆★ | 熊本市 | 第6師団（熊本） | 歩兵第11旅団（熊本） | 歩兵第13連隊 |
| | | | | 熊本市 | 第6師団（熊本） | 歩兵第11旅団（熊本） | 歩兵第23連隊 |
| | | | | 飽託郡大江村 | 第6師団（熊本） | ― | 騎兵第6連隊 |
| | | | | 飽託郡大江村 | 第6師団（熊本） | ― | 野砲兵第6連隊 |
| | | | | 飽託郡大江村 | 第6師団（熊本） | ― | 工兵第6大隊 |
| | | | | 熊本市古原町 | 第6師団（熊本） | ― | 輜重兵第6大隊 |
| | 宮崎県 | 都城 | ― | 北諸県郡五十市村 | 第6師団（熊本） | 歩兵第36旅団（鹿児島） | 歩兵第64連隊 |
| | 鹿児島県 | 鹿児島 | ◎★ | 鹿児島郡伊敷村 | 第6師団（熊本） | 歩兵第36旅団（鹿児島） | 歩兵第45連隊 |
| | 沖縄県 | ― | ― | ― | ― | ― | ― |

注：1）1907年9月18日制定、「陸軍常備団隊配備表」（軍令陸第4号）、『大正三年　職員録（甲）』（印刷局、1914年）を基礎に作成。部隊の住所は1914年5月1日現在。
2）「特徴」欄の記号は◎＝県庁所在地、☆＝師団司令部所在地、★＝旅団司令部所在地、◇＝海軍鎮守府所在地。
3）第4師団隷下の重砲兵第3連隊の衛戍地は、1907年以降、連隊本部、大隊規模で頻繁に変わっている。由良、深山のほか、福良（兵庫県三原郡福良町）も衛戍地であった。本表では『大正三　職員録』によった。深山には連隊本部、第1～2大隊が所在した。
4）1918年11月、野戦重砲兵旅団の設置によって静岡県田方郡三島町も衛戍地化。

の視点を採用する場合、対極に位置する地方の視点が問題となるが、それについては別の機会に論じたい。

検証作業にあたっては、軍事の論理が適用される軍事的空間の変化に留意する。「兵力使用の参考」が示すように、出兵制度は師団司令部条例や衛戍条例に根拠があり、その概念は「師管」や「衛戍地」という枠組みで地域に適用されていた。前者は師団の増減とともに変化し、内地においては、最大で一八の師管が存在した。また、後者は全国の主要都市を中心に拡大、明治末には、表序－1にように七六箇所に上った。[56]関東地方の状況を概観すると、明治初年の関東地方は東京鎮台の管轄区域である第一軍管に属し、その後、第一師団の誕生とともに第一師管へ移行、日露戦後には、南関東は第一師団、北関東は第一四師団の管轄（＝第一四師管）となったほか、関東大震災時には、第一師管は東京・習志野・国府台・千葉・立川・所沢・甲府・佐倉・下志津・横須賀の一〇個所、第一四師管は水戸・宇都宮・高崎の三箇所の衛戍地を抱えていた。そうした師管や衛戍地の実態を踏まえることで、東京を中心とした軍事的空間の変遷も明らかにする。なお、分析対象地域には、海軍の拠点である横須賀鎮守府も存在するが、本書の対象とする「軍隊」は、基本的に陸軍とし、海軍については必要最小限の記述にとどめる。

分析対象の時間軸は、明治初年の軍隊創設期から「兵力使用の参考」が作成された一九三〇（昭和五）年までとしたい。一八七一年の御親兵誕生を近代日本陸軍の創設とするならば、「兵力使用の参考」作成までに約六〇年の歳月がある。その間に多くの暴動や災害が発生、さらに、それらに対する制度の改変があった。既述の通り、この時期は研究の空白部分となっている。また、一九三〇年で分析作業を止めるのは、翌三一年の満洲事変のように、長い戦争の時期に突入するからである。継続的に戦争を行ったわけではないが、大陸に権益を求める過程で軍隊の対外的機能は向上し、相対的に対内的機能は低下していったと推察できる。加えて、震災以後、防災論が防空論へ転換するなか、軍隊の位置づけを考察するには、土田宏成の提示する「国民防空」論とは異なる視角が必要となる。すべてに応えるのは不可能なので、本書では、分析対象の時間軸を明治初年から昭和初年に絞ることにする。

## (3) 用語について

本論に入る前に、本書で用いる「対内的機能」や「出兵」、「国民」等の概念について整理しておこう。

これまで述べてきたように、軍隊の機能には、国家の外側にむけられた対外的機能と、内側にむけられた対内的機能の二つがある。具体的には、前者は対外戦争や、国外における邦人及び権益の保護、後者は治安出動や災害出動、さらに国家的な祭典への儀仗などが想定される。もちろん、外国要人に対する儀仗や軍艦派遣による軍事交流、国際的な式典への軍隊の参加は、国家の力を示す上で、対外的機能と位置付けることもできよう。

他方、対内的機能を具現化する軍隊の出動を総じて「出兵」とする。この言葉には、シベリア出兵のように、国外における実力行使を意味する場合もあるが、本書では、国内における実力行使、という意味で使用する。また、出兵を内容の違いから「治安出動」と「災害出動」の二つに分ける。前者は農民一揆、士族反乱、労働争議、都市騒擾など、暴動が発生した場合の出動で、その鎮圧だけでなく、警戒行動や建築物等の警備も含んでいる。こうした治安維持活動を主目的とする出動を「治安出動」とする。一方、火災や水害、地震など災害時の軍隊の出動を「災害出動」としたい。これは①消火や水防、②被災者の救助、③救療・収容、④救援物資の供給、⑤社会基盤の復旧など、救護活動を主目的とするものだが、本論で明らかにするように、被災地の秩序を維持するため、災害時は治安維持活動も行われていた。特に明治初年の出動は、盗賊対策など治安維持を主目的とするもので、救護活動は想定外であった。それと区別するため、「災害出動」は、治安維持活動を含みつつも、救護活動を主目的とする出動と定義づける。

さらに本書では、国内に居住する人々を指して、「民衆」や「市民」などの言葉で表現するが、広い意味において、いずれも国家を構成する「国民」という意味で使用したい。なぜなら、多様な国民と軍隊との関係が対内的機能を考える際の鍵となるからである。ただ、状況によって使い分けるのは、各々の持つニュアンスが場面によって異なるためで、あえて「国民」という言葉に統一しなかった。

## 第5節　本書の構成

本書の構成は次の通りである。第1章では、軍管及び師管レベルの視点から治安維持の担い手の変化を、第2章では、衛戍地レベルの視点から東京における警備体制の変化を検証する。この作業を通じて、関東地方の軍事的空間の形成過程を明らかにするとともに、軍隊創設期から明治末に至る治安出動の展開過程を浮き彫りにする。

第3章と第4章では、「衛戍」概念の変化と軍隊の災害対応に焦点をあてながら、軍隊の社会的機能の変化を明らかにする。第3章では、災害出動制度の確立過程を、第4章では、東京衛戍地における災害出動の展開過程をそれぞれ検証し、関東大震災に続く軍事の論理を解明したい。

第5章から第7章では、前章までの分析結果を踏まえた上で、関東大震災における軍隊の対応、特に陸軍の活動実態を多角的に検討する。第5章では、地震発生後の陸軍の対応とともに、関東戒厳司令部が設置された意義を考察する。続く第6章では、軍隊の活動を左右した戒厳令の適用過程を同時代の人々の認識等に留意しながら検証することで、治安維持政策の推移を浮き彫りにしたい。さらに第7章では、震災を契機に浮上した治安維持の問題を、軍隊が常駐しなかった横浜を事例に分析することで、地域が軍隊を抱える意義を考える。

以上の点を踏まえつつ、終章では、もう一度、「治安維持の参考」に立ち返りながら軍隊の対内的機能の変化を通観、明治・大正期における国内の治安維持システムについて考察を加えていきたい。

注

（1）軍隊の災害対応を扱った研究には、後藤新八郎「関東大震災における軍の救護活動」（『新防衛論集』第三巻第二号、一九七五年一〇月）、齋藤五郎「関東大震災における軍隊の行動」（『軍事史学』第一二号第三巻、一九七六年一二月）、同「関東大震災における陸軍の災害復旧活動」（『新防衛論集』第六巻第二号、一九七八年九月）、同「関東大震災と陸軍」（『軍事史学』第一八号第一巻、一九八二年六月）などがあるほか、関東大震災以外では、警察や消防の動向を踏まえながら軍隊の活動を分析した朝田健太「明治期の都市火災と軍隊による災害派遣――明治四十二年大阪市における「北の大火」を中心に――」（『歴史都市防災論集』Vol.1、二〇〇七年六月）や、伊藤大介「昭和三陸津波と軍隊」（山本和重編『北の軍隊と軍都』吉川弘文館、二〇一五年）などがある。いずれの研究も示唆に富むものの、個別事例の分析が中心で、軍隊の災害対応を体系化するには至っていない。

（2）戦後歴史学における軍事史研究の変遷と課題は、吉田裕『現代歴史学と軍事史研究――その新たな可能性――』（校倉書房、二〇一二年）を参照。また、戦後歴史学の流れについても、同「近現代史への招待」（『岩波講座　日本歴史　第一五巻　近現代I』岩波書店、二〇一四年）を参照。

（3）松下芳男『明治軍制史論』上・下（有斐閣、一九五六年）。初版は絶版となったため、後に『改訂明治軍制史論』上・下（国書刊行会、一九七八年）が刊行された。

（4）近年の政軍関係に関する研究は、北岡伸一『官僚制としての日本陸軍』（筑摩書房、二〇一二年）、小林道彦・黒沢文貴編『日本政治史のなかの陸海軍――軍政優位体制の形成と崩壊　一八六八～一九四五――』（ミネルヴァ書房、二〇一三年）、手嶋泰伸『昭和戦時期の海軍と政治』（吉川弘文館、二〇一三年）、北岡伸一編『歴史のなかの日本政治二――国際環境の変容と政軍関係――』（中央公論新社、二〇一三年）などを参照。

（5）数少ない研究成果には、茨城県の勝田市域から近代日本の「兵士と戦争」を検証した大江志乃夫『戦争と民衆の社会史』（現代史出版会、一九七九年）などがある。

（6）軍事史の通史は、藤原彰『日本軍事史』上巻（日本評論社、一九八七年）、山田朗『軍備拡張の近代史――日本軍の膨張と崩壊――』（吉川弘文館、一九九七年）、戸部良一『日本の近代九　逆説の軍隊』（中央公論社、一九九八年）、古川隆久『敗者の日本史二〇　ポツダム宣言と軍国日本』（吉川弘文館、二〇一二年）などを参照。

（7）松下芳男『暴動鎮圧史』（柏書房、一九七七年）。

（8）国内における軍隊の機能を扱った研究には、原剛『明治期国土防衛史』（錦正社、二〇〇二年）もあるが、同書の論点は外的脅威に対する国土防衛態勢の解明で、治安維持に関しては部分的な言及にとどまっている。

（9）前掲『暴動鎮圧史』二七五～二七七頁。

（10）戒厳令の概要については北博昭『戒厳――その歴史とシステム』（朝日新聞出版、二〇一〇年）を参照。

（11）例えば、憲兵の三浦恵一による『戒厳令詳論』（松山房、一九三二年）及び『戒厳令詳論　増補改訂版』（松山房、一九四三年）、陸軍法務官であった日高巳雄による『戒厳令解説』（良栄堂、一九四二年）、京城大学教授の鵜飼信成による『戒厳令概説』（有斐閣、一九四五年）など。また、文官として陸軍省に籍を置いた藤田嗣雄も一九三七年に東京帝国大学に提出した博士論文「欧米の軍制に関する研究」（藤田嗣雄著／三浦裕史解題『欧米の軍制に関する研究』信山社、一九九一年）や『明治軍制』（同、一九九二年、原典は一九六七年）で戒厳令の性格を分析している。

(12) 大江志乃夫『戒厳令』(岩波書店、一九七八年)。

(13) 藤井徳行「西南戦争と戒厳令制定建白書に関する一考察(一)」(『政治経済史学』第三二〇号、一九九三年二月)、同「西南戦争と戒厳令制定建白書に関する一考察(二)」(同第三二一号、一九九三年三月)、同「明治十四年・山縣有朋戒厳令草案に関する一考察」(笠原英彦・玉井清編『日本政治の構造と展開』慶應義塾大学出版会、一九九八年)、同「昭和十六年・内務省警保局における戒厳令研究(一)」(『兵庫教育大学研究紀要』第二二号、二〇〇二年三月)、同「昭和十六年・内務省警保局における戒厳令研究(二)」(『兵庫教育大学研究紀要』第二三号、二〇〇三年二月)など。

(14) 纐纈厚「戦前・戦後有事法制の展開と構造」(『年報日本現代史』第六号、二〇〇〇年五月)、同『有事法制とは何か——その史的検証と現段階』(インパクト出版会、二〇〇二年)。

(15) 前掲『戒厳』。

(16) この分野の最新の研究成果には、藤野裕子『都市と暴動の民衆史——東京・一九〇五—一九二三年』(有志舎、二〇一五年)がある。同書は従来の発展史観に疑問を投げかけつつ、生活文化やジェンダーの視点を踏まえながら、民衆が暴動を起こす理論を明らかにしている。

(17) 松尾尊兊「米騒動と軍隊」(『人文学報』第一三号、一九六〇年)。

(18) 社会問題資料研究会編『社会問題資料叢書第一輯　所謂米騒動事件の研究』(東洋文化社、一九七四年)。

(19) 前掲「米騒動と軍隊」。

(20) 松尾尊兊「米騒動鎮圧の出兵規模」(『史林』第七一巻一号、一九八八年一月)、同「米騒動鎮圧の出兵規模」(『大正デモクラシー期の政治と社会』みすず書房、二〇一四年)。

(21) 災害史の代表的な研究には、北原糸子『安政大地震と民衆——地震の社会史』(三一書房、一九八三年)や同『磐梯山噴火——災異から災害の科学へ』(吉川弘文館、一九九八年)、同編『日本災害史』(同、二〇〇六年)などがある。

(22) これまで関東大震災に関する研究は周年行事的に進展してきた。「虐殺」問題の研究史については、松尾章一「関東大震災の歴史研究の成果と問題」(『多摩論集』第九号、一九九三年)、坂本昇「関東大震災史研究運動の成果と展望」(関東大震災八〇周年記念行事実行委員会編『世界史としての関東大震災——アジア・国家・民衆——』日本経済評論社、二〇〇四年)、田中正敬「近年の関東大震災史研究の動向と課題——現在までの十年間を対象に」(同)、ノ・ジュウン「関東大震災朝鮮人虐殺研究の二つの流れについて――アカデミックなアプローチと運動的アプローチ」（『専修史学』第四六号、二〇〇九年三月）などを参照。

(23) 戦後歴史学における関東大震災研究は、斎藤秀夫「関東大震災と朝鮮人さわぎ」（『歴史評論』第九九号、一九五八年一一月）を皮切りに、朝鮮人や中国人に対する「虐殺」問題の実態解明に重きを置いてきた。一九六三年九月には、歴史科学協議会が『歴史評論』第一五七号で「関東大震災四〇周年」の特集を組んだほか、一〇月には姜徳相・琴秉洞編『現代史資料六関東大震災と朝鮮人』（みすず書房）も刊行された。引き続き歴史科学協議会は、一九七三年九月の『歴史評論』第二八一号で「関東大震災五〇周年」の特集を企画、また、精力的に研究を進めてきた姜徳相は一九七五年に「関東大震災に於ける朝鮮人虐殺の実態」（『歴史学研究』第二七八号、一九六三年七月）等の研究蓄積をまとめた『関東大震災』（中央公論社）を刊行した。加えて、同時期には関東大震災五〇周年朝鮮人犠牲者追悼行事実行委員会・調査委員会編『歴史の真実――関東大震災と朝鮮人虐殺』（現代史出版会、一九七五年）も刊行されている。こうした一連の流れが歴史学の関東大震災研究の基礎となっている。

(24) 犠牲者数をめぐる現状認識については、鈴木淳「死者をめぐる歴史と物語――関東大震災を例として」（秋山聰・野崎歓編『人文知二　死者との対話』東京大学出版会、二〇一四年）を参照。

(25) 関東大震災八〇周年である二〇〇三年前後の「虐殺」問題研究に関する主な成果には、山岸秀『関東大震災と朝鮮人虐殺――八〇年後の徹底検証』（早稲田出版、二〇〇二年）、朝鮮人強制連行真相調査団編『関東大震災朝鮮人虐殺――日本弁護士連合会勧告と調査報告』（朝鮮人強制連行真相調査団、二〇〇三年）、山田昭次『関東大震災時の朝鮮人虐殺――その国家責任と民衆責任』（創史社、二〇〇三年）、姜徳相『関東大震災・虐殺の記憶』（青丘文化社、二〇〇三年）、前掲『世界史としての関東大震災』などがある。以後、関東大震災八五周年シンポジウム実行委員会編『震災・戒厳令・虐殺』（三一書房、二〇〇八年）が刊行されたほか、田中正敬・専修大学関東大震災史研究会編『地域に学ぶ関東大震災』（日本経済評論社、二〇一二年）は『専修史学』第四五号～第五三号（二〇〇八年一一月～二〇一二年一一月）に掲載された同研究会の実地調査等をまとめている。さらに関東大震災九〇周年の二〇一三年も各地で関連行事が行われたほか、法政大学大原社会問題研究所の『大原社会問題研究所雑誌』第六六八号（二〇一四年六月）及び第六六九号（同七月）は「関東大震災九〇周年――朝鮮人虐殺をめぐる研究・運動の歴史と現在」と題した特集を組んだ。また、関東大震災九〇周年記念行事実行委員会編『関

東大震災　記憶の継承――歴史・地域・運動から現在を問う』（日本経済評論社、二〇一四年）は記憶継承の観点から「虐殺」問題の現状と課題を整理している。

(26) 松尾章一監修『関東大震災政府陸海軍関係史料』Ⅰ～Ⅲ（日本経済評論社、一九九七年）。

(27) 松尾章一『関東大震災と戒厳令』（吉川弘文館、二〇〇三年）。

(28) 荒川章二『軍隊と地域』（青木書店、二〇〇一年）。

(29) 上山和雄編『帝都と軍隊――地域と民衆の視点から――』（日本経済評論社、二〇〇二年）。

(30) 本康宏史『軍都の慰霊空間――国民統合と戦死者たち――』（吉川弘文館、二〇〇二年）。

(31) 近年の代表的な研究は、坂根嘉弘編『軍港都市史研究Ⅰ　舞鶴編』（清文堂、二〇〇九年）、河西英通『せめぎあう地域と軍隊』（岩波書店、二〇一〇年）、熊本近代史研究会『第六師団と軍都熊本』（熊本近代史研究会、二〇一一年）、上杉和央編『軍港都市史研究Ⅱ　景観編』（清文堂、二〇一二年）、松下孝昭『軍隊を誘致せよ』（吉川弘文館、二〇一三年）、河西英通編『軍港都市史研究Ⅲ　呉編』（清文堂、二〇一四年）、シリーズ『地域のなかの軍隊』（吉川弘文館、二〇一四～二〇一五年）などを参照。

(32) 個別的なテーマについては、①徴兵制度及び軍事援護、②戦没者の慰霊、③軍用地論、④兵事行政、⑤在日米軍及び自衛隊と地域という観点から研究が進んでいる。代表的な成果には、①郡司淳『軍事援護の世界――軍隊と地域社会――』（同成社、二〇〇四年）、同『近代日本の国民動員――「隣保相扶」と地域統合』（刀水書房、二〇〇九年）、一ノ瀬俊也『近代日本の徴兵制と社会』（吉川弘文館、二〇〇四年）、②原田敬一『国民軍の神話――兵士になるということ』（同、二〇〇一年）、同『兵士はどこへ行った――軍用墓地と国民国家』（有志舎、二〇一三年）、③荒川章二『軍用地と都市・民衆』（山川出版社、二〇〇七年）、④連隊区司令部を分析した宮地正人「佐倉歩兵第二連隊の形成過程」（『国立歴史民俗博物館研究報告』第一三一集、二〇〇六年）、同「戦争と地域史研究――歴史研究者の一つの今日的課題について」（『歴史評論』第六八六号、二〇〇七年六月）や、徴兵事務や検閲制度を扱った中村崇高「明治期陸軍の検閲制度」（『日本歴史』第六五九号、二〇〇三年四月）、同「愛知県における特命検閲」（『白山史学』第三九号、二〇〇三年四月）、同「近代日本の兵役制度と地方行政――徴兵・召集事務体制の成立過程とその構造――」（『史学雑誌』第一一八編第七号、二〇〇九年七月）、同「海軍の兵事事務と地方行政」（『ヒストリア』第二三〇号、二〇一二年二月）、⑤荒川章二「東富士演習場と地域社会――占領期の基地問題――」（粟谷憲太郎編『近現代日本の戦争と平和』現代史料出版、二〇一一年）、栗田尚弥編『米軍基地と神奈川』（有隣堂、二〇一一年）などがある。また、民俗学の丸山泰明『凍える帝国――八甲田山雪中行軍遭難事件の民俗誌』（青弓社、二〇一〇年）や、文化人類学の田中雅一編『軍隊の文化人類学』（風響社、二〇一五年）も軍隊と社会の関係を考える上で興味深い視角を提示している。なお、「軍隊と地域」の研究動向については、中野良「『軍隊と地域』研究の成果と展望」（『季刊戦争責任研究』第四五号、二〇〇四年）を参照。

(33) 同様の問題意識は軍事演習を分析対象とした中野良「陸軍特別大演習と地域社会――大正十四年、宮城県下を事例として」（『地方史研究』第二九六号、二〇〇二年四月）、同「大正期日本陸軍の軍事演習――地域社会との関係を中心に――」（『史学雑誌』第一一四編第四号、二〇〇五年四月）、同「一九二〇年代の陸軍と民衆――軍事演習における賠償問題を中心に――」（『日本史研究』第五三五号、二〇〇七年三月）、同「軍事演習の政治的側面――行軍演習における住民教化と地域の反応――」（『日本歴史』第七〇六号、二〇〇七年三月）、同「日本陸軍の典範令に見る秋季演習――軍事演習の制度と運用についての試論――」（前掲『年報日本現代史』第一七号）、同「軍隊を『歓迎』するということ――近代日本の軍・地域関係をめぐって――」（『史潮』新七七号、二〇一五年六月）などでも確認できる。

(34)『大原社会問題研究所雑誌』（第五一八号、二〇〇二年一月）。

(35) 中野良も横関至の指摘を踏まえた上で、「そもそも地域社会が「武装集団」としての軍隊をどのように認識していたのかなどを明らかにする必要があろう」と主張している（前掲「『軍隊と地域』研究の成果と展望」）。

(36) 齋藤義朗「大正七年呉の米騒動と海軍――呉鎮守府の米騒動鎮圧――」（前掲『軍港都市史研究Ⅲ 呉編』）。齋藤は緻密な史料分析から暴徒と対峙する軍隊側の論理とともに、労働者によって支えられた軍港都市の構造を明らかにしている。

(37) 土田宏成『近代日本の「国民防空」体制』（神田外語大学出版局、二〇一〇年）。

(38) 黒田康弘『帝国日本の防空対策――木造家屋密集都市と空襲』（新人物往来社、二〇一〇年）、鈴木芳行『首都防空網と〈空都〉多摩』（吉川弘文館、二〇一二年）、大井昌靖「昭和期の軍隊による災害・戦災救援活動――衛戍令、戦時警備及び防空法の関係から――」（『軍事史学』第四八巻第一号、二〇一二年六月）、小島郁夫「愛知県における警防団――愛知県公報にみる昭和戦時期の国民保護組織――」（同）、高橋未沙「昭和戦前期内務省における防空の担い手――計画局・警保局を事例として――」（『年報首都圏史研究』第二号、二〇一二年一二月）など。

(39)戦時下の軍隊の災害対応を扱った研究には、小野英夫「アジア太平洋戦争下の市川市警防団」(前掲『帝都と軍隊』)や前掲「昭和期の軍隊による災害・戦災救援活動」などがある。

(40)近年の関東大震災研究の動向については、拙稿「『関東大震災』研究の現在――震災八〇周年以後の研究動向を中心に――」(『年報首都圏史研究』第一号、二〇一一年一二月)及び同「関東大震災九〇周年の成果と課題――横浜市の博物館及び文書館の視点から――」(『災害・復興と資料』第六号、二〇一五年三月)を参照

(41)鈴木淳『町火消たちの近代――東京の消防史――』(吉川弘文館、一九九九年)。なお、消防史研究については、同書のほか、主に藤口透吾・小鯖英一『消防一〇〇年史』(創思社、一九六八年)や日本消防協会百周年記念事業委員会編『日本消防百年史』第一巻~第四巻(日本消防協会、一九八二~一九八四年)などを参照した。

(42)鈴木淳『関東大震災――消防・医療・ボランティアから検証する――』(筑摩書房、二〇〇四年)。

(43)災害教訓の継承に関する専門調査会編『一九二三 関東大震災報告書』第二編(中央防災会議、二〇〇九年)。

(44)北原糸子編『写真集 関東大震災』(吉川弘文館、二〇一〇年)など。

(45)東日本大震災以降、単行本に限っても、北原糸子『関東大震災の社会史』(朝日新聞出版、二〇一一年)、同『メディア環境の近代化――災害写真を中心に』(御茶の水書房、二〇一二年)、同『地震の社会史――安政大地震と民衆』(吉川弘文館、二〇一三年、前掲『安政大地震と民衆』の増補改訂版)、同『津波災害と近代日本』(同、二〇一四年)などが刊行された。また、北原糸子・松浦律子・木村玲欧編『日本歴史災害事典』(同、二〇一二年)は人文系・理工系の研究者が貞観年間から二〇一一年までの日本の歴史災害を俯瞰しており、現在の災害史研究の基本文献となっている。なお、本書における歴史災害の名称は基本的に同書によった。

(46)後藤新八郎「関東大震災における対私権応急措置について」(『法制史研究』第三二号、一九八二年)。

(47)安江聖也「関東大震災における行政戒厳」(『軍事史学』第三七巻第四号、二〇〇二年三月)。

(48)宮地忠彦『震災と治安秩序構想――大正デモクラシー期の「善導」主義をめぐって』(クレイン、二〇一二年)。

(49)従来の「虐殺」問題と異なる文脈では、波多野勝・飯森明子『関東大震災と日米外交』(草思社、一九九九年)が政治史及び外交史的側面から関東大震災の実態に迫っている。

(50)倉谷昌伺「関東大震災における日米海軍の救援活動について」(『海幹校戦略研究』第一巻第二号、二〇一一年一二月)、齋

藤達志「関東大震災における米国の支援活動の役割と影響」(『軍事史学』第四八巻第一号、二〇一二年六月)、村上和彦「軍隊による災害救援に関する研究——関東大震災を中心として——」(『戦史研究年報』第一六号、二〇一三年三月)など。

(51) 警察と軍隊の関係に関する研究は少ないが、戦後日本の警察と軍隊については、P・J・カッツェンスタイン著/有賀誠訳『文化と国防——戦後日本の警察と軍隊——』(日本経済評論社、二〇〇七年)が示唆に富んでいる。また、中澤俊輔「一九三〇年代の警察と政軍関係」(前掲『国際環境の変容と政軍関係』)は急進的な陸軍の動きと、それに対する内務省の対応を特高警察の資料を用いながら分析している。なお、警察史研究については、各都道府県の警察史のほか、大日方純夫『天皇制警察と民衆』(日本評論社、一九八七年)、同『日本近代国家の成立と警察』(校倉書房、一九九二年)、同『警察の社会史』(岩波書店、一九九三年)、同『近代日本の警察と地域社会』(筑摩書房、二〇〇〇年)などを参照した。

(52) 原田勝正「総力戦体制と防空演習——『国民動員』と民衆の再編成——」(原田勝正・塩崎文雄編『東京・関東大震災前後』日本経済評論社、一九九七年)、前掲『近代日本の「国民防空」体制』。

(53) 「治安維持等の為の兵力使用に関する参考配布の件」(『昭和五年甲第四類　永存書類』所収、防衛研究所戦史研究センター史料室所蔵、請求番号:陸軍省-大日記甲輯-S五~四-一一)なお、同史料については、吉田裕「昭和恐慌前後の社会情勢と軍部」(『日本史研究』第二一九号、一九八〇年)が社会運動と軍部の対抗という文脈から紹介している。

(54) 同右「昭和恐慌前後の社会情勢と軍部」。

(55) 関東地方を対象とした軍事社会史については、前掲『帝都と軍隊』及び荒川章二編『軍都としての帝都』(吉川弘文館、二〇一五年)などを参照。

(56) 陸軍部隊の増設と師管や衛戍地の概要については、荒川章二「陸軍の部隊と駐屯地・軍用地」(『日本の軍隊を知る　基礎知識編』吉川弘文館、二〇一五年)を参照。

# 第1章　陸軍の創設と出兵制度の成立

新たに政権を担った明治政府にとって軍事力の整備は喫緊の課題であった。なぜなら、諸侯（＝旧藩主）は政府に従いながらも、独自の軍事力を保有しており、場合によっては、その矛先が政権にむかう可能性を秘めていたからである。政府は諸侯の抵抗力を抑えるため、根源となる軍事力の解体をめざすと同時に、自らの軍事力を確保していく。一方、各地では新政府に対する不満が爆発、農民一揆や士族反乱が頻発していた。政権基盤が整わない故に、政府は否定すべき諸藩の軍事力に頼らざるを得ず、大きな矛盾を抱えることになった。

本章では、明治初年から師団制が導入される一八八八（明治二一）年を対象に、対内的軍事法制の整備と、軍管及び師管レベルの軍事的空間の形成、さらに実際の出兵事例や、軍隊と警察との関係などを検証することで、出兵制度の成立過程を考察する。なお、既述のように、対内的軍事法制の変遷については、松下芳男が体系的な分析を行っており、明治初期の暴動鎮圧については、①廃藩置県までは各府県（＝旧幕府直轄地等）及び諸藩の兵力による鎮定、②鎮台制以後は旧藩兵力と鎮台兵力の併用、③徴兵制の定着後は鎮台兵力による鎮定と、三つの段階で描いている。[1]本章では、この点を踏まえつつ、地方制度の変化にも視野を広げながら検証作業を進めていきたい。

序章で述べたように、昭和初年段階の出兵制度は、師団司令部条例や衛戍条例に根拠があり、前者は地方長官からの出兵要請、後者は地方官からの出兵要請を規定し、出兵の請求権者を明確に示している。また、出兵要請の窓口は、師管においては師団長、衛戍地においては衛戍司令官で、それぞれ出兵要請を受理した後は、隷下の部隊を派遣することができた。加えて、緊急の場合、師団長及び衛戍司令官は、出兵要請を待たず、独断で部隊を派遣することも可能であった。ここで留意したいのは、最終的に軍隊を動かせるのは、現地の最高指揮官で、直接、地方官が軍隊を動かせるわけではなかった。当然だが、そうした状況は諸侯が軍事力を掌握していた明治初年段階と異なっている(2)。

本章で注目したいのは、政府の抱える矛盾が解消し、出兵制度が整備されていく過程である。明治二〇年代初頭は、師団制の枠組みが完成したほか、一八八六年の地方官官制によって府県の制度も固まった。そうした動きは一八八九年の大日本帝国憲法の発布と無関係でなく、憲法に合わせる形で様々な制度が構築される。一方、そこに至る時期は、農民一揆や士族反乱、さらに自由民権運動を背景とした激化事件が多発、国内の治安維持は政府にとっても大きな課題となっていた。これらの点を踏まえつつ、関東地方だけでなく、甲信越を含めた東京鎮台の管轄地域も視野に入れながら、軍事的空間の変化と出兵制度の成立過程を明らかにしていきたい。

## 第1節　明治維新と国内の治安維持

### (1)　府藩県三治制下の軍事力

明治維新後、政府は諸侯の権限を漸次回収し、統治機構の中央集権化をめざしていく。一八六八(明治元)年四月二一日、政府は政治組織の大綱となる政体書を発布、権力の中央集権化と公議輿論の制度化を掲げた(3)。これによって中央政府である太政官の下に官庁として行政官、神祇官、会計官、軍務官、外国官の五官が設置される。

軍事を担当する軍務官は、それまでの軍防事務局(一八六八年二月設置)を改組した機関で、海軍局・陸軍局の二局のほか、築造司・兵船司・兵器司・馬政司の四司を置いた。その責任者である知事には、軍防事務局督であった仁和寺宮嘉彰親王が就任し、海陸軍の統括や郷兵、召募、守備、軍備などを掌った。ただし、実際に設置されたのは京都に置かれた陸軍局だけで、他は政体書に名前が記されるのみであった(4)。この軍務官は一八六九年七月八日公布の職員令によって兵部省に改められ、責任者である兵部卿も嘉彰親王が務めることになった(5)。

他方、地方の統治機構については、政体書によって諸侯の統轄する藩と、政府の直轄する府・県に分かれた。一八六八年二月一一日、政府は藩の種類を大藩（石高四〇万石以上）、中藩（石高一〇万石以上四〇万石未満）、小藩（石高一万以上一〇万石未満）の三つに分類したが、各藩は実質的に近世期の体制を引き継ぐもので、諸侯の軍事力もそのままであった(6)。一〇月二八日に公布された藩治職制においても、「執政参政ノ外兵刑民事及庶務ノ職制其藩主ノ所定ト雖モ大凡府県簡易ノ制ニ準シ一致ノ理ヲ明ニスヘシ」と、藩の機構内に軍事関係の部署を設けるなど、政府もその存在を容認していた(7)。この状況は版籍奉還後の藩制（一八七〇年九月一〇日）でも同様で、職員を規定する条項に、「以上分課専務スル所アルヘシ譬ハ会計軍事刑法学校監察ノ類ノ如シ」と、「軍事」の統轄がある(8)。政府は藩制で諸侯を知藩事にするなど、段階的に藩の解体を進めたが、諸藩の軍事力には手を付けなかった。そうしたなか、財政難から廃藩を申し出る藩が出る一方、余裕のある藩は藩政改革や軍制改革を行い、自らの力を強化していった。

そうした地方独自の軍事力は政府直轄の府や県においても存在した。政府は旧幕府領で重要な地域に府を、旧幕府領・皇室領・社寺領・佐幕派の接収領などに県を設置、中央から知府事や知県事を派遣して統轄した。廃藩置県以前、関東地方には、府として東京府や神奈川府、県として岩鼻県、大宮県、品川県、小菅県、若森県、宮谷県、葛飾県などが存在した(9)。政体書を確認すると、知府事、知県事ともに管内の行政事務を掌るだけでなく、知府事の場合は府兵を、知県事の場合は郷兵をそれぞれ統轄した。淺川道夫の研究によれば、すべての府や県に府兵や郷兵が存在したわけではないが、この時点で知府事や知県事も独自に軍事力を行使することができた(10)。

しかし、知府事や知県事には、軍事力の管理について制約があった。一八六八年八月二三日、政府は府県に対し、軍務官が全国統一の兵制を制定した場合は、速やかにそれに従うよう布告したほか、府県で独自に兵士を採用しないよう制限を加えた。(11)だが、旧幕府勢力との戦闘が続く戊辰戦争の最中、この布告は厳密には守られなかった。そのため一八六九年四月八日には、「府県兵ノ規則区々相成候テハ天下一般ノ御兵制モ難相立ニ付府県ニ於テ各規則相立兵員取立候儀被差止候旨昨秋御布告有之候処於府県往々兵隊取立候向モ有之趣相聞御一定ノ御規律ニモ差支」と、再び同様の布告が発せられた。(12)ただ、「一度兵卒ニ取立候者ハ復旧ノ儀別テ難渋ノ筋モ有之旁以其弊害不少ニ付自今府県ニ於テ兵隊取立候儀ハ禁止被仰出候尤是迄取建置候兵隊ハ総テ於軍務官御所置振モ有之候間兵数取調早々同官へ可届出事」と、一度採用した者は軍務官の管理下に置かれた。

このような中央の方針は、同年七月二七日の府県奉職規則でもみられ、「但急変防禦ハ此例ニ非ス臨機ノ所置タルヘシ」と例外はあるものの、「私ニ兵隊ヲ取建ヲ厳禁トス総テ塁壁砲台ヲ築造廃毀等ハ兵部省へ伺候其決ヲ受クヘシ」と、軍事力の管理について兵部省の指示を受けることになった。(13)このように政府は知府事や知県事の軍事力を認めつつも、中央官庁による管理をめざしていった。

他方、府兵や郷兵の存在しない府県では、非常時の対応を諸侯の軍事力に頼らざるを得なかった。一八六八年一〇月一〇日、政府は府県に対し、「府県ニ於テ不虞之節臨機之取計ハ格別ニ候」としながらも、「平常諸侯之兵隊ヲ指揮候儀ハ有之間敷ト被仰出候事」と布告、平時は諸侯の軍隊に知府事や知県事の権限は及ばないが、非常時は諸侯の軍隊を指揮することになった。(14)

以上のように、明治維新後、地方の統治機構である府・藩・県はそれぞれ個別の軍事力を有していた。制度上、それらは知府事や知県事、諸侯の管理下に置かれたが、その使用には様々な制約があり、軍事力を持たない地方も存在した。そのため明治政府は、非常事態に対し、従来から存在する諸藩の軍事力に依存しなければならなかった。

## (2) 農民一揆と軍事力の使用

暴動が発生した場合、政府はどのように対処したのか。内閣文庫に収められた「道府県史」及び『太政類典』を根拠に、明治初年の農民一揆をまとめた土屋喬雄・小野道雄編『明治初年農民騒擾録』によれば、関東地方では、一八七一(明治四)年七月の廃藩置県までに六件(現在の群馬県二件、栃木県四件)の農民一揆が発生していた[15]。そのうちいくつかは官吏の説得で解散したが、ほとんどは諸藩の軍事力によって鎮められた。つまり、近世期から続く地方の軍事力が治安維持の主体となっていた。

農民一揆の背景には、幕末維新期に蔓延した世直しの風潮に加え、戊辰戦争に起因する村々の疲弊や、贋金の流通問題、不公平に高い課税率などがあった。例えば、一八六八年二月に北関東一帯で発生した騒擾は、村々に徴兵を命じた幕府の関東取締出役に対する反発で、蜂起した農民たちは次々と幕府の拠点を制圧していった[16]。これに対して諸藩は軍事力によって対抗するものの、農民勢を抑えることはできなかった。権力のゆくえが流動的なこともあり、諸藩の方針は定まらなかったのだろう。そうしたなか、政府は進軍中であった東山道鎮撫総督岩倉具定を通じて諸藩に一揆の鎮圧を命令、その後、諸藩は関東地方に到着した新政府軍の応援を得て鎮圧にあたった。さらに政府は上野の拠点である岩鼻県の知県事に軍監の大音龍太郎を充て、非常時は周辺諸藩の軍事力を動員する権限を与えた。戊辰戦争が続くなか、政府は諸藩の軍事力を活用することで国内の安定化を図っていった。

一方、直轄軍の創設をめざす政府は、四月一九日に陸軍編制を制定、京都警備の兵士を石高一万石につき一〇人(ただし、当面は三人)、領地の兵力を石高一万石につき五〇人と定め、諸藩に対して兵力の供出を求めた。加えて、軍資金の提供も要求している[17]。続いて四月二四日には、徴兵及び軍事金の提供方法について細則が通達され、京都に兵力を置く藩は五月一日まで、また、兵力を置かない藩も七月中に兵員を政府に供出することになった[18]。さらに諸藩に配置された兵力に関しては、政府の指示のもと、状況に応じて出動することが義務付けられた。四月中に諸侯に発せられた布告に依れば、大藩には一五〇～二〇〇人、中藩には一〇〇から一五〇人、小藩には二五～一〇〇人の範囲で兵力が置かれることになった。このように明治政府は軍務官のもとで諸藩兵力の統制を図っていく。

だが、維新直後の混乱状況のなか、指示に応じない藩も多く、陸軍編制は早くも挫折、軍資金の上納も廃止される。(19)それでも兵制の統一化が図られ、一八七〇年二月には諸藩の歩兵隊や砲兵隊の編制方法が定められたほか、(20)同年九月には、藩兵の定員も規定され、一万石につき六〇人（士官を除く）を備えることになった。(21)その後、一〇月には、不統一だった諸藩の兵制をフランス式に改めている。(22)

この間、北関東では、農民一揆が発生し、軍事力を用いた鎮圧も行われたが、その力を十分に発揮できない場合もあった。例えば、一八六九年一〇月の高崎藩の農民一揆（五万石騒動）では、藩役所に押し掛ける農民勢に対し、高崎藩は藩兵を動員して対峙、一度は解散に成功したものの、再び蜂起した農民勢に警備を突破され、藩役所が包囲される事態に陥った。(23)政府の方針が不明確だったため、直接、農民勢と対峙する諸藩も強硬な手段に出ることはできなかったのだろう。このように軍事力の使用は必ずしも有効ではなかった。

一八七〇年一一月一三日、政府は直轄軍の準備として徴兵規則を制定、府藩県に対して身体強壮の者を一万石につき五人ずつ兵部省に供出するように命じた。(24)これは士族・卒・庶人等の身分にとらわれないものであった。一方、「従来之常備ハ勿論各地方緩急応変之守備ト可相心得事」とあるように、藩兵は治安維持のために残されることになった。加えて、一二月二二日には、各藩常備兵編制が制定され、大隊を基本とする常備兵の定員・階級・職務・任命方法・服制などが規定される。(25)このように諸藩の軍事力は中央の指示のもと、次第に統制が図られていった。ただし、徴兵規則に基づく徴兵は、御親兵育成の財源を捻出するため、翌年春に打ち切られることになった。(26)

## 第2節　政府直轄軍の創設

### (1)　鎮台及び分営の設置

一八七一(明治四)年二月一三日、太政官は直轄軍を創設するため、鹿児島藩、山口藩、高知藩に兵力の献上を命じ[27]、二二日には兵部省にその管理を指示した[28]。この兵力が御親兵となり、近代日本陸軍の基礎となる。

さらにその二ヵ月後の四月二三日には、石巻に東山道鎮台、小倉に西海道鎮台と、地方に二つの軍事拠点が設けられ、前者は福島及び盛岡の分営、後者は博多及び日田の分営をそれぞれの管轄下に置いた[29]。両鎮台の設置に際し、太政官は「兵備ハ治国ノ要安民ノ基方今ノ急務ニ候依之今般輦轂ノ下ヲ始メ守備警備ノ事次第ニ御施設ニ相成」と、軍備を「治国ノ要」、「安民ノ基」と位置づけつつ、「猶追々諸道ニ鎮台ヲ置キ兵務ヲ総括シ全国ヲ保護被遊度思食ニ候条先ツ別紙ノ通東西ノ要地ニ於テ両鎮台ヲ被置候事」と鎮台設置の意義を説き、軍備拡張の方針を示した。また、鎮台の位置を示す別紙においても、「両鎮管内応援運輸ノ便地ヲ撰ミ猶数ケ所ニ兵備ヲ被設候事」としている。政府は全国の要所に直轄の軍事力を配置することで、国内の安定化を図ろうとした。

こうした直轄軍の整備を背景に、政府は七月一四日に廃藩置県の詔書を発し、地方制度を府と県に統一していった[30]。それと同時に、府・藩・県の下にあった軍事力の解体と整理を進め、兵部省は八月二〇日に「今般廃藩被仰出候ニ付テハ従前所管之常備兵総テ解隊ノ上全国一途之兵制御改正可相成之処差向キ内外警備之為別紙之通各所ニ鎮台ヲ被置管地ヲ被定候条此旨相達候事」と、新たに東京、大阪、鎮西(熊本)、東北(仙台)の四鎮台を設置、各鎮台(本営)の下に分営を置くことで、地方の警備体制を固めた[31]。ただし、鎮台や分営も諸藩に対する軍事力の依存から完全に脱却できたわけではなかった。

当時、政府内において徴兵制の議論が続いていたため、兵力形成の方針は定まっていなかった。そのためすぐに兵士を集めることはできず、鎮台や分営の常備兵力には、当面、旧藩の兵力を充てることになった。一方、かつての大藩・中藩・小藩のうち、大藩・中藩にあたる県には一小隊、また、小藩にあたる県でも地域の状況に応じて若干の兵力が配置された。加えて、各藩の政治中枢であり、有事の際は軍事拠点となる城郭もすべて兵部省の管轄下に置かれた。このように地方の軍事力は人的な側面だけでなく、設備の面でも政府の統制下に組み込まれていった。

さらに九月二九日には、鎮台本分営権義概則や鎮台諸務規定が制定され、鎮台の運営方法が固まる。(32) 特に前者は指揮官の権限を「本営主長ハ本省ヨリ差図ニ随ヒ直営及ヒ分営管之兵ノ分配器械之予備会計給養之設備等ヲ管轄ス本分営ノ備兵召集ニ付テハ弁宜ヲ見計ヒ陣営ヲ為シ置ク可キ事」（第一条）と規定したほか、「県下備付之兵隊ハ固ヨリ本分営ノ管轄ニ候条万事召集ノ兵同様差図致シ可申事」（第六条）と、旧藩兵力に対する指揮権を明示している。

他方、兵部省内には、兵部省陸軍条例に基づき、陸軍関係の事務を統轄する陸軍部が七月二八日に開設され、秘史局、軍務局、砲兵局、築造兵局、会計局の五局が設けられた。(33) また、兵部省職員令に基づき、後の参謀本部に繋がる参謀局も開設され、①機務密謀への参画、②地図・地誌の編纂、③間諜・通報等を担った。(34) 以後、兵部省は一八七二年二月二八日に陸軍省と海軍省に分離、(35) 前者は旧兵部省に、後者は築地に庁舎を構えることになった。(36) このように中央と地方の両方で、軍事機構の整備が進んでいったのである。

## (2) 東京鎮台の管轄区域

ここで鎮台設置に伴う軍事的空間の成立過程を確認する。表1－1に示すように、関東地方は全域が東京鎮台の管轄下にあった。当初、東京鎮台は関東だけでなく、甲信越や東海も管轄地域としており、東京の本営のほか、第一分営を新潟、第二分営を上田、第三分営を名古屋に置いていた。常備兵力は本営に歩兵一〇個大隊、各分営に歩兵一個大隊が配置された。その後、収容施設の問題から第一分営は一部の兵力を新潟に残しつつ、一八七一（明治四）年一一月に旧新発田城へ移転、翌七二年一一月の兵舎完成までそこを拠点とした[37]。また、東京鎮台は旧水戸城に下野・常陸を管轄する第四分営を設置し、七二年七月一九日に歩兵二個小隊を派遣する[38]。さらに一一月には、宇都宮に第四分営の支所を開設するなど、関東地方の軍事拠点を拡大させていく[39]。

一八七二年八月頃、陸軍省は新たな鎮台及び営所（分営を改称）の所在地を検討、後に東京鎮台の管轄地域となる第一軍管内では、武蔵・相模・伊豆・甲斐・駿河・七島・八丈を管轄する第一師に東京（東京府）、小田原城（足柄県）、甲府城（山梨県）、静岡城（静岡県）、上総・下総・常陸・下野・安房を管轄する第二師に佐倉城（印旛県）、木更津（上総国望陀郡木更津村）、水戸城（茨城県）、宇都宮城（宇都宮県）、上野・信濃・越後・佐渡を管轄する第三師に高崎城（群馬県）、松本城（筑摩県）、高田城（柏崎県）、新潟（新潟県）などが候補地に挙がっていた[40]。この時点で第二分営であった上田が消滅するなど、軍事拠点の位置は流動的であった。

一八七三年一月九日、六管鎮台表が公布され、名古屋鎮台（第三軍管）と広島鎮台（第五軍管）が新設される[41]。ここで鎮台の管轄区域を示す「軍管」の概念が正式に導入され、東京鎮台は第一軍管、東北鎮台は第二軍管、大阪鎮台は第四軍管、鎮西鎮台は第六軍管を管轄することになった。第一軍管内の変化としては、名古屋の第三分営と東海地方が第三軍管に移っただけでなく、上田の第二分営を廃止し、新たに佐倉に営所を設けた。加えて、各営所の支所や将来的に整備される軍事拠点として、東京営所管内の小田原・静岡・甲府、佐倉営所管内の木更津・水戸・宇都宮、新潟営所管内の高田・高崎が挙げられた（表1－1参照）[42]。しかし、六管鎮台表から上田の名は消滅したものの、当分の間、旧第二分営は東京営所の支所として存続することになった[43]。

続いて、七月一九日の鎮台条例制定によって営所の管轄区域を示す「師管」の概念も導入され、東京営所は第一師

# 表1－1　東京鎮台の管轄区域の変遷

①東京鎮台の設置〔1871（明治４）年８月20日／兵部省第73〕

| 軍管 | 鎮台 | 師管 | 営所 | | | 管轄地域 |
|---|---|---|---|---|---|---|
| — | 東京鎮台 | — | 本営 | | 東京 | 武蔵／上野／下野／常陸／下総／上総安房／相模／伊豆／甲斐／駿河 |
| | | | | 第１分営 | 新潟 | 越後／羽前／越中／佐渡 |
| | | | | 第２分営 | 上田 | 信濃 |
| | | | | 第３分営 | 名古屋 | 尾張／伊勢／伊賀／志摩／遠江／三河／美濃／飛騨 |

②鎮台・営所管区表の原案〔1872（明治５）年８月24日〕

| 軍管 | 鎮台 | 師管 | 営所 | 管轄地域 |
|---|---|---|---|---|
| 第一軍管 | 東京鎮台 | 第１師管 | 東京（東京府）<br>小田原城（足柄県）<br>甲府城（山梨県）<br>静岡城（静岡県） | 武蔵／相模／伊豆／甲斐／駿河／七島／八丈 |
| | | 第２師管 | 佐倉城（印旛県）<br>木更津（上総国望陀郡）<br>水戸城（茨木県）<br>宇都宮城（宇都宮県） | 上総／下総／常陸／下野／安房 |
| | | 第３師管 | 高崎城（群馬県）<br>松本城（筑摩県）<br>高田城（柏崎県）<br>新潟（新潟県） | 上野／信濃／越後／佐渡 |

③六管鎮台表制定〔1873（明治６）年１月９日／太政官第４号〕

| 軍管 | 鎮台 | 師管 | 営所 | | 管轄地域 |
|---|---|---|---|---|---|
| 第一軍管 | 東京鎮台 | — | 東京 | 小田原<br>静岡<br>甲府 | 東京府／神奈川県／埼玉県／入間県／足柄県／静岡県／山梨県 |
| | | — | 佐倉 | 木更津<br>水戸<br>宇都宮 | 印旛県／木更津／新治県／茨城県／宇都宮県 |
| | | — | 新潟 | 高田<br>高崎 | 新潟県／柏崎県／相川県長野県／群馬県／栃木県 |

④第一軍管管下営所配置改定表〔1874（明治７）年10月27日／陸軍省達第380号〕　※表は10月24日に発行

| 軍管 | 鎮台 | 師管 | 営所 | | 管轄地域 |
|---|---|---|---|---|---|
| 第一軍管 | 東京鎮台 | 第１師管 | 東京 | 小田原<br>静岡<br>甲府 | — |
| | | 第２師管 | 佐倉 | 木更津<br>水戸<br>宇都宮 | — |
| | | 第３師管 | 高崎 | 新発田<br>高田<br>新潟 | — |

⑤六管鎮台表改正〔1875（明治８）年６月９日／陸軍省達布第169号〕　※表は４月７日に改正

| 軍管 | 鎮台 | 師管 | 営所 | | 管轄地域 |
|---|---|---|---|---|---|
| 第一軍管 | 東京鎮台 | 第１師管 | 東京 | 小田原<br>静岡<br>甲府 | 東京府／神奈川県／埼玉県／足柄県／静岡県／山梨県／熊谷県 |
| | | 第２師管 | 佐倉 | 木更津<br>水戸<br>宇都宮 | 千葉県／新治県／茨城県／栃木県（下野四郡） |
| | | 第３師管 | 高崎 | 新発田<br>高田<br>新潟 | 新潟県／相川県／長野県／栃木県／熊谷県（上野11郡） |

⑥七軍管疆域表制定〔1884（明治17）年１月31日／太政官達第13号〕

| 軍管 | 鎮台 | 師管 | 営所 | 分営 | 管轄地域 |
|---|---|---|---|---|---|
| 第一軍管 | 東京鎮台 | 第１師管 | 東京 | 高崎 | 武蔵（14区25郡）相模／甲斐／伊豆／上野／信濃（９郡） |
| | | 第２師管 | 佐倉 | — | 武蔵（本所・深川２区／南北埼玉４郡／南北葛飾）安房／上総／下総／常陸／下野 |

⑦七軍管疆域表改正〔1885（明治18）年５月18日／太政官達第21号〕

| 軍管 | 鎮台 | 師管 | 営所 | 分営 | 管轄地域 |
|---|---|---|---|---|---|
| 第一軍管 | 東京鎮台 | 第１師管 | 東京 | 高崎 | 武蔵（14区25郡）相模／甲斐／伊豆／上野／信濃（10郡） |
| | | 第２師管 | 佐倉 | — | 武蔵（本所・深川２区／南北埼玉５郡／南北葛飾）安房／上総／下総／常陸／下野 |

注：１）各年度の『法令全書』（原書房復刻版）及び内閣記録局編『法規分類大全　第47巻　兵制門〔3〕』（原書房復刻版）より作成。

管、佐倉営所は第三師管の本営となった[44]。この軍管と師管が鎮台制下の陸軍の管轄区域となり、平時における部隊の行動を左右することになる。

他方、この時期、北関東において軍事拠点の変化が続いた。六管鎮台表の公布を受け、一八七三年一月一四日に東京鎮台から陸軍省に出された伺いに、「元第四分営ノ号水戸ニ在ト雖トモ其実宇都宮ニ相換リ表面同位置ニ列シナカラ自然本来ノ差異ヲ存セリ」とあるように、すでに宇都宮と水戸の関係は逆転しており、宇都宮から一個小隊を水戸に派遣する形となっていた[45]。その後、陸軍省は九月三〇日に、「水戸表モ既ニ静謐ニ有之且又営所ヨリ格別遠隔ニ無之ニ付」と分遣中止を太政官に求め、水戸の分営は一〇月二九日に廃止となった[46]。さらに翌七四年六月一四日には、東京と佐倉の距離が近い関係から、第二師管の本営を宇都宮に移動させ、佐倉には宇都宮から分遣隊が派遣された。だが、この体制は僅か四ヶ月で廃止され、第二師管の本営は再び佐倉に戻った[47]。

表1－1に示すように、六管鎮台表が公布された時点で、新潟営所の分営として、高田と高崎の地名が挙げられている。前者には、日露戦後まで兵営は造営されなかったが、後者では、一八七二年一月頃から兵営の開設準備が進んだ[48]。翌七三年四月には、新潟営所の八番大隊の半分が高崎営所に入営、さらに東京や上田の駐屯兵力を加えて九番大隊を編成した。四月一八日、高崎営所は東京鎮台に管轄区域の境界を問い合わせ、群馬・栃木・長野の指定を受けるなど、本格的に機能し始める[49]。その後、本営と分営の連絡が不便なことから新潟営所の廃止論が浮上、第三師管本営は高崎に置かれることになった。しかし、それだと今度は宇都宮の第二師管本営との距離が近づくため、第二師管本営を元の位置に戻すことになり、一八七四年一〇月二七日には、新潟営所の廃止と第三師管本営の高崎移転、第二師管本営の佐倉復帰を伝える配置改定表が公布される。この改定表では、第三師管内の分営として新発田・高田・新潟の三箇所が挙げられており、実際、新発田には、新潟営所の一部が移転している。

以上のように、第一軍管の軍事拠点は隣接する師管との関係から頻繁に変わった。一八七五年二月二五日には、鎮台条例の部分改正が行われ、軍管を規定した第一条の「第一軍管ハ第一師管（営所東京）第二師管（営所佐倉）第三師管（営所新潟）ヲ包括シ東京鎮台ニ統率ス」は「第三師管（営所新潟）」が「第三師管（営所高崎）」に、師管を規定した第三条の「新潟師管管内　高田　高崎」の部分は「高崎師管管内　新発田　高田　新潟」にそれぞれ修正される。[50]続いて四月七日には、それを反映する形で六管鎮台表も改訂された。[51]その後、第一軍管内の軍事拠点の変化は一八八四年一月三一日の七軍管疆域表改定までなく、東京、佐倉、高崎が関東地方の主要な軍事拠点となる。この時点で部隊が駐屯したのは、師管本営の東京・佐倉・高崎、第二師管分営の宇都宮の四箇所となった。

### (3)　軍隊指揮権の移管

一八七一（明治四）年一一月一五日、兵部省は各府県に対し、「今般各所鎮台ヲ被差置候ニ付県下非常之景況候節ハ其管之本分営へ可届出事」と鎮台への連絡を指示すると同時に、「但其節兵隊駈引之義ハ素ヨリ本分営主長ノ権ニ委シ候事」と、軍隊に対する指揮権がないことを府県に通達した。[52]さらに二三日にも同様の内容を布告、「但時機不得止節ハ其所管鎮台へ申出造次取計及ヒ候儀ハ不苦候得共追テ当省へ可申出尤東京鎮台管地ハ時機緩急ニ不拘都テ当省へ可伺出事」と兵部省への報告も求めた。[53]これらの指示から窺えるように、知府事や知県事、藩知事の有していた軍隊の指揮権は一般の行政から切り離され、兵部省（陸軍省）—鎮台—分営（営所）のラインに統一されていく。そうした一連の流れは地方制度の整備過程からも確認できる。

一一月二七日、県の統治機構を規定する県治条例が制定され、「県内ノ人民ヲ教督保護シ条例布告ヲ遵奉施行シ租税ヲ収メ賦役ヲ督シ賞刑ヲ判シ非常ノ事アレハ鎮台分営へ稟議シ便宜処分スルヲ掌ル」と、地方長官である令や権令の権限を定めている。[54]注目すべきは、「非常ノ事アレハ鎮台分営へ稟議シ便宜処分スル」とある点で、ここでも軍隊への協議が求められた。この状況は県治条例を引き継ぐ一八七五年一一月三〇日制定の府県職制でも変化なく、知

出兵に関する規定

| 条　　文 |
| --- |
| 私ニ兵隊ヲ取建ヲ厳禁トス総テ塁壁砲台ヲ築造廃毀等ハ兵部省ヘ伺出其決ヲ受クヘシ但急変防禦ハ此例ニ非ス臨機ノ所置タルヘシ |
| 県内ノ人民ヲ教督保護シ条例布告ヲ遵奉施行シ租税ヲ収メ賦役ヲ督シ賞刑ヲ判シ非常ノ事アレハ鎮台分営ヘ稟議シ便宜処分スルヲ掌ル |
| 憲法典令ヲ遵奉施行シ部内ノ安寧部民ノ保護徴税勧業教育等ノ事ヲ掌ル |
| 非常ノ事アラハ鎮台へ稟議シ便宜処分スルヲ得 |
| 府知事県令ハ部内ノ行政事務ヲ総理シ法律及政府ノ命令ヲ執行スルコトヲ掌ル |
| 府知事県令ハ非常事変アレハ鎮台若クハ分営ノ将校ニ通議シテ便宜処分スルコトヲ得 |
| 知事ハ一人勅任二等又ハ奏任一等トス内務大臣ノ指揮監督ニ属シ各省ノ主務ニ就テハ各省大臣ノ指揮監督ヲ承ケ法律命令ヲ執行シ行政及警察ノ事務ヲ総理ス但東京府知事ハ勅任一等ニ陞ルコトヲ得 |
| 知事ハ非常急変ノ場合ニ臨ミ兵力ヲ要シ又ハ警護ノ為メ兵備ヲ要スルトキハ鎮台若クハ分営ノ司令官ニ移牒シテ出兵ヲ請フコトヲ得 |
| 知事ハ内務大臣ノ指揮監督ニ属シ各省ノ主務ニ就テハ各省大臣ノ指揮監督ヲ承ケ法律命令ヲ執行シ部内ノ行政事務ヲ総理ス |
| 知事ハ非常急変ノ場合ニ臨ミ兵力ヲ要スルトキハ師団長若クハ旅団長ニ移牒シテ出兵ヲ請フコトヲ得 |
| 知事ハ内務大臣ノ指揮監督ヲ承ケ各省ノ主務ニ就テハ各省大臣ノ指揮監督ヲ承ケ法律命令ヲ執行シ部内ノ行政事務ヲ管理ス |
| 知事ハ非常急変ノ場合ニ臨ミ兵力ヲ要シ又ハ警護ノ為兵備ヲ要スルトキハ師団長又ハ旅団長ニ移牒シテ出兵ヲ請フコトヲ得 |
| 知事ハ内務大臣ノ指揮監督ヲ承ケ各省ノ主務ニ付テハ各省大臣ノ指揮監督ヲ承ケ法律命令ヲ執行シ部内ノ行政事務ヲ管理ス |
| 知事ハ非常急変ノ場合ニ臨ミ兵力ヲ要シ又ハ警護ノ為兵備ヲ要スルトキハ師団長又ハ旅団長ニ移牒シテ出兵ヲ請フコトヲ得 |
| 知事ハ内務大臣ノ指揮監督ヲ承ケ各省ノ主務ニ付テハ各省大臣ノ指揮監督ヲ承ケ法律命令ヲ執行シ部内ノ行政事務ヲ管理ス |
| 知事ハ非常急変ノ場合ニ臨ミ兵力ヲ要シ又ハ警護ノ為兵備ヲ要スルトキハ師団長ニ移牒シテ出兵ヲ請フコトヲ得 |

書房復刻版）より作成。

事・権知事・令・権令の権限を定める箇所に同じく「非常ノ事アラハ鎮台へ稟議シ便宜処分スルヲ得」と規定されている（表1－2参照）[55]。このように非常事態に対しては、府県と鎮台が協議して対応することになった。

他方、この時期に軍隊側においても法制の整備が進んだ。一八七二年一月一〇日、東京鎮台条例と鎮台官員令が公布され、前者の諸言で「五管ノ鎮台ハ日本全国ノ兵権ヲ統括スル所ニシテ各自ニ其管内ノ兵備ヲ堅固ニシ内ハ草賊姦究ヲ生セサルニ鎮圧シ外ハ外寇窺窬

表1－2　地方長官の役割と

| 名　称 | 年 | 月　日 | 番　号 | 条 |
| --- | --- | --- | --- | --- |
| 府県奉職規則 | 1869（明治2）年 | 7月27日 | 第675 | ― |
| 県治条例 | 1871（明治4）年 | 11月27日 | 太政官第623 | 令・権令 |
| 府県職制 | 1875（明治8）年 | 11月30日 | 太政官達第203号 | 知事・権知事令・権令 |
| 府県官職制 | 1878（明治11）年 | 7月25日 | 太政官達第32号 | 府知事・県令第1 |
| | | | | 府知事・県令第9 |
| 地方官官制 | 1886（明治19）年 | 7月12日 | 勅令第54号 | 第2条 |
| | | | | 第8条 |
| 地方官官制 | 1890（明治23）年 | 10月11日 | 勅令第225号 | 第9条 |
| | | | | 第12条 |
| 地方官官制 | 1893（明治26）年 | 10月30日 | 勅令第162号 | 第6条 |
| | | | | 第9条 |
| 地方官官制 | 1905（明治38）年 | 4月18日 | 勅令第140号 | 第6条 |
| | | | | 第8条 |
| 地方官官制 | 1913（大正2）年 | 6月13日 | 勅令第151号 | 第4条 |
| | | | | 第6条 |

注：1）各年度の『法令全書』（原書房復刻版）及び内閣記録局編『法規分類大全　第47巻　兵制門〔3〕』（原

ヲ兆ササルニ防禦スルヲ其本務トスレハ各其職域ノ権ヲ守リ他ノ権ヲ犯スコトナク以テ其職ヲ尽スヲ宗トナスヘキ事」と、鎮台の性格やその運営方法を規定した(56)。国内に対する鎮台の機能ついては、「其管内ノ兵備ヲ堅固ニシ内ハ草賊姦究ヲ生セサルニ鎮圧シ」とあるように、治安維持に重きを置いていた。

　鎮台は少将以上の武官が就任する師によって統率され、その下には師を支える大弐や少弐などが設けられたほか、管内には、徴兵事務等を扱う管州副官、地形の便宜に従って設けられる地方司令官、地方司令官を支える司令副官などが置かれた(57)。これらの役職について高橋茂夫は、概ね帥は後の管区司令官、大弐は後の参謀長、少弐は後の参謀副長、管州副官は後の連隊区司令官、地方司令官は後の衛戍司令官、司令副官は後の衛戍副官に相当すると指摘した(58)。また、遠藤芳信は帥・大弐・少弐を軍団の軍政・軍令事項に関係する統轄的機関、管州副官を軍政機関、地方司令官を治安維持に関する平時の統轄的機関と位置付けている(59)。

ここで注目したいのは、鎮台官員令に規定された出兵に関する権限である。まず、帥には、「管下部内ニ騒擾ノ事件起リテ兵部省ノ差図ヲ請クル暇ナケレハ其他ノ知事或ハ令ト商議シ兵威ヲ以テ鎮静スルコトヲ許容スト雖モ直ニ其事ヲ兵部省へ申告シ又其騒擾速ニ鎮定ニ至ラサル時ハ兵部省ノ差図ヲ請クヘキ事」と、兵部省の指示を重視しつつも、非常時は地方長官と相談して対応することが規定された。また、管州副官についても、「帥其管内ノ首府ニアラサル時モ帥ノ名ヲ以テ諸事ノ処置スベキ事」として、「管下ノ士人ニ騒擾ヲ起ス者アリテ之ヲ鎮静スル為ニ兵力ノ助ケヲ求ムルコトアレハ直ニ其求ニ応スヘキ事」と、要請の主体は明記されていないが、帥の代理として出兵に応じることができた。地方司令官には帥や管州副官のような権限はないが、その任務は「管下ノ市街及城塞ヲ安然静謐ナラシムル責ヲ受クヘシ」と管轄地域の治安維持で、「故ニ是カ為メ常ニ法令条目ヲ出シ又其地ニ置クヲ要スヘキ哨兵ヲ定メ又ハ斥候等ヲ出シテ巡邏セシムヘキ事」と、具体的な対応方法を定めている。さらに「謀反ヲナシテ静謐ヲ害スルモノアリトモ成丈平穏ノ法術ヲ用ヘテ之ヲ鎮静セシメ其法尽ク敗レテ已ムヲ得サル時ニアラサレハ兵力ヲ用ユヘカラサル事」や、「其管下部内ニ起レル安静ナラサル諸挙動脅迫騒動疑ハシキ模様群民蜂起騒擾スヘキ張紙等アレハ直ニ之ヲ兵部卿ニ報知スヘキ事」とあるように、帥や管州副官と比べて抑制的だが、非常時の対応も規定されていた。

一方、表1－3にあるように、東京鎮台条例第八条から第一三条では、出兵の内容が詳細に規定された。最初に第八条で出兵の大枠を規定し、地方官憲の力で強盗や悍賊を抑えられない場合は、知府事や県令は近隣兵営の司令長官に援助を求めることができた。続く第九条から第一二条では、具体的な要請方法が示されており、第九条は府から兵

表1-3　鎮台条例の出兵に関する規定

①東京鎮台条例〔1872（明治5）年正月10日／兵部省第2〕

| 条 | 条　文 |
|---|---|
| 第5条 | 区域内東京府中諸門ノ警衛並ニ区域内諸関門等警守ノ為メ兵備ヲ要スルノ地ハ東京ハ知府事ヨリ其他ハ県令ヨリ事由ヲ具シテ之ヲ請ヒ陸軍卿ノ允可ノ上始メテ帥ニ令シテ其事ニ就カシムルヲ以テ法トス其常例タル者ハ廃止ノ令ヲ奉シテ之ヲ引クヲ許シ臨時ノ者ハ期限ヲ充テ、之ヲ引クヲ許ス事 |
| 第6条 | 府内火災ノ為メ警備ヲ要スルハ予メ知府事ヨリ陸軍省ニ牒シ卿之カ為メニ部署シテ其守地ヲ指定シ鎮台ニ令シ台ヨリ諸隊ニ令スルヲ以テ譲リニ他ノ守地ニ拠ル可ラサル事他州県兵隊屯戍アルノ処モ之ニ准スル事 |
| 第7条 | 外国人通行其他祭典儀会等ニテ警備或ハ儀列ノ為メ兵隊ヲ要スル時ハ上条臨時ノ例ニ准ス唯其部署布置ノ方法ハ一切帥ノ任タル事 |
| 第8条 | 府内並ニ管内ノ州県強盗悍賊アリテ緝捕地方憲官ノ力ラニ能ハスシテ兵力ヲ要スル時ハ府ニ在テハ知府事ヨリ州県ニ在テハ県令ヨリ近隣兵営ノ司令長官ニ牒シテ兵力ヲ借ルヲ得ヘキ事 |
| 第9条 | 上条ノ時ニ当リ事緩ニシテ時間アレハ府ハ省ニ牒シ省ハ台ニ牒シ台ハ其近隣ノ営ニ牒シテ事ニ服セシム又州県ニ在テ地方司令官アル地ハ司令官ニ牒シ司令官ヨリ其隊ノ司令長官ニ牒シテ事ニ服セシムルヲ正例トスヘキ事 |
| 第10条 | 其地方司令官警報ヲ受テ隊ノ司令長官ニ牒シ兵ヲ発セシムル時ハ同時ニ両牒ヲ写シ一ハ本省ニ一ハ鎮台ノ帥ニ報告シ礬緩ス可ラサル事 |
| 第11条 | 事若シ急遽ニシテ正例ヲ踏ムノ時間ナキ時ハ府州県ノ官ヨリ直チニ近隣兵営ノ司令長官ニ移牒シテ之ヲ請ヒ司令長官其請ニ応シテ兵ヲ発スルヲ許ス事 |
| 第12条 | 上条ノ時ニ当リ司令長官其請ヒニ応スル時ハ同時ニ牒ヲ写シ本省並ニ其所轄ノ手ヲ歴テ鎮台ノ帥ニ報スヘキ事 |
| 第13条 | 州県ノ官至重ノ俘囚若クハ多量ノ貨幣等凡テ此ノ如キ類ノ者ヲ輸送スルニ護送ノ兵ヲ要スル時ハ州県ノ官予メ陸軍省ニ牒シ省ニテ地方ヲ量定シ人員時限ヲ制裁シ台ニ牒スルヲ以テ令ヲ奉シテ事ニ服事スヘシ帥若クハ地方ノ司令長官若クハ一隊ノ司令長官擅マヽニ地方官ノ請ヒニ応ス可ラサル事 |

②大阪・鎮西・東北鎮台条例〔1872（明治5）年3月12日／陸軍省第26〕

| 条 | 条　文 |
|---|---|
| — | 区域内諸地警衛向並ニ区域内諸関門等警守ノ為メ兵備ヲ要スルノ地ハ府内ハ知府事ヨリ其他ハ県令ヨリ事由ヲ具シテ之ヲ請ヒ陸軍卿ノ允可ノ上始メテ帥ニ令シテ其事ニ就カシムルヲ以テ法トス其常例タル者ハ廃止ノ令ヲ奉シテ之ヲ引クヲ許シ臨時ノ者ハ期限ヲ充テ、之ヲ引クヲ許ス事 |
| — | 府内火災等ノ為メ警備ヲ要スル事アルハ知府事ヨリ予メ帥ニ牒シ帥之カ為メニ部署シテ其守地ヲ指定シ了リ省ヘ報告ス可シ卿若シ可否スル所アリテ更革ノ令ヲ下セハ速カニ之ヲ服行スヘキ事 |
| — | 管内州県兵隊屯戍アル処ニ在テハ必ス県令ヨリ帥ニ牒シテ前条ノ例ニ従フヘキ事 |
| — | 外国人通行其他祭典儀会等ニテ警備或ハ儀列ノ為メ兵隊ヲ要スル時ハ上条ノ例ニ准シ其部署布置ノ方法ハ一切帥ノ任タル事 |
| — | 府内並ニ管内ノ州県強盗悍賊アリテ捕縛地方憲官ノ力ラニ能ハスシテ兵力ヲ要スル時ハ府ニ在テハ知府事ヨリ州県ニ在テハ県令ヨリ近隣兵営ノ司令長官ニ牒シテ兵力ヲ借ルヲ得ヘキ事 |
| — | 上条ノ時ニ当リ事緩ニシテ時間アレハ府ヨリ両牒ヲ移シ同時ニ省並ニ台ニ報シ台又速カニ省ニ報シテ卿ノ区処ヲ受ルヲ正例トス若シ其事情測リ難キ事アル時帥其地方ノ令ト相議シ参謀部ノ将校ヲ遣ハシ或ハ其地方ノ司令長官ニ令シテ事状ヲ探偵セシメ其原由並ニ目下ノ形勢人数ノ多寡等ヲ悉クシテ逐一ニ開具シ並ニ要スル所ノ兵数取ルヘキ所ノ策略ヲ書シ密封ヲ以テ次テヲ逐ヒ卿ニ申報スヘキ事 |
| — | 其事状ノ報告ハ公文ノ常例ニ従フト雖モ策略ノ申告ハ必ス密啓ヲ要シ若シ電報ヲ使用スルコトアルモ策略ノ露泄スルヲ謹ムヘシ唯事ノ大小ヲ計リ便宜ヲ以テ事ニ従フハ帥ノ権内ニ存スル事 |
| — | 其地方司令官警報ヲ受テ隊ノ司令長官ニ牒シ兵ヲ発セシムル時ハ同時ニ両牒ヲ写シ一ハ本省ニ一ハ鎮台ノ帥ニ報告シ礬緩ス可ラサル事 |
| — | 事若シ急遽ニシテ正例ヲ踏ムノ時間ナキ時ハ府県ノ官ヨリ直チニ近隣兵営ノ司令長官ニ移牒シテ之ヲ請ヒ司令長官其請ニ応シテ兵ヲ発スルヲ許ス事 |

| | |
|---|---|
| 一 | 上条ノ時ニ当リ司令長官其請ヒニ応スル時ハ同時ニ牒ヲ写シ本省並ニ其所轄ノ手ヲ歴テ鎮台ノ帥ニ報スヘキ事 |
| 一 | 府県ノ官至重ノ俘囚若クハ多量ノ貨幣等凡テ此ノ如キ類ノ者ヲ輸送スルニ護送ノ兵ヲ要スル時ハ府県ノ官予メ帥ニ牒シ其地方ヲ量定シ人員時限ヲ制裁シテ服事セシメ月報ヲ以テ本省ニ申告スヘシ地方ノ司令官若クハ一隊ノ司令長官擅マヽニ地方官ノ請ニ応スヘカラサル事 |

③鎮台条例〔1873年（明治６年）７月19日／太政官布告第255号〕

| 条 | 条　文 |
|---|---|
| 第29条 | 凡ソ管内兵革ノ警アリト雖モ事他邦ト相関渉スル者ハ　天皇興戦ノ権ニ係ルヲ以テ譲リニ一卒ヲ動カスヲ許サス但シ万一火急セサルヲ得サル時ハ守戦ノ形ヲ取リ之カ為メニ十分拠証ヲ有ス可シ |
| 第30条 | 凡ソ管内草賊ノ警アリ事火急ニ起リ兵力ヲ要シ各府県ノ知事令鎮台ニ移牒シテ出兵ヲ請フ時ハ之ニ応シ時宜ヲ権リ衆寡ヲ量リ兵ヲ出ス事ヲ許ス |
| 第31条 | 凡ソ上条ノ時ニ当リ事緩ニシテ時間アレハ府県ヨリ両牒ヲ移シ同時ニ省並ニ台ニ報シ台又速ニ省ニ報シテ卿ノ区処ヲ受クルヲ正例トス鎮台ノ将官擅ニ兵ヲ出スヲ許サス |
| 第32条 | 凡ソ草賊ノ警聞アリ其事情測リ難キ事アル時ハ鎮台ノ将官其地方ノ知事令ト相議シ参謀部ノ将校ヲ遣シ或ハ其地方ノ営所若クハ要塞ノ司令官ニ命シテ情状ヲ探偵セシメ其原由並ニ目下ノ形勢人数ノ多寡等ヲ知悉シテ逐一ニ開具シ要スル所ノ兵数取ル可キ所ノ策略ヲ書シ密封ヲ以テ次ヲ遂ヒ卿ニ申報ス可シ |
| 第33条 | 其事状ノ報告ハ公文ノ例ニ従フト雖モ策略ノ申告ハ必ス密啓ヲ要シ若シ電報ヲ便用スルトモ其露泄ヲ謹ムヘシ唯事ノ大小ヲ計リ便宜ヲ以テ事ニ従フハ帥ノ権内ニ在リ |
| 第34条 | 凡ソ管内州県ノ山野等ニ強盗悍賊アリ拿捕地方警視部ノ力ニ能ハスシテ兵力ヲ要スル時ハ知事令並ニ警視部ノ長官ノ請ニ応シ捕獲ノ方略ニ於テ力ヲ併スコトヲ得可シ |
| 第35条 | 変災若クハ他ノ事故アリ警護ノ為メ兵備ヲ要シ其地方ノ知事令ヨリ事由ヲ具シテ之ヲ請フ時ハ之ニ応シ事情ヲ斟酌シテ事ニ従フコトヲ得可シ |
| 第36条 | 凡ソ前数条ニ挙ル所皆臨時若クハ急遽ノ際ニ出ル時ハ服事スルノ後速ニ卿ニ申報スルヲ許ス然レトモ事緩ニシテ往復ノ時間アル時ハ必ス先ツ卿ニ申報ス可シ且警護ノ兵ヲ出スコト常例トナルニ係ル者ハ必ス卿ノ区処ヲ受クルノ後ニ非スシテ服事スルヲ許サヽル事 |
| 第37条 | 凡ソ外国公使ノ送迎鴻臚ノ燕礼朝儀祭典等ニテ警備或ハ観兵ノ為メニ兵隊ヲ要シ該事ニ係ル衙門ヨリ事由ヲ具シテ之ヲ請フ時ハ之ニ応スルヲ許ス其部署布置ノ方法ハ一切司令将官ノ任タリ但此等ノ時ニ当リ率ネ卿ヨリ下令アルヲ正例トス唯遠隔ノ地下令未タ達セサル便チ此例ニ従フ可シ |
| 第38条 | 凡ソ府県ノ官至重ノ俘囚ヲ送リ陸軍弾薬糧食等ヲ送リ或ハ外国人ノ旅行等ニ護送ノ兵ヲ要スル時ハ該事ニ係ル衙門若クハ官人ノ具状ノ上ニ地方時限ヲ量定シ一部ノ兵ヲ出シ護送ニ供スルヲ許ス但シ月報ヲ以テ本省ニ申告ス可シ |

④鎮台条例〔1879年（明治12年）９月15日／太政官達第33号〕

| 条 | 条　文 |
|---|---|
| 第28条 | 凡ソ管内騒擾ノ警アリト雖モ事外国ニ関渉スル者ハ　天皇宣戦ノ権ニ係ルヲ以テ譲リニ一卒モ動カスヲ許サス但事火急ニシテ之ニ応セサルヲ得サル時ハ守戦ノ形ヲ取リ拠証ヲ立テ急報ス可シ |
| 第29条 | 凡ソ管内草賊ノ警アレハ府県ヨリ両牒ヲ移シ同時ニ省竝台ニ報シ台又速ニ本管監軍部ヲ経由シ陸軍省竝ニ参謀本部ニ報シテ区処ヲ受クヘシ鎮台ノ司令官擅ニ兵ヲ出スヲ許サス |
| 第30条 | 上条ノ時ニ当リ事火急ニ起リ兵力ヲ要シ其府県ノ知事令鎮台ニ移牒シテ出兵ヲ請フ時ハ之ニ応シ時宜衆寡ヲ量リ兵ヲ出ス事ヲ許ス |
| 第31条 | 凡ソ草賊ノ警聞アリ其事情ヲ測リ難キ事アル時ハ鎮台ノ司令官其地方ノ知事令ト相議シ参謀部ノ将校ヲ遣シ或ハ其地方ノ営所若クハ要塞ノ司令官ニ命シテ情状ヲ探偵セシメ其原由竝ニ目下ノ形勢人数ノ多寡等ヲ知悉シテ逐一ニ記載シ要スル所ノ兵数施ス可キ策略ヲ書シ密封ヲ以テ監軍部ヲ経由シ陸軍省竝ニ参謀本部ニ申報スヘシ |
| 第32条 | 凡ソ軍管内府県ノ山野等ニ強盗悍賊アリ拿捕地方警察部ノ力ニ能ハスシテ兵力ヲ要スル時ハ其知事令東京ニ在テハ警視長官ノ請ニ応シ捕獲ノ方略ニ於テ力ヲ併スコトヲ得可シ |

| | |
|---|---|
| 第33条 | 変災若クハ他ノ事故アリ警護ノ為メ兵備ヲ要シ其地方ノ知事令ヨリ事由ヲ具シテ之ヲ請フ時ハ之ニ応シ事情ヲ斟酌シテ事ニ従フ可シ |
| 第34条 | 凡ソ前数条ニ挙ル所事緩ニシテ往復ノ時間アル時ハ必ス先ツ省及監軍部ニ申報ス可シ且警護ノ兵ヲ出スコト後例トナルニ係ル者ハ必ス卿ノ区処ヲ受クルノ後ニ非レハ服事スルヲ許サス然レトモ臨時若クハ急遽ノ際ニ出ル時ハ服事スルノ後速ニ陸軍省及ヒ監軍部ニ申報スルヲ許ス |
| 第35条 | 凡ソ朝儀祭典及ヒ讌礼等ニテ警備或ハ観兵ノ為メニ兵隊ヲ要シ該事ニ係ル衙門ヨリ事由ヲ具シテ之ヲ請フ時ハ之ニ応スルヲ許ス其部署布置ノ方法ハ総テ司令官ノ任タリ但此等ノ時ニ当リ卒ネ卿ヨリ監軍部ヲ経由シ下令アルヲ正例トス唯遠隔ノ地ニシテ下令ノ直チニ達セサルモノハ便チ此例ニ従フ可シ |
| 第36条 | 凡ソ至重ノ罪囚ヲ送リ又ハ弾薬糧食等ヲ輸送シ或ハ外国人ノ旅行等ニ護送ノ兵ヲ要スル時ハ該事ニ係ル衙門ノ請求ニ依リ一部ノ兵ヲ出シ護送ニ供スルヲ許ス但月報ヲ以テ其事件ヲ陸軍省ニ申告シ且本管監軍部ニモ申告ス可シ |

⑤鎮台条例〔1885年（明治18年）5月18日／太政官達第21号〕

| 条 | 条　文 |
|---|---|
| 第9条 | 軍管内草賊ノ警アルモ其事外国ニ関渉スルモノハ　天皇宣戦ノ権ニ係ルヲ以テ謾リニ一卒ヲモ動カスヲ許サス但事火急ニシテ之ニ応セサルヲ得サル時ハ守勢ノ戦備ヲ取リ状ヲ具シテ急速監軍ニ申報ス可シ |
| 第10条 | 軍管内草賊ノ警アレハ先ツ情状ヲ監軍ニ申報シテ其区処ヲ受ク可シ然レトモ事火急ニシテ兵力ヲ要シ其府知事県令ヨリ出兵ヲ請求シタル時ハ之ニ応シ状ヲ具シテ監軍ニ急報ス可シ |
| 第11条 | 前条ノ場合ニ於テ其事情測リ難キ時ハ其地方府知事県令ト議シ参謀官ヲ派シ或ハ其地方営所若クハ要塞及ヒ衛戍ノ司令官ニ命シ情状ヲ探偵セシメ其原由並ニ目下ノ動静人員ノ多寡ヲ知悉シ要スル所ノ兵数ト施ス可キ策略ヲ具シテ監軍ニ申報シ仍ホ其事情ヲ比隣鎮台ニ通報ス可シ |
| 第12条 | 軍管内ニ強盗奸民アリ憲兵及ヒ巡査ノ力之ヲ拿捕スル能ハスシテ援助ヲ請フ時ハ之ニ応シ適宜ノ兵員ヲ出スコトヲ得 |
| 第13条 | 軍管内ニ於テ儀式慶典若クハ変災事故アリテ儀杖或ハ警護ノ為メ府知事県令ヨリ兵隊ヲ要スル事由ヲ具シ之ヲ請フ時ハ事情ヲ斟酌シ之ニ応スルコトヲ得 |
| 第14条 | 前二条ニ挙ケタル事項ハ従事スルノ後報告スルコトヲ得ルト雖モ事緩ニシテ往復ノ日限アル時ハ先ツ監軍ニ申報シテ其区処ヲ受クルヲ正例トス |
| 第28条 | 営所司令官ハ一師管ニ関スル事務ヲ担任シ師管内ノ静謐ヲ保護ス故ニ其騒擾鎮圧ノ事ニ関シテハ所在ノ兵隊ニ令ヲ下スヲ得但其要塞ハ別命アルニ非サレハ之ヲ指揮スルノ限ニアラス |
| 第29条 | 師管内草賊ノ警アレハ速ニ鎮台司令官ニ報告シ且情状ヲ探偵シ其原由并ニ目下ノ動静人数ノ多寡等ヲ詳悉シテ逐一ニ開具ス可シ |
| 第30条 | 地方ノ騒擾事火急ニシテ兵力ヲ要シ其府知事県令ヨリ出兵ヲ請フニ方リ区処ヲ受クルノ暇ナク已ムヲ得サル時ハ之ニ応シ時機ヲ量リ管下ノ兵隊ヲシテ直ニ之ニ当ラシムルヲ得但其事情ヲ鎮台司令官ニ急報ス可シ |
| 第31条 | 地方ノ騒擾ニ方リ必要ト思考スル時ハ鎮台司令官ニ申報スルノ外直ニ本台所管ノ監軍ニ申報シ且比隣ノ鎮台営所ニモ亦之ヲ通報ス可シ |
| 第32条 | 第十二条第十三条ノ場合ニ在テハ鎮台司令官ノ区処ヲ受ク可シ然レトモ事急ニシテ其暇ナキ時ハ管下ノ兵隊ヲシテ其事ニ当ラシメ状ヲ具シテ鎮台司令官ニ急報ス可シ |

注：1）各年度の『法令全書』（原書房復刻版）及び内閣記録局編『法規分類大全　第47巻　兵制門〔3〕』（原書房復刻版）より作成。

部省への連絡と兵部省から鎮台、分営への通達方法を定めたほか、県令からの要請と軍人間の連携も規定している。報告に関する規定は第一〇条にも続き、第九条と反対に、下から上に対する報告を義務付けた。さらに第一一条と第一二条では、分営レベルの緊急時の対応が定められ、前者は出兵要請の方法を、後者は報告方法を規定している。つまり、東京鎮台条例や鎮台官員令の内容を整理すると、出兵請求権は知府事や県令にある一方、軍隊側の窓口は、①鎮台の責任者である帥や②各兵営の部隊指揮官、③地方司令官となっていた。

こうした第八条から第一三条の規定は主に騒擾を想定したものだが、表1－3に示したように、第五条は市内の警備を、第六条は火災発生時の対応を、[60]第七条は外国人の警護や儀仗を、さらに第一三条は輸送に関する護衛をそれぞれ規定している。この時点の中央官庁は兵部省であるが、「陸軍省」の文言があるように、すでに陸軍省への移行は内定していたのだろう。重要なのは、出兵に関する責任の所在を明確にしている点である。例えば、軍隊を動かす判断は陸軍省、すなわち陸軍卿が行い、現場指揮官の裁量には制限が加えられていた。同様の点は第一三条の文言からも窺える。軍内部においても指揮系統の統制が図られていた。この背景には、旧藩への帰属から脱却できない将兵たちの意識があったと推察できる。[61]第四条の「鎮台属兵隊ノ動静ハ陸軍卿ノ権内ニ在ルヲ以テ其令ニ由ラスシテ一卒ヲモ兵事ヲ以テ動カス可ラサル事」もそのことを裏付けている。

その後、三月一二日に大阪・鎮西・東北鎮台条例が制定され、東京鎮台条例とともに公布される。[62]両者の出兵関係の規定に差はなく、東京鎮台の管轄地域外でもほぼ同様の対応が執られることになった。このように鎮台設置と地方制度の整備によって、軍事力は地方から分離、地方長官には軍隊側との協議が求められた。つまり、この時点で、後の出兵制度に繋がる地方官と軍隊の基本的な関係が形づくられている。見方を変えれば、出兵について文官と武官の役割が明確に分かれていったともいえるだろう。[63]軍隊を動かすのは武官の仕事になっていった。

# 第３節　士族の反乱と軍事力の変化

## (1)　農民一揆と東京鎮台の対応

それでは鎮台設置後の農民一揆とその鎮圧過程を検証してみよう。先に挙げた『明治初年農民騒擾録』に依れば、一八七一（明治四）年七月の廃藩置県から一八七七年九月の西南戦争終結まで、甲信越を含めた東京鎮台の管轄内では、八件（現在の埼玉県一、茨城県二、長野県二、山梨県一、新潟県二）の農民一揆が発生していた。

一八七二年四月、現在の新潟県域で発生した農民一揆では、柏崎県と新潟県との間で対応が異なっており、同時期の軍事力の特徴をよく表している。近世以来、越後平野では、水害の被害を軽減するため、信濃川の流れを変える分水工事が課題となっていた(64)。だが、その工事は信濃川やその支流の中之口川流域の住民にとって大きな負担で、四月三日、分水工事に反対する一揆が発生、農民勢の一つは柏崎県、もう一つは新潟県へとむかった。二つの流れは沿道の村々を巻き込みながら拡大、柏崎県は職員を派遣して説得にあたるとともに、旧長岡藩の士族を動員して対抗する。先に政府が鎮台への救援を命じたにもかかわらず、柏崎県は旧藩の兵力に頼ったのである。一方、新潟県も職員による説得を試みたものの、農民勢が職員を殺害したため、武力鎮圧の方針に転換、東京鎮台第一分営に出兵を要請した。それを受けた第一分営は鎮台兵四個小隊を派遣したほか、武器を使用して農民勢を鎮圧していった。

この新潟県の対応は県治条例及び東京鎮台条例に基づくもので、第一分営もそれに応じている。新潟県が出兵を決断した背景には、単なる一揆の鎮圧だけでなく、新潟の居留外国人を保護する意図もあった。一方、柏崎県は第一分営と離れていたため、近隣の旧藩兵力に頼ったのだろう。ただし、この対応は政府の方針から外れるものであった。

六月二七日、陸軍は前年一一月二三日の通達を掲げつつ、「昨辛未年全国鎮台管地被定候砌別紙之通相達置候処往々等閑ニ打過届伺等及遅緩或ハ全手順ヲ不践向モ有之不都合之至候間爾後右様之儀無之様可致此旨更ニ相達候事」と、改めて非常時の対処方法を示している(65)。

他方、同年八月に山梨県で発生した農民一揆では、東京から鎮台兵が派遣されたものの、その手続をめぐって混乱が生じた(66)。近世以来、甲州では大小切税法という税法を用いていたが、地租改正に伴い、それを廃止することになった。これに甲府盆地の村々は反発、八月二三日には農民勢が山梨県庁に押しかけた。しかし、その動きを事前に掴んでいた県庁は、二〇日の段階で上田の東京鎮台第二分営に出兵を要請、さらに陸軍省にも二二日と二三日に同様の内容を伝えた。また、静岡県にも旧藩兵力の派遣を求め、その応援を受けている。このように山梨県は、政府直轄軍だけでなく、旧藩兵力も用いながら農民勢と対峙していく。当初、農民勢の要求に柔軟に対応していた県庁は、軍事力を背景に態度を硬化させ、市内豪商の焼き打ちを契機に武力鎮圧に舵を切っていった。

さて、県庁が第二分営だけでなく、陸軍省にも連絡したのは理由があった。山梨県は東京鎮台本営の管轄下にあったが、県庁は所管違いの第二分営に応援を求めていた。これは陸軍省に連絡する過程で訂正され、東京からの兵力派遣に切り替わった。また、鎮台本営に要請しなかったのは、前年一一月二三日の布告に「尤東京鎮台管地ハ時機緩急ニ不拘都テ当省へ可伺出事」とあったためである。この文言は誤解を招きやすかったらしく、陸軍省は九月五日に「兼而相達置候別紙但書中記載有之候東京鎮台ハ全ク東京鎮台本営之義ト相心得各分営ニ於テハ専ラ鎮台条例ニ照準可致候此旨更ニ相達候事」と、東京鎮台や管轄下の府県に通達している(67)。県治条例や東京鎮台条例で非常時の対応が定められたものの、管轄地域の取間違いや受け入れ窓口の不統一など、制度の円滑な運用にはほど遠い状況であった。

ただし、見方を変えると、柏崎県庁や山梨県庁の対応には、軍事拠点の配置状況も影響していた。暴動発生の場所と軍事拠点との位置が大きく離れていたため、地方官庁は即応できず、臨時的かつ応急的な措置として旧藩兵力を利用したのだろう。通信手段や交通機関が発達していない状況では、軍隊の展開には限界があった。だが、旧藩兵力の使用は政府の方針に反することで、黙認されていたものの、後に大きな問題に発展していく。

### (2) 鎮台条例の改正

一八七三（明治六）年一月九日の六管鎮台表の公布に続き、翌一〇日には、徴兵令が施行され、最初に東京鎮台の管轄区域で徴兵が実施された。これによって軍隊の構成員は次第に士族からそれ以外の者へと変わっていく。こうした軍制改革に伴い、七月一九日には、新たに鎮台条例が制定され、東京鎮台条例及び鎮台官員令、大阪・鎮西・東北鎮台条例は廃止される(68)。ここで鎮台関係の法令は鎮台条例に一本化されていった。

新たな条例は主に軍管師管部、要塞部、憲兵部、府県官部、市井裁判所部、近衛部、検閲使部、司令将官本務部の八部から構成され、鎮台制の大枠を規定している。その第六条では、「其台下ニハ各歩騎砲工輜重ノ常備諸軍隊ヲ置キ以テ不虞ヲ警メ緩急ニ応シ四出円転シテ方面ノ寇賊ニ禦ルノ備ヘヲナサシム」と軍備の目的を示したほか、第七条でも「凡ソ師管ノ営所ニハ唯歩兵一聯隊ヲ置キ以テ管内ヲ鎮圧シ方面ノ草賊ニ備ヘシム」と営所の治安維持機能を明記した。また、軍隊と地方官との関係については、第一八条に「凡ソ軍管ノ司令将官ハ其管内各府県ノ政令並ニ改革創設ノ事件ニ就テハ知事令ヨリ報知ヲ受ルノ権ヲ有シ且世上ノ静謐ニ関渉スル事情アレハ詳細開説ヲ受ルノ権ヲ有ス」と規定され、制度変更等があった場合は知事から報告を受けることになっていた。

他方、出兵については、第三〇条から第三八条で詳細を規定している。まず、第三〇条において知事令の出兵要請など、出兵制度の大枠を定め、第三一条では、鎮台から上部機関への報告を義務付けた。条文中に「鎮台ノ将官擅ニ兵ヲ出スヲ許サス」とあるように、ここでも軍隊を動かすことに制限が加えられている。続く第三二条では、具体的な対処方法を、第三三条では、情報伝達の注意点を定め、出兵に至る手順を明示している。

そうした騒擾発生時の対応とは別に、第三四条では、警察が強盗や悍賊に対応する際の支援が定められている。興味深いのは、知事だけでなく、「警視部ノ長官」と、警察の責任者にも出兵請求権が認められた点である。警察の基盤が整っていないため、軍隊の力を頼ったのだろう。また、第三五条では、災害時の出兵も規定されている。詳細は第3章で検討するが、「警護」の文言にもあるように、この出兵は救護活動を目的とするものでなく、治安維持を目的とするものであった。さらに第三六条では、上部機関への報告を改めて規定、「警護ノ兵ヲ出スコト常例トナルニ係ル者ハ必ス卿ノ区処ヲ受クルノ後ニ非スシテ服事スルヲ許サヽル事」と、ここでも制限を加えている。

鎮台条例の改正とともに、帥や管州副官の名称は廃止されたが、大弐や小弐、地方司令官はそのまま使用されることになった(69)。だが、それも一一月七日の幕僚参謀服務綱領制定で廃止となり、大弐や小弐、地方司令官の呼称は「参謀」に統一された(70)。参謀は鎮台の将官に属し、鎮台運営に関する幅広い業務を担うことになった。その後、鎮台条例は一八七五年二月二五日に部分改正が行われたものの、出兵や職員に関する規定は修正されず、大きな変化は一八七七年一月二〇日の師管営所官員条例までなかった(71)。

さて、師管営所官員条例は、営所司令官の権限や衛戍勤務、副官の職掌などを定めたもので、営所レベルの出兵対応も規定している。その第一条では、「凡ソ師管営所ニハ歩兵一聯隊ヲ置キ以テ管内ヲ鎮圧シ方面ノ草賊ニ備ヘシムルヲ正例トス」と、鎮台条例を踏まえつつ、営所の機能を明示したほか、第五条では、司令官の本務として、「凡ソ管内草賊ノ警聞アルトキハ速カニ司令長官ニ報告シ且情状ヲ探偵シ其原由並ニ目下ノ形勢人数ノ多寡等ヲ知悉シテ逐一ニ開具シ尚該地ノ兵隊ニ移牒シテ非常ノ準備ヲナサシム」と、鎮台条例第三二条と同様の内容を規定した。また、第六条でも「若シ地方ノ騒擾事非常ニ渉ル者ハ便宜ヲ量定シテ鎮台ト本省ト地方ヲ異ニスルトキハ両告ノ例ニ従フヘシ」と非常時の報告を規定、「但其非常草賊蜂起ノ類ニシテ兵力ヲ要シ極メテ急遽ノ所置ヲ好トスル時ノ如キハ地方知事令ノ請ニ応シ該地ノ兵隊ニ移牒シ其事ニ当ラシメ而シテ司令長官ニ申報スルヲ得可シ」と出兵を定めた。ここでも知事等の出兵請求が規定されている。

以上のように、鎮台条例で出兵の大枠を定めつつ、その下の営所レベルでも出兵の枠組みが固まった。一方、表1－2のように、地方官側の制度は、一八七一年の県治条例、一八七五年の府県職制ともに軍隊側との協議を定めるのみだった。しかし、地方官側では、軍隊でない、独自の実力行使機関を整備しつつあった。それが先に触れた警察である。警察機構は各府県単位で整備され、一八七四年一月九日には、司法省から内務省に移管された警保寮が全国の警察事務を統轄することになった。その後、警保寮は一八七七年一月一一日に警視局と改称、東京警視庁の機能を吸収しつつ、各種機能を拡充させていく。警察は廃藩置県で解体された旧藩兵の新たに受け皿となったが、そこから漏れる者もあり、そうした人々の不満が西南戦争まで続く士族反乱の一因となっていく。

### (3)　士族の臨時徴集と西南戦争

一八六九（明治二）年一一月から翌年二月にかけて発生した山口藩の脱隊騒動を除き、明治初年の暴動は農民が主体であった。だが、征韓論争に端を発する明治六年政変以降、下野した人々によって政府に対抗する動きが見られるようになり、一八七四年一月には、参議であった江藤新平を中心とした反乱（佐賀の乱）が発生する。以後、政府に不満を待つ士族層が大規模な反乱を起こし、政府はその鎮圧に追われていく。

さて、先に政府直轄軍と旧藩兵力の併存について述べたが、士族反乱に対しても、政府は直轄軍以外の力に頼らざるを得なかった。例えば、佐賀の乱では、現場周辺の旧藩兵力が鎮圧に動員されている。佐賀県を管轄する熊本鎮台は兵力を派遣して対応にあたったほか、陸軍省も東京・大阪・広島の三鎮台に対して出動を命じた[72]。また、太政大臣三条実美は内務卿大久保利通に「臨機処分」権を付与し、鎮圧のための全権を委任している[73]。特徴的なのは、全国レベルで軍事力が動員されたほか、それを文官である大久保が指揮した点である。大久保は鎮台兵に加え、近隣の士族を召募して反乱の鎮圧にあたった。

そうした点からも明らかなように、早くもこの時点で鎮台条例の枠組みは崩壊している。さらに陸軍省は各鎮台の穴を埋めるべく、「非常出兵之節常備兵不足候ハ、其県下元賦兵士卒之内所管鎮台ヨリ臨時召集之義モ可有之候条兼テ相心得置多少人員速ニ可差出此旨相達候事」と、近隣の士族を兵力として組み込むよう指示した(74)。政府直轄軍が誕生し、徴兵制も施行されたが、まだ発展途上の段階にあった。

しかしながら、このような曖昧な状態は徴兵制が軌道に乗ったことで次第に解消されていく。特に一八七六年一一月に発生した茨城県真壁郡の農民一揆では、陸軍省の方針転換が明確に表れている(75)。税率改正を求める農民勢に対し、県権令中山信安は警察力で対応するものの、鎮圧に至らず、鎮台条例及び府県職制に基づき、宇都宮営所に出兵を要請する。加えて、中山は旧笠間藩や旧下館藩の士族を臨時に雇用して農民勢と対峙した。そのことが功を奏し、すでに軍隊が到着した頃には一揆は収束していた。だが、それに陸軍省は反発、中山の対応が鎮台条例違反であると内務省に抗議する。内務省は直ちに中山を罷免、さらに翌七七年二月二二日には、各府県にむけて鎮台条例を遵守するよう通達した(76)。こうした対応から暴動鎮圧に士族層を用いることはできなくなったのである。

注目すべきは、内務省の通達が出された時期である。この時、すでに鹿児島では、西郷隆盛を中心とする士族たちが蜂起し、熊本鎮台にむけて進軍を開始していた(77)。それに対し、政府は二月一九日に有栖川宮熾仁親王を征討総督に任命したほか、全国の鎮台にも出動を命じている。つまり、明治維新以来、最大の士族反乱となった西南戦争に対し、政府は自らの力だけで対処することになった。だが、大量の予備兵力を動員することはまだできなかった。

ここで重要な役割を担ったのが警察である。一八七六年一〇月以降、内務省警視局の警視隊は、各地の士族反乱や農民一揆の鎮圧に動員されていた。西南戦争に際しても先遣隊として熊本に派遣され、鎮台兵とともに熊本城に籠っている。その後、警備や弾薬輸送の護衛にあたっていた警視隊は、主に刀を用いて戦う「抜刀隊」として征討総督の指揮下に入った。また、警視局の責任者である川路利良大警視を陸軍少将に任ずることで、警察を軍隊の指揮命令系統に位置付けた。要するに、指揮官が文官と武官を兼ねることで問題を解消したのである。さらに開拓長官兼陸軍中将の黒田清隆も北海道から屯田兵を率いて来援、参謀事務を開拓使の部下（文官）に任せつつ、戦闘に参加した。徴兵制陸軍と警察によって構成される政府軍は、文官と武官が混在する形で運用された[78]。

当初、優勢に戦いを進めていた西郷軍は、田原坂の戦いに敗れて以降、物量に優る政府軍に圧倒されていく。その後、九月二四日の城山籠城戦を最後に西郷は自刃、約半年に及んだ西南戦争は終結した。これを最後に士族反乱は終息し、国内における軍事的な脅威は消滅することになった。

以上のように、独自の軍事力確立をめざす政府は、文官と武官の分離を含め、軍事力の整備を進めたが、実際の士族反乱を前に、その方針を貫徹することはできなかった。だが、西南戦争では、警察や開拓使の力を借りつつも、政府直轄の陸軍の手で反乱を収めることに成功した。これは独自の軍事力の確立について試行錯誤を重ねてきた明治政府にとって大きな前進だったといえるだろう。

## 第4節　自由民権運動と軍制改革

### (1)　憲兵の誕生

西南戦争以後、政府に対する人々の抵抗は自由民権運動という形に変わっていった。一方、徴兵制を基盤とした陸軍は、戦争の勝利で身分が兵士の戦闘力に影響しないことを証明した。だが、一八七八（明治一一）年八月二三日に発生した近衛兵の反乱（竹橋事件）は、軍隊の基盤を大きく揺るがすことになった。同事件については第2章で詳述するが、行賞の不平を理由に軍隊自体が反乱を起こしたことは、政府に衝撃を与えた。以後、政府は軍人の精神的支柱となる軍人勅諭を将兵に配布するとともに、軍制改革のなかで、軍人の行動を統制する憲兵を設置していく。

最初、軍制改革は軍政機関と軍令機関の分離から始まった。一八七八年一二月五日、参謀本部条例の制定で参謀局は陸軍省から独立、軍令を掌る参謀本部となった(79)。続いて一三日には、監軍本部条例が制定され、鎮台を統轄する監軍本部を新設したほか(80)、翌七九年九月一五日の鎮台条例改正では、それに基づく変更点が盛り込まれた(81)。表1－3に示すように、出兵に関する報告は陸軍省―鎮台のラインだったが、その間に監軍が入ることになった。

監軍本部の東部、中部、西部の三つの監軍部長はそれぞれ、第一軍管（東京）及び第二軍管（仙台）、第三軍管（名古屋）及び第四軍管（大阪）、第五軍管（広島）及び第六軍管（熊本）を管轄下に置き、戦時は鎮台を旅団として師団を編成することになった。この監軍本部（後に監軍部）は各鎮台を統率する司令部機能を有したが、一八八六年七月二四日に廃止され、その下の鎮台は師団として独立する。ただし、監軍部の名前は翌八七年六月二日制定の監軍部条例（勅令第一八号）で復活、陸軍の軍隊教育を統轄する機関となり、後の教育総監部に繋がっていく。

さて、話を憲兵に戻そう。軍人の行動を取り締まる憲兵の設置については、早い段階からその必要性が唱えられていた。例えば、一八七三年三月二四日に改正された陸軍省職制では、歩兵及び騎兵の事務を掌る陸軍省第二局に憲兵を担当する第五課が設置された。また、鎮台条例にも第一五条に「凡ソ憲兵部ハ現今未タ之ヲ置カスト雖モ従来施設ニ及フ時ハ亦鎮台ノ司令将官ニ属セス直チニ其司令ヲ歴テ陸軍卿ニ隷スルヲ正例トス」と、憲兵関係の条項が存在した。しかしながら、憲兵の設置は先延ばしになった。

その後、政府は一八八一年一月一四日の太政官達第四号で陸軍内に憲兵を設置することを発表、三月一一日には、太政官第一一号達によって憲兵条例を制定し、憲兵制度の大枠を定めた。同条例の第一条に「凡ソ憲兵ハ陸軍兵科ノ一部ニ位シ巡按検察ノ事ヲ掌リ軍人ノ非違ヲ観察シ行政警察及ヒ司法警察ノ事ヲ兼ネ内務海軍司法ノ三省ニ兼隷シテ国内ノ安寧ヲ掌ル」とあるように、憲兵は軍隊内部の「警察官」で、陸軍だけでなく、内務省や海軍省、司法省の指揮も受けることになった[82]。また、第三条では、「憲兵ノ職掌其軍紀ノ検察ニ係ル事ハ陸海軍両省ニ隷属シ行政警察ニ係ル事ハ内務省ニ隷属シ司法警察ニ係ル事ハ司法省ニ隷ス」と、内務省や司法省との具体的な関係が規定される。つまり、憲兵は軍人の犯罪捜査や軍紀維持を図る軍事警察だけでなく、「国内ノ安寧ヲ掌ル」という目的から一般人に対しても行政警察や司法警察の権限を行使することが可能であった。ここが他の兵科との最大の違いである。その後、時代の状況に合わせて憲兵条例は改正を重ねていくが、根本の部分は変わらなかった。

憲兵条例第六条は「憲兵ノ常務ヲ分ツテ二種トス」とし、「昼夜交番シテ非違ヲ視察スルヲ巡察トシ臨時ニ探偵逮捕スル為メニ派遣スルヲ検察トス」と憲兵の勤務を定めたほか、第一三条では、「若シ草賊一揆等ノ萌芽スルアラハ密カニ之ヲ視察シ其首唱ノ人名及ヒ其人員等ヲ探偵シテ速ニ報告スヘシ」と暴動の予防を規定している。ここに「探偵」とあるように、憲兵は捜査活動に従事することができた。また、第一六条には、「憲兵ハ命令書ヲ有スルニ非サレハ漫リニ人ヲ逮捕シ若クハ人家ニ侵入シ若クハ物件ヲ差押ルコトヲ得ス」と命令書の重要性を謳うとともに、「但シ現行犯及ヒ現行犯ニ准スル場合ハ此処ニ在ラス」と緊急対応を定めている。裏を返せば、命令書さえあれば、憲兵は現行犯以外の拘束や、私有地への進入、財産の差押などが可能であった。こうした人々の権利を制限する権限は、警察とほぼ同様で、他の兵科にはない力であった。ただし、他の兵科でも現行犯の拘束は可能であった。この一般人に対する権限の差が国内の治安維持において大きな意味を持つことになる。

加えて、警察と憲兵、軍隊の装備する武器にも注目する必要がある。西南戦争で力を発揮した警視局は一八八一年一月に内務省警保局と東京の警察事務を担う警視庁に分離、その際に軍事的な性格を失い、銃器を陸軍省に引き渡した[83]。これによって警察の武器は警杖とサーベルに限定される。一方、憲兵は軍刀や短銃を装備するなど、警察以上の武器を保有、さらに軍隊はもっと強力な小銃を備えていた。この装備の違いが実力行使の際の一つの指標になったと考えられる。憲兵条例第一七条は「憲兵ハ漫リニ兵器ヲ用ルコトヲ許サス」としつつも、「但シ其抗拒シテ制シ難ク殺傷シテ勢ヒ猶予シ難キ者アル時ハ之ヲ用ルモ妨ケナシ」と武器の使用を規定している。

もう一点、憲兵について注目すべきは、その構成員である。設立当初、憲兵の中心的な役割を担ったのは、西南戦争を経験した警察官で、将校から下士に至る大半が警視庁からの転出者で占められた。(84)つまり、日本の憲兵は警察官によって培われたのである。その後、一八八一年五月九日、麹町区宝田町の警視庁所属元巡査教習所跡に東京憲兵本部が開設され、憲兵制度が本格的に始動していった。

憲兵の割合は陸軍全体の将兵の数からみれば僅かであったが、その存在は国内の治安維持において重要な役割を果たすことになる。以後、憲兵は鎮台所在地を中心に部隊の数を増やしていった。

### (2) 激化事件への対応

軍備拡張をめざす陸軍は、一八八四(明治一七)一月三一日に七軍管疆域表を制定した。(85)これに伴い、東京鎮台の管轄区域である第一軍管内でも変化が生じ、新発田が仙台鎮台の管轄(=第二軍管)に移ったほか、管内の軍事拠点も整理され、第三師管の廃止とともに、第一軍管内の師管は、東京を本営とする第一師管(武蔵・相模・甲斐・伊豆・上野・信濃)と、佐倉を本営する第二師管(武蔵・上総・下総・常陸・下野)に整理された。このうち前者には、分営として高崎兵営が残る一方、これまで第二師管の分営であった宇都宮兵営は廃止となり、第一軍管内の兵力は東京、佐倉、高崎の三箇所に集約された。同時に陸軍省が所有した城郭も払い下げられた。こうした背景には、施設維持に関する予算の問題と、警察機構の充実に伴う国内の安定化があったと考えられる。

さらに陸軍省は「諸兵配備表」を制定し、歩兵連隊の増強に着手、関東地方には、一八八八年までに近衛歩兵第一〜同第四連隊(東京)、歩兵第一連隊(東京)、歩兵第二連隊(佐倉)、歩兵第三連隊(東京)、歩兵第一五連隊(高崎)

の八つの部隊が配置された。また、千葉県東葛飾郡の国府台には、一八八五年に東京・丸ノ内の教導団が移転、下士官教育の拠点となった(86)。その後、日清戦後に千葉県千葉郡津田沼村（習志野）に騎兵部隊が設置され、一八九九年以降、広大な習志野演習場を中心に、騎兵第一三、一四、一五、一六連隊の四部隊が順次開設される(87)。また、教導団は九九年に廃止されたものの、国府台には、新設の砲兵部隊が入営したほか、千葉県印旛郡旭村（下志津）にも同じく砲兵部隊が新設された。これに神奈川県三浦郡豊島村（横須賀）の東京湾要塞砲兵部隊を加えると、関東地方の軍事拠点は、従来の三箇所から東京、佐倉、国府台、下志津、習志野、横須賀、高崎の七箇所に拡大していった。

だが、軍隊が治安維持にあたる場面は減少し、暴動鎮圧の主力は警察や憲兵に移っていった。例えば、栃木県令三島通庸の暗殺を目的に発生した一八八四年九月の加波山事件では、東京憲兵隊から憲兵が派遣され、警察とともに鎮圧にあたった(88)。九月二三日、爆発物を所持した民権派が茨城県の加波山に籠城すると、茨城県庁は警察官を総動員するとともに、内務省警保局は権大書記官を現地に派遣して対応にあたった(89)。また、東京憲兵隊も一個小隊を派遣、警察側と協議しながら民権派と対峙する(90)。その後、事件は民権派と警察の双方に死傷者を出しつつ収束したが、しばらくの間、憲兵は近傍で待機することになった。二九日、陸軍卿代理西郷従道と内務卿山縣有朋は、書記官及び派遣隊長に対して臨機応変な対応を命じ(91)、憲兵は一〇月二五日まで現地で警戒活動にあたった(92)。このように憲兵は、軍隊内の秩序維持だけでなく、警察の応援として一般の行政警察にも従事、治安維持の一翼を担ったのである。

さて、加波山事件は警察と憲兵によって鎮圧されたが、その直後に発生した秩父事件は、警察や憲兵で対処できない事態に陥った。一〇月三一日、埼玉県秩父郡において生活に困窮した農民勢が蜂起、高利貸会社や戸長役場等を襲撃していった(93)。それに対し、埼玉県庁は警官隊を派遣したものの鎮圧に至らず、憲兵に応援を求めることになった。注目すべきは、農民勢が火縄銃で抵抗した点で、それが警察による鎮圧を困難にした。一一月二日、陸軍省は憲兵一個小隊の派遣を命令、翌三日にも二個小隊の増派を決定している(94)。現地に到着した憲兵隊は農民勢と銃撃戦を展開し

たが、それでも鎮圧には至らず、埼玉県令は高崎の歩兵第一五連隊に出兵を要請する。(95)

一方、東京鎮台本営からも歩兵第一連隊や歩兵第三連隊が派遣され、それぞれ鉄道を使って北と南から秩父をめざした。(96)通信手段や鉄道の発達は部隊の即応展開を可能にした。この時、現地は膠着状態に陥っていたが、鎮台兵の来援によって警察・憲兵は勢いを盛り返し、兵力で農民勢を圧倒していった。その結果、一三日の長野県南佐久郡穂積村における農民勢と歩兵第一五連隊との戦闘を最後に秩父事件は終結することになった。

以上のように、激化事件の経過を見ると、軍隊の役割の変化が確認できる。同時期、自由民権運動を背景とした激化事件は各地で発生したが、その大部分は警察の力で抑えられた。基本的に警察のみで日常の秩序は保たれたのである。だが、加波山事件のように、抵抗勢力が強力な武器を保持した場合は、警察だけで対処できず、憲兵の出動となった。警察官と同等の権限を有する憲兵の出動は、行政警察権や司法警察権を行使する上でも効果があっただろう。ただし、秩父事件のように、憲兵でも鎮圧に至らない場合は、最終的に軍隊の出動となった。この段階で、国内の治安維持について、①警察の対応、②憲兵の応援、③軍隊の出動という三段階の対処方法が確立する。その後、激化事件は一八八六年六月の静岡事件まで続くが、②以降の段階に至ることはなかった。

### (3) 鎮台制廃止と師団制への移行

立憲政体の樹立をめざす自由民権運動が活発になるなか、一八八一(明治一四)年一〇月一二日に出された国会開設の詔によって欽定憲法の制定や議会の開設が具体的な日程とともに定まる。それに伴い、一八八五年一二月二二日には内閣制度が成立し、議会制度の確立にむけた準備も進展する。その一環として、地方制度が地方官官制に基づくものに変化したほか、陸軍の軍制も大きく変わった。当然、出兵に関する法体系もその影響を受けた。

陸軍部隊の増加を背景に、一八八五年五月一八日に鎮台条例が改正され、陸軍は管轄区域や組織改編を進めていった[97]。出兵については、表1－3に示すように、状況に応じた細かい規定に変更点はないものの、大枠を定める第一〇条に上部機関である監軍との関係が明記される。また、第二八条では、師管営所官員条例とは別に、改めて営所司令官の権限が定められた。ここで重要なのは、第三〇条で軍隊側の判断による出動を規定した点である。それまでは必ず府県側からの要請が必要で、部隊の行動にも制限が加えられていたが、これによって臨機応変な対応も可能になった。秩父事件の状況を鑑みれば、軍隊側の権限を強化する必要があったのだろう。また、徴兵制の定着によって旧藩への帰属意識も解消された。このように鎮台条例で改めて出兵の形が規定されたものの、既述の通り、監軍は翌八六年七月に廃止され、鎮台条例の規定は早くも実態と矛盾する形になった。

一方、一八八六年七月一二日、政府は従来の府県官職制を廃止し、新たに地方官官制を制定、憲法制定に合わせる形で地方制度を整えていった[98]（表1－2）。地方官官制は第二条一項において、府県を統轄する知事の権限を「知事ハ一人勅任二等又ハ奏任一等トス内務大臣ノ指揮監督ニ属シ各省ノ主務ニ就テハ各省大臣ノ指揮監督ヲ承ケ法律命令ヲ執行シ部内ノ行政及警察ノ事務ヲ総理ス」と規定し、内務大臣との関係を明確にしている。また、第三条では、「知事ハ部内ノ行政及警察事務ニ付其職務若クハ特別ノ委任ニ依リ法律命令ノ範囲内ニ於テ管内一般又ハ其一部ニ府県令ヲ発スルコトヲ得」と規定、警察をその管轄下に位置付けている。さらに非常時の対応については、表1－2のように、第八条で、「知事ハ非常急変ノ場合ニ臨ミ兵力ヲ要シ又ハ警護ノ為メ兵備ヲ要スルトキハ鎮台若クハ分営ノ司令官ニ移牒シテ出兵ヲ請フコトヲ得」と、「出兵」の文言とともに、府県知事による出兵請求が地方官側の法令で初めて規定された。これが後に続く出兵請求権の根拠になっていくのである。

その後、軍制については、鎮台制に代わる制度として、一八八八年五月一二日に師団制や旅団制、大隊区制を採用、師団司令部条例や旅団司令部条例、大隊区条例でその大枠を定めた。また、詳細は第3章で述べるが、新たに衛戍条例も制定された。ここで鎮台を拠点とした軍管は師管となり、従来の師管は旅団を拠点とする旅管に変化した。

師団制の採用について「師団司令部条例制定鎮台条例廃止之理由書」は、「抑モ明治六年七月発布ノ鎮台条例ハ主トシテ平時地方鎮圧ニ係ル制度ニシテ建制上戦時団隊ノ編制ト相関スル所少ナク該条例中一将官ヲ指シテ或ハ軍管司令将官ト云ヒ或ハ鎮台司令将官ト云」と鎮台の目的を示した上で、その変遷を説明、すでに平時の機能と戦時に部隊編成が実態に即していない点を挙げ、「往者陸軍創設ノ日ニ方テハ後来ノ目的ヲ公衆ニ標示スル為メ姑ク夸大ノ名称ヲ掲ケ先ツ公衆ヲシテ之ヲ認知セシメ以テ漸次事実ノ拡張ヲ謀ルハ実ニ当然ノ政略ナリ」と政策を評価しつつも、「然レトモ目今軍政ノ大綱漸ク整序シ細目益々精密ナルニ方リ建制ノ基本ニ於テ名実相差フモノアルハ欠典ト謂ハサルヘカラス然ノミナラス或ハ却テ公衆ノ疑訝ヲ生セン故ニ此際其改称ヲ決行シテ其実ニ就クヲ要ス」と、鎮台制改正の必要性を述べた(99)。つまり、平時から師団制を採用することで、戦時編成との矛盾点を解消しようとしたのである。

それでは出兵に関連する規定を確認してみよう。師団司令部条例では、第一条で「師団長ハ中将ヲ以テ之ニ補シ直ニ皇帝陛下ニ隷シ師管内ニ在ル軍隊ヲ統率シ軍事ニ係ル諸件ヲ総理ス」と師団長の権限を明示した上で、第四条一項において、「師団長ハ不虞ノ侵襲ニ際シ師管内ノ防禦及陸軍諸官廨諸建築物ノ保護ニ任ス」と師管内の警備を定めている(100)。また、同二項で「府県知事地方ノ静謐ヲ維持スル為メ兵力ヲ請求スル時事急ナレハ師団長直ニ之ニ応シテ後陸軍大臣及参軍ニ報告ス可シ若其事変危険ニシテ府県知事ノ請求シ能ハサル例外ノ場合ニ在テハ師団長ハ兵力ヲ以テ便宜事ニ従フコトヲ得」と、鎮台条例と同様に、府県知事からの出兵要請と師団長の判断による出兵を規定した。ここで改正前にあった状況ごとの対応例は消滅し、出兵に関する条文は第四条に一本化された。

さらに鎮台条例が師団司令部条例に変わったように、師管営所官員条例に対応する形で旅団司令部条例も制定される。同条例も第一条において、「旅団長ハ少将ヲ以テ之ニ補シ部下ノ歩兵二個聯隊及旅管ニ包括スル四大隊区司令部ヲ統轄ス」と旅団長の権限を定めたほか、第二条で「軍隊ノ訓練、風紀、軍紀、将校ノ教育、内務及糧食、被服、装具ノ事ハ聯隊長ノ責任ニシテ旅団長之ヲ統監ス但大隊戦術以上ノ訓練ハ特ニ旅団長ノ監視スヘキモノトス」と、連隊長との関係を規定した[101]。さらに第五条で「騒擾変乱ノ事アルニ際シ府県知事ヨリ兵力ヲ請求スルトキ事急ニシテ指揮ヲ請フノ暇ナキトキハ直ニ之ニ応シテ後師団長ニ報告スヘシ」と、旅団長の判断による出兵を明示している。このように、師団司令部条例と旅団司令部条例によって出兵に関する軍隊側の対応は定まっていった。

そうした軍隊側の動きだけでなく、地方官官制もそれに対応した形に変化する。翌九〇年一〇月一〇日に改正された地方官官制は、第一二条で出兵請求権を規定している。従来は「鎮台」や「分営」などの施設が出兵要請の窓口だったが、この改正によって「師団長」や「旅団長」のような役職に変化した[102]。師団司令部条例、旅団司令部条例、地方官官制ともに互いの条文に齟齬がない形で出兵制度を規定した。このように昭和初年段階の出兵制度に繋がる形は師団制採用を契機に固まっていったのである。

## 小括

陸軍の創設と出兵制度の成立過程を概観すると、治安維持の担い手の変化が確認できる。維新直後、中央の政府に直轄の軍事力はなく、地方の府・藩・県がそれぞれ独自の軍事力を保有していた。政府にとって諸藩の兵力は脅威で、その解体をめざしていくが、農民一揆が多発する状況では、それに依存しなければならなかった。

だが、御親兵によって直轄の軍事力を得ると、政府はその力を背景に廃藩置県を断行、地方制度の統一を図った。この過程で軍隊の指揮権は知事から切り離され、指揮命令系統は陸軍省—鎮台—分営のラインに整理される。それと同時に、知事には軍隊側との協議が求められたほか、かつての軍事力の一部を警察機構に吸収し、管轄内の治安維持に充てた。このように制度上は、軍隊と警察が治安維持の担い手となっていくが、体制が整わないため、しばらくは諸藩の兵力を構成していた士族の力を頼ることになった。

ただし、徴兵制が軌道に乗ると、政府は士族の活用を否定し、鎮台の機能を重視するようになる。西南戦争では、警察の応援を受けたものの、徴兵制を基盤とする陸軍が士族で構成される西郷軍を打ち破った。これは徴兵制の有効性を示したが、今度は軍内部で反乱が発生し、その統制が新たな課題として浮上する。その結果、軍内部の秩序維持を目的とする憲兵が創設され、軍内部の統制強化を図っていった。

ここで重要なのは、憲兵が軍内部だけでなく、外部にも影響を及ぼした点である。一般の警察行政はもちろん、激化事件のように、暴動発生時は鎮台兵に先駆けて派遣された。この背景には、警察と軍隊の機能を兼ねる憲兵の性格があったと考えられる。つまり、鎮台兵の出兵を暴動鎮圧の最終的な手段とするならば、憲兵の存在はその緩衝材と位置づけることができよう。以後、警察・憲兵の充実と相俟って、出兵の機会は減少、関東地方における大規模出兵は日露戦後の日比谷焼打ち事件までなかった。

他方、一八八八（明治二一）年五月の軍制改革によって鎮台制は廃止され、師団司令部条例や旅団司令部条例に出兵に関する規定が設けられた。治安維持における軍隊の存在感は薄れたものの、最終的な鎮圧手段として警察や憲兵の後ろに控えた。ここで重要な鍵を握ったのは、部隊指揮官と地方長官（＝府県知事）であった。

以上のように、国内の治安維持の担い手は、僅か二〇年の間に、①地方に分散した諸藩の兵力から②鎮台兵と旧藩兵力、さらに③鎮台兵及び警察へと変化し、最終的に④警察と憲兵を主体として鎮台兵（後の師団兵）が控えるという形に変化した。これは冒頭で掲げた松下芳男の枠組みと重なる部分が多いが、警察や憲兵の存在を踏まえると、軍隊の役割は相対的に低下している。これは軍隊の力が国外にむかったためと解釈できるかもしれないが、帝国議会開設に伴う自由民権運動の終息とともに、警察や憲兵が整備されたことも大きいだろう。それらを鑑みると、最終的に軍隊が出動する状況が際立ってくる。軍隊が出動しなければならない状態とは、どのような状態だったのか、その実態は日露戦後に浮かび上がってくる。

注

（1）松下芳男『暴動鎮圧史』（柏書房、一九七七年）一四～七一頁。
（2）軍隊の創設過程については戸部良一『日本の近代九　逆説の軍隊』（中央公論社、一九九八年）のほか、千田稔『維新政権の直属軍隊』（開明書院、一九七八年）、淺川道夫『明治維新と陸軍創設』（錦正社、二〇一三年）などを参照。
（3）一八六八年閏四月二一日、第三三一。以下、『法令全書』掲載の法令類は年次と番号のみを示す。
（4）松下芳男『改訂明治軍制史論』上（国書刊行会、一九七八年）一九～二一頁。
（5）一八六九年七月八日、第六二二。
（6）一八六八年二月一一日、第九〇。
（7）一八六八年一〇月二八日、第九〇二。
（8）一八七〇年九月一〇日、第五七九。
（9）府藩県の設置状況については、千田稔・松尾正人『明治維新研究序説――維新政権の直轄地』（開明書院、一九七七年）のほか、東京都や各県の自治体史を参照した。
（10）前掲『明治維新と陸軍創設』一八～四五頁。
（11）一八六八年八月二三日、第六五四。
（12）一八六九年四月八日、第三四五。
（13）一八六九年七月二七日、第六七五。
（14）一八六八年一〇月一〇日、第八二七。
（15）土屋喬雄・小野道雄編『明治初年農民騒擾録』（勁草書房、一九五三年、原典は一九三一年）。
（16）群馬県教育会『群馬県史　第三巻』（群馬県教育会、一九二七年）六七八～六八三頁、群馬県史編さん委員会編『群馬県史通史編四』（群馬県、一九九〇年）七三五～七六一頁。
（17）一八六八年閏四月一九日、第三二一。
（18）一八六八年閏四月二四日、第三四三。
（19）一八七〇年九月二五日、第六二六。

(20) 一八七〇年二月二〇日、第一一五。
(21) 一八七〇年九月二八日、第六三五。
(22) 一八七〇年一〇月二日、太政官布告第六四九。
(23) 騒動の概要については、前掲『群馬県史　通史編四』八〇九～八一三頁、高崎市市史編さん委員会編『新編高崎市史　通史編三』（高崎市、二〇〇四年）八六九～八八一頁を参照。
(24) 一八七〇年一一月一三日、太政官沙汰第八二六。
(25) 一八七〇年一二月二二日、第九五七。
(26) 加藤陽子『徴兵制と近代日本』（吉川弘文館、一九九六年）三八～四〇頁。
(27) 「薩長土ノ三藩ニ令シテ御親兵ヲ徴シ兵部省ニ管轄セシム」（『太政類典第一編』第一〇八巻所収、国立公文書館所蔵、請求番号：本館－二A－〇〇九－〇〇・太〇〇一〇八一〇〇）。
(28) 一八七一年二月二二日、太政官布告第八九。
(29) 一八七一年四月二三日、太政官布告第二〇〇。
(30) 一八七一年七月一四日、太政官布告第三五〇、同第三五三。
(31) 一八七一年八月二〇日、兵部省第七三。
(32) 一八七一年九月二九日、兵部省一〇八、兵部省一〇九。
(33) 一八七一年七月、兵部省第五七。
(34) 同右。
(35) 一八七二年二月二八日、太政官布告第六二号。
(36) 一八七二年三月二日、太政官布告第六五号。
(37) 内閣記録局編『法規分類大全第四十七巻　兵制門三』（原書房、一九七七年）二六〇、二六三頁。
(38) 同右。なお、陸軍省は一八七二年六月二〇日に第一分営を新発田から新潟に戻すよう東京鎮台に指示している（陸軍省第一二五）。
(39) 宇都宮市史編さん委員会編『宇都宮市史　近・現代編Ⅱ』（宇都宮市、一九八一年）五八七～五八八頁。

(40) 前掲『法規分類大全第四十七巻　兵制門三』二六一～二六二頁。

(41) 一八七三年一月九日、太政官第四号。

(42) 一八七三年一月一日に陸軍省から各鎮台、諸局寮司、諸府県へ出された達（陸軍省第七）には、「今般全国鎮台御改正被仰出候処六管鎮台表中掲示有之候営所及ヒ諸兵備付之儀ハ漸次整備ニ至ラシムヘク候条為心得此旨相達候事」と、軍備拡張の方針が打ち出されている。また、一八七三年の鎮台条例第八条でも「其他営所ハ逐年兵員増加スルニ従ヒ之ヲ置クノ目的ニシテ現今若シ事情之ヲ要スル時ハ師管ノ分遣隊ヲ分屯セシム」と営所の整備を謳っている。

(43) 一八七三年一月一三日、陸軍省第九。前掲『法規分類大全第四十七巻　兵制門三』二六六～二六七頁。藤澤直枝『上田市史』上巻（信濃毎日新聞社、一九四〇年）は町用所日記から旧第二分営の廃止を一八七三年五月二二日としている（六二八～六三二頁）。

(44) 一八七三年七月一九日、太政官布告第二五五号。鎮台条例第二条では、「凡ソ六軍管ハ其管下ノ兵員戦時ニ当リ略一軍ヲ興スニ足ルヲ以テ軍管ト名ツケ其師管ハ略々一師ヲ興スニ足ルヲ以テ師管ト名ク」と、軍管及び師管の内容を定義したほか、第一〇条では「凡ソ隷属ノ法営所ハ師管ニ隷シ師管ハ軍管ニ隷スルヲ以テ平常ノ報告並ニ物品ノ度支ハ各々其序ヲ逐フヲ正例トナスト雖モ地勢彼此懸絶スルヲ以テ尚此以下諸条ニ開示スル方法ニ従フヘシ」と軍事拠点の序列を明確にしている。

(45) 前掲『法規分類大全第四十七巻　兵制門三』二六六頁。

(46) 同右二六九～二七〇頁。

(47) 同右二七一～二七三頁。

(48) 高崎市市史編さん委員会編『新修高崎市史　通史編四　近現代』（高崎市、二〇〇四年）一一〇～一一二頁。

(49) 前掲『法規分類大全第四十七巻　兵制門三』二六八頁。ちなみに宇都宮営所は宇都宮・新治・茨城の三県、新潟営所は新潟・柏崎・相川の三県を管轄区域とした。

(50) 一八七五年二月二五日、太政官布告第三三号。

(51) 一八七五年六月九日、陸軍省達布第一六九号。

(52) 一八七一年一一月一五日、兵部省第一四三。

(53) 一八七一年一一月二三日、兵部省第一四九。

(54) 一八七一年一一月二七日、太政官達第六二三。
(55) 一八七五年一一月三〇日、太政官達第二〇三号。
(56) 一八七二年一月一〇日、兵部省第二。
(57) 鎮台の官員は兵部省職員令（一八七一年七月、兵部省第五七）で大枠が定められたほか、鎮台官員令（一八七二年一月一〇日、兵部省第二）によって職員の細かな業務内容を定めた。
(58) 高橋茂夫「明治四年鎮台の創設（下）」（『軍事史学』第一四巻第一号、一九七八年六月）。
(59) 遠藤芳信「鎮台体制の成立――鎮台体制の成立萌芽期を中心に――」（『人文論究』第八〇号、二〇一一年三月）。
(60) 東京鎮台条例第六条の但し書きには、「他州県兵隊屯戍アルノ処モ之ニ准スル事」と、東京以外の軍隊所在地においても同様の対応を執ることが定められている。
(61) 陸軍の統制の問題については、前掲『逆説の軍隊』二三～七七頁を参照。
(62) 一八七二年三月一二日、陸軍省第二六。
(63) 文官と武官の成立過程については、大江洋代「日清・日露戦争と陸軍官僚制の成立」（小林道彦・黒沢文貴編『日本政治史のなかの陸海軍・軍政優位体制の形成と崩壊一八六八～一九四五』（ミネルヴァ書房、二〇一三年）を参照。
(64) 概要は新潟県編『新潟県史　通史編六　近代一』（新潟県、一九八七年）二四七～二七四頁を参照。
(65) 一八七二年六月二七日、陸軍省第一二七。
(66) 概要は山梨県立図書館編『山梨県史第二巻』（山梨県立図書館、一九五九年）九三四～九七四頁を参照。
(67) 一八七二年九月五日、陸軍省第一七九、一八〇。
(68) 一八七三年七月一九日、太政官布告第二五五号。
(69) 一八七三年七月二二日、陸軍省第二七四。
(70) 一八七三年一一月七日、陸軍省第五〇四。
(71) 一八七七年一月二〇日、陸軍省達乙第二三号。
(72) 一八七四年二月一二日、陸軍省達布第七六号・第七七号。
(73) 詳細は羽賀祥二「明治初期太政官制と『臨機処分』権――農民一揆・士族反乱の鎮圧と委任状――」（明治維新史学会編『幕

藩権力と明治維新』吉川弘文館、一九九二年）を参照。
(74) 一八七四年二月二〇日、陸軍省達布達第九四号、同第九五号、同第九六号、同第九七号、同第九八号。
(75) 概要は茨城県史編集委員会監修『茨城県史　近現代編』（茨城県、一九八四年）三六〜四六頁を参照。また、出兵の経緯は茨城県史編さん近代史一部会編『茨城県史＝政治社会編Ｉ』（茨城県、一九七四年）三七七〜四二一頁を参照。
(76)「茨城県下暴動ノ際士族ヲ傭用シ兵器用シ兵器ヲ携帯セシムルハ鎮台条例ニ悖戻スルヲ以テ内務省ヨリ府県へ諭達セシム」（『太政類典第二編　自明治四年八月至同十年十二月　第百五十一巻』所収、請求番号：本館-二Ａ-〇〇九-〇〇・太〇〇三七三一〇〇）。
(77) 西南戦争の概要については猪飼隆明『西南戦争――戦争の大義と動員される民衆』（吉川弘文館、二〇〇八年）、落合弘樹『西南戦争と西郷隆盛』（吉川弘文館、二〇一三年）などを参照。
(78) 警察官や屯田兵の投入経緯は鈴木淳「官僚制と軍隊」（吉田裕編『岩波講座　日本歴史　近現代Ｉ』第一五巻、岩波書店、二〇一四年）を参照。
(79) 一八七八年一二月五日、陸軍省達号外。
(80) 一八七八年一二月一三日、陸軍省達号外。
(81) 一八七九年九月一五日、太政官達第三三号。
(82) 一八八一年三月一一日、太政官達第一一号。
(83) 前掲「官僚制と軍隊」。なお警察官が短銃を装備するのは、一九二三年の関東大震災以後である。
(84) 田崎治久編『日本之憲兵（正・続）』（三一書房、一九七一年）八三頁。以下、憲兵の変遷は同書に依った。
(85) 一八八四年一月三一日、太政官達第一三号。
(86) 市川市史編纂委員会編『市川市史　第三巻』（市川市、一九七五年）一六三〜二一一頁を参照。
(87) 習志野市教育委員会編『習志野市史　第一巻　通史編』（習志野市役所、一九九五年）七四〇〜七八六頁を参照。
(88) 事件の概要は茨城県史編集委員会編『茨城県史　近現代編』（茨城県、一九八四年）八一〜八八頁を参照。
(89)『東京日日新聞』一八八四年九月二七日。
(90)「憲兵隊之内茨城県下へ出張云々達」（『明治十七年九月　大日記』所収、防衛研究所戦史研究センター史料室所蔵、請求番

号：陸軍省-大日記-M一七~二一-四〇)、前掲『日本之憲兵(正・続)』六一、一〇四頁。なお、陸軍省に伝わった加波山事件の情報については、『明治十七年九月　茨城暴徒事件綴込附埼玉事件』(防衛研究所戦史研究センター史料室所蔵、請求番号：陸軍省-雑-M一七~八-一〇八)を参照。

(91)「茨城県下妻ニテ勝間田内務書記官外壹人云々電報」(前掲『明治十七年九月　大日記』所収)。

(92)「茨城県へ出張の憲兵の小隊帰京届」(『明治十七年十一月　大日記』所収、防衛研究所戦史研究センター史料室所蔵、請求番号：陸軍省-大日記-M一七~一三-四二)。

(93)秩父事件に関する研究は井上幸治『秩父事件――自由民権期の農民蜂起』(中央公論新社、一九六八年)をはじめ厚い蓄積があるが、本書との関係では、稲田雅洋「秩父事件と武力」(『歴史評論』第五二一号、一九九三年一一月)、中嶋久人「秩父事件における警察と地域社会――比企郡小川町周辺における『自衛隊』の活動を中心にして」(『歴史学研究』第八六〇号、二〇〇九年一一月)などを参照。

(94)前掲『日本之憲兵(正・続)』六一、一〇四頁。

(95)出兵の経緯は井上幸治・色川大吉・山田昭次編『秩父事件史料集成　第四巻　官庁文書(一)』(二玄社、一九八六年)三~一七頁、一五七~二〇三頁、一〇〇七~一〇一〇頁を参照。ちなみに高崎分営は武装蜂起の情報を得ると、管内の岩鼻火薬製造所に兵員を派遣して警戒を強化した。その詳細は前澤哲也『帝国陸軍　高崎連隊の近代史　上巻』(雄山閣、二〇〇九年)二七~三三頁を参照。

(96)秩父事件における軍隊の活動は、高田甲子太郎「秩父事件における軍隊の行動について――第一五連隊第一大隊」(『軍事史学』第一二巻第四号、一九七七年三月)、「秩父事件における軍隊の行動について――第三連隊第三大隊」(同第一三巻第一号、一九七七年六月)、「秩父事件における軍隊の行動について(下)――第三連隊第三大隊」(同第一三巻第二号、一九七七年九月)を参照。

(97)一八八五年五月一八日、太政官達二一号。鎮台条例改正の経緯は「鎮台条例改正」(『明治九・一〇・二二―一八・九・一〇　陸軍諸条例綴　一／三』所収、防衛研究所戦史研究センター史料室所蔵、請求番号：中央-軍事行政法-一一三)参照。

(98)一八八六年七月一二日、勅令第五四号。

(99)「大隊区司令部條例制定ノ件」(『明治二十一年五月　貳大日記』所収、防衛研究所戦史研究センター史料室所蔵、請求番号：

陸軍省-貳大日記-M二一-五-二三）。師団司令部条例及び衛戍条例制定の経緯は同史料を参照。
（100）一八八八年五月一二日、勅令第二七号。
（101）一八八八年五月一二日、勅令第二八号。
（102）一八九〇年一〇月一〇日、勅令第二二五号。

# 第2章　東京衛戍地の形成

かつて東京は日本最大の軍事拠点、東京衛戍地であった。東京衛戍地には、陸軍の中枢機関である陸軍省や参謀本部をはじめ、近衛師団や第一師団の主力部隊が所在したほか、教育総監部隷下の各種学校や練兵場、軍事物資を生産する軍需工場、さらに憲兵を統轄する憲兵本部なども置かれていた。それらの施設を中心に、陸軍には、東京衛戍地を守る任務があり、その存在は東京の都市形成や地域住民の生活に様々な影響を与えていた。[1] そうした東京の状況については、警備体制を中心に、これまで岩淵令治や土田宏成、荒川章二などが分析を進めてきた。[2]

本章では、先行研究を踏まえつつ、明治期における軍事施設の配置と、警備体制の変化から東京衛戍地の形成過程を検討する。前章では、軍管及び師管という広域的な概念から出兵制度の成立過程を分析したが、ここでは陸軍の所在地に焦点を絞りつつ、軍隊の対内的機能を検証したい。なお、詳細は次章で述べるが、「衛戍地」には、①陸軍部隊の常駐する土地、すなわち「兵営」や「駐屯地」を指す意味と、②駐屯部隊の守備範囲、すなわち「警備担当区域」を指す意味の二つがあった。本章では主に後者の意味に注目する。

明治末の東京市周辺の陸軍施設は表2－1に示す通りである。地域別の状況を見ると、兵営は現在の皇居北側（現・千代田区北の丸公園）や皇居南西部（現・港区六本木周辺）、大山街道沿線（厚木街道、現・国道二四六号＝青山通り・玉川通り）、北豊島郡岩淵町（現・北区赤羽台）に集中し、教育機関は皇居北西部の富士見町、市谷本村町、

# 表２－１　明治末期の東京市周辺の主な陸軍施設

| | 施設名 | 所在地 | 現住所 | 現　況 |
|---|---|---|---|---|
| 中央機関 | 陸軍省 | 麹町区永田町１丁目 | 千代田区永田町１丁目 | 国会議事堂、憲政記念会、国会図書館 |
| | 参謀本部 | 麹町区永田町１丁目 | 千代田区永田町１丁目 | 国会議事堂、国会前洋式庭園 |
| | 教育総監部 | 麹町区代官町 | 千代田区北の丸 | 北の丸公園（科学技術館周辺） |
| | 東京衛戍総督部 | 麹町区隼町 | 千代田区隼町 | 最高裁判所、国立劇場 |
| 近衛師団 | 近衛師団司令部 | 麹町区代官町 | 千代田区北の丸 | 北の丸公園（庁舎は現在の東京国立近代美術館工芸館） |
| | 近衛歩兵第１旅団司令部 | 麹町区代官町 | 千代田区北の丸 | 北の丸公園（庁舎は現在の東京国立近代美術館工芸館） |
| | 近衛歩兵第１連隊 | 麹町区代官町 | 千代田区北の丸 | 北の丸公園 |
| | 近衛歩兵第２連隊 | 麹町区代官町 | 千代田区北の丸 | 北の丸公園 |
| | 近衛歩兵第２旅団司令部 | 赤坂区一ツ木町 | 港区赤坂５丁目 | 東京放送（ＴＢＳ） |
| | 近衛歩兵第３連隊 | 赤坂区一ツ木町 | 港区赤坂５丁目 | 東京放送（ＴＢＳ） |
| | 近衛歩兵第４連隊 | 豊多摩郡千駄ヶ谷町字霞岳町 | 渋谷区神宮前２丁目 | 國學院高等学校、都立青山高等学校 |
| | 騎兵第１旅団司令部 | 千葉県千葉郡津田沼町 | 千葉県習志野市大久保４丁目 | 八幡公園 |
| | 近衛騎兵連隊 | 麹町区元衛町 | 千代田区大手町１丁目 | 気象庁、東京消防庁、大手町合同庁舎１～３号館 |
| | 騎兵第13連隊 | 千葉県千葉郡津田沼町 | 千葉県船橋市三山２丁目 | 東邦大学習志野キャンパス（理学部・薬学部） |
| | 騎兵第14連隊 | 千葉県千葉郡津田沼町 | 千葉県習志野市泉町１丁目 | 日本大学津田沼キャンパス（生産工学部） |
| | 野砲兵第１旅団司令部 | 荏原郡駒澤村 | 世田谷区太子堂１丁目 | 区立三宿中学校 |
| | 近衛野砲兵連隊 | 荏原郡駒澤村 | 世田谷区太子堂１丁目 | 昭和女子大学 |
| | 野砲兵第13連隊 | 荏原郡駒澤村 | 世田谷区下馬２丁目 | 都営下馬アパート |
| | 野砲兵第14連隊 | 荏原郡駒澤村 | 世田谷区下馬２丁目 | 都営下馬アパート |
| | 交通兵旅団司令部 | 千葉県千葉郡都賀村 | 千葉市中央区椿森１丁目 | 椿森公園、千葉公園 |
| | 鉄道連隊（本部） | 千葉県千葉郡都賀村 | 千葉市中央区椿森１丁目 | 椿森公園、千葉公園 |
| | 鉄道連隊第１大隊 | 千葉県千葉郡都賀村 | 千葉市中央区椿森１丁目 | 椿森公園、千葉公園 |
| | 鉄道連隊第２大隊 | 千葉県千葉郡都賀村 | 千葉市中央区椿森１丁目 | 椿森公園、千葉公園 |
| | 鉄道連隊第３大隊 | 千葉県千葉郡津田沼町 | 千葉県習志野市津田沼２丁目 | 千葉工業大学津田沼キャンパス |
| | 気球隊 | 豊多摩郡中野町 | 中野区中野４丁目 | 中野区役所、中野サンプラザ |
| | 電信大隊 | 豊多摩郡中野町 | 中野区中野４丁目 | 中野区役所、中野サンプラザ |
| | 近衛工兵大隊 | 北豊島郡岩淵町大字袋 | 北区赤羽台４丁目 | 東京北社会保険病院 |
| | 近衛輜重兵大隊 | 荏原郡目黒町 | 目黒区大橋２丁目 | こまばエミナース、警視庁第三方面本部 |
| | 近衛師団軍楽隊 | 麹町区代官町 | 千代田区北の丸 | 北の丸公園 |
| | 千葉衛戍病院 | 千葉県千葉郡千葉町 | 千葉市中央区椿森４丁目 | 独立行政法人国立病院機構千葉医療センター |
| | 第１師団司令部 | 赤坂区青山南町１丁目 | 港区南青山１丁目 | 都営南青山アパート、青葉公園 |
| | 麻布連隊区司令部 | 赤坂区青山南町１丁目 | 港区南青山１丁目 | 都営南青山アパート、青葉公園 |
| | 甲府連隊区司令部 | 山梨県西山梨郡相川村 | 山梨県甲府市北新町 | 山梨大学付属中学校、山梨県福祉プラザ |

| | | | | |
|---|---|---|---|---|
| 第一師団 | 本郷連隊区司令部 | 本郷区真砂町 | 文京区本郷４丁目 | 関東財務局住宅、清和公園 |
| | 佐倉連隊区司令部 | 千葉県千葉郡佐倉町 | 千葉県佐倉市城内町 | 市立佐倉中学校 |
| | 歩兵第１旅団司令部 | 麻布区三河台町 | 港区六本木４丁目 | 俳優座劇場 |
| | 歩兵第１連隊 | 赤坂区檜町 | 港区赤坂９丁目 | 東京ミッドタウン（旧防衛庁跡地） |
| | 歩兵第49連隊 | 山梨県西山梨郡相川村 | 山梨県甲府市北新町 | 山梨大学付属中学校、山梨県福祉プラザ |
| | 歩兵第２旅団司令部 | 赤坂区青山南町１丁目 | 港区南青山１丁目 | 都営南青山アパート、青葉公園 |
| | 歩兵第３連隊 | 麻布区龍土町 | 港区六本木７丁目 | 国立新美術館（旧東京大学生産研究所跡地） |
| | 歩兵第57連隊 | 千葉県印旛郡佐倉町 | 千葉県佐倉市城内町 | 国立歴史民俗博物館、佐倉城址公園 |
| | 騎兵第２旅団司令部 | 千葉県千葉郡津田沼町 | 千葉県習志野市大久保４丁目 | 八幡公園 |
| | 騎兵第１連隊 | 荏原郡世田谷村 | 世田谷区池尻４丁目 | 筑波大学付属駒場高等学校、駒場東邦中学校・高等学校 |
| | 騎兵第15連隊 | 千葉県千葉郡津田沼町 | 千葉県習志野市泉町２丁目 | 東邦大学付属中学校・高等学校、市営泉団地 |
| | 騎兵第16連隊 | 千葉県千葉郡津田沼町 | 千葉県習志野市泉町３丁目 | 財務省関東財務局合同宿舎、公務員住宅 |
| | 野砲兵第２旅団司令部 | 千葉県東葛飾郡市川町国府台 | 千葉県市川市国府台２丁目 | 和洋女子大学 |
| | 野砲兵第１連隊 | 荏原郡駒澤村 | 世田谷区下馬２丁目 | 都営下馬アパート |
| | 野砲兵第15連隊 | 千葉県東葛飾郡市川町国府台 | 千葉県市川市国府台 | 和洋女子大学、県立国府台高等学校 |
| | 野砲兵第16連隊 | 千葉県東葛飾郡市川町国府台 | 千葉県市川市国府台 | 和洋女子大学、県立国府台高等学校 |
| | 野砲兵第３旅団司令部 | 千葉県印旛郡旭村 | 千葉県四街道市 | 愛国学園大学、千葉敬愛高校 |
| | 野砲兵第17連隊 | 千葉県東葛飾郡市川町国府台 | 千葉県市川市国府台 | 和洋女子大学、県立国府台高等学校 |
| | 野砲兵第18連隊 | 千葉県印旛郡旭村 | 千葉県四街道市 | 愛国学園大学、千葉敬愛高校 |
| | 東京湾要塞司令部 | 神奈川県三浦郡豊島村 | 神奈川県横須賀市上町 | 豊島小学校 |
| | 重砲兵第１旅団司令部 | 神奈川県三浦郡豊島村 | 神奈川県横須賀市不入斗町 | 坂本中学校、不入斗中学校 |
| | 重砲兵第１連隊 | 神奈川県三浦郡豊島村 | 神奈川県横須賀市不入斗町 | 坂本中学校、不入斗中学校 |
| | 重砲兵第２連隊 | 神奈川県三浦郡豊島村 | 神奈川県横須賀市不入斗町 | 坂本中学校、不入斗中学校 |
| | 工兵第１大隊 | 北豊島郡岩淵町大字袋 | 北区赤羽台４丁目 | 星美学園（小学校・中学学校・高等学校・短期大学） |
| | 輜重兵第１大隊 | 四谷区東信濃町 | 新宿区信濃町 | 慶応大学病院 |
| | 東京第１衛戍病院 | 麹町区隼町 | 千代田区隼町 | 最高裁判所、国立劇場 |
| | 東京第２衛戍病院 | 荏原郡世田谷村 | 世田谷区太子堂 | 太子堂中学校（旧国立小児病院跡地） |
| | 習志野衛戍病院 | 千葉県千葉郡津田沼町 | 千葉県習志野市泉町 | 千葉県済生会習志野病院 |
| | 国府台衛戍病院 | 千葉県東葛飾郡市川町国府台 | 千葉県市川市国府台３丁目 | 里見公園 |
| | 下志津衛戍病院 | 千葉県印旛郡千代田村 | 千葉県四街道市鹿渡 | 国立病院機構下志津病院 |
| | 佐倉衛戍病院 | 千葉県印旛郡佐倉町 | 千葉県佐倉市城内町 | 国立歴史民俗博物館、佐倉城址公園 |
| | 横須賀衛戍病院 | 神奈川県三浦郡豊島村 | 神奈川県横須賀市上町 | 横須賀市立うわまち病院 |
| | 甲府衛戍病院 | 山梨県西山梨郡相川村 | 山梨県甲府市天神町 | 独立行政法人国立病院機構甲府病院 |
| | 東京廃兵院 | 北豊島郡巣鴨町 | 豊島区北大塚 | 巣鴨公園 |
| | 東京衛戍監獄 | 豊多摩郡渋谷町 | 渋谷区宇田川町 | 渋谷区役所、渋谷公会堂 |

| | | | | | |
|---|---|---|---|---|---|
| 憲兵 | | 憲兵司令部 | 麹町区大手町 | 千代田区大手町１丁目 | パレスホテル |
| | | 憲兵練習所 | 麹町区大手町 | 千代田区大手町１丁目 | パレスホテル |
| | | 東京憲兵隊 | 麹町区大手町 | 千代田区大手町１丁目 | パレスホテル |
| | | 東京第１憲兵分隊 | 麹町区大手町 | 千代田区大手町１丁目 | パレスホテル |
| | | 猿若町分遣所 | 浅草区猿若町 | 台東区浅草６丁目 | — |
| | | 板橋町分遣所 | 豊島郡板橋町 | 板橋区板橋 | — |
| | | 東京第２憲兵分隊 | 赤坂区表町 | 港区赤坂８丁目 | 赤坂郵便局 |
| | | 内藤新宿町分遣所 | 豊多摩郡内藤新宿町 | 新宿区内藤町 | 新宿御苑 |
| | | 渋谷町分遣所 | 豊多摩郡渋谷町 | 渋谷区道玄坂 | 渋東シネタワー |
| | | 市川憲兵分隊 | 千葉県東葛飾郡市川町 | 千葉県市川市 | — |
| | | 二宮村分遣所 | 千葉県千葉郡二宮村 | 千葉県船橋市 | — |
| | | 千葉憲兵分隊 | 千葉県千葉郡千葉町 | 千葉市院内 | — |
| | | 千代田村分遣所 | 千葉県印旛郡千代田村 | 千葉県四街道市 | — |
| | | 佐倉町分遣所 | 千葉県印旛郡佐倉町 | 千葉県佐倉市 | — |
| | | 横浜憲兵分隊 | 神奈川県横浜市富士見町 | 横浜市中区富士見町 | — |
| | | 横須賀憲兵分隊 | 神奈川県横須賀市若松町 | 神奈川県横須賀市 | — |
| | | 浦郷村分遣所 | 神奈川県三浦郡浦郷村 | 神奈川県横須賀市浦郷町 | — |
| | | 浦賀町派出所 | 神奈川県三浦郡浦賀町 | 神奈川県横須賀市浦賀町 | — |
| | | 富津町派出所 | 千葉県君津郡富津町 | 千葉県富津市 | — |
| | | 甲府憲兵分隊 | 山梨県甲府市百石町 | 山梨県甲府市 | — |
| 教育機関 | 陸軍省 | 陸軍経理学校 | 牛込区若松町 | 新宿区若松町 | 東京女子医科大学 |
| | | 生徒隊 | 牛込区若松町 | 新宿区若松町 | 東京女子医科大学 |
| | | 陸軍軍医学校 | 麹町区富士見町 | 千代田区富士見町２丁目 | 東京逓信病院、嘉悦女子高校 |
| | | 陸軍獣医学校 | 荏原郡世田谷村 | 世田谷区代沢１丁目 | 駒場学園高校、富士中学校 |
| | | 陸軍砲兵工科学校 | 小石川区小石川町 | 文京区後楽 | 中央大学理工学部、礫川公園 |
| | | 生徒隊 | 小石川区小石川町 | 文京区後楽 | 中央大学理工学部、礫川公園 |
| | 参謀本部 | 陸軍大学校 | 赤坂区青山北町１丁目 | 港区北青山１丁目 | 青山中学校・都営北青山アパート |
| | 教育総監部 | 陸軍砲工学校 | 牛込区若松町 | 新宿区若松町 | 警視庁第八機動隊 |
| | | 陸軍戸山学校 | 牛込区下戸塚町 | 新宿区戸山２～３丁目 | 戸山公園、都営戸山ハイツ |
| | | 教導大隊 | 牛込区下戸塚町 | 新宿区戸山２～３丁目 | 戸山公園、都営戸山ハイツ |
| | | 軍楽生徒隊 | 牛込区下戸塚町 | 新宿区戸山２～３丁目 | 戸山公園、都営戸山ハイツ |
| | | 陸軍騎兵実施学校 | 荏原郡目黒村大字上目黒 | 目黒区大橋２丁目 | 目黒第一中学校 |

| | | | | | | | |
|---|---|---|---|---|---|---|---|
| 教育機関 | 教育総監部 | 陸軍野戦砲兵射撃学校 | 教導大隊 | 教導中隊 | 荏原郡目黒村大字上目黒 | 目黒区大橋2丁目 | 目黒第一中学校 |
| 教育機関 | 教育総監部 | 陸軍野戦砲兵射撃学校 | | | 千葉県印旛郡千代田村 | 千葉県四街道市鹿渡 | 県立四街道高等学校、イトーヨーカドー四街道店 |
| 教育機関 | 教育総監部 | | 教導大隊 | | 千葉県印旛郡千代田村 | 千葉県四街道市鹿渡 | 県立四街道高等学校、イトーヨーカドー四街道店 |
| 教育機関 | 教育総監部 | 陸軍重砲兵射撃学校 | | | 神奈川県三浦郡浦賀町 | 神奈川県横須賀市馬堀町 | 馬堀自然教育園 |
| 教育機関 | 教育総監部 | | 教導大隊 | | 神奈川県三浦郡浦賀町 | 神奈川県横須賀市馬堀町 | 馬堀自然教育園 |
| 教育機関 | 教育総監部 | 陸軍士官学校 | | | 牛込区市谷本村町 | 新宿区市谷本村町 | 防衛省 |
| 教育機関 | 教育総監部 | | 生徒隊 | | 牛込区市谷本村町 | 新宿区市谷本村町 | 防衛省 |
| 教育機関 | 教育総監部 | 陸軍中央幼年学校 | | | 牛込区市谷本村町 | 新宿区市谷本村町 | 防衛省、警視庁第四方面本部 |
| 教育機関 | 教育総監部 | | 生徒隊 | | 牛込区市谷本村町 | 新宿区市谷本村町 | 防衛省、警視庁第四方面本部 |
| 工廠／研究所／技術機関 | 陸軍省 | 陸軍砲工兵廠 | | | 小石川区小石川町 | 文京区後楽 | 東京ドーム、東京ドームシティ |
| 工廠／研究所／技術機関 | 陸軍省 | | 小銃製造所 | | 小石川区小石川町 | 文京区後楽 | 東京ドーム、東京ドームシティ |
| 工廠／研究所／技術機関 | 陸軍省 | | 火具製造所 | | 小石川区小石川町 | 文京区後楽 | 東京ドーム、東京ドームシティ |
| 工廠／研究所／技術機関 | 陸軍省 | | 砲具製造所 | | 小石川区小石川町 | 文京区後楽 | 東京ドーム、東京ドームシティ |
| 工廠／研究所／技術機関 | 陸軍省 | | 精器製造所 | | 小石川区小石川町 | 文京区後楽 | 東京ドーム、東京ドームシティ |
| 工廠／研究所／技術機関 | 陸軍省 | | 銃砲製造所 | | 北豊島郡板橋町 | 北区十条台1丁目 | 陸上自衛隊十条駐屯地、北区中央公園、東京成短期大学 |
| 工廠／研究所／技術機関 | 陸軍省 | | 板橋火薬製造所 | | 北豊島郡板橋町 | 板橋区加賀1～2丁目 | 帝京大学医学部、東京家政大学、東板橋図書館 |
| 工廠／研究所／技術機関 | 陸軍省 | | 目黒火薬製造所 | | 荏原郡上目黒村 | 目黒区中目黒2丁目 | 防衛省目黒地区（防衛省防衛研究所・幹部学校） |
| 工廠／研究所／技術機関 | 陸軍省 | 陸軍火薬研究所 | | | 北豊島郡板橋町 | 板橋区加賀1～2丁目 | 帝京大学医学部、東京家政大学、東板橋図書館 |
| 工廠／研究所／技術機関 | 陸軍省 | 陸軍兵器本廠 | | | 麹町区隼町 | 千代田区隼町 | 最高裁判所、国立劇場 |
| 工廠／研究所／技術機関 | 陸軍省 | | 東京陸軍兵器支廠 | | 小石川区大塚町 | 文京区大塚2丁目 | お茶の水女子大学 |
| 工廠／研究所／技術機関 | 陸軍省 | | | 和泉新田火薬庫 | 豊多摩郡和田堀内村大字和泉 | 杉並区永楽1丁目 | 明治大学和泉キャンパス、築地本願寺和田堀廟所 |
| 工廠／研究所／技術機関 | 陸軍省 | | | 赤羽火薬庫 | 北豊島郡岩淵町赤羽 | 北区桐ヶ丘1丁目 | 都営桐ヶ丘団地、桐ヶ丘中央公園 |
| 工廠／研究所／技術機関 | 陸軍省 | | | 板橋兵器庫 | 北豊島郡岩淵町稲付 | 北区西ヶ丘3丁目 | 都立赤羽商業高等学校、国立科学スポーツセンター |
| 工廠／研究所／技術機関 | 陸軍省 | | | 白金弾薬庫 | 芝区白金台町 | 港区白金台5丁目 | 国立科学博物館付属自然教育園 |
| 工廠／研究所／技術機関 | 陸軍省 | | | 大塚弾薬庫 | 小石川区大塚町 | 文京区大塚2丁目 | お茶の水女子大学 |
| 工廠／研究所／技術機関 | 陸軍省 | | | 青山倉庫 | 豊多摩郡千駄ヶ谷町字霞岳町 | 新宿区霞岳町 | 都営霞ヶ丘アパート |
| 工廠／研究所／技術機関 | 陸軍省 | 医務局 | 陸軍衛生材料廠 | | 荏原郡大崎町大字上大崎 | 品川区上大崎2丁目 | シティコート目黒（集合住宅） |
| 工廠／研究所／技術機関 | 陸軍省 | 千住製絨所 | | | 北豊島郡南千住 | 荒川区南千住6丁目 | 南千住浄水場、荒川工業高校 |
| 工廠／研究所／技術機関 | 陸軍省 | 陸軍糧秣本廠 | | | 深川区越中島 | 江東区越中島1丁目 | 越中島公園、深川スポーツセンター |
| 工廠／研究所／技術機関 | 陸軍省 | 陸軍被服本廠 | | | 本所区横網町1丁目 | 墨田区横網町1丁目 | 横網町公園、江戸東京博物館、両国国技館 |
| 工廠／研究所／技術機関 | 陸軍省 | 鉄道連隊材料廠 | | | 千葉県千葉郡津田沼町 | 千葉県習志野市津田沼1丁目 | イオン津田沼、イトーヨーカドー津田沼店 |
| 工廠／研究所／技術機関 | 陸軍省 | 電信大隊材料廠 | | | 豊多摩郡中野町 | 中野区中野4丁目 | 中野区役所、中野サンプラザ |
| 工廠／研究所／技術機関 | 陸軍省 | 病馬廠 | | | 荏原郡目黒村大字上目黒 | 目黒区大橋2丁目 | 目黒第一中学校 |
| 工廠／研究所／技術機関 | 参謀本部 | 陸地測量部 | | | 麹町区永田町1丁目 | 千代田区永田町1丁目 | 国会議事堂 |

| | | | | |
|---|---|---|---|---|
| 演習場 | 〔東京〕 | 青山練兵場 | 豊多摩郡千駄ヶ谷町字霞岳町 | 新宿区霞岳町 | 神宮外苑 |
| | | 代々木練兵場 | 豊多摩郡代々幡町 | 渋谷区代々木神園町 | 代々木公園、ＮＨＫ |
| | | 駒澤練兵場 | 荏原郡世田谷村池尻 | 世田谷区池尻１丁目 | 世田谷公園、陸上自衛隊三宿駐屯地 |
| | | 青山射的場 | 赤坂区南青山１丁目 | 港区南青山１丁目 | 警視庁第三青山荘 |
| | | 大久保・戸山射的場 | 豊多摩郡大久保町 | 新宿区大久保３丁目 | 早稲田大学理工学部、戸山公園 |
| | 〔千葉〕 | 習志野演習場 | 千葉県千葉郡津田沼町 | 千葉県船橋市・習志野市 | 陸上自衛隊習志野駐屯地他 |
| | | 下志津演習場 | 千葉県印旛郡千代田村 | 千葉県四街道市 | 陸上自衛隊下志津駐屯地他 |
| | 〔静岡〕 | 富士裾野演習場 | 静岡県駿東郡 | 静岡県御殿場市 | 陸上自衛隊東富士演習場 |

注：1）「陸軍常備団隊配備表」（1907年９月18日、軍令陸第４号）及び「憲兵隊配置及憲兵分隊管区表」（1911年８月15日、陸軍省令第７号）、『明治四十一年八月調　陸軍軍隊官衙学校所在地一覧』（川流堂本店、1908年）、『職員録』明治45年度版（印刷局）を基礎情報として各自治体史・部隊史などを参考に作成した。

2）「現在の状況」で明確な位置が特定できないものは、目標物として最も近い施設を記した。また、憲兵分隊以下は正確な位置が特定できない施設もあるので、地図等で確認できないものは「―」とした。

3）「演習場」は近衛師団及び第１師団の在京部隊が使用する主要な演習場に限定した。

若松町、戸塚町等に散在した。また、軍需工場は小石川の砲兵工廠を筆頭に、北豊島郡板橋町（現・板橋区加賀）に火薬製造施設が集中したほか、隅田川東岸の横網町や越中島、武蔵野台地東端の目黒や大崎にも点在していた。こうした状況を整理すると、東京の軍事施設は主に東京市の西郊部に集中する傾向にあった。

ここで三つの点に留意したい。第一は軍事施設の配置過程である。軍事施設はどのようにして東京市の西郊部に集まったのか。警備体制の変化を考える上で、その拠点となる施設の変化を押さえる必要がある。第二は天皇の存在である。荒川も指摘するように、東京衛戍地と他の衛戍地との最大の違いは、近代日本の精神的支柱となった天皇と、禁闕守衛を担う近衛兵を抱えていたことである[3]。つまり、東京の警備体制を考察する場合は、まず皇居（皇城及び宮城、以下、表記を「皇居」に統一）と、それを守る近衛兵の存在を考える必要がある。そして第三は、治安維持を担う諸機関の関係である。東京衛戍地内には、近衛兵、鎮台兵（後の師団兵）、憲兵、警察、消防などが存在したが、非常時に際して、それらの機関はどのような関係にあったのか。特に軍隊と警察の関係はこれまで十分な検討はなされてこなかった。そうした点を踏まえつつ、東京衛戍地の形成過程を明らかにしていきたい。

## 第1節　明治維新と東京の警備体制

### (1)　東京市内の治安維持

東北地方で明治政府と旧幕府勢力との戦闘が続くなか、江戸は一八六八（慶応四・明治元）年七月一七日に「東京」と改称、東京府職制の制定とともに、行政機関としての東京府が誕生する[4]。それ以前、江戸の治安維持は町奉行所の機能を引き継ぐ市政裁判所が担い、旗本とその家臣から構成される市政裁判所付兵隊が取締等を行っていたが、東京府の誕生以降、その機能は市政局の捕亡方に移管されていった[5]。

だが、少人数の捕亡方は主に犯罪者の探索に重きを置き、実際の治安維持は市政裁判所付兵隊を吸収した市中取締兵隊があたった。同隊は薩摩藩など政府の指定した七藩から兵力を集めたもので、東京府知事の指揮のもと、担当区域を区分して警備にあたった。前章で述べた通り、府知事の管轄下に軍事力があったのである。しかし、直轄軍創設をめざす政府は、市中取締兵隊を軍務官の管轄下に移管しようとする[6]。一八六九年一月八日、政府は軍務官、東京府、市中取締諸藩に対し、「東京市中取締之諸藩進退之儀以来軍務官へ御委任被　仰付候」と、その人事権を軍務官の管轄に位置付ける一方、「但持場勤向等之儀者是迄之通東京府へ御委任之事」と、指揮権及び監督権を東京府に与えた。このように市中取締兵隊は軍務官と東京府の二重の管理下に置かれたのである[7]。

続いて二月一九日、政府は東京の市域（朱引内）を指定し、「諸邸其外共家作取払候儀不相成候事」と指示、「朱引外ノ明キ地明キ屋敷等追々開墾相成候間是迄朱引外住居致シ居候輩可成丈ケ朱引内へ転居可致事」と隣接地域の開墾と朱引内への転居を命じた。(8) こうした朱引内の治安を維持することが市中取締兵隊の任務となった。さらに五月には市中取締規則を制定し、「市中取締兵隊被差置候義は、第一市民安堵営業致候様との御趣意ニ候間、厚其意を体し、市民之難渋不相成様可心懸事」と、市中取締隊の目的とともに、具体的な任務を定めた。(9) だが、指揮命令系統の混乱や、藩兵の間で勤務態度に差が出るなど、人事権がない点から現場では様々な弊害も生じていた。その結果、東京府は軍務官（一八六九年七月以降、兵部省）からの人事権移管をめざしていく。

一方、東京の治安は悪化する傾向にあり、一〇月一七日、太政官は兵部省や東京府に対し、「近来市中盗賊夜ニ乗シ兵器ヲ以テ劫掠殺奪等之所業有之趣殊ニ輦轂下ニ於テ右様之儀有之候ハ以之外之事ニ候全府下取締不行届ヨリ差起リ候儀ニ有之候猶東京府申合セ取締方一際厳重可致旨御沙汰候事」と、警備体制の強化を指示した。(10) この点からも窺えるように、東京の治安回復は政府にとっても重要な課題となっていた。

一一月九日、東京府は太政官に対して兵力が必要であると主張し、これまでの問題点を述べつつ、市中取締兵隊を改編して新たに府兵を設置する方針を示した。(11) その上で、「兵部省へ可申達、其上ニ而同省より諸藩兵士撰兵之上当府へ送り相成候儀ハ是迄之通り、其上ニ而ハ約束号令進退駆引より賞罰黜陟ニ至迄、総而当府へ御委任被仰付度奉存候」と権限の拡大を求めている。太政官はこの建白を承認し、兵力の派遣を兵部省に指示するとともに、東京府への人事権の移管を明確にした。(12) このように東京府の主張は全面的に受け入れられ、直属の軍事力が誕生したのである。ただし、重大な事態が発生した場合は、兵部省に連絡して対応することになった。

それに伴い、市中取締兵隊は府兵と改称、一二月には府兵規則が制定される。(13) その冒頭は、「府下鎮撫為メ兵隊を差置候義は、第一乱妨を禁し、盗賊を妨き、市在之諸民安堵営業致候様ニとの厚御趣意ニ候間、隊長ヨリ夫卒ニ至ル迄深く其意を奉体し、第一軍律を堅相守、府下の諸民難儀不相成様心懸ケ厳重ニ可致事」と、府兵の任務を規定した。また、災害時の対応についても、「出火有之節は、第一盗賊体之もの能見糺し、焼家之荷運等害障と不相成様路傍見物之者追払成丈ケ焼家消防之便利致し可申事」と定めた。これは従前の市中取締規則にはなかった部分である。

こうした府兵制度の拡充によって捕亡方も一八七〇年五月に廃止され、府兵局が新たに設置された。さらに八月一五日に改正された東京府職制は、「府兵ヲ指揮シテ市街ヲ巡邏シ、捕亡ノ事アレハ此ニ赴キ、且盗賊奸凶ヲ探索シ、或ハ処々ノ警護等」を掌ると府兵局の業務を定めた(14)。これによって府兵局―府兵の指揮命令系統が確立し、東京市中の治安維持は専ら府兵が担うことになった。さらに一二月二四日には、三府並開港場取締心得が制定され、治安維持の大枠を定めるとともに、重要地点の治安強化も図られていった(15)。

他方、東京の消防は鳶人足を主体とする町火消（火消組）によって担われていたが、東京府は一八七〇年五月から消防制度の整備に着手、六月九日に太政官へ出された上申は、「消防之義ハ当今町火消而已ヲ以府下一般之備ニ相成居候姿ニテ不公平之廉モ有之、且種々之弊害不少候ニ付、今般致改革府下一般之消防取建度奉存候」と、「消防改革」の理由を述べている(16)。町単位で維持されていた町火消の負担を東京全体で請け負うことで、不公平の解消を図ったのである(17)。また、一〇月には府庁内に消防局を新設、消防掛、総轄、指図役、指図役心得などの役職を設置、火消組は消防組へと改編されていった(18)。このように近世以来の消防組織も次第に東京府の管轄下に置かれていく。さらに消防局は翌七一年五月三〇日に府兵局と合併、各消防組は府兵とともに運用されることになった。

さて、府兵制度の成立によって東京府は直属の兵力を得たものの、兵部省の関与から完全に独立したわけではなかった。そこで新たな試みとして、横浜居留地で導入されていた欧米のポリス制度を持ち込むことを画策、廃藩置県後の一八七一年一〇月二三日には、旧鹿児島藩士を中心とする三〇〇〇人を邏卒として採用した。これによって府兵は解体され、「警察」と「軍隊」の組織が明確に分かれていった(19)。

その後、警察機構を統轄する司法省警保寮の新設に伴い、東京府の管轄下にあった邏卒も翌年八月に警保寮へ移管、さらに警保寮は一八七四年一月に内務省に移管された。また、東京の治安維持を担う東京警視庁も誕生し、消防業務も担った。その後、警察業務を定める法令が整備されるなど、政府は警察制度の充実を図っていった。

## (2) 皇居とその周辺の警備体制

さて、これまでは町人の住む市街地の状況を検討してきたが、本節では、旧江戸城を中心とする武家地の警備体制を確認する。維新直後、当該地域の警備を担ったのも諸藩から提供される兵力で、一八六八(慶応四・明治元)年四月に江戸城を受領した政府は、西の丸(西城)の消防を筑前藩や高松藩に命じた。続いて一〇月一三日、政府は江戸城を東幸中の明治天皇が滞在する皇居と定め、名称を「東京城」と改称、さらに翌六九年三月二八日の天皇再幸に際し、東京城は「皇城」に改められた。以後、軍務官は、皇居を守る体制を構築していく。

旧江戸城は外濠に配置された浅草橋門、筋違橋門、小石川門、牛込門、市ヶ谷門、四谷門、喰違門、赤坂門、虎ノ門、幸橋門、山下橋門、浜大手門などの内側にあたる外郭(外曲輪)と、数寄屋橋門、鍛冶橋門、呉服橋門、常盤橋門、神田橋門、一橋門、雉子橋門、清水門、田安門、半蔵門、外桜田門、日比谷門などの内側にあたる内郭(内曲輪)によって構成されていた。皇居の防衛にあたっては、内郭の諸門を拠点に警備体制が構築される。一八六九年四月二五日、政府は一時的な措置として、「櫓御門之儀ハ親王輔相ヲ除之外夜中開門一切不相成候事」と櫓門タイプの夜間通行を禁止する一方、枡形門タイプの通行を認めた[20]。続いて兵部省は九月に諸宮門等守衛規律之大概を制定し、通行に際しての印鑑認証や不審者の確保などを定めたが、警備の大枠を示すのみで、具体的な警備方法は未定であった[21]。これを解消するため、政府は翌七〇年三月五日に外桜田門等一〇門の夜間通行を規定した城門通行及警戒規律や、兵士の行動を示した諸御門警戒兵規律を制定し、諸門の警備体制を固めていった[22]。

諸御門警戒兵規律で注目したいのは、非常時や火災時の対応が定められている点である。例えば、非常事態が発生した場合は、非番の兵士もすべて出勤して対応することになった。また、「夜中御曲輪内出火之節ハ台提燈等差出シ関門通行為致警戒兵御門側ニ相立厳重譏察可致事」と、通行人の取り調べを厳重にするよう定めている。その後、諸御門警戒兵規律は一八七一年一月一〇日と四月一八日に改正される。前者では非常時の規定に関する変更点はないものの、後者では、「非常ハ勿論朱引内出火ノ節ハ休番ノ者モ不残駆付警戒可致事」と非番者の出勤を規定した上で、「但御近火ハ時櫓ニ於テ鐘鼓打交候ニ付其節ハ別テ心ヲ配リ厳重相守リ可申事」と、警報発令時の対応が加えられた。また、四月二〇日制定の新関門警戒兵規則でも、改正前の諸御門警戒兵規律と同様の内容が記されている。

他方、警備を担う藩兵の士気は低かったようで、警備分担を定めた一八七〇年五月の軍監使役心得書には、「諸御門諸見附等警戒兵之儀是迄法律有之候得共動モスレハ御門内エ胡乱之者入込或ハ横死等モ有之畢竟諸御門警戒等閑ヨリ右様之義モ有之候次第甚以不相済」と、警備体制の不備が記されている(23)。それを解消するため、諸門の警備担当を四つの区域に分けつつ、軍監を配置し、「警衛兵隊精惰労逸ハ勿論於途中胡乱之者又ハ喧嘩ケ間敷儀都而不審之廉々ハ直ニ取糺シ事宜ニ依リ捕押へ置内郭中ハ警戒兵市中ハ府兵へ其由相通シ夫々当然之取計可致」と、警備体制の強化を図った。内郭の警備を担う警戒兵と、市中の取締を担う府兵の役割は明確に分かれていた。

一方、経済活動を活発にしたい町人たちの要望もあり、旧江戸城の諸門は開放される方向に進んでいく(24)。例えば、六月一七日に竹橋門・雉子橋門・清水門・田安門・半蔵門の五門が開放されたのに続き、翌七一年一月九日には、田安門や半蔵門、市ヶ谷門などの櫓が撤去された。以後、諸門の撤去が進み、九月二八日には、城内の大手門・坂下門・御車寄門の三門及び半蔵門・竹橋門の二門以外の警備は撤廃される。それに伴い、諸御門警戒兵規律や新関門警戒兵規則は廃止、外郭諸門の管轄も兵部省から東京府へ移管されていく。このように旧江戸城の範囲は、門の廃止とともに縮小、兵部省の警備担当区域も狭まっていった(25)。

見方を変えれば、これは士族層の占有地域に町人層の力が及ぶことを意味した。特に消防体制の変化はそのことを如実に表している。既述の通り、西の丸の消防は筑前・高松両藩の担当で、兵部省の管轄下に置かれていたが、一八六九年八月九日に東京府へ移管された[26]。この時点で高松藩が藩費で消防に係る人員を出したほか、政府は官費をもって消防人足を雇い、そこから定詰の人員を配置した。鈴木淳は江戸時代の状況を踏まえつつ、大名火消と定火消の混合した形態で消防が担われたと推察している[27]。つまり、町火消に頼らない消防体制を整えていた。加えて、東京府に管轄を移管したものの、兵部省も当該地域の消防に関わっていた。兵部省や武庫司、造兵司などの近傍で火災が発生した場合、それぞれの施設が抱える消防人足を派遣していた。一八七〇年一一月一二日、兵部省はこれを諸門の警戒兵に通達、印鑑や法被の照合によって消防人足を通行させるよう命じている[28]。このように皇居とその周辺地域の消防は、東京府を主体としつつ、兵部省も加わる形となった。だが、翌七一年四月の廃藩置県で藩の消防がなくなると、その主体は町火消で構成される定火消に委ねられていった[29]。

### (3) 明治初年の軍事施設

前章で述べたように、一八七一（明治四）年二月に政府直轄の軍隊である御親兵が誕生、近代日本陸軍の基礎になると同時に、東京に兵営を構えることになった[30]。当然ながら、その存在は、これまで検討してきた東京府の警備体制にも影響を及ぼすことになる。まずはその配置状況から検討していこう。

明治維新から一〇年後の東京周辺の軍事施設は、表2－2に示す通りである。これは一八七七年発行の『陸軍省第二年報』に収められた「諸官廨並所轄地坪建坪明細表　十年六月三十日調」から作成したもので、明治初年の軍事施設は、政権の中枢部を守るため、皇居を囲むように配置されていた。内容を整理すると、①現在の皇居外苑にあたる祝田町及び元千代田町、②丸の内オフィス街及びその隣接部にあたる八代洲町・有楽町・大手町・永楽町、③日比谷公園から霞ヶ関に至る外桜田町、④北の丸公園にあたる代官町、⑤防衛省の所在する市ヶ谷などに集中していたことがわかる。また、⑥国会議事堂や国立国会図書館のある永田町や、⑦東京ミッドタウンにあたる赤坂檜町、⑧後楽園周辺、⑨東京大学のある本郷台にも陸軍の用地が点在した。それらは主に各藩の藩邸が所在した場所で、廃藩置県以降、急速に変化していった。

御親兵は鹿児島藩出身者の一～四番大隊、山口藩出身者の五～七番大隊、高知藩出身者の八・九番大隊に大きく分けられ、出身地ごとに、鹿児島藩兵は市ヶ谷の旧尾州藩邸（現・防衛省）、山口藩兵は西丸下大手町前（現・皇居外苑）及び山下門内（現・日比谷公園）、高知藩兵は旧一橋邸内（現・気象庁）及び数奇屋橋門内（現・JR有楽町駅周辺）に駐屯した。また、砲兵も同様に、鹿児島藩兵によって編成される一～四番砲隊は旧尾州藩邸、山口藩兵によって編成される五・六番砲隊は旧一橋邸に分けられたほか、高知藩の騎兵隊は桔梗橋門内（現・皇宮警察本部）に置かれた。政府は各藩の出身者を一カ所に集めることで、部隊の統制を図ろうとしたのだろう。一二月三日には、御親兵を統轄する御親兵掛が兵部省内に新設され、各種事務を取り扱うことになった[31]。さらに同年八月一八日には、東京鎮台の設置も布告されていたが、一一月まで整備されず、常備兵も配置されない状況が続いた[32]。

この時期、兵部省内部では、御親兵及び東京鎮台の配置と、皇居の警備体制の確立が課題となっていた。例えば、一二月二〇日、御親兵掛は秘史局に対し、「方今皇城御守衛御改制中ニテ未夕確定不相成候間追テ近日ノ中確定規定候ハ、可申進候夫迄ノ処先従前ノ通御渡置有之度此段申進候也」と伝えており、皇居の警備体制を模索する様子が窺える。興味深いのは、この通牒の備考として、『法規分類大全　兵制門三』に御親兵及び東京鎮台の兵営についての構想が付されている点である[33]。まず、御親兵の兵営については、「御親兵ナル者ハ皇居之近方ニ屯集護衛スヘク皇居ヨリ号令便捷ナル地ニ陣営ヲ置ヲ以テ必要トス」と設置の条件を示した上で、皇居を囲むように兵営を配置しようと考えていた。具体的には、「今左側並ニ後面ノ備トシテ元田安清水ノ旧邸ニ陣営ヲ築造シ、右側ハ霞ケ関広島旧邸地等ニ歩兵営ヲ築造スヘシ、而テ是ニ属スル騎兵砲兵等ノ営ヲ造ント欲ス」と、その位置を示している。実際、田安・清水の旧邸は竹橋兵営（現・北の丸公園）、広島藩の旧邸は外桜田兵営（現・総務省及び国土交通省）となる。

一方、東京鎮台の兵営は、「東京鎮衛ノ兵ハ他ノ鎮台ニ比スレハ其数尤モ多シ故ニ陣営モ亦潤大ナラサルヲ得ス、其陣営ハ地理ヲ検察シ一箇所或ハ二箇所ニ新築ヲナス時ハ充分タルヘケレトモ、即今費多クシテ容易ニ然ルヲ得ヘカラス故ニ四方地ノ宜キニ因リ旧邸ヲ営繕シ以テ非常ノ用ニ備ヘン」とあるように、適当な大名屋敷を充てることを考えていた。具体的には、皇居の東側では、旧岡山藩邸（現・郵船ビル及び三菱商事ビル）や、深川緑町の旧弘前藩邸周辺（現・墨田区立緑図書館・緑町公園）、皇居の西側では、赤坂の旧佐倉藩及び淀藩邸、旧和歌山藩邸（現・赤坂

**陸軍施設1877（明治10）年６月30日現在**

| 現　状 | 備　考 |
|---|---|
| 帝国劇場 | 1878年に永田町１丁目に移転 |
| 皇居外苑 | — |
| 帝国劇場 | — |
| 東京放送（ＴＢＳ） | — |
| 国立劇場 | — |
| 赤坂御用地 | — |
| 北の丸公園 | 第９営／1874年２月10日完成 |
| 北の丸公園 | 第９営／1874年２月10日完成 |
| 皇居外苑 | 第４営 |
| 北の丸公園 | 第２営／1873年６月完成 |
| パレスホテル東京 | 第13営 |
| ＤＮタワー21 | — |
| 東京ミッドタウン | 第５営／鎮台歩兵 |
| 日本生命丸の内ビル | — |
| 国立歴史民俗博物館 | 第11営・第15営／鎮台歩兵 |
| 宇都宮城址公園 | 第３営／鎮台歩兵 |
| 高崎市役所、群馬音楽センター | 第10営／鎮台歩兵 |
| 陸上自衛隊新発田駐屯地 | 第12営／鎮台歩兵 |
| 新潟市立寄居中学校 | 第７営／駐屯部隊なし |
| 丸の内 MY PLAZA | 第14営／鎮台騎兵 |
| 防衛省 | 第16営／鎮台砲兵 |
| 丸の内 MY PLAZA | 第15営／鎮台輜重兵 |
| パレスホテル東京 | 第13営／工兵第１大隊 |
| 防衛省 | — |
| 都立戸山公園 | — |
| 日比谷公園 | — |
| 警視庁、警察庁、総務省 | 第１営／教導団砲兵 |
| 警視庁、警察庁、総務省 | 第８営／教導団歩兵 |
| 帝国劇場 | — |
| 東京ドーム、東京ドームシティ | — |
| 三菱東京 UFJ 銀行日比谷支店 | — |
| 日比谷公園 | — |
| コソボ共和国大使館 | — |
| JR 水道橋駅、日本大学 | — |
| 東京大学 | — |
| 東京大学 | — |
| 東京大学地震研究所 | — |
| 越中島公園 | — |

撰區分東京明細圖」などを参考に作成。

表2-2　明治10年頃における東京及び周辺の主な

| 施設名 | | | 所在地 | 現住所 |
|---|---|---|---|---|
| 中央機関 | 陸軍省 | | 有楽町1丁目1番地 | 千代田区丸の内3丁目 |
| | 衛戍本部 | | 元千代田町1番地 | 千代田区皇居外苑 |
| | 裁判所 | | 有楽町1丁目1番地 | 千代田区有楽町1丁目 |
| | 囚獄 | | 赤坂一ツ木町33番地 | 港区赤坂5丁目 |
| | 本病院 | | 隼町1丁目1番地 | 千代田区隼町 |
| 近衛 | 近衛局 | | 仮皇居内 | 港区元赤坂2丁目 |
| | | 近衛歩兵第1連隊 | 東代官町2番地 | 千代田区北の丸公園 |
| | | 近衛歩兵第2連隊 | 東代官町2番地 | 千代田区北の丸公園 |
| | | 近衛騎兵隊 | 祝田町1番地 | 千代田区皇居外苑 |
| | | 近衛砲兵隊 | 東代官町1番地 | 千代田区北の丸公園 |
| | | 近衛工兵中隊 | 大手町1丁目1番地 | 千代田区丸の内1丁目 |
| 東京鎮台 | 東京鎮台 | | 有楽町1丁目2番地 | 千代田区有楽町1丁目 |
| | | 歩兵第1連隊 | 赤坂檜町2番地 | 港区赤坂9丁目 |
| | | 鎮台歩兵営 | 永楽町2丁目2～3番地 | 千代田区丸の内1丁目 |
| | | 鎮台歩兵営 | 千葉県印旛郡佐倉 | 千葉県佐倉市城内町 |
| | | 鎮台歩兵営 | 栃木県下河内郡宇都宮3129番地 | 栃木県宇都宮市本丸町 |
| | | 鎮台歩兵営 | 群馬県群馬郡高松町1番地 | 群馬県高崎市高松町 |
| | | 鎮台歩兵営 | 新潟県蒲原郡新発田町 | 新潟県新発田市大手町6丁目 |
| | | 鎮台歩兵営 | 新潟県蒲原郡寄居村 | 新潟県新潟市中央区営所通 |
| | | 鎮台騎兵営 | 八代洲町1丁目1番地 | 千代田区丸の内2丁目 |
| | | 鎮台砲兵営 | 市ヶ谷本村町77番地 | 新宿区市谷本村 |
| | | 鎮台輜重兵営 | 八代洲町1丁目1番地 | 千代田区丸の内2丁目 |
| | | 鎮台工兵営 | 大手町1丁目1番地 | 千代田区丸の内1丁目 |
| 教育機関 | 士官学校 | | 市ヶ谷本村町77番地 | 新宿区市谷本村 |
| | 戸山学校 | | 下戸塚町19番地 | 新宿区戸山 |
| | 教導団本部 | | 内山下町2丁目1番地 | 千代田区日比谷公園 |
| | | 教導団兵営 | 外桜田町1番地 | 千代田区霞が関2丁目 |
| | | 教導団兵営 | 外桜田町1番地 | 千代田区霞が関2丁目 |
| 工廠 | 工兵第一方面本署 | | 有楽町1丁目2番地 | 千代田区有楽町1丁目 |
| | 砲兵本廠 | | 小石川町1番地 | 文京区後楽 |
| 訓練施設 | 有楽町練兵場 | | 有楽町2丁目1番地 | 千代田区丸の内3丁目 |
| | 日比谷練兵場 | | 西日比谷1番地 | 千代田区日比谷公園 |
| | 愛宕下練兵場 | | 愛宕下町2丁目7番地 | 港区西新橋3丁目 |
| | 三崎町練兵場 | | 三崎町3丁目1番地 | 千代田区三崎町2丁目 |
| | 練兵場 | | 向ヶ岡弥生町1番地 | 文京区弥生 |
| | 練兵場 | | 本郷元富士1番地 | 文京区本郷 |
| | 練兵場 | | 駒込追分町／東片町 | 文京区弥生 |
| | 射的場 | | 深川越中島1番地 | 江東区越中島1丁目 |

注：1)「諸官廨並所轄地坪建坪明細表　十年六月三十日調」(『陸軍省第二年報』1877年、所収)を基本に、「新

御用地）、市ヶ谷の旧小浜藩邸、皇居の南側では、麻布及び芝の増上寺一円、目黒、皇居の北側では、旧津藩邸（現・千代田区立和泉小学校）、上野一円などを候補に挙げていた。特に増上寺については、「皇城近傍ニ於テ南方第一要衝ノ地トス」と評し、また、上野についても「東京北方ノ一鎮営ヲ築クヘキ要勝第一ノ地ナリ」と評価している。御親兵が皇居防衛に重きを置いたのに対し、東京鎮台は、東京全体の防衛に重きを置いていた。ここで挙げられた候補地のすべてが兵営となったわけではないが、大部分は陸軍省の用地として接収された。

一八七二年四月九日、陸軍省は御親兵掛を廃止して近衛局を設置、それに先立ち、三月に近衛制度を規定する近衛条例を制定した(34)。政府は部隊編成だけでなく、皇居防衛の目的を明確にする。この法令を基礎に皇居の警備体制が規定されていった。さらに御親兵は一七日に近衛兵と改称、それを統轄する近衛局も八月五日に宮内省の建物に移転する(35)。だが、翌七三年一月、徴兵令の布告とともに近衛兵は一度解体され、各鎮台から優秀な人物を選抜して再編されることになった。当初、一時的な措置として、新近衛兵は東京鎮台の選抜兵と旧近衛兵の一部によって歩兵四個大隊（一個大隊＝二個小隊／定員八〇〇人）を編成したが、翌七四年一月二二日に選抜兵を受領して近衛歩兵第一連隊と同第二連隊を編成する。それと同時に近衛騎兵大隊や近衛砲兵大隊も編成されていった。

他方、皇居の周辺では軍事施設の整備が進展する。一八七三年四月九日、陸軍省は築造を掌る第四局に対して、①工兵部隊の兵営は架橋や掘削等の演習内容から平坦な土地で水利の良い場所を選ぶ、②輜重兵部隊の兵営は一部隊で数部隊の輸送を担う関係から諸部隊の兵営の中央部に置く、③砲兵営は市ヶ谷の旧尾州藩邸に置いて練兵場は士官学校と共有するという三つの方針を示した(36)。これに基づいて各部隊の兵営が定まっていった。

以後、旧江戸城周辺の改修工事も進み、次々と兵営や練兵場が造営される。例えば、四月二〇日、西丸下に騎兵隊の兵営が完成したほか(37)、翌七四年二月七日には、旧田安門及び清水門を通用門とする竹橋兵営（東代官町）が完成、近衛部隊の拠点となった(38)。一方、東京鎮台の施設も充実、一八七三年四月二四日には、赤坂檜町の旧山口藩の下屋敷跡地に鎮台歩兵隊の兵営が完成する。[39] 後にこの場所は第一師団の中核となる歩兵第一連隊（一八七三年五月一四日創設）及び同第三連隊（一八七四年一二月一九日創設）の兵営となった。さらに七月一九日には、新築施設の受領手続を定めた府下兵営等新築引渡概則も制定された。[40]

以上のように、政府直轄軍の誕生とともに、皇居を二重に囲むような形で御親兵と東京鎮台の兵営が配置されていった。後の皇居外苑や官庁街、丸の内のオフィス街となる地域以外は、その後も軍用地として使用され、赤坂檜町（米軍施設）や市ケ谷本町（防衛省）は現在も重要な軍事拠点になっている。今日に続く東京の軍事的空間の素地はこの時期に形成されていったのである。

## 第2節　警備方法の確立

### (1) 火災発生時の対応

一八七二（明治五）年三月九日制定の近衛条例は、「近衛平時ニ在テハ宮掖並ニ京城諸門ヲ禁衛シ車駕行幸スレハ前駆後殿道路ヲ警備スルヲ掌ル事」と、近衛兵の役割を明示している。[41] 兵営の配置状況からもわかるように、近衛兵の目的は皇室を保護することにあった。また、東京鎮台条例三条は「皇城ハ管内ニ在リト雖トモ其守衛ノ若《ママ》キハ別ニ親衛兵アルヲ以テ亦帥ノ与ル所ニ非ス」と規定し、近衛の管轄区域を内郭、鎮台兵の管轄区域を外郭に定めた。東京鎮台の責任者である帥は皇居の警備に直接関与することはできず、専らそれは近衛都督の役目となっていた。近衛は管内の巡邏や諸門の警備によって人為的な攻撃に備えたが、火災もまた大きな脅威となっていた。[42]

これまで皇居周辺で火災が発生した場合は、櫓において太鼓と鐘を交互に鳴らすことで知らせていたが、[43] 近衛条例の制定と同時に、太政官は「自今非常並御近火ノ節ハ大砲三発ヲ以テ合図ト定候」と警報の発令方法を改め、従前の制度を廃止した(44)。続いて三月一二日には、非常号砲放射卒詰所諸規則を制定し、近衛砲隊から軍曹一人、伍長一人、砲手四人の計六人が二四時間体制で詰めることになった(45)。このように警報発令の体制が整えられたが、三発の発砲では非常時と出火時の区別がつかないため、早くも二日後の三月一四日に非常時の場合は大砲五発、出火時は大砲三発という方法に変更となる(46)。また、同日、陸軍省は各部局に対して、警報の発令と警備方法を通達した(47)。これによって、「号砲相発候ハ、皇城守衛当直隊ハ不残整列シ控隊ハ大手坂下両門外へ一小隊宛相詰近衛局官員之指揮ヲ可相待事」と、警備方法が定められたほか、「右同断之節東京鎮台兵モ各営内備場へ早々整隊致長官之指揮ヲ相待可申事」と、鎮台兵も待機することになった。つまり、近衛兵だけでなく、鎮台兵にも対応が求められたのである。

先に述べたように、皇居の消火活動は町火消によって組織される定火消によって担われており、また、陸軍も消防人足を雇うなど、消火活動は専門的な技術を有する集団に任されていた。そのため兵士たちの行動は、主に混乱する火災現場の警備に重きを置いていた。皇居周辺の警備・消防体制の構築は、その後も進み、四月二日には、御近火境界として本丸大手門—和田倉門—馬場先門—桜田門—半蔵門—田安門—清水門—竹橋門—平河門の九門が設定される。この内側の火災はもちろん、その周辺で火災が発生した場合も陸軍は号砲で知らせることになった(48)。

そうした体制が構築された背景には、皇居周辺で度々発生する火災の影響があったと考えられる。三月一七日、陸軍省は各部局に対して、「火之元之義ハ厳重取締可致ハ勿論ニ候処近来ハ往々不取締之向モ有之以ノ外ノ事ニ候」と火の管理が不十分な点を挙げつつ、「以来諸寮司局台官員詰合中屹度心付当直ハ別段念入可申且又役夫多分使役致候向ハ殊更厳重申渡万一不都合之義於有之ハ其所管ノ越度タルヘク候条此旨相達候也」と、厳重な管理を求めた(49)。これには同年二月二六日に発生した銀座大火の教訓があったのだろう。銀座の煉瓦街が誕生する契機となった銀座大火は、和田倉門内（祝田町）の兵部省の付属施設から出火し、濠を越えて丸の内方面に拡大、さらに外濠も越えて銀座方面へ燃え広がり、最終的に死者三人、全焼約一九〇〇戸の被害を出した[50]。こうした事態を防ぐためにも、陸軍省は内部の引き締めを図った。しかし、火災に対する警戒を強めるなか、皇居全体が炎に包まれる事態が発生する。

一八七三年五月五日午前一時二〇分頃、皇居北部から発生した火災は、宮殿等に延焼、その大部分を焼いて午前四時三〇分頃に鎮火した[51]。明治天皇は近衛兵の護衛で避難し、その日の午後に赤坂離宮に移った。被害拡大の原因は、鈴木淳も指摘するように、入門を管理する近衛兵が規則に固執し、確認用の鑑札を持たない定火消の進入を拒んだためである[52]。この対応は鎮台兵に対しても同様で、東京鎮台の第一大隊と第一三大隊が応援に駆け付けたが、近衛第四大隊の将校に阻まれ、大手門前で待機することになった[53]。その後、五月九日の『日新真事誌』に近衛兵が応援を妨げたことが報じられると、太政官正院は五月一五日に再発の防止を陸軍省に命じている[54]。

一方、施設を失ったことで、赤坂離宮が仮皇居となった。それに伴い、今度は赤坂離宮を中心とする警備体制が構築される。五月一〇日、陸軍省は非常及び近火時の号砲を赤坂離宮で行うことにしたほか、赤坂離宮に隣接する東西南北五町以内を近火の境界に設定した[55]。警戒警報の合図は従前と同じく、非常時五発、出火時三発で、五月一五日から実施された。また、赤坂離宮の近火区域は町人の居住地域も含めたため、「各区火ノ見ニ於テ御近火ハ半鐘四点ツ、非常ハ五点ツ、連々打鳴シ候条此旨可相心得事」と、町民に対しても警戒を命じている[56]。さらに翌七四年七月五日には、赤坂離宮及び青山御所に対する警備兵の配置が決まるなど、順次、仮皇居を守る体制が固まっていった。

他方、陸軍は兵士の統制を図りつつ、自らの力で災害に対処する姿勢を示し始める。例えば、一八七七年二月には、近衛歩兵営、近衛砲兵営、近衛騎兵営、鎮台工兵営、呉服橋仮営、麻布連隊営、愛宕下歩兵営、教導団歩兵営、教導団騎兵営・工兵営、鎮台騎兵営・工兵営、市ヶ谷砲兵営、軍馬局の一二箇所に消防用ポンプを配備し、出火時は兵士らがそれを用いて消火活動を行うようになった。陸軍は独力で火災に対処する力を備え始めたのである[57]。

## (2)「衛戍」概念の導入

皇居の防衛を主任務とする近衛兵に対し、鎮台兵には、軍管内の治安維持と施設警備に関する任務があった。例えば、一八七二(明治五)年三月二日、陸軍省は東京鎮台一四番大隊に造兵司の警備を、また、同一番大隊に武庫司の警備をそれぞれ命じている[58]。これらは陸軍の施設であるが、それ以外でも、陸軍省は一八七四年二月二三日に大蔵省の金庫を警備するため、歩兵一個小隊以上を派遣するよう東京鎮台に命じた[59]。こうした動きからわかるように、陸軍は自らの関連施設や国家の運営に関わる重要施設の警備を担っていた。そうした陸軍の性格は一八七六年から順次導入され始めた「衛戍」制度からも窺い知ることができる。

一八七六年四月一一日、陸軍省は東京衛戍部署及び衛戍服務概則を制定する[60]。前者は衛兵の種類や警備箇所、後者は衛戍服務の具体的な方法を定めている。この時点の衛戍は、軍隊による駐屯地域の警備を意味し、衛戍服務概則第一条は、「東京衛戍諸兵隊ノ司令ハ鎮台司令長官ヲシテ兼掌セシメ其僚属ニ将校下士若干員ヲ置キ以テ衛戍ノ事務ニ任シ諸兵隊ヲシテ画一ノ令ヲ守リ不虞ヲ警シメ緩急ニ応シ直ニ寇賊ニ禦ルノ備ヲナサシム」と司令官の任務を、また、第三条は「衛戍ノ服務ハ衛戍線内一般ノ静謐ヲ維持シ兇徒ヲ鎮圧シ兼テ官省府庫等ヲ警守シ以テ其不虞ニ備ル者ナリ」と衛戍の目的を規定した。これに基づき、東京鎮台は東京の警備体制を固めていく。

具体的な中身を見ると、衛戍服務概則は全一〇五条から構成され、それぞれ衛戍の概要、衛兵の当直、衛兵の編成及び被服の方法、整列方法、命令の布達、隊伍及び諸官の位置、衛兵交代法、衛兵司令の勤務、衛兵軍曹の職務、衛兵伍長の職務、営舎掛伍長の本務、番兵掛伍長の本務、番兵の職務、邏哨及び夜巡の問査、夜巡の職務、昼巡の職務、邏哨の職務、暗号の布達などを定めている。また、東京衛戍部署は衛戍部隊の編成とともに、衛戍主衛、儀仗衛兵、守衛兵、分遣哨兵、守兵など各種守衛の役割を定めた。この中で最も重要なのが衛戍主衛で、「衛戍主衛ハ衛戍中最大ノ隊伍ニシテ東京内枢要ノ所ニ置キ以テ諸衛兵ノ首部ト為シ東京市中一般ノ静謐ヲ維持スルヲ以テ其任トス」とその役割を示しつつ、「故ニ兇徒ヲ鎮圧シ若シ警視部力能ハスシテ助力ヲ請フコトアル時ハ其請ニ応シ之ヲ援助スル等総テ不虞ヲ警シムルニ供スル者トス」と、警察と協力して治安維持に努めることになった。警察が軍隊に協力を要請するくらいの「兇徒」なので、これは大規模な暴動等を想定したものだろう。

四月一七日、陸軍省は東京衛戍部署及び衛戍服務概則の制定を警視庁に通知したほか[61]、二七日には、東京鎮台を除くすべての陸軍に対して「東京衛戍来ル月曜日ヨリ施行候条為心得此旨相達候事」と通達、東京鎮台は五月一日から衛戍制度を施行する[62]。続いて五月二五日には、仙台、大阪、熊本の三鎮台でも衛戍部署が制定され、「衛戍」の概念は全国の鎮台にも広がり始めた[63]。ただし、この時点の衛戍は試行錯誤の段階にあり、二ヶ月も経たない七月五日に陸軍省は四鎮台すべての衛戍部署を改正[64]、残る名古屋と広島でも二一日に衛戍部署を制定している[65]。また、一二月一八日には衛戍服務概則も改正されるなど、陸軍省は制定から一年も経たない間に条文に修正を加えていく[66]。このように衛戍は東京鎮台で実験的に導入された後、他の鎮台でも施行されていった[67]。

衛戍服務概則は基本的に東京鎮台の衛戍を対象とした法令だったが、他の鎮台でも準用されることになった。一方、衛戍部署は鎮台ごとに細かい点で差異があるものの、その大枠は共通していた。例えば、最初に衛戍を形成する部隊の数を記した上で、「若干ノ隊伍ヲ以テ金庫武庫等ヲ守衛セシム」と施設の警備を規定、さらに衛兵の種類を定めつつ、それぞれの職務と守るべき施設を明示している。また、付属の「衛戍諸兵隊部署及人員表」で配備される衛兵の数を示した[68]。重要なのは軍隊の守るべき対象で、衛兵は主に金庫や武庫、火薬庫等に配置された。つまり、衛戍によって守られる対象は、資金や武器、火薬など軍隊が活動する上で欠かせないもので、大きく見れば、実力行使の根源となるものであった。衛戍には、駐屯地域の治安維持だけでなく、「自衛」の意味もあった。

さて、各鎮台の衛戍部署を比較すると、東京における衛戍の特徴が浮き彫りになってくる。他の鎮台と異なり、東京鎮台の衛兵には「儀仗衛兵」という存在があった。これは文字通り「儀仗」を目的とした衛兵で、太政官や陸軍省の門に配置されたほか、式典や要人送迎の警備を担当するなど、国内はもちろん、外交にとっても重要な役割を果たした。また、他の衛戍部署が軍事施設の保護を掲げているのに対し、東京の場合は、それに「官省金庫」という文言が付されている。要するに「官」や「省」など、国家に属する施設であれば警備の対象となった。具体的には、国策を決定する太政官や財政を掌る大蔵省など、国家を運営する上で欠かせない施設を守っていた。

ところで、ここまでは物質的な警備対象を考えてきたが、衛戍には、軍内部の秩序維持も含まれていた。各鎮台には司令長官以外にも、衛兵を指揮する専任の衛戍司令官が設置されており、佐官クラスの将校を充てていた(69)。衛戍司令官は各施設の警備を指揮するだけでなく、軍内部の風紀の監視や軍律を乱す者の処罰を行っていた。当時は徴兵制が定着していないため、軍内部にも混乱の火種が存在した。そうしたことから、軍隊は組織の内部にも目を光らせておく必要があった。後に憲兵が担うこの役割は、衛戍の一環として行われていたのである。

衛戍の土台が形成された時期は政府に不満を抱く士族や農民が抵抗を続けた時期であった。そうした動きは西南戦争を最後に自由民権運動へ移行、警察制度の充実と相俟って次第に沈静化するが、不安定な要因は完全に消滅したわけでなく、軍事施設を含めた政府機関が襲撃対象となる可能性も残っていた。この時点で脅威として想定していたのは、「寇賊」や「兇徒」の文言にあるように、主に人間の手によって起こされる暴動や犯罪行為であった。

### (3) 竹橋事件と皇居の警備

一八七七(明治一〇)年二月、西南戦争の勃発とともに、鹿児島に近衛兵や鎮台兵が派遣されると、東京の警備体制に穴が生じる。当初、皇居の警備は東京鎮台が担うことになったが、鎮台兵の出兵によって警察に託され、その後、教導団の所管へ移っていった(70)。一方、市内の警備は仙台鎮台から歩兵第四連隊と歩兵第五連隊を呼び寄せ、担当させることになった。戦争終結によって派遣部隊は東京に戻るが、今度は近衛兵の一部が反乱を起こし、東京衛戍地内で陸軍同士が衝突する事態に発展する。この竹橋事件は政府や陸軍首脳部に大きな衝撃を与えることになった。

竹橋事件の概要を述べると、一八七八年八月二三日午後一一時頃、西南戦争の行賞に不満を持つ近衛砲兵大隊の兵士たちが蜂起し、上官を殺害した後、赤坂の仮皇居をめざした[71]。これに対して近衛歩兵第一、同第二連隊が応戦、竹橋兵営の周辺で銃撃戦を繰り広げたほか、陸軍省は東京鎮台の諸隊に命令して竹橋の周囲を固めた。また、鍛冶橋、和田倉、神田橋、日比谷、馬場先の要衝に哨兵を配置して警戒線を構築、さらに警視本署も各分署の警部・巡査に銃器・弾薬を配布して警戒を強めた。竹橋を脱出した近衛砲兵の一部は仮皇居に迫ったものの、その直前で近衛歩兵によって取り押さえられ、和田倉門外の旧兵学寮や愛宕下の仮檻倉、山下御門の旧鍋島邸などに収監される。その後、東京鎮台は二五日から通常五〇人の衛戍兵を二五人増やし、逃散した砲兵の逮捕に尽力したほか、宇都宮分営や神奈川台場からも兵力を呼び寄せ、警戒に当たらせている。ここで軍隊の秩序を維持する意味での衛戍の力が発揮されたものの、後に軍内部では、軍人を取り締まる専門部署の設置が求められるようになった。

天皇を守るべき近衛兵が暴動を起こしたことは、皇居の警備体制にも影響を与え、陸軍は近衛兵の機能を部分的に警察に移管することになる[72]。一八八〇年一二月二五日、皇居諸門規則が制定されほか、宮内省は翌年に門部を創設、後の皇宮警察（皇宮警察官）の基礎を形づくっていく。一方、近衛兵については、翌八一年三月二三日に近衛守衛隊服務概則が配布され、皇居防衛の任務を改めて規定した。その後、同概則は三年後の一八八四年一月四日に廃止され、新たに近衛守衛隊規則が制定される[73]。これが皇居警備の基本方針となっていく。以後、表2－3に示すよう、同規則は一八八五年七月二日に改正されるなど、幾度か改変される[74]。また、一八九四年一月四日には、非常並近火服務内則も制定され、出火時の対応が改められた。このように竹橋事件以降に、皇居の警備は警察と軍隊が混在するようになったほか、近衛兵に関する法令も体系的に整えられていった。

# 表２－３　明治期における近衛守衛隊の非常時及び災害時対処規定

①近衛守衛隊服務概則〔1881（明治14）年３月23日／陸軍達乙第13号〕

| 条 | 条　　文 | 備　考 |
|---|---|---|
| 第11条 | 号砲手ハ非常及ヒ近火ノ号砲ヲ打放セシムル為メ砲兵隊ノ兵卒四名伍長一名トシ軍曹一名之ヲ率ヒ守衛首部ニ隷ス | 号砲手の任務 |
| 第12条 | 伝令騎兵ハ近火ノ火元見其他火速伝令ノ為メ騎兵若干名ヲ置キ守衛首部ニ隷ス | 伝令騎兵の任務 |
| 第35条 | 非常ハ勿論近火ハ節ハ号砲発火ノ令ヲ下スヘシ近火境界不分明ナルトキハ騎兵ヲシテ火元ヲ実見セシメ又境堺外ト雖トモ風勢ニ因リ発火ノ令ヲ下スコトアルヘシ且非常ノ報アレハ士官又ハ下士ヲ以テ速カニ斥候ヲ出シ事実ヲ探偵スヘシ | 守衛隊司令官の職務 |
| 第41条 | 首部ノ営舎ニハ常ニ左ノ箇所ヲ掲示シ置クヘシ其一　近火経線　其二　宮中消防夫ノ屯所 | 首部司令の職務 |
| 第43条 | 近火経線内ニ火災アルトキハ首部ハ先ツ司令官ニ報シ速カニ卒ヲシテ執銃整列セシメ各哨所及ヒ消防夫ノ屯所ニ通報シ而シテ騎兵ヲ差遣シ火勢ヲ為サシムルコトアルヘシ | 首部司令の職務 |
| 第44条 | 非常ノトキハ司令官ノ指揮ニ依リ首部司令ハ喇叭手ヲシテ非常ノ号音ヲ吹カシメ各哨兵ヲシテ速カニ其哨所ニ整列セシメ且其部下ノ兵ヲシテ執銃整列セシム | 首部司令の職務 |
| 第55条 | 非常或ハ近火ノ警報アルトキハ速カニ首部司令ニ報告シ其指揮ヲ俟ツヲ例トス然レトモ火急ノ際ハ報告シテ直チニ事ニ従フヲ得ヘシ | 哨兵司令の職務 |
| 第56条 | 歩哨或ハ門部ヨリ非違暴客等アルヲ報スレハ哨兵司令ハ先ツ首部司令ニ通報シ下士一名ト兵卒若干名トヲ遣シ其騒擾ヲ鎮静シ或ハ逮捕セシム | 哨兵司令の職務 |
| 第64条 | 非常或ハ近火ノ警報アルトキ若シ司令哨舎ニアラサルトキハ速カニ其司令及ヒ首部司令ニ報告シ其指揮ヲ俟ツヘシ | 曹長の職務 |
| 第85条 | 歩哨若シ某所火災タルヲ知ラハ火事ト呼ハリ又非違暴客等ヲ視レハ気ヲ著ケト呼ハルヘシ此警報複哨ニ在テハ其一名之ヲ報知シ単哨ニ在テハ歩哨ヨリ歩哨ニ伝ヘ以テ哨舎ニ通スルヲ要ス | 歩哨の任務 |
| 第86条 | 銃前ノ歩哨ハ非常ノ号音ヲ聞クカ又ハ武装セル兵隊及ヒ司令官首部司令巡察ノ将校来ルヲ見レハ其司令ニ報知スヘシ | 歩哨の任務 |
| 第87条 | 戒厳ノ日ニ在テハ夜間ハ人ノ歩哨ニ接近スルヲ許サス故ニ人来ラハ銃ヲ構ヘ止レト呼ヒ其人止レハ誰カト問ヒ其答ヘ明瞭ナレハ通行ヲ許ス若シ止レト呼ヒ再度ニ及テ停ラサレハ銃鎗ヲ構ヘテ進行ヲ遮阻スヘシ但銃ニ装填セルトキハ止マレト呼ヒ止ラサレハ先ツ火撃スヘキ旨ヲ示スヘシ尚ホ聞カサレハ終ニ放火シテ哨舎ニ警報スヘシ | 歩哨の任務 |

②近衛守衛隊規則〔1884（明治17）年１月４日／陸軍省達乙第１号〕

| 条 | 条　　文 | 備　考 |
|---|---|---|
| 第８条 | 控兵ハ非常ノ時ニ方リ速ニ守衛隊ニ応援スヘキモノニシテ守衛隊ト同大隊ノ半大隊ヲ以テ之ニ充ツ故ニ其勤務ニ当ル将校退営後ハ在宿シ下士兵卒ニ在テハ絶テ屯営ヲ出ツルヲ許サス | 控兵の任務 |
| 第９条 | 号砲手ハ非常及ヒ近火ノ号砲ヲ打放セシムルモノニシテ砲兵隊ノ伍長或ハ上等卒一名兵卒四名ヲ以テ之ニ充テ軍曹一名之ヲ指揮シ守衛首部ニ隷ス | 号砲手の任務 |
| 第10条 | 伝令騎兵ハ急速ノ伝令其他出火ノ際火元検視ノ為メ騎兵若干名ヲ置キ守衛首部ニ隷ス | 伝令騎兵の任務 |

| | | |
|---|---|---|
| 第32条 | 非常ノ報アレハ速ニ士官或ハ下士ノ斥候ヲ出シ事実ヲ探偵シ其非常号砲ハ都督ノ命ヲ奉シテ発火ノ令ヲ下スヘシ又近火ノ時ハ首部司令ノ報告ニ依リ近火経線内ナレハ直ニ号砲発火ノ令ヲ下スヘキモノトス | 非常時の対応 |
| 第38条 | 非常ノ際弾薬ヲ要スル時ハ守衛隊司令官ニ申告シテ事ニ従フヘシ | 首部司令の職務 |
| 第39条 | 首部ノ営舎ニハ常ニ左ノ箇所ヲ掲示シ置クヘシ其一　近火経線　其二　宮中消防科ノ屯所 | 首部司令の職務 |
| 第41条 | 近火経線内ニ火災アルトキハ先ツ守衛司令官ニ報シ速ニ兵卒ヲシテ執銃整列セシメ各衛兵及ヒ消防科ノ屯所ニ通報シ而シテ騎兵ヲ差遣シ火勢ヲ実見セシメ速ニ守衛隊司令官ニ告知スヘシ又禁内ニ在テハ時機ニ依リ守衛隊司令官ノ命ニ従ヒ其隊ノ一部分ヲ以テ消防ヲ為サシムルコトアルヘシ | 首部司令の職務 |
| 第42条 | 非常ニ際シテハ守衛隊司令官ノ指揮ニ依リ喇叭手ヲシテ「非常号音」ヲ吹カシメ各衛兵ヲ速ニ其守地ニ整列セシメ且ツ直ニ若干ノ兵卒ヲ以テ各分遣衛兵ニ通報セシム | 首部司令の職務 |
| 第56条 | 非常或ハ近火ノ警報アルトキハ速ニ首部司令ニ報告シ其指揮ヲ俟ツヲ例トス然レトモ火急ノ際ハ報告シテ直チニ事ニ従フヲ得ヘシ | 衛兵司令の職務 |
| 第57条 | 歩哨或ハ門部ヨリ非違暴客等アルヲ報スレハ先ツ首部司令ニ通報シ下士一名ト兵卒若干名ヲ遣シ其騒擾ヲ鎮静シ或ハ拘捕セシム | 衛兵司令の職務 |
| 第64条 | 非常或ハ近火ノ警報アルトキ若シ司令衛舎ニアラサルトキハ速ニ其司令及ヒ首部司令ニ報告シ其指揮ヲ俟ツヘシ | 衛兵小隊副長の職務 |
| 第86条 | 歩哨若シ某所火災タルヲ知ラハ「火事」ト呼ハリ又非違暴客等ヲ視レハ「気ヲ著ケ」ト呼ハルヘシ此警報複哨ニ在テハ其一名之ヲ報知シ単哨ニ在テハ歩哨ヨリ歩哨ニ伝ヘ以テ衛舎ニ通スルヲ要ス | 歩哨の任務 |
| 第87条 | 銃前歩哨ハ非常ノ号音ヲ聞クカ又ハ武装セル兵隊或ハ守衛隊司令来ルアラハ「執レ銃」ト呼ハリ以テ衛兵ヲシテ執銃整列セシム | 歩哨の任務 |
| 第88条 | 歩哨ハ夜間人ノ接近スルヲ許サス故ニ人来ラハ銃ヲ構ヘ高声ヲ以テ「誰カ」ト問ヒ其返答明瞭ナレハ通行ヲ許ス若シ問フコト三回ニ及フモ答ヘスシテ前震スルトキハ更ニ「止レ」ト呼ヒテ止ラサレハ先ツ火撃スヘキ旨ヲ示シ尚ホ聞カサレハ畢ニ発火シテ衛舎ニ警報スヘシ | 歩哨の任務 |

③近衛守衛隊規則〔1887（明治20）年6月2日／陸軍省陸達第68号〕

| 条 | 条　　文 | 備　考 |
|---|---|---|
| 第4条 | 伝令騎兵ハ急速ノ伝令其他出火ノ際火元検視等ヲナサシムルモノニシテ騎兵下士或ハ上等兵一名騎兵卒若干名ヲ之ニ充ツ | 伝令騎兵の任務 |
| 第5条 | 号砲手ハ非常及火災ノ号砲ヲ発セシムルモノニシテ砲兵下士或ハ上等兵一名砲卒若干名ヲ以テ之ニ充ツ | 号砲手の任務 |
| 第6条 | 控兵ハ非常ノ時ニ方リ上番兵ニ増加スルモノニシテ其勤務ニ当ル将校退営後ハ在宿シ下士兵卒ニ在テハ屯営ヲ出ツルヲ許サス | 控兵の任務 |
| 第15条 | 守衛隊司令官ハ非常或ハ御近火ノトキハ号砲発火ノ令ヲ下スヲ得 | 守衛隊司令官の任務 |
| 第19条 | 号砲手下士或ハ上等兵ハ号砲手ヲ統轄シ守衛隊司令官ノ命ヲ奉シ部下ヲシテ非常或ハ御近火ノ際号砲ヲ発セシムルモノトス | 号砲手の任務 |

注：1）各年度の『法令全書』（原書房復刻版）及び内閣記録局編『法規分類大全　第47巻　兵制門〔3〕』（原書房復刻版）より作成。
　　2）1912年4月4日の制定の禁闕守衛勤務令（軍令陸達乙第1号）で近衛守衛隊規則は廃止され、以後、禁闕守衛勤務令が皇居等の警備を定めることになった。

他方、一八八一年三月一一日、政府は憲兵条例を制定し、軍隊内の秩序維持を担う憲兵を創設する。(75)前章で述べたように、憲兵は軍内部の「警察官」で、通常は陸軍大臣の所管に属したものの、海軍の軍事警察に関しては海軍省、行政警察に関しては内務省、司法警察に関しては司法省の管轄下にあった。憲兵条例は制度の大枠を定めただけでなく、具体的な部隊編成や職務権限なども規定しており、第一四条では、「水火災ノ節ハ専ラ其幇助ヲ為シ非違ヲ警メ及ヒ貨物運搬ノ場所等ヲ監視スヘシ」と災害時の対応も定めている。ここで留意したいのは、「幇助」の文言で、災害からの人命救助を任務の中に含んでいた。後述するように、陸軍の災害出動制度が明治末期に確立する点を考えれば、憲兵は設立当初からその役割を担っていた。また、第三三条には、「隊長ハ非常ノ事件アルニ際シテハ時宜ニ依リ直チニ鎮台兵ノ応援ヲ要求スルコトヲ得」とあり、状況に応じて鎮台兵に応援を求めることも可能だった。

五月九日、陸軍省は麹町区宝田町警視庁所属元巡査教習所内に東京憲兵本部を仮設、七月一二日には、同本部を麹町有楽町二丁目の新築庁舎に移転させるなど、約半年の間に施設を拡充させる。(76)憲兵条例第二〇条には、「憲兵ハ現今先ツ東京府下ニ其一隊ヲ設置シ憲兵本部ヲ置キ陸軍卿ニ直隷ス」と規定され、衛戍と同様に、東京において実験的に導入されていった。続く第二一条では、第一管区（麹町区・日本橋区・京橋区）、第二管区（芝区・赤坂区・麻布区・荏原区）、第三管区（四谷区・牛込区・小石川区）、第四管区（神田区・本郷区・下谷区・浅草区）、第五管区（深川区・本所区・南葛飾区・南足立区）、第六管区（北豊島郡、南豊島郡、東多摩郡）と、東京府内を六つの憲兵管区に分けることが規定されている。これに基づき、各管区に憲兵の屯所、分屯所、分遣所を設置していった。

憲兵の制度はその後も拡充し、兵営所在地を中心に、東京以外の地域にも憲兵隊を置いていく。一八九八年一二月に制定された「憲兵分隊配置及憲兵警察区域」によれば、東京・山梨・栃木・埼玉と神奈川・茨城・千葉の一部を管轄する第一憲兵隊（東京市麹町区大手町）には、東京・佐倉・高崎・横須賀の四つの憲兵分隊があり、東京憲兵分隊の下には、大手町・麹町・桜田本郷町・表町・車阪町・品川町・内藤新宿町・板橋町・市川町・横浜市の一〇箇所の憲兵屯所が置かれていた(77)。さらに大手町憲兵屯所の下には、富士見町、渋谷村、猿若町の三つの憲兵分屯所が設けられるなど、隣接郡部を含め、憲兵は軍事施設の所在地域や繁華街を中心に配置されていった。

以上のように、竹橋事件以降、東京の警備体制は変化し、皇居周辺の警備は近衛兵と皇宮警察が併存する形になった。また、市街地の警備には、警察や鎮台兵に加え、新たに憲兵が加わった。記述の通り、警察は基本的に銃器を装備していなかったが、軍の一部である憲兵は、拳銃を備えており、警察以上の実力を行使することも可能であった。こうした警察と憲兵、さらに陸軍による警備体制は明治・大正期を通じて継続していく。

## 第3節　東京衛戍地の拡大

### (1)「衛戍」の変化

一八八三(明治一六)年五月一七日、衛戍の内容を詳細に定めた衛戍規則が制定され、各鎮台の衛戍部署や衛戍服務概則は廃止される(78)。同規則は衛戍服務の内容を定めるとともに、その適用範囲を拡大させていった。当初、衛戍は鎮台所在地に適用され、それ以外は適用の範囲外だったが、一八七八年一〇月一〇日に金沢衛戍部署が制定されるなど、営所所在地にも広がる傾向にあった(79)。衛戍規則を定めた陸軍省達乙第四八号は、「従前各鎮台及金澤営所衛戍部署並ニ東京衛戍服務概則ハ廃止之儀ト心得ヘシ」としたほか、第一条一項では、「衛戍ハ各鎮台及ヒ各営所ニ設置シ其地屯在ノ諸隊ヲ以テ之ニ充テ常ニ各兵種中ヨリ若干ノ隊伍ヲ編成シ服務セシムルモノトス」と規定している。全国の陸軍部隊は衛戍規則に基づき、駐屯地域で衛戍を施行していった。

衛戍規則の具体的な中身は、基本的に各鎮台の衛戍部署や衛戍服務概則の内容を引き継ぐもので、第二条に「衛戍司令官ハ鎮台司令官又ハ営所司令官ニ隷シ其属僚ニ士官下士若干員ヲ置キ以テ衛戍ノ事務ニ任シ諸隊ヲシテ画一ノ令ヲ守リ不虞ヲ警メ緩急ニ応シ直ニ寇賊ニ禦ルノ備ヲナサシム」とあるように、従来と同様に専任の衛戍司令官を設けた。ここで注目すべきは、第六条の「衛戍ノ服務ハ衛戍線内一般ノ静謐ヲ維持シ兇徒ヲ鎮圧シ又官省府庫等ヲ警守シ以テ其不虞ニ備フルモノナリ」や、第九条の「守衛兵ハ官省部鎮台及ヒ金庫武庫等ニ置クモノトス」という文言で、東京鎮台以外でも新たに「官省府」が警備対象に加わった。従来の警備対象は基本的に軍関係の施設だったが、全国の陸軍部隊はそれ以外の行政機関も保護の対象にした。衛戍関係の業務は拡大しつつあった。

しかし、そうした状況に対し、現場からは不満の声が上がった。例えば、一八八五年九月二五日、東京鎮台司令官三浦梧楼中将は陸軍卿大山巌中将に対して衛戍勤務の改善を要求、具体的には、①陸軍省・参謀本部・監軍本部の衛兵や、②大蔵省金庫の番兵の廃止など、衛戍部署の改善を求めていった(80)。三浦は「東京衛戍兵ハ専ラ府下屯在歩兵第一第三両聯隊及砲兵第一聯隊（神奈川砲台分遣）ニ於テ服務致来候」と衛戍服務の現状を述べつつ、「例年夏秋（凡ソ半ケ年）生兵仕込中ニ係リ隊中定員三分一ハ既ニ諸般ノ応役兵ヲ開キ加之ナラス府下屯在隊ニ在テハ全季節兵卒ノ脚気並ニ雑病等ニ罹ルモノ頗ル多ク之カ為メ隊中又応役兵ヲ減スルコト少トセス」と問題点を指摘、「如何程教育ヲ奨励シ進歩ヲ図ラント欲スルモ殆ント施スニ道ナシ」と衛戍勤務が負担となっている点を報告している。さらに「剰ヘ戦術日新ノ今日教科数日ニ益々多キヲ加ヘ将来教育上ノ目途相立兼候ニ付勉メテ営中雑役兵等ニ減少ヲ試ミ候得共最早其余裕モ無之」と訴え、「此上ハ止ムヲ得ス衛戍服務ノ兵員ニ就キ演習員ノ増加ヲ求ムルノ外手段無之候」と主張する。要するに、改善要求の背景には、平時の軍隊で最も重要な軍隊教育への影響があったのである。

これに対して陸軍省は、参謀本部や大蔵省と協議を重ねた結果、一八八六年四月二日に「伺之趣部署変換之義ハ詮議ニ及ヒ難シ」と東部監軍部を通じて東京鎮台に回答している(81)。ただし、衛戍主衛の兵員削減や衛兵勤務の縮小など、衛戍勤務の負担軽減を図った。この理由について陸軍省は、「軍隊平時ノ勤務中衛戍勤務ヲ以テ最重要ノ一事トス故ニ之ヲ軍務ニ属シ其罰科モ直チニ刑法ニ充ツ」と衛戍の重要性を説いた上で、「今東京鎮台申出ノ如キ部署変換ヲ為スニ於テハ有名無実ノモノナリ」とし、「貴重ナル衛戍ノ精神ヲ毀害スル少カラス」と結論づけている。また、「編制替ニ因リ区隊ノ兵員減少セシハ独リ東京鎮台ニ限ラス近衛及他ノ鎮台皆一様ナリ」と述べつつ、「今若シ東京鎮台ニ対シ本件ノ許可アルトキハ他モ簡易ニ就キ続々同主義ノ伺出ヲ為スヘシ」と他への影響も懸念していた。陸軍省は衛戍勤務の問題点を理解していたが、基本的に現状維持の方針を打ち出していく。しかし、軍隊教育と衛戍勤務をめぐる問題は、軍隊の出兵問題も含め、その後も燻り続けることになる。

さて、前章でも述べた通り、一八八八年五月一二日に鎮台条例は廃止され、新たに師団司令部条例が制定される(82)。それと同時に陸軍省は衛戍条例を制定し、第一条で「陸軍軍隊ノ永久一地ニ配備駐屯スルヲ衛戍ト称シ」と、「衛戍」の意味を定義した(83)。おそらく固定地域防衛型の鎮台制から機動性を重視した師団制に変化したため、改めて衛戍条例で軍隊が駐屯する意味を規定したのだろう。換言すれば、衛戍条例は鎮台条例に規定された地域防衛の機能を一部引き継いだとも言える。また、詳細は次章で述べるが、衛戍条例によって、警備を意味した衛戍は陸軍の常駐という意味に変化、条文中に初めて「衛戍地」という文言も登場した。

陸軍省作成の「衛戍条例制定理由書」は、衛戍勤務について「我規則ノ模範タル仏国ノ軌典ニ依レハ有城市ト無城市トヲ論セス凡ソ軍隊ノ駐屯即チ衛戍スル所ニ於テハ之ヲ服行セサルヘカラサルノ例ナリ」とフランス陸軍の例を挙げつつ、「蓋シ我邦ニ於テモ軍隊ノ駐屯即衛戍スル所ニ於テ必ス此衛戍ノ服務アルハ誠ニ当然ノ事」としている。その点を踏まえた上で、「自今総テ軍隊ノ永久駐屯スル地ハ之ヲ衛戍地ト称シ鎮台営所分営ノ別ナク大小衛戍地ニ於テ衛戍服務ヲ履行スル事」と衛戍の概念を説明、これ以降、陸軍の兵営所在地はすべて衛戍地となった。

以上のように、鎮台制が廃止されたことで、師管とは異なる衛戍地の枠組みが浮上した。陸軍側の説明から兵営所在地を「衛戍地」と呼ぶようになったのは、衛戍条例の制定前後であろう。以後、衛戍条例は表２－４のように、部

## 関係法規の変遷

◆衛戍条例

| 内　容 | 備　　考 |
|---|---|
| 衛戍条例制定 | 衛戍規則廃止 |
| 衛戍条例部分改正 | 病院武庫監獄各職官表改正 |
| 衛戍条例部分改正 | 監獄職官表改正 |
| 衛戍条例部分改正 | 監獄職官表改正 |
| 衛戍条例全面改正 | — |
| 衛戍条例部分改正 | 近衛師団の禁闕守備勤務との調整／「武庫」の削除 |
| 衛戍条例部分改正 | 衛戍病院条例制定／「病院」の削除 |
| 衛戍条例部分改正 | 東京防御総督廃止に関する改正 |
| 衛戍条例部分改正 | 東京衛戍総督部設置に関する改正 |
| 衛戍条例全面改正 | — |
| 衛戍条例部分改正 | 東京衛戍総督部廃止に関する改正 |
| 衛戍条例部分改正 | 朝鮮軍司令官・台湾軍司令官を除く最高級団隊長の司令官兼任 |
| 衛戍条例全面改正 | 衛戍令に改称／一部の条文を衛戍勤務令に移動 |
| 衛戍令部分改正 | 東部防衛司令官設置に関する改正 |
| 衛戍令部分改正 | 飛行集団長を衛戍司令官から除く |
| 衛戍令部分改正 | — |
| 衛戍令部分改正 | 朝鮮における師管廃止に関する改正 |
| 衛戍令廃止 | — |

◆衛戍服務規則／衛戍勤務令

| 内　容 | 備　　考 |
|---|---|
| 東京衛戍部署制定 | — |
| 東京衛戍服務概則制定 | — |
| 東京衛戍部署部分改正 | 正誤の修正 |
| 東京衛戍服務概則部分改正 | 正誤の修正 |
| 東京衛戍部署全面改正 | — |
| 東京衛戍服務概則全面改正 | 衛戍服務概則に改称 |
| 衛戍規則制定 | 東京衛戍部署・衛戍服務概則廃止 |
| 衛戍規則部分改正 | — |
| 衛戍規則部分改正 | 東京衛戍諸兵隊部署及人員表改正 |
| 衛戍服務規則制定 | 衛戍規則廃止 |
| 衛戍服務規則部分改正 | 正誤の修正 |
| 衛戍服務規則部分改正 | 特務曹長新設に関する改正 |
| 衛戍服務規則部分改正 | 号砲発射に関する改正 |
| 衛戍服務規則部分改正 | 衛戍司令官の指定する巡察区域の設定等 |
| 衛戍服務規則部分改正 | 東京衛戍総督部設置に関する改正 |
| 衛戍勤務令制定 | 衛戍服務規則廃止 |
| 衛戍勤務令部分改正 | 兵器使用の条件等の改正 |
| 衛戍勤務令部分改正 | 朝鮮軍及び台湾軍に関する改正 |
| 衛戍勤務令部分改正 | 衛戍区域外への軍人居住の許可 |
| 衛戍勤務令部分改正 | 衛戍勤務の人員減少に対する対応／号砲廃止 |
| 衛戍勤務令部分改正 | 社会情勢の変化に対応した改正／非常時及び災害時の警備方法の明確化 |
| 衛戍勤務令部分改正 | — |

内閣記録局編『法規分類大全　第47巻　兵制門〔3〕』（原書房復刻版）より作成。

表2-4 「衛戍」

| 年 | 月日 | 形　式 |
|---|---|---|
| 1888（明治21）年 | 5月12日 | 勅令第30号 |
| 1889（明治22）年 | 3月30日 | 勅令第44号 |
| 1889（明治22）年 | 10月23日 | 勅令第109号 |
| 1890（明治23）年 | 8月9日 | 勅令第164号 |
| 1895（明治28）年 | 10月3日 | 勅令第138号 |
| 1896（明治29）年 | 9月5日 | 勅令第300号 |
| 1898（明治31）年 | 4月21日 | 勅令第78号 |
| 1901（明治34）年 | 4月9日 | 勅令第32号 |
| 1904（明治37）年 | 4月23日 | 勅令第130号 |
| 1910（明治43）年 | 3月18日 | 勅令第26号 |
| 1920（大正9）年 | 8月7日 | 勅令第233号 |
| 1923（大正12）年 | 1月20日 | 勅令第15号 |
| 1937（昭和12）年 | 4月28日 | 勅令152号 |
| 1937（昭和12）年 | 11月30日 | 勅令第692号 |
| 1939（昭和14）年 | 11月28日 | 勅令第790号 |
| 1940（昭和15）年 | 9月25日 | 勅令第624号 |
| 1943（昭和18）年 | 6月30日 | 勅令第551号 |
| 1945（昭和20）年 | 11月30日 | 陸軍省第57号 |

| 年 | 月日 | 形　式 |
|---|---|---|
| 1876（明治9）年 | 4月11日 | 陸軍省達号外 |
| 1876（明治9）年 | 4月11日 | 陸軍省達号外 |
| 1876（明治9）年 | 4月29日 | 陸軍省達第72号 |
| 1876（明治9）年 | 4月29日 | 陸軍省達第72号 |
| 1876（明治9）年 | 7月9日 | 陸軍省達号外 |
| 1876（明治9）年 | 12月18日 | 陸軍省達第219号 |
| 1883（明治16）年 | 5月17日 | 陸軍省達乙第48号 |
| 1883（明治16）年 | 10月22日 | 陸軍省達乙第107号 |
| 1885（明治18）年 | 10月10日 | 陸軍省達乙第135号 |
| 1891（明治24）年 | 11月30日 | 陸軍省達第167号 |
| 1892（明治25）年 | 3月4日 | — |
| 1894（明治27）年 | 7月17日 | 陸軍省達第78号 |
| 1897（明治30）年 | 3月31日 | 陸軍省達第38号 |
| 1898（明治31）年 | 4月22日 | 陸軍省達第46号 |
| 1905（明治37）年 | 4月25日 | 陸軍省達第89号 |
| 1910（明治43）年 | 3月18日 | 軍令陸第3号 |
| 1916（大正5）年 | 12月27日 | 軍令陸第5号 |
| 1920（大正9）年 | 8月7日 | 軍令陸第11号 |
| 1921（大正10）年 | 6月23日 | 軍令陸第5号 |
| 1922（大正11）年 | 8月9日 | 軍令陸第4号 |
| 1928（昭和3）年 | 11月2日 | 軍令陸第7号 |
| 1937（昭和12）年 | 4月26日 | 軍令陸第3号 |

注：1）各年度の『法令全書』（原書房復刻版）及び

分改正と全面改正を繰り返していった。また、衛戍勤務の定める衛戍規則も名称を変えながら衛戍条例と同じ道を辿っていく。[84] この二つの法令が東京衛戍地の大枠を定めていったのである。

### (2) 兵営の移転

有事への即応を目的とした師団制が採用されたことで、全国の鎮台は機動性を有する師団に改編される。それに伴い、東京鎮台は第一師団と改称、二つの歩兵旅団（一個旅団＝二個歩兵連隊）を基幹に騎兵、砲兵、工兵、輜重兵の連隊や大隊によって構成されることになった。一方、近衛兵も一八九〇（明治二三）年三月制定の近衛司令部条例や近衛師団監督部条例によって近衛師団へ改編される。こうした一連の軍制改革と前後して東京における軍事的空間の再編も進められ、都心部に集中した兵営群は次々と皇居南西部に移転し始める。

ここで改めて表2－1を参照してほしい。大山街道の起点である赤坂門（三宅坂）には、陸軍の中枢機関である陸軍省や参謀本部が存在し、そこから青山、渋谷、世田谷を経て二子玉川に至る区間には、街道に沿って青山練兵場や駒澤練兵場、騎兵や砲兵の兵営が配置されていた。それらの施設と都心部を結ぶ大山街道の軍事的意義は大きく、また、練兵場の存在から部隊の日常的な往来も激しかった。まさに近代の大山街道は「軍道」としての性格を有していた。そうした大山街道の軍事化は明治二〇年前後に始まる軍事施設の移転とともに段階的に進んでいく。

一八八五年一〇月、内務省は市区改正を、外務省は官庁街の形成をそれぞれ計画し、軍事施設の集中する皇居周辺の改造を模索していた。そうした流れのなか、霞ヶ関の官庁街化が内定すると、陸軍省は施設の移転を迫られる。当時、教導団は千葉県東葛飾郡国府台村へ移転しつつあり、翌八六年には軍楽隊を除くすべての部隊が国府台へ移転した。続いて一八八七年九月には、近衛工兵中隊及び工兵第一大隊も東京府北豊島郡袋村の新築兵営に移転する(85)。

残った課題は鎮台兵や近衛兵、日比谷練兵場をどのように処理するかで、陸軍省はそれらの代替地を武蔵野台地の東端に位置する赤坂や青山に求める。その背景には、①乾燥した高地を求める軍事衛生上の観念や、②野外演習に好都合な広い農地の存在、③買収価格の安い旧武家屋敷の存在等があったと推察できる。また、④都心部と繋がる大山街道の利便性や、⑤すでにいくつかの軍事施設が存在した点も大きかっただろう。反対に東京市の東郊部、特に下町方面はすでに近世期に市街地化が進み、兵士の風紀を乱す繁華街も形成されていたため、兵営の候補地から避けられたと考えられる。広大な土地を有し、且つ経済的にも負担の少ない東京南西部であれば、たとえ軍備拡張によって兵営の数が増加しても敷地等の問題は少なかった。後述するように、後の関東大震災の状況を考えれば、兵営群を地盤の固い台地上に移したことは、結果的に見れば、軍隊の被害を抑えることにも繋がった。

さて、陸軍省は最初に日比谷練兵場の移転作業に着手する。一八八六年二月、陸軍大臣大山巌は、日比谷練兵場の移転計画を総理大臣伊藤博文に提出、その後、閣議の決定を受けて青山近傍の用地買収を進めた(86)。当時、陸軍は予算不足のため、造営費用には不用となった土地や建物、廃物兵器を売却した対価が充てられた。同様の方法は後の鎮台兵や近衛兵の移転にも積極的に用いられ、丸ノ内の大部分は三菱・岩崎家に払い下げられていった。翌年五月、青山練兵場の完成した部分から訓練に供され、年内にはすべての工事が完了する。(87) それによって在京陸軍部隊の軍事訓練は日比谷から青山へ移動、既存の青山射的場と合わせて青山の演習地としての性格は強化された。加えて、一〇月の近衛兵除隊式を契機に、陸軍始観兵式（毎年一月上旬）や天長節観兵式（毎年一一月三日）などの軍事行事も青山練兵場で行われるようになった。一方、日比谷練兵場の軍事行事は五月の近衛歩兵第四連隊の軍旗授与式を最後に行われなくなり、その後、敷地は官庁街の整備を担当する臨時建築局へ移管されていった。

日比谷練兵場に続き、陸軍省は霞ヶ関や丸ノ内の兵営群の移転作業に着手、すでに軍事施設の存在した赤坂や青山に各施設を移転させる。赤坂では檜町の歩兵第一連隊の対面、道を挟んだ麻布龍土町に新たな兵営を造営し、一八八九年一月に麹町区永楽町二丁目にあった歩兵第三連隊を移転させた。また、同じ赤坂の一ツ木町には、一八七四年に東京衛戍監獄が設置されていたが、陸軍省は渋谷村字宇田川の用地買収を進め、一八九〇年にそこへ東京衛戍監獄を移転させる。代わって監獄跡地に新たな兵営を造営し、一八九三年五月に近衛歩兵第二旅団司令部や近衛歩兵第三連隊を玉突きで移転させた。この背景には、赤坂離宮を防衛する意図があったと推察できる。また、一八九一年一月には、赤坂離宮内に仮設されていた第一師団司令部を移転させるなど、訓練施設を囲むように周辺の軍用地化が進んだ。青山練兵場北側の信濃町に輜重兵第一大隊、四月に練兵場南側の青山北町に陸軍大学校、五月に練兵場西側の霞岳町に近衛歩兵第四連隊と次々と軍事施設が移転してくる。

さらに渋谷の谷を越えた台地上でも同様の現象が起こり、東京衛戍監獄の移転と同時に渋谷周辺の軍用地化が進展する。渋谷村字氷川裏の御料地は陸軍省に下賜されて近衛兵作業場となったほか、駒場野を有する荏原郡目黒村には一八八九年に近衛騎兵大隊、一八九一年に騎兵第一大隊、一八九二年に近衛輜重兵大隊と次々に部隊が移転してくる。

そして現在の淡島通りに沿う形で兵営群を造営し、その周辺において日常的に軍事訓練を展開した。後に近衛騎兵大隊は都心部の麹町区元衛町に復帰し、明治末に牛込区下戸塚町に移転するが、目黒の兵営跡地はそのまま陸軍乗馬学校（一八九八年、騎兵実施学校と改称）が使用することになった。

その後、大山街道を基軸とした東京西郊部の軍事化は日清戦争後も続く。遼東半島をめぐる三国干渉を契機に、ロシアを意識するようになった陸軍は、対露戦を想定した軍備拡張に着手する。一八九六年三月、陸軍管区表改正によって六個師団の増設が決定すると、陸軍省は新たな軍備拡張を進め、騎兵や砲兵の充実を図った[88]。東京衛戍地では、同年五月に近衛騎兵大隊や騎兵第一大隊が連隊に昇格したほか、一八九七年には、大山街道から下馬・三宿・池尻・上目黒を結ぶ広大な土地に駒澤練兵場が造営される。さらに一八九八年に麹町区代官町の近衛野砲兵連隊と牛込区市ヶ谷本村町の野砲兵第一連隊が駒澤村の新設兵営に移転、続いて翌年には野砲兵第一旅団司令部を設置して隷下に新設の野砲兵第一三連隊や同一四連隊を置いた[89]。そうした駒澤兵営群の造営に先立ち、陸軍省は一八九七年に世田谷村太子堂に東京第二衛戍病院を開設、東京西郊部の陸軍部隊及び関連機関の医療体制を整備する[90]。

青山・駒場への軍事施設進出から約一〇年、明治三〇年前後に東京の軍事的空間は世田谷方面へ拡大していった。これによって同地域は多くの将兵が日常を過ごす空間へと変化していく。一方、かつて兵営が並んでいた丸の内はオフィス街へと変化し、皇居周辺の陸軍部隊は北の丸の近衛歩兵第一及び第二連隊のみとなった。警察力の充実とともに、暴動の危機も遠ざかったため、政権中枢を守る大規模な兵力は必要なくなったのだろう。仮に非常事態が発生した場合でも、大山街道を使って東京西郊部から兵力を展開させることも可能であった。

### (3) 非常事態への対応

一八八八（明治二一）年の軍制改革以降、東京衛戍地を拠点とする近衛師団や第一師団は、各々の性格を規定する法令に基づき、平時における警備体制を定めた。前者は近衛司令部条例（後の近衛師団司令部条例）や近衛守衛隊規則、後者は師団司令部条例や衛戍条例、衛戍規則（後の衛戍服務規則）などである。ただし、国内の秩序は安定にむかい、自由民権運動の過程で激化事件が発生したものの、その大部分は警察や憲兵の手で抑えられた。東京でも暴動発生の可能性は低く、治安維持における軍隊の位置は相対的に低下していった。むしろ脅威となったのは、人為的に起こされる暴動よりも、主に日常生活の不注意で発生する火災や、水害・地震などの自然災害であった。

一八七三年五月の皇居炎上以降、赤坂離宮を仮皇居としていた明治天皇は、一八八九年一月一一日に西の丸の新宮殿に移ることになった。それに先立ち、第一師団は非常並変災之節各隊心得書（以下、「心得書」）の変更を陸軍省に報告、皇居や青山御所付近で火災が発生した場合の対応を定めた。注目したいのは、この心得書の存在である。詳細は判然としないが、『明治廿二年一月　肆大日記』には、「非常並変災ノ節府下屯在団下各隊心得」として前年六月制定の心得書や非常規定、非常規定及変災火災等之節心得などが綴られている(91)。このうち最初の二つは工兵第一大隊を除く第一師団の部隊を、残りの一つは北豊島郡袋村（赤羽）に移転した工兵第一大隊を対象としたもので、これらの規定から非常時の第一師団の対応が確認できる。

心得書は全八条から構成され、第一条と第二条で号砲発射や近火時の対応を定めたほか、第三条では、「陸軍諸官廨ノ近傍ニ火災アルトキハ隊長ノ見込ヲ以テ歩兵各大隊ヨリ一部隊ヲ派遣シ（人員ハ一中隊ヨリ超過スヘカラス）其官廨長等ト謀リ緩急ノ機ニ応セシムベシ」と、火災発生時の対応を定めた。また、但し書きには、「陸軍部外ノ官廨ト雖トモ救援至当ト認ムルトキハ本文ニ準ス」とあり、他官庁への救援も想定していた。さらに第五条では、「各隊ニ在テ該隊附将校ノ居宅近傍ニ火災アルトキハ隊長ノ見込ヲ以テ若干ノ兵員ヲ派遣シ又師旅団長幷ニ師旅団将校ノ居宅近傍（団隊附ニ非サルモ陸軍将校ノ居宅近傍）ニ火災アルトキ最寄隊ヨリ若干ノ兵員ヲ出シ救援ノ処置ヲ為スベシ」と、構成員の保護も掲げている(92)。軍隊は「自衛」を基本としつつも、災害時の対応は軍隊外にも及んだ。詳細は次章で検討するが、そうした陸軍の方針は、衛戍関係の法令や軍隊内務書の災害対処規定へと繋がっていく。

興味深いのは、第七条において「非常ノ大火或ハ変災アツテ府下人民ノ惨状傍観スルニ忍ヒサル等ノ時ハ之カ救援ヲ為スコトアルヘシ故ニ右等ノ際ニ臨テハ緩急事ニ応スルノ準備ヲナシ以テ命ヲ待ツヘシ而シテ救援ニ赴キシ時ハ警視部内ノ者ハ勿論一般ノ人民ニ関シ軋轢ケ間敷事ナク総テ協同戮力其事ニ応スルヲ以テ専要トス」と規定されている点である。つまり、軍事施設や公的施設だけでなく、「傍観スルニ忍ヒサル」とあるものの、軍隊は地域住民の保護も視野に入れていた。また、災害現場での混乱を避け、警察や住民と協力する姿勢も確認できる。ただし、心得書は内規だったため、軍隊側に救護活動を行う義務はなかった。要するに、救護活動の対応如何は軍隊側の判断に委ねられていたのである。さらにこの条文は東京市内に限ったことで、赤羽の工兵第一大隊を対象とした非常規定及変災火災等之節心得の第七条には、救護活動に関する文言はなく、警察や住民との協同作業を定めるのみであった。あくまで前者の規定は例外で、基本的に軍隊は一般の災害に対処する存在ではなかった。

しかしながら、軍隊による救護活動は兵営近傍で発生する火災を中心にいくつか確認できる。例えば、一八九四年四月五日午後八時に赤坂新町で発生した赤坂大火（四月六日午前一時二〇分頃鎮火／焼失約三五〇戸）では、周囲に軍事施設が集中することもあり、各兵営から兵士が繰り出して対応にあたった。その状況について日刊新聞の『日本』は、「特筆すべきは近衛三聯隊並麻布三聯隊の兵士が多数出張して消防又は救護に尽力したるの一事なり」とした上で、「尚ほ昨朝（四月六日――引用者注）に至るも三聯隊裏門土手には数百個の家具等其処此処に散乱しあるを以て同隊よりは特に兵士数名を派して之を護らしめたり」と報じている。[93] また、『東京朝日新聞』も「爰に感服なるハ同所一ツ木町なる近衛歩兵第三聯隊の兵営にてハ士官が数百名の兵士を引率して現場に馳付百方指揮して荷物の運搬を手伝はせ又子供老人等を扶けて兵営に連れ来たりパン飯などを与へ立退場所の解らぬものへハ蒲団を貸して寝かすなんど注意至らざるなく何れも涙にくれて喜びしといふ」と、被災者の心境を含め、軍隊の活動を伝えている。[94]

一方、赤羽の工兵部隊も一九〇三年六月四日午後三時に発生した赤羽大火（午後六時三〇分鎮火／焼失約一一〇戸）で大規模活動を展開、兵営を守ると同時に、破壊消防など各種救護活動にあたった[95]。このように軍隊は兵営近傍で発生した火災に出動し、消火活動や被災者の救済に尽力したのである[96]。心得書等の変遷は明らかではないが、在京部隊は同様の規定に基づきつつ、各種災害対応を行ったと考えられる。

他方、災害によって軍事拠点が被害を受ける事態も発生した。一八九四年六月二〇日午後二時四分の明治東京地震（マグニチュード七）では、全体で三一人（東京府二四人／神奈川県七人）の犠牲者が出るなか、近衛歩兵第三連隊では五人の将兵が亡くなっている。また、負傷者も多く出たほか、施設も被害を受けた。その状況を報じた六月二一日の『東京日日新聞』によれば、崩壊はしなかったものの、各施設ともに煙突の倒潰やひび割れが生じていた[97]。地震自体の被害は少なく、また、同時多発的な火災も発生しなかったので、軍隊の出動はなかったが、陸軍内部では犠牲者を出すことになった。当時、朝鮮半島では、五月に発生した東学党の乱を契機に日本と清国との緊張が高まりつつあった。そうしたなかで発生した地震は、軍隊の行動に少なからず影響を与えただろう。

## 第4節　対外戦争と東京衛戍地

### (1)　東京防禦総督部

一八九四（明治二七）年七月の豊島沖海戦を契機に、日本は清国に宣戦を布告、朝鮮半島から大陸にむけて兵力を押し進めた。近代日本にとって初の対外戦争となる日清戦争の勃発である。開戦と同時に東京衛戍地には多くの兵士が招集されたほか、青山練兵場には千駄ヶ谷停車場から臨時の軍用鉄道も敷設され、人員や物資輸送の拠点となった[98]。

そうしたなか、第一師団は大山巌を司令官とする第二軍に編入され、一〇月に遼東半島に上陸、金州や旅順の攻略戦に参加した。一方、近衛師団は開戦後も待機状態が続き、下関講和条約締結後の台湾平定作戦に投入された。このように戦争によって東京衛戍地内の人の流れが変わるなか、警備体制についても変化が見られるようになる。

一八九五年一月一八日、政府は外敵の攻撃に対し、陸海軍の共同作戦を想定した防務条例（勅令第八条）を制定するとともに、東京防禦総督部条例を制定し、東京の警備体制を固めた(99)。特徴的なのは、土田宏成も指摘するように、東京を防衛するため、陸海軍の統合運用が定まった点である(100)。防務条例第二条は「首府及永久ノ目的ヲ以テ海岸ニ建設シタル防禦地点ノ作戦ハ陸海軍協同シテ之ニ任ス」とした上で、陸軍の分担を①陸地警戒勤務、②陸地防御工事、③諸砲台の勤務、④保塁通信勤務に、海軍の分担を①海上警戒勤務、②海中障害物及び水雷の敷設に関する諸勤務、③艦船を用いる諸勤務、④海上諸勤務にそれぞれ分けている。また、第三条で陸海軍の指揮権を定め、「東京防御ハ東京防御総督ヲシテ要塞司令官、師団長（若クハ野戦隊指揮官）及横須賀鎮守府司令長官ヲ統ヘ東京防禦ニ関スル全般ノコトヲ計画指揮セシム」と、横須賀鎮守府司令長官を陸軍の指揮下に置くことができた。しかし、その後、海軍の反発によって陸海軍の指揮命令系統は分離、一九〇一年一月二二日の防務条例改正で東京の防衛は陸軍、東京湾の防衛は海軍となるなど、統合運用の可能性は消滅、東京防禦総督の役割も低下していった。

他方、東京防禦総督部条例第三条に「東京防禦総督ハ東京ノ衛戍勤務ヲ統轄シ師団長ニ命シテ之ヲ実行セシム」とあるように、東京防禦総督は東京の防衛を担う存在で、東京衛戍地内の陸軍部隊を一元的に指揮することができた。ただし、肝心の日清戦争は三月三〇日に休戦が成立し、四月一七日には、山口県の下関で講和条約が結ばれ、外敵の脅威は過ぎ去った。だが、一〇月三日の衛戍条例改正では、東京防禦総督部条例に合わせる形で条文に修正が加えられたほか、付則の第一〇条には、「東京ノ衛戍ハ東京防禦総督部ノ設置ニ至ル迄第一師団長ヲ以テ之カ司令官ト為ス」と規定された(101)。つまり、この時点で東京防禦総督部は設置されていなかった。初代総督に野津道貫大将が就任し、参謀本部内に東京防禦総督部が設置されるのは翌九六年五月一〇日であった[102]。東京防禦総督部条例の制定から一年以上の時間が経過してようやく総督部の設置が実現したのである。

加えて、翌一一日には師団司令部条例も改正され、その条文にも「東京防禦総督部」の文言が盛り込まれる[103]。出兵を定めた第四条では、近衛師団長及び第一師団長に東京防御総督部への報告を義務付けたほか、第六条では、「師団長ハ其師管内ニ在ル陸軍諸隊及官廨ニ於ケル軍紀風紀ヲ統監シ軍法会議ヲ管轄ス」とした上で、「但東京ニ在テハ軍紀風紀ノ事ハ近衛及第一師団長ニ直属スルモノ、外総テ東京防禦総督ノ統監ニ属ス」と規定している。ちなみに第一七条に「近衛師団司令部条例及屯田兵司令部条例ハ本条例発布ノ日ヨリ廃止ス」と定められ、近衛師団の運営についても師団司令部条例に基づくことになった。ちょうどこの時期は、六個師団の増設など、陸軍中央は大規模な軍備拡張と軍制改革を推し進めており、全国の軍事拠点も変化しつつあった[104]。

そうした軍制改革の一環として、陸軍は近衛師団の特例を廃止、可能な限り一般の師団に近づけようとする。その一端は九月五日の衛戍条例改正にも表れており、改正前の第四条「衛戍司令官ハ衛戍地警備ノ責ニ任シ衛戍勤務ニ関シテハ其地駐屯ノ軍隊ヲ指揮シ衛兵ノ部署及其人員ヲ定ム」に「衛戍勤務ヲ以テ近衛師団ノ禁闕守衛勤務ヲ妨クルコトナシ」と但し書きが加えられたほか、第九条の「近衛師団及憲兵隊ニ在テハ第五条第六条第七条ヲ除クノ外衛戍勤務ニ干与セス」から「近衛師団」の文言を削除している[105]。要するに、第一師団と同様に、近衛師団にも東京の衛戍勤務が求められたのである。それについて陸軍省は「師管分画ヲ改正セラレタルト且ツハ其歩兵聯隊ヲモ地方ニ分屯セシムルコト、為リタレハ近衛師団ト雖モ全然其衛戍勤務ヲ免スル能ハサルニ由ル」と説明している[106]。ここで挙げられた分屯する部隊とは、近衛歩兵第四連隊のことであろう。同連隊は一八九七年三月二四日から一八九九年四月一日の間、千葉県の佐倉を衛戍地としていた。このように近衛師団も衛戍勤務に従事するようになり、東京においては東京防禦総督の指揮下に組み込まれていったのである。

しかし、一九〇一年四月九日に東京防禦総督部条例は廃止され[107]、同時に行われた衛戍条例改正によって東京衛戍司令官は第一師団長が兼務することになった[108]。これについて土田は、先に挙げた防務条例改正に触れつつ、「東京防禦総督には、東京の衛戍勤務の統轄という任務は残されたわけだが、それだけのために師団の上に上級司令部を常設しておく必要はないと判断されたのだろう」と推察する[109]。上級司令部の廃止によって、衛戍勤務に限られるが、第一師団長は近衛師団を指揮下に組み込んだのである。

以上のように、日清戦争を契機に東京の警備体制は大きく変化した。それまで禁闕守衛を任務とする近衛師団の役割と、衛戍勤務を行う第一師団の役割は明確に分かれていたが、軍制改革によって近衛師団にも他の師団と同様の役割が求められた。東京防禦総督部の廃止で二つの師団を統轄する司令部は無くなったものの、日露戦争に際し、再び東京防禦総督部と類似した機能を有する司令部が設置されるのである。

### (2) 東京衛戍総督

日清戦後、朝鮮半島をめぐりロシアと対立を深めた日本は、一九〇四（明治三七）年二月一〇日に宣戦を布告、それに伴い、再び多くの兵士が東京衛戍地に招集された。その後、二つの在京師団は共に大陸へ進出し、各地でロシア軍との戦闘を繰り広げる。近衛師団は黒木為楨大将の率いる第一軍に属して朝鮮半島の鎮南浦から北上、遼陽会戦や沙河会戦、奉天会戦など主に満州方面の作戦に従事した。一方、第一師団は奥保鞏大将の第二軍に属し、金州・南山の戦いに参加した後、乃木希典大将の第三軍に属して旅順攻略戦に参加、二〇三高地では多大な犠牲を払った。

ロシアとの戦争は遠く離れた大陸だけでなく、国内の警備体制にも影響を与え、宣戦布告五日後の二月一四日には、大陸に近い長崎要塞地帯、佐世保要塞地帯、対馬、函館要塞地帯などに大日本帝国憲法第一四条の「天皇ハ戒厳ヲ宣告ス」に基づき、臨戦地境戒厳を実施する[110]。また、東京においても警備体制の変化があった。陸軍省は四月二三日に東京衛戍総督部条例を制定し、新たに近衛師団及び第一師団を統轄する東京衛戍総督を新設した(111)。その第一条は、「東京衛戍総督ハ陸軍大将若ハ中将ヲ以テ之ニ親補シ　天皇ニ直隷シ東京ノ衛戍勤務ヲ統轄ス」と規定されている。また、衛戍条例も改正され、各条文に「東京衛戍総督」の文言が加えられたほか、「第一師団長」の文言もそれに置き換わった(112)。さらに衛戍服務規則にも適宜修正が加えられている(113)。

先の東京防禦総督と異なり、東京衛戍総督の役割は、東京における衛戍勤務の統轄のみだったが、陸軍省は「東京ハ近衛及第一ノ両師団屯在シ加之数多ノ軍人軍属居住シ又其ノ出入頻繁ナル大衛戍地ナルカ故ニ此ノ地ニ於ケル衛戍勤務ノ実施ヲ厳確ナラシメンニハ此ノ両師団長ノ上位ニ在リテ該勤務ヲ統轄調律スヘキ長官ヲ置クノ必要ヲ認ム」と、上級司令部設置の意義を説いた。「大衛戍地」という東京衛戍地の性格が総督部設置の背景にあった(114)。おそらく、現実的な問題として、並立する二つの師団司令部を統率するには、それを専門で行う司令部が必要だったのだろう。こうした方針に基づき、五月一日付で佐久間左馬太大将が初代東京衛戍総督に就任、麹町区代官町の近衛歩兵第一旅団司令部内に東京衛戍総督部を開庁することになった(115)。

早速、総督部は衛戍勤務の改善に着手する。五月二五日、佐久間は「従来中央金庫ニハ衛戍衛兵ヲ差遣シ来リ候処目下諸隊ノ情態ハ衛戍勤務ヲシテ頗ル困難ナラシムル次第モ有之候ニ付自今同金庫ノ衛兵ヲ廃サレ度」と陸軍省に申請、その理由として、①近衛兵には禁闕守衛の任務がある点、②留守部隊の軍隊教育に力を注がなければいけない点、③軍用物資の警備に兵力を割かなければいけない点、④大蔵省中央金庫の警備には警察官も配置されている点などを挙げている。その上で、「将来ハ不時ノ事変ニ際シ赴援ヲ要スル場合等ノ外軍衙以外ノ諸官衙等ノ警備ハ専ラ警察官吏ニ一任スルヲ至当ト認ム」と結論付けた(116)。それを受けた陸軍省は、「作戦進捗ニヨリ野戦隊ノ補充益多数トナリ各補充隊ニ於テハ多クハ未教育兵ヲ教育致シ居且後備隊ノ大部モ出征シ在京ノ後備隊少数トナリタルノミナラス時トシテ此少数ノ隊ヨリ出征隊ノ補充ヲナスコトアルタメ両隊共ニ勤務ニ使用シ得ヘキ人員極メテ減少シ既ニ陸軍部内ノ衛兵スラ之レカ差遣ニ困難ヲ来シ衛兵数ヲ減少シ居候」と衛兵廃止を大蔵省に通達、大蔵省側もそれを了承した。衛戍制度の施行以来、燻り続けていた軍隊教育と衛戍勤務の問題は戦争を契機に解消したのである。[117]

さらに派遣部隊の増加に伴い、衛戍勤務の実施は困難になった。一一月一一日、総督部は「海軍省所管造兵廠等ノ諸衛兵撤去ノ儀ニ付申請」を陸軍省に提出し、衛兵派遣箇所の縮小を求めている。[118] その理由として、人員不足を第一としつつ、①戦争勃発による衛兵派遣箇所の増加、②軍隊教育の問題、③頻繁な部隊の交代などを挙げている。仮に衛戍勤務を正常に行うならば、控え兵を含めて五〇〇人以上の人員が必要だったが、すでにそれは破綻しており、陸軍が守るべき火薬庫等にも傭人を充てる始末であった。そうした状況で陸軍省は、大蔵省と同様に、海軍省にも衛兵の派遣中止を求め、受け入れられていった。

以上のように、軍隊の対外的機能が発揮されるなか、対内的機能は次第に低下していく。見方を変えれば、戦争を遂行の目的がすべてにおいて優先されたともいえる。それに伴い、東京衛戍地の警備体制も変化していった。

### (3) 日比谷焼打ち事件

一九〇五(明治三八)年三月の奉天会戦や五月の日本海海戦の勝利、また、ロシア国内の混乱なども相俟って、戦況は日本側の優位に推移していった。その結果、九月五日にアメリカのポーツマスで講和条約が結ばれ、約一年半に及んだ日露戦争は終結した。日本は朝鮮半島や遼東半島、南樺太等における利権を獲得する一方、戦費の穴を埋める賠償金を得ることができなかった。これに対し、増税などに堪えてきた国民の不満が爆発、同日、日比谷公園で行われた講和条約反対国民大会は、大規模な都市騒擾へと発展していった。[119] 今日、日比谷焼打ち事件と呼ばれるこの暴動は、東京においては竹橋事件以来のもので、民衆によって引き起こされた最初の都市騒擾となった。

当初、警視庁は治安警察法に基づき、大会中止を画策したものの、人々はそれを退け、午後一時頃から大会を強行する。その閉会後、警察と参加者との対立は激化し、暴動へと発展していった。警察の対応に激昂した人々は、警察の施設だけでなく、政府に近い国民新聞社や内務大臣官邸を襲撃する。これに警察は抗うことはできず、最終的に警察署二、警察分署六、派出所及び交番二〇三を失うことになった。そうしたなか、警視総監安立綱之は、地方官官制第八条に基づき、東京衛戍総督部に出兵を要求、同日夜には陸軍が展開して警戒活動を実施した[120]。

それに先立ち、不穏な情報を掴んだ総督部は、留守近衛師団及び留守第一師団に出兵準備を命じるとともに、要請を受けた後はすぐに両師団から兵力を派遣した[121]。ここで衛戍総督の佐久間左馬太は隷下の部隊に主要施設の警備を委ねる一方、兵器の使用を厳禁とし、集団の威力で群衆を解散させるよう指示した。この方針は後の戒厳令の適用後も続き、警察側の反感を買ったという[122]。おそらく、逆襲を受けた警察は軍隊の実力行使に期待したのだろう。人々の敵愾心は警察にむかい、新聞各紙も五日以降の状況を「無警察」とした上で、警視庁の対応を厳しく批判、社説で改革論や廃止論を唱えた。一方、軍隊の出動については、異例の事態として批判が出るものの、「無警察」を解消する行為として好意的に捉えられた。ここに非難される警察と、支持される軍隊という構図ができたのである。

そうした傾向に拍車をかけたのが、戒厳令の適用であった。九月六日夜、政府は枢密院の諮詢を経て勅令第二〇五号を緊急勅令の形で発布、一定地域における戒厳令の条文適用を定めたほか、勅令第二〇七号で第九条及び第一四条を東京市及び隣接する荏原郡、豊多摩郡、北豊島郡、南足立郡、南葛飾郡に適用した。序章で述べたように、これが平時に戒厳令を適用した最初の例で、その実施にあたっては、六日午後二時三〇分からの枢密院会議で激しい議論が交わされた[123]。北博昭はその内容を詳細に分析し、行政戒厳が誕生する経緯を明らかにしている[124]。

ここで注目したいのは、戒厳令を必要とした理由である。書記官長の都築馨六は「昨日来都下ノ騒動ハ実ニ容易ナラス次第ナルニ付至急之ヲ鎮圧シテ人心ノ動揺ヲ防クノ必要アリ而シテ現在ノ警察ノ力ニテハ到底之ヲ如何トモスルコトヲ得サルヲ以テ今最早戒厳令ヲ布クノ外無シ」と説明しているが、警察力の不足だけなら通常の出兵で対応できたはずである。留意したいのは、戒厳令第一四条の内容と、警察と憲兵、軍隊の権限である。第一四条は「戒厳地境内ニ於テハ司令官左ニ配列ノ諸件ヲ執行スルノ権ヲ有ス」とした上で、「但其執行ヨリ生スル損害ハ要償スルコトヲ得ス」と戒厳司令官の権限を規定、物品の検査や押収、私有地への侵入等を認めている。[125] いずれも通常の軍隊にない権限だが、警察官や憲兵はこれらの権限を有していた。つまり、警察が信頼を失ったため、政府は軍隊に強制的な権限を与えることで、その機能を補完しようとしたのだろう。これによって軍隊のみの検問も可能になった。

同様の点は同じく六日に成立した補助憲兵制度からも窺える。勅令第二〇八号によって衛戍総督もしくは衛戍司令官は乗馬兵科の者を憲兵司令官や憲兵隊長、憲兵分隊長の補助に付けることが可能となった。警察権を持つ憲兵を増やすことで、警察の穴を埋めようとしたのだろう。[126] 行政戒厳が誕生した背景には、警察力の不足とともに警察と憲兵、軍隊との権限の差があったと考えられる。

さて、戒厳令第九条及び第一四条を執行する司令官には、衛戍総督の佐久間が就任、直ちに警視総監及び東京郵便局長に対し、第一四条に基づく警戒行動を命じたほか、[127] 九月七日には、一般人に対しても衛戍司令官告諭を発し、「各人深ク自ラ慎ミ且ツ能ク子弟ヲ戒メ事重大トナラサル間ニ於テ速ニ其非行ヲ止メ静粛ニ復スヘシ」と冷静な対応を求めた。[128] 加えて、隷下の部隊に対し、説得及び空砲発射でも群衆が解散しない場合は武器の使用を許可した、と警告も与えている。先に触れたように、佐久間は武器の使用に慎重な姿勢をとっていたが、あえて自らの手の内を明らかにすることで、人々の自制を促したのだろう。

その後、陸軍部隊の展開や検問設置が効を奏し、「無警察」状態は次第に解消、東京は平穏を取り戻していった。それに伴い、一一月二九日の勅令第二四二号で戒厳令の適用を定めた勅令第二〇五号は廃止され、軍隊による治安維持活動も終焉を迎えた。行政戒厳や補助憲兵制度が誕生するなど、日比谷焼打ち事件は、国内の治安維持システムを考える上でも一つの転換点となったのである。

## 小　括

東京の警備体制と軍事施設の変化を概観すると、東京衛戍地の形成過程が浮かび上がってくる。まず警備体制について整理すると、皇居周辺と一般の市街地で警備の主体は異なっていた。維新直後はいずれも諸藩から供出される兵力が警備を担っていたが、御親兵の誕生とともに、それは終焉を迎え、市街地については邏卒がその中心となったほか、東京鎮台が警察の後ろに控える形となった。一方、皇居周辺の警備は御親兵（近衛兵）によって担われた。ここで「警察」と「軍隊」の役割は明確に分離し、それぞれを所管する中央官庁も整備される。ただし、初期の御親兵及び鎮台兵は薩摩や長州を中心に、旧諸藩の兵力を転用したもので、邏卒についても同様であった。その後、軍隊については、徴兵制の定着によって各地から集められた壮丁に入れ替わっていった。

西南戦争前後、東京の警備体制は転機を迎える。近衛兵は火災で皇居を失ったものの、赤坂の仮皇居を中心に警備体制を固める。一方、東京全体の状況に目を転じると、一八七六年に衛戍制度が導入され、具体的な警備方法を定めた。ここで禁闕守衛を目的とする近衛兵と、駐屯地域の警備を担う鎮台兵の役割は明確に分かれ、基本的に相互の任務に関与しない仕組みをとった。だが、竹橋事件で近衛兵の一部が反乱を起こすと、皇居の警備体制は変化し、軍隊だけでなく、警察もそれに関与するようになった。ここから近衛兵の役割にも変化が生じ始める。

鎮台制廃止によって師団が誕生すると、次第に近衛の部隊編制もそれに沿った形に変化する。さらに台湾平定作戦に投入されるなど、近衛兵にも外征軍としての役割が求められたほか、一八九六年以降は第一師団と同様に衛戍勤務も行うようになった。近衛師団は禁闕守衛に軸を置きつつも、他の任務については、一般の師団に近づいた。

他方、市街地に目を転じると、警察や消防、憲兵が充実するなか、第一師団は衛戍勤務の負担軽減を求めた。その背景には、軍隊教育の問題があり、衛戍勤務は円滑な部隊運営を妨げた。第一師団の要望が受け入れられることはなかったが、軍隊教育の延長線上には、最終目標の「戦争」が位置していた。これは対外的機能と対内的機能の相克ともいえる。実際、軍隊の対外的機能が発揮された日露戦争では、東京の衛戍勤務は軽減され、その穴を警察や民間人が埋めることになった。ここから明らかなように、対外的機能と対内的機能では、軍隊は前者の方に比重を置き、国内の治安維持は警察や憲兵に委ねられた。警備体制における軍隊の位置は相対的に低下していったのである。

そうした点は軍事施設の配置状況からも窺える。明治初期、陸軍は皇居を囲む形で兵営を構えていたが、国内の安定化と警察機構の充実とともに、近衛部隊を残して東京西部、大山街道の沿線に移転していった。これは明治維新以来の国内の危機が去ったことを意味した。一方、軍事施設が東京の中心部から西郊部に拡大したことは、東京衛戍地の空間的な拡大を意味し、陸軍は各々の施設を中心に警備体制を構築していった。駒澤・世田谷方面の軍事化に代表されるように、東京衛戍地は西方に拡大し続けたのである。

以上のように、治安維持の主体は警察に移ったものの、日比谷焼打ち事件では、再び軍隊の存在が浮上する。この経過を見ると、軍隊が人的にも組織的にも最終的な治安維持装置だったことがわかる。詳細は次章で検討するが、おそらく、それは災害時おいても同様だっただろう。また、日比谷焼打ち事件は、①警察及び憲兵による対処、②補助憲兵の派遣、③軍隊の出動、④戒厳令の部分適用という段階的なシステムを形づくった。これが国内における治安維持の基本形となる。ただし、問題だったのは、それ以後、④の段階について十分な準備がなされず、東京衛戍総督も廃止された点である。結果的にそのことが関東大震災時の混乱を招くことになった。

なお、日露戦後の軍拡に伴い、東京衛戍地では、交通兵旅団の電信隊及び気球隊が豊多摩郡中野町に設置されたほか、師管レベルでは、茨城・栃木・群馬・埼玉北部が第一師管から宇都宮に司令部を置く第一四師団の管轄（＝第一四師管）に移った。序章の表序－1に示すように、第一四師管には、水戸、宇都宮、高崎の三つの衛戍地があり、既存の高崎に加え、明治初期に陸軍所在地であった水戸や宇都宮が再び北関東の軍事拠点となった。陸軍の拡充とともに、関東地方の軍事的空間も大きく変化していったのである。

注

(1) 東京百年史編集委員会編『東京百年史』第三巻（東京都、一九七二年）七七七〜八四三頁。
(2) 岩淵令治「江戸の治安維持と防備」（『歴史と地理』第六四〇号、二〇一〇年一二月）、同「江戸城警衛と都市」（『日本史研究』第五八三号、二〇一一年三月）は、江戸城の警備と市中の取締を中心に近世期の警備体制を明らかにしたほか、土田宏成「帝都防衛態勢の変遷——関東大震災前後を中心として——」（上山和雄編『帝都と軍隊——地域と民衆の視点から——』日本経済評論社、二〇〇二年）、同「近代の首都と治安・警備」（『歴史と地理』第六四二号、二〇一一年三月）は法令の変化を中心に警備体制の変遷を追っている。また、荒川章二編『軍都としての帝都』（吉川弘文館、二〇一五年）も警備の視点を取り入れながら東京の軍都化を分析した。
(3) 同右『軍都としての帝都』一〜五四頁。
(4) 一八六八年七月一七日、第五五七、第五五八。以下、『法令全書』掲載の法令類は年次と番号のみを示す。
(5) 初期の警察制度は東京百年史編集委員会編『東京百年史』第二巻（東京都、一九七二年）二〇九〜二三三頁を参照。
(6) 一八六八年八月二三日、第六五五。
(7) 一八六九年正月八日、行政官沙汰第二一、同二二、同二三。
(8) 一八六九年二月一九日、行政官布告第一七一。朱引線内は具体的に「東京市中ハ本所扇橋川筋ヲ限リ西ハ麻布赤坂四谷市ヶ谷牛込ヲ限リ南ハ品川県境ヨリ高輪町裏通リ白金台町二丁目麻布本村町通リ青山ヲ限リ北ハ小石川伝通院ノ端上野浅草寺後ロヨリ橋場町ヲ限リ」と規定されていた。
(9) 東京都編『東京市史稿　市街篇第五十』（東京都、一九六一年）三〇八〜三〇九頁。
(10) 一八六九年一〇月一七日、第九九〇。
(11) 前掲『東京市史稿　市街篇第五十』一〇四七〜一〇四八頁。

(12) 一八六九年一一月一五日、第一〇五六、第一〇五七。
(13) 前掲『東京市史稿　市街篇第五十』一〇五一〜一〇五三頁。
(14) 東京都編『東京市史稿　市街篇第五十一』(東京都、一九六一年)四六八〜四七〇頁。
(15) 一八七〇年一二月二四日、第九八九。同日、太政官は「三府並開港場取締心得別紙之通御達相成候ニ付テハ藩県ニ於テモ右ニ準シ管内相応之取締可致候事」と、三府並開港場取締心得を基礎に治安維持に努めるよう全国に達している(第九九〇)。
(16) 前掲『東京市史稿　市街篇第五十一』六〇七〜六〇八頁。
(17) 鈴木淳『町火消たちの近代――東京の消防史』(吉川弘文館、一九九九年)五五〜五六頁。
(18) 藤口透吾・小鯖英一『消防一〇〇年史』(創思社、一九六八年)六三〜六六頁。
(19) 前掲『東京市史稿　市街篇第五十二』二八〇〜二八三頁。
(20) 一八六九年四月二五日、第三九〇。なお、皇居警衛の変遷は、皇宮警察史編さん委員会編『皇宮警察史』(皇宮警察本部、一九七六年)一四五〜一五一頁を参照。
(21) 一八六九年九月、第九五七。
(22) 一八七〇年三月五日、第一七四。政府は一八七〇年五月七日の第三三二号達で「自今郭内外諸邸宅中ニ於テ一切発銃差停候事」と銃器使用の禁止も通達している。
(23) 一八七〇年五月、第三八五。
(24) 東京市役所編『東京市史稿　皇城編四』(東京市役所、一九一六年)三二三〜三二七頁。
(25) 一八七二年八月八日、外郭に位置する日比谷門、数寄屋橋門、鍛冶橋門、呉服橋門、常盤橋門、神田橋門、一橋門、雉子橋門、山下門、幸橋門、新橋門、虎ノ門、赤坂門、喰違門、四谷門、市ヶ谷門、牛込門、小石川門、水道橋門、筋違門、浅草門の二一門は廃止となり、内郭に位置する馬場先門、和田倉門、本丸大手門、平川門、竹橋門、清水門、田安門、半蔵門、外桜田門の九門は正院の管轄に移管された(前掲『東京市史稿　皇城編四』五〇五〜五一〇頁)。
(26) 同右『東京市史稿』二八二〜二八三頁。また、皇居の消防は前掲『皇宮警察史』一六四〜一七二頁を参照。
(27) 前掲『町火消たちの近代』四八〜四九頁。
(28) 一八七〇年一一月一二日、第八二三・八二四・八二五。なお、兵部省の管轄は①御郭内、②渋谷村辺、③青山千駄ヶ谷辺、

④高輪海軍用所辺、⑤芝新銭座陸軍操練場辺、⑥越中島辺、⑦深川万年橋辺、⑧山下御門内治療所辺、⑨招魂場辺、⑩築地海軍操練場辺、武庫司の管轄は①御郭内、②青山千駄ヶ谷辺、③目黒村辺、④海軍兵学寮辺、⑤高輪海軍用所辺、⑥関口製造所辺、⑦深川万年橋辺、造兵司の管轄は①御郭内、②小石川御門内、③牛込御門内、④小川町大学南校辺、⑤招魂者辺、⑥市ヶ谷御門内、⑦半蔵御門内、⑧関口製造所辺となっていた。

(29) 前掲『町火消たちの近代』六四〜六六頁。

(30) 一八七一年二月二二日、太政官第八九。

(31) 内閣記録局編『法規分類大全第四十七巻　兵制門三』(原書房、一九七七年)五二四〜五二五頁。

(32) 前掲『東京市史稿　市街篇第五十二』一四八〜一四九頁。

(33) 前掲『法規分類大全第四十七巻　兵制門三』五九二〜五九五頁。

(34) 同右五二六〜五二九頁。

(35) 一八七二年八月四日、陸軍省第一五一。

(36) 一八七三年四月九日、陸軍省第一一三。

(37) 一八七三年四月二〇日、陸軍省第一一七。

(38) 前掲『東京市史稿　皇城編第四』六一〇頁。

(39) 一八七三年四月二四日、陸軍省第一二七。

(40) 一八七三年七月一九日、陸軍省第二六七。

(41) 一八七二年三月九日、無号。近衛条例に基づき、一八七二年一一月二八日には、宮内近衛兵がすべての門の警備を担当することになった。その後、近衛兵を統轄する近衛局は翌七三年一月一七日に諸門の警備方法とともに、非常時の具体的な対応方法を定めている。また、一八七四年一月一七日には、皇居裏門番兵所、皇居御操練場脇屯所、皇居非常門脇屯所、皇居二ノ柵前屯所をそれぞれ第一から第四の番兵所と改称した(『法規分類大全　第四十七巻　兵制門三』五九六〜五九七頁)。

(42) 御親兵設立直後の一八七一年四月四日、太政官は火災時の対応として、旧鹿児島藩兵で構成される第三大隊に半蔵門外の警備を命じたほか、同一九日には、外桜田門や田安門の警備、一個大隊の温存等を命じている(『太政類典』第一編第百十四巻所収、国立公文書館所蔵、請求番号：本館-二A-〇〇九-〇〇・太〇〇一一四一〇〇)。

(43) 一八七〇年一月二四日、第五〇。
(44) 一八七二年三月九日、太政官第七五号。
(45) 一八七二年三月一二日、陸軍省第二八。
(46) 一八七二年三月一四日、太政官第八三号。
(47) 一八七二年三月一四日、陸軍省第二九。
(48) 一八七二年四月二日、陸軍省第五五。
(49) 一八七二年三月一七日、陸軍省第三七。
(50) 東京都編『東京市史稿　市街篇第五十二』（東京都、一九六二年）八一七〜八四四頁。一八七二年二月二八日、陸軍省は築造局・武庫司・招魂社掛・造兵司に対し、消火活動に尽力した功労者等に関する調査を命じる一方、二月三〇日には、兵部省出火時に出勤しなかった職員に対する調査を省内や東京鎮台に命じている（陸軍省二、同三）。
(51) 前掲『東京市史稿　皇城編第四』五四二〜五八二頁。概要は前掲『皇宮警察史』一七八〜一八〇頁を参照。
(52) 前掲『町火消たちの近代』六四〜六六頁。
(53) 陸軍省編『明治天皇御伝記　明治軍事史（上）』（原書房、一九六六年）一一八〜一一九頁。
(54) 『日新真事誌』一八七三年五月七日。同紙は市民の投書という形で皇居火災の問題点を指摘しており、「而シテ発火凡三十（ミニユート）ヲ過キテ号砲三発アリ」とした上で、「其砲声尋常ヨリ尤モ猛烈ニシテ雷震轟動シ爰ニ於テ諸人火薬庫ニ火ノ入ルモノナラント疑懼シ消防人等急ニ進入スルノ鋭気ヲ挫ケリ」とした上で、「夫レ非常相図ノ枢要タルハ寸刻ヲ違ヘス其機期ニ符合スルニアリ、然ルニ斯ノ如クナルトキハ却テ衆庶ノ誤解疑惑ノ端ヲ生セシム豈注意セサルヲ得ンヤ」と警報の改善を求めている。火薬庫の爆発など、号砲音は人々の誤解を招く可能性を秘めていた。
(55) 一八七三年五月一〇日、太政官三〇。
(56) 一八七三年六月八日、太政官布告第一九三号。
(57) 一八七七年二月二二日、陸軍省達号外。
(58) 一八七二年三月二日、陸軍省第一〇、一一。
(59) 一八七四年二月二三日、陸軍省達号外。

(60) 一八七六年四月一一日、陸軍省達号外。なお、陸軍省は二月七日に東京鎮台に対して衛戍部署の施行を指示している。
(61) 「警視庁へ東京衛戍部署云々心得達」(『明治九年四月　大日記　官省使庁府県送達』所収、防衛研究所戦史研究センター史料室所蔵、請求番号：陸軍省－大日記－M九～一六－三四)。また、陸軍省は警視庁の要請に基づき、東京衛戍部署及び衛戍服務概則を一八七六年五月六日に三五部送付している(「警視庁へ東京衛戍概則送致」、同上)。
(62) 一八七六年四月二七日、陸軍省達七二号。
(63) 一八七六年五月二五日、陸軍省達号外。
(64) 一八七六年七月五日、陸軍省達号外。
(65) 一八七六年七月二一日、陸軍省達号外。
(66) 一八七六年一二月一八日、陸軍省達第二一九号。
(67) 一八七六年一二月二七日に陸軍省は衛戍に関する演習を実施する旨を正院及び警視庁に通達、翌七七年一月一一日の『東京日日新聞』は警備方法など具体的な演習の内容を報じている。
(68) 各施設を守る衛兵の種類は、まず鎮台に付属する金庫や武器庫、火薬庫には「守衛兵」が置かれ、その警備を担当していた。部隊編成は鎮台によって異なるが、東京鎮台の場合は紙幣寮や青山火薬庫に守衛兵を配置、一ヶ所につき二九名が充てられていた。また、「衛戍」の範囲を示す「衛戍線」から外れた火薬庫や砲台では、「分遣哨兵」を設けてその警備を担当させていた。東京鎮台の場合は、赤羽根火薬庫や神奈川砲台などに分遣哨兵が派遣され「衛戍」の任に就いていた(東京衛戍部署／一八七六年七月五日、陸軍省達号外)。
(69) 改訂前の衛戍部署では、鎮台司令長官が衛戍司令官を兼務することになっていた(一八七六年四月二日、陸軍省達号外)。
(70) 前掲『法規分類大全　第四十七巻　兵制門三』五九九～六〇一頁。
(71) 『東京日日新聞』、『朝野新聞』一八七八年八月二四～二七日。前掲『皇宮警察史』一八二～一八四頁。
(72) 皇宮警察設立の経緯は前掲『皇宮警察史』一八五～三七一頁。
(73) 一八八四年一月四日、陸軍省達乙第一号達。
(74) 一八八五年七月二日、陸軍省通牒。
(75) 一八八一年三月一一日、太政官達第一一号。

(76) 田崎治久編『日本之憲兵　正・続』(三一書房、一九七一年)八三～八九頁。
(77) 一八九八年一二月一日、陸軍省令第一六号。
(78) 一八八三年五月一七日、陸軍省達乙第四八号。
(79) 一八七八年一〇月一〇日、陸軍省達乙第一四二号達。
(80) 「衛戍服務ノ方法変換之儀伺」(『明治一九年四月　肆大日記』所収、防衛研究所戦史研究センター史料室所蔵、請求番号：陸軍省-肆大日記-M一九-二-七六)。
(81) 一八八五年九月二九日に要望書を受領した陸軍省は、一一月一二日に「東京鎮台ヨリ衛戍服務ノ方法変換之義伺」を起案、その後、翌八六年三月までに参謀本部と審議しながら回答の方針を固めていった。その詳細は同右「衛戍服務ノ方法変換之儀伺」を参照。
(82) 「師団司令部条例制定鎮台条例廃止之理由書」(『明治二十一年五月　貳大日記』所収、防衛研究所戦史研究センター史料室所蔵、請求番号：陸軍省-貳大日記-M二一-五-二三)
(83) 「衛戍条例制定理由之件」(同右)。
(84) 衛戍条例によって「衛戍」の概念が定まったものの、衛戍勤務の規定は衛戍条例だけでは不十分なため、しばらくは衛戍規則を応用することになった。その具体的な方法は「衛戍条例制定ニ付各項ニ拠リ服務取扱方之件訓示」(同右)を参照。
(85) 平野実・桜井泰仁編『岩淵町郷土誌』(歴史図書社、一九七九年)一九二～一九八頁。
(86) 「内閣へ青山近傍ニ於テ練兵場撰定ノ件閣議」(『明治十九年二月　大日記　土』所収、防衛研究所戦史研究センター史料室所蔵、請求番号：陸軍省-大日記-M一九-一一-一九)。
(87) 『歩兵第一連隊歴誌　巻二』(防衛研究所戦史研究センター史料室所蔵、請求番号：中央-部隊-歴史-連隊-四)。
(88) 一八九六年三月一六日、勅令第二四号。
(89) 世田谷区編『世田谷近・現代史』(東京都世田谷区、一九七六年)五四四～五五二頁。
(90) 「東京第一、東京第二衛戍病院へ収療スベキ患者部隊ノ件」(『明治三十六年十二月　貳大日記』所収、防衛研究所戦史研究センター史料室所蔵、請求番号：陸軍省-貳大日記-M三六-一二-一三二)。
(91) 「非常並変災ノ節府下屯在団下各隊心得」(『明治廿二年一月　肆大日記』所収、防衛研究所戦史研究センター史料室所蔵、請求番号：陸軍省‐肆大日記‐M二二‐一‐五〇）。

(92) 非常並変災之節各隊心得書第五条の但し書きには、「派遣ノ兵員ニ応シ将校或ハ下士之ヲ引率シ総テ報酬ヲ受クル等ノコトアルヘカラス」と軍隊の職務倫理を唱えている。

(93)『日本』一八九四年四月七日。

(94)『東京朝日新聞』一八九四年四月七日。

(95)『朝日新聞』、『都新聞』、『二六新報』、『万朝報』、『日本』、『毎日新聞』、『時事新報』一九〇三年六月六日。

(96) 日露戦後の『都新聞』の記事を拾っただけでも、①一九〇六年四月二四日の麹町区内幸町の火災（洋館一棟焼失）に竹橋の近衛師団から一個小隊、近衛歩兵第三連隊から一個小隊、②一九〇七年一二月二一日の牛込区市ヶ谷河田町の小笠原伯爵邸火災（一部焼失）に陸軍経理学校、陸軍砲工学校、陸軍戸山学校教導大隊の二個中隊（一九〇七年一二月二二日、③一九〇八年一一月九日の大雨によるがけ崩れに歩兵第三連隊、④同年一〇月八日の豊多摩郡千駄ヶ谷村の火災（焼失一二戸）に近衛歩兵第四連隊の二個小隊、⑤同年一二月一八日の麻布区網代町の火災（全焼六九戸）に歩兵第一連隊、と軍隊の出動が確認できる。他方、軍隊内でも火災が度々発生しており、荏原郡駒場の近衛輜重兵営は一九〇六年四月七日と、一九〇九年一一月四日に火災が発生していた。

(97)『東京日日新聞』一八九四年六月二一日。

(98) 明治神宮奉賛会編『明治神宮外苑志』（明治神宮奉賛会、一九三七年）一〇七～一〇九頁、『赤坂区史』（東京市赤坂区役所、一九四一年）六二五～六二六頁。

(99) 一八九五年一月一八日、勅令第九号。

(100) 前掲「帝都防衛態勢の変遷」。

(101) 一八九五年一〇月三日、勅令第一三八号。

(102)『東京朝日新聞』一八九六年五月一二日。衛戍勤務の移行過程については、「防禦総督部衛戍勤務ニ関スル件」（『明治廿九年五月　貳大日記』所収、防衛研究所戦史研究センター史料室所蔵、請求番号：陸軍省‐貳大日記‐M二九～五‐二一）を参照。

(103) 一八九六年五月一一日、勅令第二〇五号。

(104) 「陸軍常備団隊配備表改正ノ件」(『明治廿九年九月　貳大日記』所収、防衛研究所戦史研究センター史料室所蔵、請求番号：陸軍省-貳大日記-M二九~九-二五)に収められた一八九六年八月段階の陸軍常備団隊配備表の改正案では、東京に近衛歩兵第一~第三連隊、歩兵第一及び第二連隊、佐倉に近衛歩兵第四連隊、松本に歩兵第一五連隊、高崎に歩兵第三連隊、村松に歩兵第三〇連隊を配置する計画で、さらに東京には、近衛師団及び第一師団の特科部隊を集中させる予定であった。陸軍中央の動向を含めた軍備拡張の過程は松下孝昭『軍隊を誘致せよ――陸海軍と都市形成』(吉川弘文館、二〇一三年)四〇~九〇頁を参照。

(105) 一八九六年九月五日、勅令第三〇〇号。

(106) 「衛戍条例中改正ノ件」(『明治廿九年自七月至十二月　大日記　参謀本部』所収、防衛研究所戦史研究センター史料室所蔵、請求番号：参謀本部-大日記-M二九~一-七七)。

(107) 一九〇一年四月九日、勅令第三〇号。

(108) 一九〇一年四月九日、勅令第三一号。

(109) 前掲「帝都防衛態勢の変遷」。

(110) 北博昭『戒厳――その歴史とシステム』(朝日新聞出版、二〇一〇年)八四~一〇四頁。

(111) 一九〇四年四月二三日、勅令第一二八号。

(112) 一九〇四年四月二三日、勅令第一三〇号。改正の経緯は「衛戍条例中改正ノ件」(『明治三十七年四月　貳大日記』所収、防衛研究所戦史研究センター史料室所蔵、請求番号：陸軍省-貳大日記-M三七~四-六五)を参照。

(113) 一九〇四年四月二五日、陸達第八九号。詳細は「衛戍服務規則中改正ノ件」(同右)を参照。

(114) 「東京衛戍総督部条例制定師団司令部条例中改正ノ件」(同右)。

(115) 『官報』第六二四八号、一九〇四年五月二日。「東京衛戍総督部庁舎ノ件」、「東京衛戍総督部開庁ノ件」(前掲『明治三十七年五月　貳大日記』所収、防衛研究所戦史研究センター史料室所蔵、請求番号：陸軍省-貳大日記-M三七~五-六六)。なお、庁舎は一〇月に麹町区隼町一番地に移転した(『官報』第六六九八号、一九〇五年一〇月二五日)。

(116) 「中央金庫衛兵撤去ニ関スル件」(『明治三十七年九月　貳大日記』所収、防衛研究所戦史研究センター史料室所蔵、請求番号：陸軍省-貳大日記-M三七~二一-八二)。

(117) 日露戦争終結後の一九〇六年一二月、大蔵省は中央金庫警備のため、再び衛兵の派遣を陸軍省に申請し、一九〇七年一〇月一八日に陸軍省側はそれに応じる方針を示している。詳細は「中央金庫へ衛兵派遣ノ件」(『明治四十年十月　壹大日記』所収、防衛研究所戦史研究センター史料室所蔵、請求番号：陸軍省-壹大日記-M四〇-一〇-三七)を参照。なお、第一次世界大戦と軍隊教育の必要性を理由に中央金庫への衛兵派遣は一九一九年六月に廃止となっている(「中央金庫ノ衛兵撤廃ニ関スル件」、『大正八年甲輯第四類　永存書類』所収、防衛研究所戦史研究センター史料室所蔵、請求番号：陸軍省-大日記甲輯-T八-四-一四)。

(118) 「衛兵撤去ノ件」(『明治三十七年十一月自十六日至三十日　満大日記』所収、防衛研究所戦史研究センター史料室所蔵、請求番号：陸軍省-陸満普大日記-M三七-二五-四六)。

(119) 日比谷焼打ち事件については、中村政則・江村栄一・宮地正人「日本帝国主義と人民――『九・五民衆暴動』(=「日比谷焼打事件」)をめぐって――」(『歴史学研究』第三二七号、一九六七年八月)、宮地正人『日露戦後政治史の研究』(東京大学出版会、一九七三年)、櫻井良樹「日露戦時における民衆運動の一端」(『日本歴史』第四三六号、一九八四年)、能川泰治「日露戦時期の都市社会――日比谷焼打事件再考――」(『歴史評論』第五六三号、一九九七年三月)、藤野裕子「都市民衆騒擾期の出発――再考・日比谷焼打事件――」(『歴史学研究』第七九二号、二〇〇四年九月)などを参照。

(120) 松井茂先生自伝刊行会編『日比谷騒擾事件顚末』(松井茂先生自伝刊行会、一九五二年)一〇六～一〇八頁。

(121) 「騒擾事件ニ関スル上奏ノ件」(『明治三十八年十二月　満大日記』所収、防衛研究所戦史研究センター史料室所蔵、請求番号：陸軍省-陸満普大日記-M三八-二五-四)。なお、日比谷焼打ち事件に関する陸軍側の史料は『明治三十八年自九月至十二月　暴徒ニ関スル内報告綴』(防衛研究所戦史研究センター史料室所蔵、請求番号：大本営-日露戦役-M三八-三五-一四八)や『明治三十八年九月分　第七号副臨号書類綴』(大本営-日露戦役-M三八-七-一二〇)などにも確認できる。

(122) 台湾救済団編『佐久間左馬太』(台湾救済団、一九三三年)三三九～三四〇頁。

(123) 『枢密院会議議事録　十』(東京大学出版会、一九八四年)二三〇～二四〇頁。原典は「帝国憲法第八条ニ依リ東京府内一定ノ地域ニ戒厳令ノ全部又ハ一部ヲ適用スルノ件　新聞雑誌ノ取締ニ関スル件　会議筆記　明治三十八年九月六日」(国立公文書館所蔵、請求番号：枢D〇〇二一九一〇〇)。

(124) 前掲『戒厳』一〇五～一二七頁。

(125) 具体的に第一四条で示された「左ニ配列ノ諸件」とは、①「集会若クハ新聞雑誌広告ノ時勢ニ妨害アリト認ムル者ヲ停止スルコト」、②「軍需ニ供ス可キ民有ノ諸物件ヲ調査シ又ハ時機ニ依リ其輸出ヲ禁止スルコト」、③「鉄砲弾薬兵器火具其他危険ニ渉ル諸物品ヲ検査シ時宜ニ依リ押収スルコト」、④「郵信電報ヲ開緘シ出入ノ船舶及ヒ諸物品ヲ検査シ並ニ陸海通路ヲ停止スルコト」、⑤「戦状ニ依リ止ムヲ得サル場合ニ於テハ人民ノ動産不動産ヲ破壊燬焼スルコト」、⑥「合囲地境内ニ於テハ昼夜ノ別ナク人民ノ家屋建造物船舶内ニ立入リ検察スルコト」、⑦「合囲地境内ニ寄宿スル者アル時ハ時宜ニ依リ其地ヲ退去セシムルコト」の七つである。

(126) 補助憲兵制度の創設過程は、「臨時補助憲兵部隊組織ノ件」(『明治三十八年九、十月　満密大日記』所収、防衛研究所戦史研究センター史料室所蔵、請求番号：陸軍省-陸満密大日記-M三八〜五-一二)、「臨時補助憲兵ノ件」(『明治三十八年九月　満大日記』所収、同、請求番号：陸軍省-陸満普大日記-M三八〜一九-四一)。なお、補助憲兵設置の理由は、「地方ノ静謐ヲ維持スル為憲兵ノ人員寡少ナル場合ニ於テハ乗馬兵科ノ者ヲシテ憲兵ノ勤務ヲ補助セシムルノ必要アルニ依ル」というもので、勅令第二〇八号は、「憲兵ノ勤務ヲ補助スル者ニ付テハ憲兵条例ヲ準ス」と規定している。ただし、補助憲兵のみで憲兵の権限を行使することはできなかった。

(127) 『官報』号外、一九〇五年九月六日。

(128) 『官報』号外、一九〇五年九月七日。

# 第3章　軍隊の災害出動制度の確立

前章までは師管、衛戍地といった軍事的空間の変化を踏まえつつ、治安維持を主目的とする出兵制度全体の成立過程を検証してきたが、本章では、衛戍概念の変化と、大規模災害に対する軍隊の対応を追うことで、救護活動を主目的とした災害出動制度の確立過程を明らかにする。

序章でも述べたように、一九二三（大正一二）年九月の関東大震災において軍隊は、警察とともに被災地の治安維持を担う一方、消火や救療、社会基盤の復旧等を実施して人命や財産の保護に努めた。こうした軍隊の救護活動は一九一四年一月の桜島噴火や、一九一七年一〇月の東京湾台風などでも見られ、関東大震災時には、すでに社会の中に定着していた。一九三二（昭和七）年に一般への軍事知識普及を目的に刊行された『国防大事典』は、関東大震災の事例を含め、災害時の救護活動を「災害出動」という制度で解説し、「軍隊の社会的活動」の一つに位置づけている(1)。

では、軍隊による救護活動はどのようにして行われるようになったのか、換言すれば、外敵への備えと政権基盤の安定化を目的に創設された明治初期の軍隊は、いつ頃から人命や財産を災害の脅威から保護するようになったのか。鈴木淳は災害時の救護活動が「警備」の一環として行われた点を指摘しているが、制度自体に対する踏み込んだ言及はなく、救護活動が軍隊の任務として確立する経緯や背景は不明である(2)。そこで本章では、以下の二つの分析視角から災害出動の制度化を検証する。

第一は軍隊の機能の面である。災害時の救護活動には、具体的に①消火や水防、②被災者の救助、③救療・収容、④救援物資の供給、⑤社会基盤の復旧などが挙げられる。従来の研究は治安維持活動を軍隊の本質と捉える一方、軍隊の本務ではない救護活動に分析の価値を置いてこなかった。だが、鈴木が指摘するように、軍隊の「警備」の概念は幅広く、災害時の救護活動も治安維持活動とともに国内を警備する一つの手段であった。つまり、治安維持活動の分析のみで軍隊の対内的機能の全容を捉えることは不可能で、その実態を解明するには、救護活動の分析が必要不可欠である。重要なのは「警備」の中に救護活動が含まれた点で、検証にあたっては軍隊の任務や社会的機能の変化から災害出動の意義を考察したい。

第二は軍隊と民衆（＝国民）との関係である。近年の研究からも明らかなように、軍隊が社会の中で存在し、かつ任務を円滑に遂行するには、民衆からの理解と支持が必要である。災害時の救護活動は多くの人々にとって有益であると同時に、軍隊と直接触れる数少ない機会でもあった。本章が救護活動に注目する理由はここにある。すなわち、救護活動の根底には軍隊と民衆との関係があり、その制度が成立した背景には、軍民双方にとっての存在意義や意識の変化があったのだろう。この点を念頭に置きつつ、人々の軍隊に対する認識等にも留意しながら、救護活動が軍隊の任務となった要因を探っていきたい。

さて、検証作業を行う上で重要な手掛りとなるのは、災害出動を規定する法的根拠である。既述の『国防大事典』の解説には、「軍隊の出動は、地方長官の要求か、その衛戍地の衛戍司令官たる、師団長（旅団長、或いは聯隊長）によって、始めて軍隊を動かし得るのである。火災其他普通災害の場合には、多く軍隊自体の発意で出動する」と、軍隊の出動要件が示されている。つまり、災害出動には、①府県知事の要請による出動と、②衛戍司令官の判断による出動の二つの種類があった。これは一九一〇年三月一八日改正（勅令第二六号）の衛戍条例第九条に依拠するもので、同条文は一九三七年の衛戍令改正（四月二八日、勅令第一五二号）を経て、戦後に「衛戍」が廃止されるまで変化はない[3]。こうした衛戍と災害との関係から明治末期に災害出動が制度として確立したと推察できる[4]。

以上の点を踏まえ、本章では、災害に対する軍隊の姿勢の変化と、それに対する人々の反応、さらに衛戍条例など対内的軍事法制の変遷を照らし合わせながら、軍隊が災害対処の担い手になる過程を検証する。なお、前章まで出兵に関する法令を分析してきたが、ここでは、改めて軍隊の出動と災害との関係に焦点をあてながら分析作業を進めていきたい。その上で、近代日本における軍隊の社会的機能の変容とともに、災害出動の持つ意味を明らかにする。

## 第1節　軍隊創設期の災害対応

### (1)「衛戍」概念の導入と災害に対する軍隊の姿勢

初期の日本陸軍の兵制がフランス陸軍の兵制を模範としたように、衛戍もフランスの「ガルニゾン（garnison）」（語訳は①（町や要塞の）守備隊、②駐屯部隊、駐屯地）を模範として日本に導入された。一八八八（明治二一）年の「衛戍条例制定理由書」によれば、衛戍の具体的な行為である「衛戍勤務」（初期は「衛戍服務」、以下、衛戍勤務で統一）を規定する衛戍規則（一八八三年五月一七日、陸軍省達乙第四八号）は一八六三年刊行の仏国要塞及衛戍市街服務軌典に基づき制定された[5]。フランスの「衛戍市街」とは「軍隊ノ永久駐屯スル市街」という意味で、その衛戍勤務には駐屯部隊から市街の「ガルド（garde）＝守衛」のため衛兵を派遣する制度があった。つまり、衛戍には軍隊の常駐とともに「マモリ」の意味が含まれ、軍隊の駐屯行為自体に地域を防衛する意味があった。前章で検討したように、明治初期の衛戍は専ら「マモリ」という意味で使用されていた[6]。

一八七一年八月、国内の安定化を図る明治政府は東京、仙台、大阪、熊本に鎮台を設置して農民一揆や士族反乱に備える。この時点で衛戍に関する法令はなかったが、一八七二年正月一〇日制定の東京鎮台条例（兵部省法令第二）には、「営傍延焼ノ時ハ司令長官速カニ近傍場地ニ於テ兵隊ヲ整列セシメ而後ニ人員ヲ計リ器具ヲ引シメ防火ニ従事セシムル等時宜ニ依リ権宜ヲ制スヘシト雖モ勉メテ兵隊ノ混沓ヲ防クヘキ事」（第二七条）と、災害時の対応が規定されていた。これ以降、最も身近な災害である火災への対応を基本に軍隊の災害対処が定められるが、その対応の中心は混乱の防止で、積極的に災害に対処するものではなかった(7)。また、第六条には、「府内火災ノ為メ警備ヲ要スルハ予メ知府事ヨリ陸軍省ニ牒シ卿之カ為メニ部署シテ其守地ヲ指定シ鎮台ニ令シ台ヨリ諸隊ニ令スルヲ以テ譲リニ他ノ守地ニ拠ル可ラサル事」と、東京府内で火災が発生した場合の規定があったが、軍隊の任務は救護活動でなく、施設の警戒など治安維持活動にあった(8)。

第1章で述べた通り、一八七三年に各鎮台の条例が鎮台条例（七月一九日、太政官第二五五号）に統一されると、第三五条で、「変災若クハ他ノ事故アリ警護ノ為メ兵備ヲ要シ其地方ノ知事令ヨリ事由ヲ具シテ之ヲ請フ時ハ之ニ応シ事情ヲ斟酌シテ事ニ従フコトヲ得可シ」と、警護を目的とした災害時の出動が規定され、続く第三六条では、「凡ソ前数条〔治安出動の規定を含む――引用者注〕ニ挙ル所皆臨時若クハ急遽ノ際ニ出ル時ハ服事スルノ後速ニ卿ニ申報スルヲ許ス、然レトモ事緩ニシテ往復ノ時間アル時ハ必ス先ツ卿ニ申報ス可シ、且警護ノ兵ヲ出スコト常例トナルニ係ル者ハ必ス卿ノ区処ヲ受クルノ後ニ非スシテ服事スルヲ許サヽル事」と、治安出動と同様の出動手続が定められる。軍隊の出動にはフランスの文権優越主義に基づく厳格な請求主義が採用され、第三一条の条文中に「鎮台ノ将官擅ニ兵ヲ出スヲ許サス」とあるように、部隊の行動には制限が加えられていた(9)。

さらに一八七六年四月一一日、衛戍服務概則及び東京衛戍部署の制定（陸軍省達号外）を皮切りに、全国の鎮台所在地で本格的に衛戍が施行されると、災害時の対応も衛戍勤務のなかに盛り込まれていく。衛戍服務概則第四九条では、「火災アル時ハ衛戍主衛司令先ツ兵卒ヲシテ執銃整列セシメ陸軍消防夫ノ屯処ニ報知シ而テ後伍長一名ト兵卒二名ヲ差遣シ火勢ヲ実験セシメ速ニ陸軍省鎮台並ニ近傍屯営ノ風紀衛兵ニ告知ス」と、火災現場の偵察や関係機関への連絡、施設の警戒などが規定された。ただ、消火作業は専門の陸軍消防夫が担っていたため、ここでも兵士による積極的な対応は規定されなかったが、既述のように、一八七七年に兵営や教導団に自衛用の消防ポンプが配備（二月二二日、陸軍省達号外）されると、兵士や生徒が直接消火活動を実施するようになり、そのことが衛戍関係の法令改正にも反映された。さらに一八八三年に衛戍関係の法令が衛戍規則に統合されると、鎮台隷下の全営所で衛戍が施行される。その際に火災時の対応も改正され、「陸軍消防夫」の文言削除と同時に、新たに「防火ノ準備ヲナスヘシ」（第四六条）と、自衛の消火活動が任務として追加された。

以上のように、軍隊創設期において災害時の軍隊に求められたのは、治安維持を目的とした出動であった。この背景には、国内の秩序が不安定なため、災害時の治安維持に軍隊の力を必要とした点が考えられるが、反対に軍隊が災害に対処できる能力を持っていなかった点も指摘できる。基本的に軍隊は災害に対処する存在ではなかった。しかし、次第に態勢が整うと、軍隊は自らを守るため直接災害に対処するようになる。そうした過程から窺えるように、軍隊の災害対処の方針は「自衛」を基盤に形成されていった。

## (2)　一八八五年淀川大洪水と大阪鎮台の対応

西南戦争後、国内の秩序が安定にむかうなか、軍隊の制度や編制は次第に充実していった。鎮台条例も一八七九（明治一二）年と一八八五年に大幅な改正が行われ、災害時の治安維持活動は後者の改正（五月一八日、太政官第二一号）で、「軍管内ニ於テ儀式慶典若クハ変災事故等アリテ儀仗或ハ警護ノ為メ府知事県令ヨリ兵隊ヲ用スル事由ヲ具シ之ヲ請フ時ハ事情ヲ斟酌シ之ニ応スルコトヲ得」（第一三条）と、儀式慶典時の儀丈と統合、規定の上において治安出動と一線を画すことになる。また、この改正によって火災時の対応を定めた条文が消滅し、災害対処に関する規定は衛戍規則のみとなった。それでは、実際に大規模な災害が発生した場合、軍隊はどのような対応をとったのか。以下、一八八五年の淀川大洪水の事例を検討する。(10)

河川を抱える地域は水害の危険と隣合わせで、その発生頻度は火災と比べて少ないが、被害の規模は火災以上の範囲に及んだ。淀川下流部に位置する大阪もたびたび水害に襲われており、一八八五年六月中旬には、低気圧が連続して大阪地方を通過したため、淀川流域の水嵩が増え、一七日午後八時半以降、枚方など中流部で堤防の決壊が相次いだ。所轄の郡役所や警察署は直ちに対応に乗り出し、被災者の救助や収容、救護所の開設、救援物資の供給などを行った。また、府も決壊現場に吏員を派遣して堤防工事の陣頭指揮を執った。しかし、決壊箇所が多い上に資材や人夫も不足したため、作業はなかなか進展しなかった。そこで府は大阪監獄の囚人を投入し、二〇日には東成郡野田村の堤防に水の捌け口をつくったが、翌二一日に捌け口の崩壊が始まり、二二日には大阪市街北東部に位置する網島町が流失の危機に瀕した。ここに大阪鎮台の工兵隊が大量の資材と器材を携帯して応援に駆けつけた。

工兵隊出動の詳しい経緯は不明だが、鎮台側の判断で行われたと考えられる。工兵隊は大阪鎮台司令官高島鞆之助中将の命令を受けた後、現場では臨時演習の名目で各種作業を展開した。(11)規定上、軍隊側の判断による出動は不可能だったが、高島は「演習」を実施することでそれを可能とした。仮に大阪府知事から出兵要請があったならば、工兵隊は演習の名目で活動する必要はなかっただろう。他方、旧大阪城周辺には歩兵隊、砲兵隊、輜重兵隊なども駐屯していたが、出動したのは各種技術を有する工兵隊のみで、出動の時機も鎮台や砲兵工廠の対岸に位置する網島町に危険が及んでからであった。後に工兵隊には「人民救護ニ尽力候ニ付」として宮中より酒肴料が下賜されるが、(12)鎮台側の対応は積極的ではなかった。こうした点から工兵隊の出動は眼前に迫った危機に対し、鎮台司令官が超法規的な方法で出動を命じたといえる。(13)

工兵隊の活躍と上流部の工事によって水害は終息にむかうが、二八日以降、再び激しい降雨が続き、大阪市街までもが濁流に飲み込まれる。吏員や警察官が対応に追われるなか、七月二日午前九時に鎮台の参謀長が大阪府庁舎を訪れ、状況に応じて部隊を出動させる旨を伝える。この鎮台側の対応は出兵に関する協議を規定した鎮台条例第一一条に準じている。府は申し出に応じて市内の橋梁防御を鎮台に要請し、これを受けた鎮台側は隷下の部隊を順次市内に派遣する一方、避難用地の提供や鎮台副病院への居留外国人の収容等も実施する。ただし、鎮台の活動は橋梁や居留外国人の保護のみで、被災者の救助や収容、救護所の開設、救援物資の供給などは主に吏員や警察官が担った(14)。また、その活動範囲も大阪市街周辺部に限定され、淀川中流部等への派遣は行われなかった。

以上のように、淀川大洪水の対応から災害時の軍隊の位置付けが窺える。災害時の出動には府県知事からの出動要請が必要であったが、鎮台側が働きかけるまで府側からの要請はなかった。災害時の軍隊の出動目的が「警護」であったため、それ以外の活動に軍隊を活用する発想はなく、出動後の軍隊の活動も限定的であった。ここに行政機関の役割分担が明確に表れている。一般の災害対処は地方官庁や警察の役割で、基本的に軍隊が関与する仕事ではなかったが、大阪鎮台は眼前の危機に対して傍観することなく、「演習」の名目で臨機応変に対応している。このように現地の部隊は法令や行政機関の役割を尊重しつつ、試行錯誤を重ねながら一般の災害に対処していたのである。

## 第2節　師団制移行と衛戍の変化

### (1)　衛戍条例の制定

一八八八（明治二一）年五月一二日、鎮台条例の廃止と同時に師団司令部条例（勅令二七号）や衛戍条例（勅令第三〇号）が制定される（表3－1参照(15)）。既述の通り、これによって一定地域の防衛に主眼を置いた鎮台制は機動性

## 出兵に関する主な法令（明治期）

| 条　　文 |
|---|
| ①師団長ハ不虞ノ侵襲ニ際シ師管内ノ防禦及陸軍諸官廨諸建築物ノ保護ニ任ス<br>②府県知事地方ノ静謐ヲ維持スル為メ兵力ヲ請求スル時事急ナレハ師団長直ニ之ニ応シテ後陸軍大臣及参軍ニ報告ス可シ<br>③若其事変危険ニシテ府県知事ノ請求シ能ハサル例外ノ場合ニ在テハ師団長ハ兵力ヲ以テ便宜事ニ従フコトヲ得 |
| ①師団長ハ防務条例第三条ノ規定ヲ除クノ外師管内ノ防禦及陸軍諸官廨諸建築物ノ保護ニ任ス<br>②地方長官地方ノ静謐ヲ維持スルカ為メ兵力ヲ請求スル時事急ナレハ直チニ之ニ応スルコトヲ得<br>③其事地方長官ノ請求ヲ待ツノ遑ナキ時ハ兵力ヲ以テ便宜処置スルヲ得<br>④前項ノ場合ニ於テハ直チニ之ヲ陸軍大臣参謀総長及当該都督ニ報告シ又近衛及第一師団長ニ在テハ其事東京及東京湾要塞ニ関スルトキハ同時ニ之ヲ東京防禦総督ニ報告スヘシ |
| 騒擾変乱ノ事アルニ際シ府県知事ヨリ兵力ヲ請求スルトキ事急ニシテ指揮ヲ請フノ暇ナキトキハ直ニ之ニ応シテ後師団長ニ報告スヘシ |
| 騒擾変乱ノ事アルニ際シ地方長官ヨリ兵力ヲ請求スルトキ事急ニシテ指揮ヲ請フノ暇ナキトキハ直ニ之ニ応シテ後師団長ニ報告スヘシ |
| 〔該当規定なし〕 |
| 〔該当規定なし〕 |
| ①衛戍司令官ハ有事ノ日ニ方リ住民公共ノ保安ニ関スル処置ニ就テハ当該地方長官ト協議スルモノトス<br>②衛戍司令官ハ衛戍線内ニ騒擾ノコトアルニ方リ地方官ヨリ請求アルトキハ兵力ヲ以テ便宜事ニ従フコトヲ得 |
| ①東京衛戍総督及衛戍司令官ハ災害又ハ非常ノ際治安維持ニ関スル処置ニ付テハ当該地方官ト協議スルモノトス<br>②東京衛戍総督及衛戍司令官ハ災害又ハ非常ノ際地方官ヨリ兵力ヲ請求スルトキ事急ナレハ直ニ之ニ応スルコトヲ得<br>③其ノ事地方官ノ請求ヲ待ツノ遑ナキトキハ兵力ヲ以テ便宜処置スルコトヲ得 |

年３月25日制定、1897年７月12日改正）などにも「騒擾変乱」時の軍隊出動に関する規定が存在した。

を重視した師団制に改編される。こうした陸軍の運用構想の変化が災害に関する規定にも影響を与えていった。

鎮台条例の治安出動は師団司令部条例第四条に引き継がれる。同条文は師団長の役割を「不虞ノ侵襲ニ際シ師管内ノ防禦及陸軍諸官廨諸建築物ノ保護ニ任ス」とした上で、「府県知事地方ノ静謐ヲ維持スル為メ兵力ヲ請求スル時事急ナレハ師団長直ニ之ニ応シテ後陸軍大臣及参軍ニ報告ス可シ、若其事変危険ニシテ府県知事ノ請求シ能ハサル例外ノ場合ニ在テハ師団長ハ兵力ヲ以テ便宜事ニ従フコトヲ得」と、軍隊の出動手続を規定している。ここで重要なのは、

表3－1 鎮台条例廃止以降の

| 法令名 | 年 | 月 日 | 種類 | 番 号 |
|---|---|---|---|---|
| 師団司令部条例 | 1888年（明治21年） | 5月12日 | 勅令第27号 | 第4条 |
| | 1896年（明治29年） | 5月11日 | 勅令第205号 | 第4条 |
| 旅団司令部条例 | 1888年（明治21年） | 5月12日 | 勅令第28号 | 第5条 |
| | 1896年（明治29年） | 3月25日 | 勅令第54号 | 第4条 |
| | 1908年（明治41年） | 1月25日 | 軍令陸第1号 | |
| 衛戍条例 | 1888年（明治21年） | 5月12日 | 勅令第30号 | |
| | 1895年（明治28年） | 10月3日 | 勅令第138号 | 第8条 |
| | 1910年（明治43年） | 3月18日 | 勅令第26号 | 第9条 |

注：1）『法令全書』（原書房復刻版）より作成。条文中の項目番号は引用者。
：2）上記の法令のほかに島嶼部の警備隊の任務等を定めた警備隊司令部条例（1896

従来の府県知事からの要請とともに、一定地域を管轄する師団長の裁量が出兵の鍵となった点で、「例外」であるが、師団長の判断による出動を可能とした。つまり、治安出動に関する軍隊側の権限が強化されている。

他方、災害時の対応や治安維持活動に関する規定は師団司令部条例にはみられず、後に災害出動を規定する衛戍条例も僅か五条の構成で、衛戍概念の大枠を規定するのみであった。その第一条は「陸軍軍隊ノ永久一地ニ配備駐屯スルヲ衛戍ト称シ其地所在ノ最高級団隊長之カ司令官タルモノトス」と、「衛戍」を定義し、第二条から第五条で衛戍地の施設、衛戍司令官の権限、衛戍司令官と近衛兵・憲兵との関係等を定めている。また、フランスの規則改正に倣い、専任の衛戍司令官が廃止されたことで、駐屯部隊の最高指揮官が衛戍司令官を兼務することになった。例えば、師団所在地では師団長が、連隊所在地では連隊長がその地域の衛戍司令官に就任した。他方、衛戍条例の制定によって新たに「衛戍」

概念の基礎が固められていったが、衛戍勤務に関しては他の法令との関係から当分は既存の衛戍規則が適用されることとなった(16)。

ここで改めて「衛戍地」の意味を整理する必要がある。衛戍条例第二条には、「各衛戍地ニハ其所用ニ応シ病院、武庫、監獄ヲ置キ衛戍司令官ノ管轄トス」と、初めて「衛戍地」の文言が登場し、続く第三条で衛戍地の警備を衛戍司令官の権限としている。衛戍地には①陸軍部隊が恒常的に駐屯する土地と、②駐屯部隊が守備すべき区域という二つの意味がある。これらの意味はそれぞれ①衛戍条例第一条の定義と、②「マモリ」という衛戍勤務の目的に起因している。重要なのは後者の意味で、前者が兵営などの狭い範囲を示すのに対し、後者は兵営を含めた広い範囲を示している。例えば、師団所在地では、一定区域内に複数の軍事施設が点在するため、軍隊が守備すべき範囲は広範にわたった（以下、後者の衛戍地を「衛戍区域」と表記）。衛戍区域が「衛戍地」として明確に規定されるのは一九一〇年三月改正の衛戍条例第三条であるが、すでに衛戍服務概則以降、衛戍区域は衛戍勤務が執行される「衛戍線内」として使用されており、この衛戍線で区切られた衛戍区域が後の災害出動制度で大きな意味を持つことになる。

師団制移行によって衛戍条例で衛戍の根本を定め、衛戍規則で衛戍勤務など細部を定める衛戍関係の法体系が成立するが、軍隊の出動に関する規定はなく、不確定な部分も多かった。対外的機能の強化に重きを置いた結果、対内的機能に関する法整備は後回しにされ、災害時の治安維持活動は軽視されていったのだろう。このように鎮台条例の廃止によって府県知事の要請に基づく災害時の治安維持活動は制度上になくなったのである。

## (2) 一八九一年濃尾地震と第三師団の対応

一八九一（明治二四）年一〇月二八日午前六時三八分、マグニチュード八・〇の濃尾地震が発生し、岐阜県や愛知県を中心に甚大な被害を及ぼした。地震は震動によって建築物を破壊するだけでなく、崖崩れや火災、津波など他の災害を誘発する最大級の災害であり、被災地域で最大の人口を有する名古屋市では、県庁舎など多くの建築物が倒潰したほか、市内の数箇所から火災が発生した[17]。大勢の人々が被災し、火災の脅威から逃げ惑うなか、旧名古屋城周辺に駐屯する第三師団は市内各所に出動して各種救護事業を展開する。

地震発生後、第三師団長兼名古屋衛戍司令官の桂太郎中将は、直ちに師団司令部に出勤し、火災時の対応を定めた衛戍規則に沿い、被害状況を確認すると同時に、各施設の警戒強化を命じている。第三師団の被害は司令部庁舎などが崩壊していたが、人的被害は負傷者十数名にとどまった。しかし名古屋市街は惨憺たる状況で、「衛戍地の安寧を保持せんが為め全市を二分し其西部を歩兵第十九連隊、東部を歩兵第六連隊の受持と定め、昼夜数班の部隊をして其区内を間断なく巡視せしめ、成り得る限り人民の救護に任ずべきを訓令して直ちに之を実施せり」（一〇月三〇日陸軍大臣宛報告）と、桂は独断で軍隊を出動させる[18]。これと前後して愛知県警察長から工兵隊の出動要請があり、出動した各部隊は市内の警戒を行うとともに、被災者の救助や消火活動などを実施する。また、桂は愛知県などの要請を受け入れ、炊出や天幕の提供、軍医の派遣や架橋工事など活動の幅を拡大させる。その範囲は名古屋市街だけでなく、隣接する枇巴島や熱田、さらに軍医の派遣に関しては岐阜県にも及んだ。多くの人員と機材、各種技術を有する軍隊は地方官庁や警察では対応しきれない部分を補い、被災した人々の救護に尽力したのである。

事態が収拾した後、桂は上京して陸軍大臣高島鞆之助に辞表を提出している。その理由は、「全体師団長は職権を以て擅まゝに兵を動かすことを許されず。師団条例の規定する所に拠れば、地方の擾乱若は事変といふ場合には、地方官の要求に依て初て兵を出すことを得る外、師団長は兵を出すを得ざるの制たり。（中略）師団条例には斯る非常災異の場合を示さざれば、或は越権の責を免かれざるべし」と、災害時に独断で軍隊を出動させたことにあった[19]。桂の辞表は第三師団の行動が妥当であるとして受理されなかったが、ここに災害時の出動に関する制度上の不備が如実に表れている。後年、桂の部下であった木越安綱（一八九二年九月、師団参謀就任）は『公爵桂太郎伝』で、「地方に騒擾があった時分に、兵を出すと云うことは、師団司令部の条例にありますから、是は誰でもやりますが、震災とか水害とかいふ場合に兵を出したことは、尾濃《ママ》震災前にはなかった。徒らに知らず顔して居ると云ふのではありませぬが、条例にありませぬから、出してよいのか悪いのかと云ふことも、克くは判りませぬのでした」と、問題点を語っている(20)。このように師団司令部条例の「事変」には災害時の状況は含まれていなかった。

他方、第三師団の対応は軍隊に対する民衆の感情を好転させることに繋がり、『公爵桂太郎伝』によれば、極めて冷淡であった第三師団と地域住民との関係は、震災を境に変化し、地域住民は第三師団や桂個人を支持するようになったという。木越は「桂公が地方の天災を救った為に、地方と軍隊と密接になったと云ふことが分って、それから各所で〔救護活動を――引用者注〕遣ります」と指摘し、「天災の出兵は桂公が初まりだと思ひます」と、桂の功績を讃えている(21)。桂は名古屋市の感謝に対し、「余ハ衛戍司令官ノ職権ヲ以テ衛戍諸隊ヲ市内ニ派遣シ専ラ鎮防扶恤ノ手段ヲ施スヲ得タル。是レ素ヨリ衛戍兵ノ義務ニシテ当然ノ処置ナリトス」としながらも、「欣テ此謝表ヲ領収シ名古屋市民ノ誠意ヲ承認ス。将来貴市民ト我軍人ト日ニ月ニ情義親密ヲ加ヘ以テ此紀念ヲ悠遠ニ持続センコトヲ切望ス」と応えている(22)。淀川大洪水の例もあるので、濃尾地震が軍隊の災害対応の最初とはいえないが、第三師団の対応は物理的な効果だけでなく、軍隊と民衆を接近させる上でも効果があり、駐屯部隊に対する民衆の支持にも繋がった。

以上のように、濃尾地震における第三師団の救護活動は現地の最高指揮官である桂の判断で行われた。濃尾地震当時、軍隊が自衛以外の目的で災害に対処する根拠はなかったが、こうした状況では、指揮官の裁量が大きな意味を持ったのである。

### (3) 衛戍勤務の拡充

濃尾地震から一ヶ月後の一八九一(明治二四)年一一月三〇日、衛戍服務規則(陸軍省達第一六七号)が制定され、衛戍規則は廃止される。専任の衛戍司令官の有無など衛戍勤務の施行において衛戍条例と衛戍規則の間で齟齬が生じていた。そのため衛戍勤務を衛戍条例に沿った形に変更する必要があり、一八九〇年一一月頃からフランスやドイツの規定を参考にしながら改正作業が進められた(23)。その際に災害対処の規定は「守地近傍ノ火災ニ当リテハ衛兵司令ハ部下ヲシテ兵器ヲ執ラシメ直ニ衛戍副官、憲兵、警察官、消防隊及近隣ノ兵営ニ通報スヘシ」(第一九条)と変化し、既存の「防火ノ準備ヲナスヘシ」等の文言は削除されるが、軍隊が施設の自衛を基本とする点に変更はなかった(24)。

衛戍服務規則で注目すべきは、冒頭で衛戍勤務に対する陸軍首脳の考えが述べられている点で、陸軍大臣高島鞆之助は、「夫レ衛戍服務ノ目的ハ平時衛戍地ノ治安ヲ維持シ且事変ニ際シ人民ヲ保護スルニ在リ。其服務ハ広ク地方官民ニ関係ヲ有スルモノナレハ之ヲ詳細ニ規定シ以テ衛戍諸隊ヲシテ画一ノ法ニ拠ラシムルヲ要ス。而シテ其衛戍服務ノ如キハ以テ戦時警備勤務ノ予習ト為スヲ得ヘシ。(中略)然レトモ或ハ衛戍服務ヲ拡張スルニ偏シテ覚エス他ノ教育ヲ妨害スルカ如キハ固ヨリ戒メサル可カラス」と、衛戍勤務を戦時警備の予習と位置づける一方、衛戍勤務の拡張が軍隊教育を妨害しないよう釘を刺している。平時における軍隊の本務は、徴兵で集めた壮丁たちを限られた年月で一人前の兵士にすることであり、業務内容が増える衛戍勤務の拡充は軍隊教育の観点から危惧されていた。この論理は出兵にも通じるもので、仮に部隊の出動が長期化した場合、訓練などの貴重な時間が割かれ、部隊の完成度に影響が及んだ。こうした軍隊教育に対する考えが指揮官たちの意識に浸透し、部隊の行動を左右したと考えられる。

引用文中に「其服務ハ広ク地方官民ニ関係ヲ有スル」とあるように、軍隊と関係機関との連携が強く意識されたことは、同時に進められた衛戍条例改正の動きからも窺える。一八九一年一月七日の「衛戍条例改正ノ理由」は衛戍条例の問題点を挙げた上で、「衛戍地境ノ治安ヲ維持シ一般人民ヲ保護スル者ナレハ広ク他ノ諸官憲ニ関係ヲ有シ軍民交渉ノ事件少カラス」とし、「衛戍服務規則ヲ編纂スルニ方リ右等交渉事件本条例ニ於テ未タ尽サヽル所アルヲ覚フ、宜シク速ニ之ヲ規定シ以テ疑義紛錯ノ患ナカラシムヘシ」と、早急な法整備を提言している(25)。そして改正案第一〇条では、「衛戍地ノ治安ヲ維持シ法令ヲ実施スル為メ権アル官憲ヨリ筆記ノ書面ヲ以テ兵力ヲ請求スル件ハ陸軍官憲直ニ之ニ応スヘシ、但請求書ニハ旨趣目的ヲ明確ニ記載シ官職姓名ヲ署シ捺印スルヲ要ス」と、出動手続を盛り込み、さらに「其目的ニ応スル軍事上ノ処置ハ陸軍官憲専ラ其責ニ任シ全権ヲ有スルモノトス」と、軍隊側の権限を明記した。(26)だが、衛戍条例の改正は「事態地方庁ニ間渉スルコト多キニ居リ大ニ精査ヲ要ス」として見送られることになった。(27)

日清戦後の一八九五年一〇月三日、東京防禦総督部条例の制定（一月一八日、勅令第八号）や要塞司令部条例の制定（四月五日、勅令第三九号）と連動する形で衛戍条例の改正（勅令第一三八号）も行われ、軍隊と地方官との関係などが規定される。(28)その際、「衛戍ナルモノハ元ト軍隊駐屯ノ市府警備ノ任ニ当ルモノ」という理由から、第八条で「衛戍司令官ハ有事ノ日ニ方リ住民公共ノ保安ニ関スル処置ニ就テハ当該地方官ト協議スルモノトス」と、地方官との協議が定められ、「衛戍司令官ハ衛戍線内ニ騒擾ノコトアルニ方リ地方官ヨリ請求アルトキハ兵力ヲ以テ便宜事ニ従フコトヲ得」と、地方官の請求に基づく衛戍区域内での出動が規定される。このように衛戍条例でも軍隊の出兵が規定されたが、地方官側の権限を尊重したため、軍隊側の判断による出動は明記されていない。

他方、災害時の出動に関しても明確ではなかった。第八条の「有事」の表現は曖昧であり、続く「騒擾」の文言から考えて、従来と同じく暴動を想定している。つまり、濃尾地震における第三師団の教訓は活かされなかった。(29)しかし、「陸軍諸建物ノ火災水害等ニ罹ル場合ニ在テハ衛戍ノ人員ヲ以テ速ニ救防セシムルノ必要アルニ依リ」という理由から、第三条に「衛戍地ノ陸軍諸官廨及陸軍ノ建築物ニ関スル火災水害等ノ救防ハ衛戍勤務ニ属ス」と、災害対処の規定が設けられる。衛戍服務規則第一九条では、自衛の災害対処は曖昧だったため、それを衛戍条例で明確にする必要があり、この改正で自衛の災害対処を軍隊の任務に位置づけた。

以上のように、治安出動の規定が衛戍条例に設けられたことで、後の災害出動に繋がる素地が形成されたが、災害出動に関する明確な規定はなく、災害時の対応は現地指揮官の判断に委ねられた。(30)以後、衛戍関係法令の大幅な改正は一九一〇年三月までなされず、災害時の救護活動は部隊指揮官の裁量に左右される状況が続くのである。[31]

## 第3節　日露戦争後の社会と軍隊の存在意義

### (1)「工兵と民業」――『都新聞』の主張――

日露戦後、陸軍中央は帝国国防方針に基づく軍備拡張をめざすが、現場では軍紀弛緩などが問題となっていた。一方、戦争の終結より社会の情勢が安定してくると、人々は徴兵制など軍隊に対する不満を露骨に表すようになった。軍隊に対する人々の感情が悪化していくなか、軍隊と一般社会との関係改善を模索する動きも現れてくる。

『都新聞』は一九〇七（明治四〇）年五月一五日の社説「一言一言」において、「工兵を民業に供せんとするは、兵其者の主義に合するや否やは置き、確に近日の世上の必要に副ふものなり、吾輩は此一事に由り、民間の或工業の積弊に対し、例へば市内の道路橋梁の改修建築等に多大の便益あるべきを信ず、吾輩は其遂に実施せらるゝに至らんを願ふ」と、軍隊の社会貢献を提唱する。[32] 以後、『都新聞』は紙上で「工兵と民業」論を展開し、翌一六日には「工兵と民業」論に対する「某工兵武官」の意見を掲載している。[33] 某工兵武官は「工兵は他の兵科に比し特に実地の演習を積まねばならないが残念な事には頗る演習費が少ない（中略）元来工兵が或る橋梁を作りたいとしても其の材料は凡て購求した上でなければ従事する訳にはいかないから、経費と時間を徒費することが甚だ軽少ではない」と、工兵の演習に関する問題点を挙げ、「一般人民又は各種団体等が着実なる工事を企てんとする際に此の工事を利用し作業して貰ふ様にしたなら慥かに一挙両得の実を挙ぐる事が出来るだろうと思はれる」と、工兵の演習を社会貢献に転用することの有効性を認めている。さらに、「交通兵旅団が新に出来て同隊が直接社会を利する点を承認した国民はまた此の工兵の生産的使用を理解し得ない事はあるまい、私は官民に対し工兵の実地演習を最も真面目に研究して貰いたい」と、前向きな姿勢をみせている。

しかし、陸軍中央には『都新聞』の主張を不快に思う人物も存在した。「工兵と民業」論に賛同する「某軍事関係者」は、「戦勝の余影を笠に尊大に構えている当局にはこんな事相談外でせう。現に陸軍省副官の立花〔小一郎――引用者注〕大佐なぞは彼の問題を新聞に掲げたのを冷笑って居られるさうだ」と、「工兵と民業」論に対する一部軍人の反応を語り、「社会の進歩につれて不生産的の軍人を可成生産的方面に用ゐて人民と軍隊との調和を計るのは軍政家として採る可き最も巧妙な手段であると思ふ」と、陸軍中央の姿勢を批判している(34)。この時期、立花が五月一九日の愛国婦人会総会に六〇～七〇名の兵士を派遣したことが問題となっており、徴兵制のあり方が問われていた。その関連もあって某軍事関係者は「私立の一婦人会の為に国家の兵卒の日曜休暇を停止し人夫同様の使役に宛てたのは何事であるか、之に対する明晰なる解を促さねばなるまい」と、立花の責任を追及している。これに対して立花からの反応はなかったが、陸軍省軍務局工兵課長井上仁郎大佐と同騎兵課長浅川敏靖大佐が『都新聞』の取材に応えている(35)。

そのうち井上は「工兵と民業」論に対して、一般社会と接しやすい工兵の性格を述べた上で、既述の某工兵武官の意見について、「一口に民業と云へば大いなる誤解を招きますが、彼の意味の仕事なら現に各工兵隊長の考へ次第で若干は実行して居るのです、但工兵をして民業を請負はしむる事は到底できない」と反論し、工兵が一般社会の工事を請負うのは軍隊とそれを活用する側との意図が一致した場合であると説明している。井上はこの点を明確にした上で、現場の隊長たちに社会貢献に繋がる演習を実施するよう指示しているが、「地方の人は軍隊を十年も廿年も前の軍隊同様に心得て居ると見え、毫も斯かる相談を持込んで来ないのは実に残念な次第で、現今の如な状態では到底軍隊と世間との関係を一層親密円満ならしむることは六ヶ敷いと思ひます」と、現状を嘆いている。

以上のように、軍隊と一般社会との関係改善策として軍隊に社会貢献を求める主張が登場する。陸軍でもこの主張に賛同する者はいたが、徴兵制で集められた兵士を軍事以外の目的に動員すべきではないという考えも根強かった。

### (2)　軍隊の災害対応と新聞の反応

「工兵と民業」論は一九〇七（明治四〇）年八月の水害で新たな局面を迎える。八月中旬以降、関西から関東に及ぶ広い範囲で大規模な水害が発生し、東京では二五日に下谷・浅草・本所・深川が浸水した。その後、各河川で堤防の決壊が相次ぎ、被災地域は拡大していった。[36]所轄の郡役所や区役所、警察署は被災者の救助や水防作業など各種事業を展開するが、すぐに手一杯の状態となり、東京府知事は軍隊に対して出兵要請を行う。

前章で述べた通り、東京府内には東京衛戍総督の下に近衛師団や第一師団の部隊が散在していたが、在京部隊の反応は鈍く、出動したのは赤羽に駐屯する近衛、第一の工兵大隊のみであった。[37]こうした状況から平時における軍隊の在り方が問われることになる。『東京朝日新聞』は社説で水害に対する内務省の対応を非難した上で、「吾人は更に大に陸軍当局者の応急処理を希ふ者なり。既に工兵隊の出動ありといふ事なるが、今日の如き場合の応急処理に適当の働きを為し得るものは恐らく工兵隊に過ぐるは無かる可し。此際各方面に繰り出して、為し得る限の働きを為さしめば、一方には水防組織の足らざる所を補ふに足る可く、又他一方に於ては交通断絶の場所に一線の通路を造るにも足る可きなり」と、工兵隊活用の有効性を述べている。さらに工兵や鉄道兵を中心に実力を発揮できれば、「陸軍が如何なる力を保ち居る乎を、目のあたり人民に示すにも好機なる可し」とし、「平時の陸軍、用処は寧ろ此辺にも在る可く、而して又訓練の一助とならざるにもあらざる可し」と、災害時の軍隊の存在意義を強調している。[38]この『東京朝日新聞』の主張は工兵隊の活動が演習を兼ねるという点で『都新聞』の「工兵と民業」論に通じている。

他方、『都新聞』は、「軍隊と人民の調和を謀るためには其職掌柄最も人民に接近し得る機会を多く有する工兵の如きは先頭第一に軍隊的頑固棄て、積極的に民業を扶け之を正確に且つ有利に導かねばならぬ」と、従来の「工兵と民業」論の経緯を述べ、「人為作業によって天災の幾部分を減じ得可き工事等は工兵将校の研究せしめ而して工兵にも其仕事を習得せしめたい」と、工兵の活用を主張している。[39] その上で、『都新聞』はこの件について立花小一郎に取材を行っている。立花は「這度のやうな人民の大に災厄に逢った時の如きは各師団に於て人民の希望に応じ得る様に予め方法が確然と立って居る故に頼みに来たなら直ちに承諾するのです」とし、救護活動については、「本省よりの指図で行うものでなく各隊が自由に行動し後之を報告するに止まるのです」と、部隊指揮官の裁量に委ねられている点を説明している。また、「工兵と民業」論に関しては、「決して工兵を以て民業に従はしめぬとは申さぬ、即ち斯かる問題は本省として指揮命令すべき範囲ではなく、運動の自由を与へられて居る各自隊長の胸にある事であると思はれる」と、これも部隊指揮官の裁量と結論づけている。さらに新聞各紙の批判に対しては、「東京朝日新聞が社説に陸軍の援助を促して居るようですが既に陸軍は及ぶ限り多くの兵員を現場に繰り出しておる」と、これ以上の軍隊の出動は物理的に不可能であると反論した。

確かに東京では近衛、第一の工兵大隊がそれぞれ六郷川や綾瀬川に展開していたが、同じ第一師管で被害の激しい山梨県等への派遣はなく、また、他の在京部隊の動きもなかった。災害時に実力を発揮するのは工兵だったが、千葉県の佐倉や市川では歩兵や砲兵が水防作業に従事しており、技術がなくとも軍隊の抱える人員は非常時の労働力として有効であった。[40] 立花の記事を見た「某老将軍」は、「今回の如き大洪水には出来得る丈軍隊を出して救助に尽力すべきであると寺内〔正毅――引用者注〕大臣が申されたのは誠に至当なことゝ思ひます、然るに今日迄の有様で見ると大臣だけが斯様な立派な考を持って居る丈で手ともなり足ともなって働く部下の隊長が此の意を汲むで居らぬ様です」と、実状を述べている。[41] 工兵以外の兵科の出動については、「失火の際消防夫が立派に働く如く一号令の下に災民を救護したならば誰人も其の徳を謳歌し息まぬであらう」と、その有効性を指摘しながらも、「斯様な臨機の処置をも断行しかぬる隊長なら到底寺内大臣の意図に合する行動など望んでも得ぬ次第です」と、部隊指揮官の意識を問題視している。そして、「仮にも人民を安心せしめやうと云ふ心があらば一層其の平時の軍隊と人民と接近せしめ些の隔を設けぬのは国民の先導ともなる迄に在郷軍人の勢力を扶植し得る陸軍の立場だろう」と、軍隊の存在意義を述べ、動かなかった部隊指揮官たちに反省を促している。

以上のように、一九〇七年八月水害では、災害時における軍隊の存在意義が問題となり、一般社会から軍隊の救護活動が強く求められた。軍隊の救護活動は第一、第四、第一〇師管内の各衛戍地を中心に行われたが[42]、その活動は統一した規定によるものでなく、部隊や地域によって災害への対応に大きな差があったのである。

### (3) 軍隊内務書の改正

日露戦後、陸軍は諸制度を戦争の教訓を活かした形に改正する。この動きの背景には、在営二年制の実現など軍事的な要求とともに、戦後の社会状況に軍隊を適応させる意図もあり、陸軍中央は軍隊と一般社会との関係改善を模索し始める。陸軍中央は一般社会における軍人の振る舞いが軍隊批判の一因となっている点を考慮しつつ、兵営内における日常の勤務や秩序、起居動作を規定する軍隊内務書を改正することで軍紀や風紀の引き締めを図った[43]。この改正によって衛戍勤務の各種要素が軍隊内務書に盛り込まれる。

一九〇七（明治四〇）年六月二九日に陸軍省軍務局歩兵課が起案した「軍隊内務書改正委員長ニ与フル訓令案」には、軍隊内務書の改正の要点が挙げられており、「火災予防及消防ノ方法ヲ厳密ニシ」と、災害時の対処方法の規定化が含まれていた[44]。先に述べたように、軍隊の災害対処の基本方針は自衛であり、火災の被害を防ぐには兵士たちの防災意識を喚起すると同時に、全軍画一の対処方法を定める必要があった[45]。七月二四日、軍務局長の長岡外史少将が審査委員長に就任し、約一年間にわたって軍隊内務書の改正作業が進められ、一九〇八年一二月一日に第一六章「火災予防、消防及非常呼集」（以下、「火災予防規定」と表記）を新設した軍隊内務書が施行される（軍令陸第一七号）。

火災予防規定は軍隊内の火災予防や出火時の対応を詳細に定めたもので、その第一条で、「凡ソ火災ハ人畜ニ危害ヲ及ホシ国帑ヲ糜シ軍隊ノ教育及衛生ヲ害スル等其弊枚挙ニ遑アラス、而テ多クハ疎虞ヨリ生スルモノトス、上下一致全幅ノ注意ヲ以テ其危害ヲ未然ニ予防セサルヘカラス」と、火災に対する警戒を謳っている(46)。そして第一条一項から一五項で火器や燃焼物の取扱方法を定めたほか、第二条で週番大尉を火災予防責任者に指定し、第三、四条で消防隊の編成を規定している。さらに第五条から第七条で出火時の対応として、具体的な消火方法に加え、重要物品（軍旗・御真影・機密書類など）の避難、施設の警戒、一般社会の消防隊及び消防組との関係などを規定した。

ここで注目すべきは、火災予防規定に兵営外の消火活動が盛り込まれた点である。第八条には、「官衙、公署、将校同相当官、下士ノ家宅及兵営付近ニ火災アルトキハ連隊長ハ救援ノ為必要ノ人員ヲ派遣スルコトヲ得」と規定され、公共施設や軍人家族の住居が火災の危険に曝された場合や、兵営付近で火災があった場合は部隊を預かる連隊長の判断で軍隊の出動が可能となった。すでに軍事施設付近で火災が発生した場合、近隣の部隊が出動することは慣例となっていたが、これによって明確に規定された。また、第九条では、「水災、風災、震災等ノ場合ニハ概ネ本章ニ準シ適宜処置スヘキモノトス」と規定され、水害や地震など火災以外の災害でも軍隊の対応が可能となった。

火災予防規定は軍隊の災害対処の基本を示している。軍隊内務書は内部のみで通用する規定だったが、災害時の救護活動が明文化されたことで、軍隊は自衛を基本としつつも、災害対処の範囲を外にも広げていったのである。

## 第4節　災害出動の制度化

### (1)　一九〇九年大阪大火と第四師団の対応

軍隊の姿勢の変化は一九〇九（明治四二）年の大阪大火で顕著に表れる。七月三一日早朝、大阪市北区空心町から出火した火災は丸一日かけて大阪市北部を焼き尽くし、最終的な損害は焼失面積三六万九四三八坪、焼失戸数一万一三六五戸に上った。また、大阪地方裁判所や北区役所、官公署、会社、銀行、学校、郵便局、神社、寺院、橋梁などが焼失する。この災害に対して大阪を衛戍地とする第四師団は様々な救護活動を展開した(47)。

第四師団長（兼大阪衛戍司令官）土屋光春中将は、歩兵第八連隊の検閲中に火災の報告に接すると、直ちに幕僚に対して現場の偵察を指示すると同時に、隷下の部隊に出動準備を命じる。土屋は要請の有無に関係なく独自の判断で軍隊を出動させようとしたが、大阪府知事から衛戍条例に基づく出兵要請がもたらされる。以後、歩兵第三七連隊の出動を皮切りに、順次部隊を増派し、最終的には隷下の全部隊を出動させる。また、北区出身兵士の一時帰宅を許可し、実家の消火等にも当たらせた。火災現場に出動した各部隊は兵科に関係なく地方官庁や警察の権限を尊重しながら協力して消火や被災者の救助にあたった。例えば、師団側は爆薬使用による大規模な破壊消防を地方官側に提案するが、それに否定的な地方官側の意向を尊重して断念している。また、鎮火後は地方官庁の要求を受け入れ、①被災者の救療・収容、②救援物資の供給、③鉄道・道路・橋梁等の社会基盤の復旧などを行った。

第四師団の臨機応変な対応に大阪の新聞各紙は称賛の声を上げる。特に『大阪毎日新聞』の社説「軍隊と人民」は、「陸軍は国家の陸軍なりと雖も、軍人は国民の子弟なり。軍隊は大元帥陛下の軍隊なれども、今回の罹災民も亦此干城の貔貅と共に陛下の赤子、国家構成の分子にして、其間には父子兄弟の親関係あるなり。乃ち陸軍の其本務以外或は都市或は一般民間の緊急の必要に応ずることある殆ど当然のことなれども、従来軍隊としていへば一種別天地にある者の観をなし、都市もしくは人民と接触するを以って不思議視し、或は之を以て其威厳を害し規律を紊すもの、如く思惟せるものあり、軍隊自身において殊に然りしが如し」と、従来の一般社会に対する軍隊の姿勢を述べた上で、「師団及び陸軍省が総べて同情を以て市民の為に必要なる応援をなし且救護に尽力せるに至っては、軍隊自ら其超然的態度を取って冷然として人民の利害に相関せざるものにあらず、平時と雖も必要に応じて十分の行動に出づるものなりとの実例を示し、文明的軍隊の進歩的動作を現出したるものといふべく」と、軍隊の姿勢を高く評価している。また、人々が眼前で「軍隊の産業および生命財産を保護する所以の道を会得し」たならば、軍隊の役割が重要であることを悟り、「兵役忌避の念を一掃し自ら進んで此貴重な職務に服するの心を熾にせんとす」と、徴兵制に対する効果を指摘した上で、最後に、「軍隊今回の活動は、実に国家に取りても、罹災の当市に取りても、軍隊自身に取りても、誠に好効果を奏したるものといふべく、是れ吾輩の特に此に一言して此事実と影響とを開明し、斯る流風を盛にせんことを望むの、無用ならざるを思ふ所以なり」と、救護活動の積極化に期待を寄せている[48]。

『大阪毎日新聞』の指摘のように、今回の災害では現場の部隊だけでなく陸軍省も積極的に動き、陸軍大臣寺内正毅大将の指示で広島県宇品糧秣廠保管の軍用物資を救援物資として転用した[49]。同様の対応は八月一四日に発生した姉川地震でも見られ、陸軍全体の姿勢の変化を如実に表している[50]。しかし、陸軍省は軍隊教育の観点から現場部隊の活動の長期化を危惧しており、八月一〇日、陸軍省は第四師団参謀長に、「最早災後ノ秩序略ホ相整候様被存候ニ付御考慮相成居候コトトハ存シ候へ共速ニ救助ノ軍隊ヲ撤シ専ラ教育ニ尽サルル様取計相成度」と、部隊の早期撤収を命じている[51]。軍隊は持てる力を使って人々を助ける一方、軍隊教育の遅延というジレンマを常に抱えていたのである。この点は前章で検討した衛戍勤務の軽減問題と通じている。

以上のように、救護活動に対する軍隊の姿勢は大きく変化し、地方官側にも軍隊を活用しようとする姿勢が表れたほか、人々にも災害時に活躍する新しい軍隊像を実感させた。こうした流れから窺えるように、一九〇七年八月水害から大阪大火の時期に軍隊の救護活動は転機を迎え、災害出動の制度化にむけた環境が整っていったのである。

## (2) 衛戍条例の改正

軍隊内務書など諸制度の改正が進むなか、一九〇八（明治四一）年一一月一七日から衛戍服務規則の改正作業が始まり[52]、翌年には根幹である衛戍条例の改正作業も開始された[53]。一九〇九年一二月一五日、陸軍省軍務局歩兵課は軍事課とともに、現行の衛戍条例に修正を加えた改正案を起草し、服務規定の明確化等を図る。この作業で災害時の出動に関する文言が衛戍条例に盛り込まれ、軍隊の災害出動制度の枠組が形成される。

歩兵課は治安出動を定めた衛戍条例第八条の条文を修正し、改正案第九条に移動させた上で、改めて軍隊の出動を規定する。その一項を「東京衛戍総督及衛戍司令官ハ災害又ハ非常ノ際公共ノ保安ニ関スル処置ニ付テハ当該地方官ト協議スルモノトス」とし、旧条文の「有事ノ日」という曖昧な表現を「災害又ハ非常ノ際」と具体的な表現に置き換え、災害時の対応を明記した。一方、二項は「東京衛戍総督及衛戍司令官ハ衛戍地ニ騒擾ノコトアルトキハ地方官ノ請求ニ応シ兵力ヲ以テ便宜処置スルコトヲ得」と、「衛戍線内」が「衛戍地」に変更されたのみで、出兵は従来と同じく「騒擾」の場合に限られた。この時点で災害時の対応は意識されたが、条文に大きな変更点はなかった。

改正案は陸軍内部での審議を経て修正され、第九条一項の「保安」の文言が「治安維持」に変化したが、二項の条文に変化はなく、一九一〇年二月七日にそのまま閣議（第二次桂内閣）に提出される[54]。しかし、閣議の審議過程で第九条は二項を中心に大幅な修正がなされ、「東京衛戍総督及衛戍司令官ハ災害又ハ非常ノ際地方官ヨリ兵力ヲ請求スルトキ事急ナレハ直ニ之ニ応スルコトヲ得」と、災害時の出動が規定される。「騒擾」が「災害又ハ非常ノ際」に変更されたことで、災害時に地方官から出兵要請があった場合、軍隊に出動の義務が生じた。大阪大火では衛戍条例に準拠して出兵要請が行われていたが、軍隊に求められたのは主に救護活動で、軍隊の出動を「騒擾」に限定するのは最早不可能であった。そのため条文の改正によって災害時の出動を明確に示す必要があったのだろう。

さらに新たに三項が加えられ、「其ノ事地方官ノ請求ヲ待ツノ遑ナキトキハ兵力ヲ以テ便宜処置スルコトヲ得」と、衛戍司令官の判断に基づく出動が規定される。これを災害出動の観点から見た場合、軍隊側の臨機応変な対応を可能とし、先に制定された火災予防規定に基づく出動を位置づけている。このように閣議で災害出動の制度化が進展した背景には、現地指揮官として濃尾地震を経験した内閣総理大臣桂太郎の教訓があったと推察できる。衛戍条例改正の勅令案は二月二八日の閣議で可決された後、明治天皇の裁可を経て、三月一八日に勅令第二六号として公布された。

衛戍条例の改正によって全国の陸軍部隊は、第一〇条の「東京衛戍総督及衛戍司令官ハ予メ災害又ハ非常ノ際陸軍ニ属スル諸建築物其ノ他ノ物件ノ救防及警戒ニ関スル処置ヲ規定シ置クヘシ、皇族邸宅、官衙、公署等ノ救防及警戒ニ関シ必要アルトキ亦同シ」に基づき、災害時の事業内容を細かく規定した現場レベルの「衛戍規則」等を作成し、救護活動など災害時の対応について地方官側と協議を行っている。(55)第四師団の大阪大火への対応からも明らかなように、災害時の軍隊の業務は多様化しており、第九条一項の「治安維持ニ関スル処置」には、暴動時の治安維持活動とともに災害時の救護活動も含まれていた。

このように災害出動の法的根拠は旧衛戍条例にあった治安出動に関する規定を発展させる形で成立するが、反対に既存の災害対処に関する規定は衛戍関係の法令から消滅する。衛戍条例第三条は、「衛戍勤務執行ノ区域ハ東京衛戍総督又ハ衛戍司令官之ヲ定メ其ノ区域ヲ衛戍地ト称シ其ノ地名ヲ冠シテ某衛戍地ト謂フ」と衛戍区域を「衛戍地」と定義する形に変化し、「衛戍地ノ陸軍諸官廨及陸軍ノ建築物ニ関スル火災水害等ノ救防ハ衛戍勤務ニ属ス」の部分は削除された。また、衛戍服務規則を発展させた衛戍勤務令（三月一八日、軍令陸第三号）でも、災害出動の報告義務に関する規定（第七条）がある一方、災害対処に関する規定は消えている。こうした変化は火災予防規定の新設によって災害対処の規定が軍隊内務書に移動した結果であろう。つまり、災害対処に関しては衛戍条例でその根本を定め、軍隊内務書で消火方法など細部を規定する形に変化したのである。

以上のように、日露戦後の社会状況のもと、軍隊の災害出動が制度として確立する。その背景には、一般社会の要求に対する軍隊側の認識があったことは間違いない。この後、軍隊の災害出動は頻繁に展開され、『都新聞』は、「陸軍の機動演習を変更したるは吾輩の賛成する所なり、吾輩は機動演習変更の為農民の迷惑を感ずること減少するを喜ぶ外に、陸軍が人民の利害を考慮するに至りたる気風に満足す、火災に軍隊を出して消防に力むることの以前より多くなるも此気風の致す所にして、軍隊の食糧を出して青森の罹災者〔五月三日、青森大火――引用者注〕を救へる如き変通の措置も亦此気風により割出されたるなり、斯く成行きてこそ国民の軍隊尊敬は加はるべけれ」と、救護活動の積極化を「陸軍の新気風」として捉えている。(56) 災害出動は「国民」の利害を考慮する代表的な活動として認識され、人々の支持を獲得する有効な手段として次第にその効果を発揮していった。

### (3) 災害出動制度の効果と限界

一九一〇（明治四三）年八月中旬から九月上旬にかけて東日本を中心に大規模な水害（関東大水害）が発生したのに対し、表3－2に示した通り、各地の部隊は積極的に救護活動を展開し、人命や財産の保護に尽力した。九月五日、陸軍省軍務局は全国の師団参謀長に災害出動の状況報告を求める。(57) 各師団は災害出動の効果として、人々の支持を獲得した、と報告しているが、近衛師団は「市吏員ニシテ往々軍隊トノ約束ヲ履行セス為メニ軍隊カ無益ノ劇動ヲナセシコトアリシハ遺憾ナリシ、又地方官公吏ハ一般ニ果シテ軍隊ノ救護ヲ衷心歓迎スルヤ否ヤ疑ハシキ観アリシモ、人民ハ之ニ反シ軍隊ノ到ルヤ非常ニ之ヲ喜ヒ往々合掌シテ涕泣スル者アリタリ」とし、「軍隊ト地方官公吏トノ間ニ衝突ヲ起センコト絶ヘテナカリシハ幸ナリシ」と報告している。(58) 近衛師団は他の師団と同様に人々の支持を報告する一方、地方官側との連携ができていない点を指摘しており、ここから災害出動制度の効果と限界が窺える。

東京では八月一〇日以降、府内の各河川が氾濫し、その被害は荒川や綾瀬川流域だけでなく東京市全域に拡大していった。(59) 東京府をはじめとする関係機関は各所で対応不能の状態に陥り、一一日夜半、東京府知事は東京衛戍総督に軍隊の出兵要請を行い、一二日午前二時、東京衛戍総督川村景明大将は第一師団長に工兵第一大隊の出動を命じる。(60)

その後、本所区向島へ出動した工兵隊は断続的に水防工事等を展開し、一三日に一旦引上げるが、再び出動を要請される。この頃、各地の部隊から災害出動の可否に関する問い合わせが陸軍省に集まっていた。陸軍省は地方官庁との関係から自主的な出動を控えていたが、積極的に対処するよう通達し、川村もその旨を地方官側に伝えている(61)。そして一四日以降、在京の近衛、第一師団の歩兵、工兵、輜重兵から混成部隊が編成され、下谷・浅草、本所・深川方面に派遣される。従来の救護活動の中心は工兵隊であったが、今回は兵科に関係なく救援隊が編成され、衛生隊も派遣された。詳細は次章で検討するが、各部隊の活動は二七日まで続き、主に①被災者の救助、②救療・収容、③給水・給養、④水防作業、⑤人員・物資の輸送などを行ったほか、⑥犯罪防止のため銃剣を携帯して被災地の警戒にもあたった。さらに陸軍省も軍用物資の転用を行い、各自治体を通じて被災者への救援物資供給を行った(62)。

被災地の人々は軍隊の出動を歓喜して迎えた。こうした状況に『都新聞』も、「今度の水害に対する軍隊の働き振りは罹災者のみならず一般の人々に善き感動と善き印象を与えたる事少からざるべし、堤防防御の為めに出動するが如き事は別として焚出しをしたり、軍用品を持ち出して救護に努めたり、殊に軍需食糧品

陸軍の活動状況

| 活動内容 |
|---|
| 罹災民救助、患者救護及炊出糧食の分配水防作業、人員物件の輸送等 |
| 罹災民救助、患者救護及炊出糧食の分配水防作業、人員物件の輸送等<br>水防作業、道路の修理・架橋等<br>水防作業、兵営附近住民への給水<br>江戸川に対する水防作業 |
| 山形市街での水防作業 |
| 罹災民の救助、架橋及堤防の保護交通の整備等<br>罹災民の救助、炊出、飲用水及糧食の分配等 |
| 神通川堤防及架橋の防護 |
| 水防作業、排水工事及架橋の補修 |
| 罹災民の救助、道路架橋の設備等<br>罹災民の救助、架橋及堤防の防護電話線の架設等 |

請求番号：陸軍省－貳大日記－M43－12）より作成。同表は9月22日に軍務局歩兵

ル筈ナリ」の付箋あり。
援ノ件ニ関シ報告」)。

表3-2　関東大水害における

| 師団（所在地） | 人員 | | | 活動期間（延べ日数） | 救援地 |
|---|---|---|---|---|---|
| | 将校 | 下士以下 | 合計 | | |
| 近衛師団（東京） | 37 | 1,128 | 1,165 | 8月10日～8月24日（13日間） | 東京衛戍地及其附近 |
| 第1師団（東京） | 58 | 1,110 | 1,168 | 8月10日～8月24日（13日間） | 東京衛戍地及其附近 |
| | 15 | 600 | 615 | 8月8日～8月10日（3日間） | 甲府及其附近 |
| | 6 | 350 | 356 | 8月11日～8月13日（3日間） | 佐倉 |
| | 7 | 370 | 377 | 8月11日～8月15日（5日間） | 市川 |
| 第2師団（仙台） | 4 | 150 | 154 | 8月11日・8月14日（2日間） | 山形 |
| 第8師団（弘前） | 25 | 500 | 525 | 9月3日～9月7日（5日間） | 盛岡市 |
| | 25 | 400 | 425 | 9月3日～9月7日（5日間） | 秋田市 |
| 第9師団（金沢） | 15 | 560 | 575 | 9月8日（1日） | 富山市 |
| 第13師団（高田） | 4 | 115 | 119 | 8月16日～8月20日（5日間） | 軽井沢附近 |
| 第14師団（宇都宮） | 6 | 300 | 306 | 8月10日～8月20日（10日間） | 高崎市及其附近 |
| | 5 | 140 | 145 | 8月10日～8月25日（16日間） | 水戸市及其附近 |

注：1)「各地水害救援ノ為派遣セシ人員表」(『明治四十三年十月　貳大日記　陸軍省』所収、防衛研究所図書館所蔵、
課から大臣官房を通じて侍従武官長に提出される。
：2)「本表人員ハ毎日平均ノ勤務人員ヲ示スモノトス将校以下一日乃至数日毎ニ交代勤務セシ為実働人員尚多数ア
：3）上記のほかに第15師団（豊橋）管轄下の静岡衛戍地でも堤防の巡察などが実施された（「豊衛第71号　水害救

を開放したる如きは吾輩の記憶になき事にして、軍隊と言えば近づく可からざるもの直接人民の利害とは没交渉にして何等の関係もなきもの、如き思ひなせる一種の感情は変じて、戦争以外危急の場合には人民救護の一大勢力なりとの新たなる印象を与へ、人民と軍隊との親しみを増したる事多かるべし、吾輩は軍隊の為めに之を喜ぶ」と、支持を表明している(63)。

軍隊に対する人々の支持が集まる一方、近衛師団の報告の通り、軍隊と吏員や警察官との間で摩擦が生じていた(64)。また、出兵要請の過程でも問題が発生し、後にそれが新聞各紙の批判の的になった(65)。一一日、浅草区日本堤が決壊の危険に直面すると、区長は軍隊に出動を要請したが、市や府を通して行わなかったために軍隊側に拒否され、午後八時半頃には向島分署長が警視総監に軍隊の出動要請を依頼するが、警視総監は消防夫の力で対処するよう命じている。午後九時頃には市が府に出兵要請の交渉を開始するが、その間に堤防が決壊した。この後も意見の集約に手間取り、軍隊への要請を決めたのは午後一一時頃であった。軍隊の出

動が遅れた原因は、軍隊に頼ろうとしない地方官庁や警察の責任者たちの認識と、軍隊側との連絡不調にあったが、制度自体にも問題があった。出兵要請は府県知事の権限だったため、基本的に所轄の区長や警察署長の要請では、軍隊の出動は不可能だった[66]。他方、軍隊側は地方官側の権限を尊重する故に、独断による出動を控えていた。

こうした制度上の制約は第一四師団の報告からも窺える。軍隊が衛戍区域で災害出動を展開するのに問題はなかったが、衛戍線外において災害出動を行う場合は①府県知事からの出動要請に加え、②部隊の活動名目が必要であった。第一四師団は歩兵第一五連隊の高崎衛戍線外の活動について、「群馬県知事ノ請求ニヨリ教育ニ差支ナキ限リ行軍及工作ノ演習ヲ兼ネ之ノ作業ヲ為シタリ」と説明している[67]。衛戍区域内の出動の根拠は衛戍条例であったが、衛戍線外の出動は師団司令部条例の範囲であり、その条文は濃尾地震の頃と大差なかった（表3－1参照）。そのため衛戍線外の災害出動には出動要請とともに、「演習」等の名目を必要とした。また、「教育ニ差支ナキ限リ」とあるように、軍隊教育に対するジレンマも垣間見える。衛戍線外の災害出動には様々な制約があったのである。

以上のように、明治末期には法令や事業内容の面において後の関東大震災に繋がる災害出動の基盤が形成されている。災害出動の制度化によって各地の部隊は積極的に動き、人々からの支持獲得に成功したが、制度や運用の面で多くの課題を抱えていたのである[68]。

## 小　括

軍隊創設期、軍隊は災害に対処する存在でなく、災害時に求められたのは治安維持に関する機能だったが、鎮台制から師団制に移行する段階で災害時の出動に関する規定は消滅する。そうしたなか発生した濃尾地震では、師団長の判断が出動の鍵となり、以後、明確な規定が存在しないまま、災害時の救護活動は部隊指揮官の裁量に委ねられた。

日露戦後、軍隊と一般社会との関係が悪化してくると、『都新聞』などは関係改善の方策として救護活動の積極化を主張するようになる。当初、陸軍中央は新聞各紙の主張に否定的だったが、次第に変化し、災害出動の法整備を進展させる。その結果、明治末期の衛戍条例改正によって軍隊の災害出動制度が確立し、出動の手続として、①府県知事の要請に基づく出動と、②衛戍司令官の判断による出動の二種類の方法が規定される。また、各衛戍地の衛戍司令官は事前に災害時の対応を準備すると同時に、当該地域の地方官と災害時の対応について協議することが義務付けられた。災害出動の制度化は実際の軍隊の活動に顕著に表れ、兵営近傍で発生する小規模な火災から水害などの大規模な災害まで全国の部隊は積極的に救護活動を展開し、人命や財産の保護に尽力するようになった。

災害出動制度の確立によって軍隊は、人為的に起こされる騒擾だけでなく、自然災害にも対処するようになり、あらゆる脅威から国家を保護する存在となった。また、新聞各紙の反応にあるように、災害出動の制度化は軍隊が国家の構成要素である「国民」の存在を明確に意識していく過程でもあった。災害出動の制度化の経緯を概観すると、民衆に対する軍隊側の意識が見えてくる。軍隊創設期、軍隊が人々を災害の脅威から保護することは想定外であったが、日露戦後に大きく変化している。この背景には主に二つの要因が存在する。ひとつは一般社会から戦争以外での軍隊の活用が求められたこと、もうひとつは軍隊側に民衆との接近を試みる意図が存在したことである。国家を挙げた戦争が終結した状況下で、軍隊は一般社会からの意見を無視できなくなると同時に、自らの変革を迫られていった。軍隊がその存在を維持するためには、制度改正による内部の引締めだけでなく、外部からの支持が必要であった。以上の点から災害出動は軍隊が民衆との接近を図るための積極的かつ具体的な手段と位置づけることができる。

治安出動を規定する衛戍条例に災害出動が盛り込まれたことは、軍隊の機能の変容を端的に表している。しかしながら、同第九条が治安出動の法的根拠である点にも留意しなければならない。つまり、衛戍条例は民衆の鎮圧と保護という異なる二つの性格を有し、国内の治安維持、「警備」という大きな枠組のなかで、治安出動と災害出動は規定上表裏一体の関係にあった。災害出動は人々にとって有益に作用したが、治安出動の観点から見た場合、第九条三項などは軍隊側の権限の強化であった。

なお、本章では、制度化の要因を日露戦後の軍隊と民衆の関係に求めたが、災害史の観点から見た場合、他の要因も考えられる。関東大水害の際に『東京朝日新聞』は「軍隊の応急救護力」という社説を掲載し、軍隊の組織力に期待を寄せている(69)。現実的な問題として、大規模な災害を前に地方官庁や警察の能力で対応が困難となった場合、災害に対処できる存在は多くの人員と機材、各種技術を有する軍隊以外になかった。問題なのは、なぜ明治末期に軍隊の力が求められるようになったか、という点である。おそらく、この背景には、社会資本の整備や自然破壊に伴う災害自体の質の変化があったと推察できる。災害の大規模化によって軍隊の活動範囲は広がっていったのである。

注

（1）櫻井忠温編『国防大事典』（国書刊行会、一九七八年）六一二～六一三頁。

（2）鈴木淳『関東大震災――消防・医療・ボランティアから検証する』（筑摩書房、二〇〇四年）二二一～二二四頁。

（3）表2‐4に示す通り、一九三七年四月二六日の衛戍令改正の際に災害出動を規定する旧衛戍条例第九条二項、三項は衛戍勤務令第第六ノ三に移動する（軍令第三号）。

（4）松下芳男『暴動鎮圧史』（柏書房、一九七七年）は衛戍条例を対内的軍制と位置付けている（八九～九〇頁）。また、藤原彰『日本軍事史』上巻（日本評論社、一九八七年）は一八八八年の衛戍条例制定による衛戍地設定を国内の革命に備えるものと指摘する（七〇頁）。大江志乃夫『戒厳令』（岩波書店、一九七八年）は一九一〇年改正の衛戍条例第九条に関して、治安出動または災害出動についての規定を統合した、と指摘しているが、条例改正を労資紛争に軍隊が介入するためとしている（一二〇～一二一頁）。土田宏成「帝都防衛態勢の変遷――関東大震災前後を中心として――」（上山和雄編『帝都と軍隊――地域と民衆の視点から――』日本経済評論社、二〇〇二年）も東京の警備体制の変遷から「衛戍」を分析しているが、やはり主眼は治安維持活動の面である。

（5）「衛戍条例制定理由之件」（『明治二十一年五月　貳大日記』所収、防衛研究所戦史研究センター史料室所蔵、請求番号：陸軍省‐大日記‐M二一～五‐二三）。なお、フランスの衛戍関係の法令は小林又七訳『仏国要塞軌典』（川流堂、一八八八年）を参照。
（6）管見の限り、御親兵設置以降の法令で「衛戍」が登場するのは、一八七三年の鎮台条例が最初で、要塞の警備を定めた第一二条と、陸軍省への定例報告を義務付けた第四七条に「衛戍＝マモリ」の文言が見られる。
（7）東京鎮台条例第二七条の規定は一八七三年の鎮台条例第四一条、一八七九年改正の鎮台条例（太政官達第三三号）第三九条にそのまま引き継がれる。
（8）東京鎮台条例第六条の適用は「他州県兵隊屯戍アルノ処モ之ニ准スル事」と、全国の兵営所在地に及んでいる。その後、一九七二年三月一二日制定の大阪・鎮西・東北鎮台条例（陸軍省第二六）でも東京鎮台条例第六条、第二七条と同様の規定が存在した。
（9）藤田嗣雄『明治軍制』（信山社、一九九二年）三七九頁。
（10）一八八五年淀川大洪水の詳細は大阪府編『洪水志』（大阪府、一八八七年）を参照。
（11）『大阪朝日新聞』一八八五年六月二三日、六月二四日。
（12）「宮内ヨリ水災ノ節尽力者ヘ酒肴料下賜ノ件」（『明治十八年十一月　大日記　月』所収、防衛研究所戦史研究センター史料室所蔵、請求番号：陸軍省‐大日記‐M一八～一二‐三六）。
（13）大阪憲兵隊も淀川大洪水に対して人命や財産の救護に全力を尽くしている（田崎治久編『日本之憲兵（正・続）』三一書房、一九七一年、六一頁）。
（14）憲兵は鎮台兵と別に小船を出して被災者の救助実施し、後に憲兵本部はこの経費を陸軍省に請求している（「大阪地方洪水ノ節人民救助ニ係ル経費別途下付伺」『明治十九年三月　貳大日記』所収、防衛研究所戦史研究センター史料室所蔵、請求番号：陸軍省‐貳大日記‐M一九～八‐五五）。
（15）「諸条例制定外廃止之件」（前掲『明治二十一年五月　貳大日記』所収）。
（16）同右。
（17）新修名古屋市史編集委員会『新修　名古屋市史　第五巻』（名古屋市、二〇〇〇年）六二一～六三七頁。

(18) 片山逸朗編『濃尾震誌』(片山逸朗、一八九三年)九八〜一〇〇頁。
(19) 宇野俊一校注『桂太郎自伝』(平凡社、一九九三年)一一七〜一二二頁。
(20) 徳富蘇峰『公爵桂太郎伝』乾巻(原書房、一九六七年、原本は一九一六年)四九三〜四九五頁。
(21) 同右。
(22) 「名古屋市ノ感謝状ニ対スル第三師団長トシテノ答辞(明治二十五年十月五日)」(『桂太郎文書 一五』九〜一〇頁、国立国会図書館憲政資料室所蔵)。
(23) 「衛戍服務規則改正ノ理由」(「衛戍服務規則改正之件」『明治二十四年十二月 貳大日記』所収、防衛研究所戦史研究センター史料室蔵、請求番号:陸軍省-貳大日記-M二四〜一二-二九)。
(24) 最初の「衛戍服務規則草按」(同右)の段階(第二二条)では、「近隣ノ風紀衛兵ニ通報シ且ツ騒擾ヲ鎮制スヘシ」の文言があり、施設周辺の治安維持に重点が置かれていた。
(25) 「衛戍条例改正ノ理由」(同右)。
(26) 「衛戍条例改正按」(同右)。
(27) 「衛戍服務規則改正之儀上奏相成度申進」(同右)。
(28) 「衛戍条例ヲ改正ス」(『公文類聚 第十九編第七巻』所収、国立公文書館所蔵、請求番号:本館-二A-〇一一-〇〇・類〇〇七二〇一〇〇)。
(29) 師団司令部条例も近衛師団改編等の理由から一八九六年五月一一日の勅令二〇五号で改正されるが、出兵関係の条文に大きな変化はない(「師団司令部条例改正ノ件」『明治二十九年五月 貳大日記』所収、防衛研究所戦史研究センター史料室所蔵、請求番号:陸軍省-貳大日記-M二九〜五-二二)。条文の内容は表3-1を参照。
(30) 一八九六年六月一五日に発生した明治三陸地震津波では、第二師団(師団長乃木希典中将)が工兵隊や救護隊を派遣して対応している。その動きに対して陸軍省は、「災害地へ軍医及看護長差遣之義貴師団長ヨリ凛申ニ付許可相成候得共右ハ全ク一時救護ノ為メ徳義上差遣ノ儀特ニ認可相成候」とした上で、「救護ノ事柄ハ内務省ノ所管ニ有之候付」とし、陸軍が活動経費をすべて負担するのは不適当であると第二師団に通達している(「海嘯災害地へ軍医以下派遣ノ件」、『明治廿九年六月 肆大日記』所収、防衛研究所戦史研究センター史料室所蔵、請求番号:陸軍省-肆大日記-M二九〜六-五八)。ここから災害対応が内務省の所管であることがわかる。
(31) 濃尾地震以降の災害対応には、明治三陸地震津波以外に一八九四年四月五日の赤坂大火（近衛歩兵第三連隊）などがある。兵役に対する訓戒を説いた『兵営小訓』（民友社、一八九七年）は軍隊の災害対応を「美例」として挙げつつ、軍隊の能力と民衆への効果を指摘した上で、災害からの「国民」の保護を「兵の任務」としている。
(32) 「工兵と民業」（『都新聞』一九〇七年五月一五日）。
(33) 「工兵と民間工事」（『都新聞』一九〇七年五月一六日）。
(34) 「兵卒民用の問題」（『都新聞』一九〇七年五月三〇日）。
(35) 井上工兵大佐談「軍隊との調和（其一）」（『都新聞』一九〇七年六月二六日）、浅川騎兵大佐談「軍隊との調和（其二）」（同上六月二七日）。浅川敏靖は軍隊と一般社会との関係が悪化した原因として①軍隊教育上の欠点、②個人主義より来る兵役忌避を挙げ、徴兵制を教育課程と捉え直すことで軍隊と一般社会との関係改善を主張している。
(36) 東京市役所『東京市史稿　変災篇　第三』（東京市役所、一九一六年）三八三～四二七頁。
(37) 一九〇四年七月四日、東京衛戍総督部条例（勅令第一二八号）が制定され、東京衛戍総督が東京の衛戍を統轄した。衛戍総督部設置の経緯は前掲「帝都防衛態勢の変遷」を参照。
(38) 「洪水と陸軍省」（『東京朝日新聞』一九〇七年八月二八日）。
(39) 「平時軍隊の適用（一）」（『都新聞』一九〇七年八月三一日）。
(40) 『東京朝日新聞』一九〇七年八月二八日、八月二九日。
(41) 「平時軍隊の適用（二）」（『都新聞』一九〇七年九月一日）。
(42) 「出水之節救援ニ関シ謝辞ノ件」（『明治四十年十月　壹大日記』所収、防衛研究所戦史研究センター史料室所蔵、請求番号：陸軍省－壱大日記－M四〇～一〇－三七）。
(43) 遠藤芳信『近代日本軍隊教育史研究』（青木書店、一九九四年）一八三～二三一頁。
(44) 「軍隊内務書改正委員長ニ与フル訓令案ノ件」（『明治四十年九月　貳大日記』所収、防衛研究所戦史研究センター史料室所蔵、請求番号：陸軍省－貳大日記－M四〇～九－四九）。
(45) 陸軍省はたびたび火災予防に関する訓令を発し、火災に対する警戒を強めている（「火災予防方奨励ノ件」『明治四十二年

二月　貳大日記』所収、防衛研究所戦史研究センター史料室所蔵、請求番号：陸軍省-貳大日記-M四二-一一-二五）。

(46)『軍隊内務書』（武揚堂、一九〇八年）八二〜九〇頁。

(47) 大阪大火の概要は大阪市役所編『大阪市大火救護誌』（大阪市役所、一九一〇年）を参照。なお、大阪大火に対する軍隊の活動を扱った研究には、朝田健太「明治期の都市火災と軍隊による災害派遣――明治四十二年大阪市における『北の大火』を中心に――」（『歴史都市防災論集』Vol.1、二〇〇七年六月）がある。

(48)「軍隊と人民」（『大阪毎日新聞』一九〇九年八月五日）。

(49)「大阪火災ニ付罹災市民救恤ノ件」（『明治四十二年十一月　貳大日記』所収、防衛研究所戦史研究センター史料室所蔵、請求番号：陸軍省-貳大日記-M四二-一一-三四）。

(50) 姉川地震の後の一九〇九年八月二四日、岐阜県選出の代議士金森吉次郎は震災で壊れた揖斐川流域の輪中修復のため、陸軍大臣寺内正毅に工兵隊の応援を要請している。この際に金森は大阪大火での第四師団の活動を例に挙げ、軍隊側の協力を求めている（「防水上工兵援助ニ関スル件」『明治四十二年九月　貳大日記』所収、防衛研究所戦史研究センター史料室所蔵、請求番号：陸軍省-貳大日記-M四二-九-三二）。

(51)「大阪罹災民救恤ノ食料品処分方ニ関スル件」（『明治四十二年八月　貳大日記』所収、防衛研究所戦史研究センター史料室所蔵、請求番号：陸軍省-貳大日記-M四二-八-三一）。

(52)「衛戍勤務令制定ノ件」（『明治四十三年三月　貳大日記』所収、防衛研究所戦史研究センター史料室蔵、請求番号：陸軍省-貳大日記-M四三-四-二四）。

(53)「衛戍条例改正ノ件」（同右）。

(54)「衛戍条例ヲ改正ス」（『公文類聚　第三四編第三巻』所収、国立公文書館所蔵、請求番号：本館-二A-〇一一-〇〇・類〇一〇九〇一〇〇）。

(55)「衛戍勤務ニ関スル件」（『明治四十五年一月　貳大日記』所収、防衛研究所戦史研究センター史料室所蔵、請求番号：陸軍省-貳大日記-T元-一-二五）。例えば、新潟県の高田を衛戍地とする第一三師団は一九一〇年八月二九日に高田衛戍服務細則を改正し、当該地域の自治体や警察と災害時の対応を協議している（「天災と軍隊出動」『高田日報』一九一〇年九月二〇日）。その詳細については拙稿「軍隊の『災害出動』制度の展開――高田衛戍地の事例分析を中心に――」（『年報日本現代史』第一七号、二〇一二年九月）を参照。
(56)「陸軍の新気風」（『都新聞』一九一〇年五月二四日）。
(57)「水害救援ノ件」（『明治四十三年十二月　貳大日記』所収、防衛研究所戦史研究センター史料室所蔵、請求番号：陸軍省‐貳大日記‐M四三～一四‐三四）。
(58)「近謀第三〇三号　水害救援ノ件回答」（同右）。
(59)前掲『東京市史稿　変災篇　第三』四五一～五三六頁。
(60)「水害救援ノ件」（『明治四十三年十一月　貳大日記』所収、防衛研究所戦史研究センター史料室所蔵、請求番号：陸軍省‐貳大日記‐M四三～一三‐三三）。
(61)「各地出兵準備」（『東京朝日新聞』一九一〇年八月一四日）。
(62)「水害罹災民救済ノ件」（『明治四十三年十月　壹大日記』所収、防衛研究所戦史研究センター史料室所蔵、請求番号：陸軍省‐壱大日記‐M四三～一〇‐一八）。
(63)「軍隊と人民」（『都新聞』一九一〇年八月二二日）。
(64)東京衛戍総督部作成「水難救援詳報」（『公文雑纂　第十七巻』所収、国立公文書館所蔵、請求番号：本館‐二A‐〇一三‐〇〇・纂〇一一五五一〇〇）。
(65)『都新聞』一九一〇年八月二六日。
(66)千葉県の市川では衛戍部隊が町役場の要請で江戸川等の水防作業を実施している（「参発第一〇三号　水害救援ノ件回答」、前掲『明治四十三年十二月　貳大日記』所収）。
(67)「丙発第一一二号　水害救援ノ件回答」（前掲『明治四十三年十二月　貳大日記』所収）。群馬県碓氷郡安中町周辺や茨城県北相馬郡川原代村付近での工兵第一四大隊の活動でも同様の説明がなされている。
(68)一九一二年六月四日、陸軍省は全国の部隊に陸軍の食糧物資供給が恒常的ではない点を通達している（「地方罹災民救助ニ関スル件」『明治四十五年六月　貳大日記』所収、防衛研究所戦史研究センター史料室所蔵、請求番号：陸軍省‐貳大日記‐T元～三‐二七）。
(69)「軍隊の応急救護力」（『東京朝日新聞』一九一〇年八月一五日）。

# 第4章　東京衛戍地における災害出動

前章では、衛戍の変化と大規模災害への陸軍の対応から災害出動制度の確立過程を明らかにした。本章では、東京衛戍地の事例を中心に、災害出動制度の展開過程を検討していきたい。

人々の集まる東京では、日比谷焼打ち事件のような都市騒擾だけでなく、大規模な災害もたびたび発生していた。在京の陸軍部隊は、兵営近傍で発生する火災はもちろん、水害の際は東京衛戍総督部の指示で出動して各種救護活動を展開、そうした経験を蓄積しつつ、災害対応の慣例を形成してきた。おそらくそれが関東大震災時の活動の素地にあったと考えられる。しかしながら、序章で述べたように、従来の研究は災害対応の慣例を踏まえてこなかった。関東大震災における軍隊像を考察する前提としても、この部分を明らかにする必要があるだろう。

明治維新以降、関東大震災を除く東京の地震で被害が大きかったのは、死者二四人、被災家屋三九九六戸を出した一八九四（明治二七）年六月二〇日の明治東京地震が最大である(1)。その被害は死者・行方不明者六万八六六〇人、被災家屋約一六万九〇〇〇戸を出した関東大震災と比べて遥かに小さい。むしろ東京を襲う災害で被害が大きかったのは水害であった。一九一〇年八月の関東大水害では、死者・行方不明者四八人、被災戸数約一九万五〇〇〇戸(2)、一九一七（大正六）年一〇月の東京湾台風では、死者・行方不明者一一七人、被災戸数約五万四〇〇〇戸の被害を出している(3)。こうした大規模な災害に在京の陸軍部隊はむきあわなければならなかった。

本章では、前章で明らかにした災害出動制度を踏まえつつ、関東大水害以降の災害対応を新聞報道等にも留意しながら検証、その上で、東京衛戍地内での災害対処システムを明らかにする。特にここでは関東大水害に注目する。この災害は政治的な観点から見た場合、荒川の改修工事が進む契機となったが、軍事的な観点から見た場合も一つの画期であった(4)。それは災害出動の制度化以降、軍隊が初めて経験する大規模災害だったからである。それ故、陸軍は全国規模で積極的な対応を展開、自らの役割の変化を広く国民の前に示していく(5)。一方、実際の災害現場では様々な問題も生じていた。これらの点を検証することで、関東大震災に繋がる軍隊側の論理を浮き彫りにしていきたい。

## 第1節　一九一〇年関東大水害

### (1)　陸軍部隊の出動

前章で述べた通り、一九一〇（明治四三）年九月五日、陸軍省軍務局は水害時の出動状況を把握するため、全国の師団参謀長に部隊の派遣規模、勤務の種類、勤務概況に関する報告を求めた(6)。これに対して各参謀長は陸軍省に報告書を提出、救護活動が国民からの支持獲得に繋がった点などを報告した。ただし、近衛師団は他師団と同様の内容を報告しつつも、軍隊側と地方官側との連携が上手くいかなかった点を指摘している(7)。これは地域レベルの政軍関係だけでなく、軍隊と被災者との関係を考察する上でも興味深い。では、実際の現場、特に近衛師団の拠点である東京衛戍地内において陸軍はどのような活動を展開したのか。

それを知る手がかりの一つに、国立公文書館所蔵の『明治四十三年　公文雑纂　陸軍省・海軍省　巻十七』に収められた「水難救援詳報」がある(8)。この史料は東京衛戍総督部が八月三一日に作成したガリ版刷の冊子（全一五〇頁）

で、総督部の対応や現場部隊の報告、地方官や警察官、民衆などの反応を詳細に記録している。ここから近衛師団の報告の背景を読み取ることができる。ちなみに、明治末期の東京周辺の主な陸軍施設は、第2章で示した表2－1の通りである。在京部隊は、東京衛戍総督の指揮下、各種衛戍勤務にあたっていた。水害時の衛戍総督は川村景明大将、参謀は長坂研介中佐であった。以下、「水害救援詳報」を①軍隊の出動手続や、②他の行政機関との関係、③水害から得た教訓等に注目しつつ分析する。

最初に陸軍部隊の出動経緯を確認したい。東京府知事から衛戍総督への出兵要請は衛戍条例第九条二項に根拠がある。前章で府知事から衛戍総督への要請過程を述べたが、「水害救援詳報」はそれを次のように述べている。

八月上旬以来連続セル降雨ハ漸次河川ノ増水ヲ来シ十一日朝ニ至リテ益々甚シク各河川ハ漲溢セムトシ時々刻々其ノ水量ヲ増シ沿岸ノ堤防亦危険ニ瀕スル状態トナレリ十一日ノ夜半東京府知事ヨリ電話ヲ以テ荒川筋非常ノ増水ニテ堤防危険ニ付目下関係町村民ヲ督シ防禦ニ努メツツアルモ近年無此ノ大洪水ニテ到底防止スル能ハサルヲ以テ援助ノ為工兵差遣ノ請求アリタリ然レトモ何地ノ堤防危険ナルヤ将タ決潰セシヤ状況全ク不明ナル

この叙述から東京府と総督部の間で意思の疎通が図られていない点がわかる。おそらく出兵要請に関する具体的な方法は確立していなかったのだろう。一二日午前一時四〇分、総督部は再び東京府に問い合わせた結果、ようやく隅田川左岸向島及び言問付近の堤防が決壊したとの情報を得た。

それを受けた総督部は、「同時〔一二日午前二時――引用者注〕工兵隊長ニ赤羽出発時刻決定セハ報告スヘキコトヲ電話ヲ以テ注意シ午前三時頃参謀ヲ陸軍省ニ出頭セシメ右ノ要旨ヲ口頭報告セシメ陸軍大臣ニ左ノ報告ヲ出ス」と電話を使用して隷下の部隊に出動を命じる。一方、陸軍省には参謀を派遣して「隅田川堤防決潰ニ付東京府知事ノ請求ニ依リ本日午前二時第一師団ノ工兵一中隊ヲ言問大学艇庫付近ニ派遣シ救防ニ任セシメ候ニ付及報告候也」と陸軍大臣に報告している。ここで重要なのは、府知事から衛戍総督への出兵要請だけでなく、総督部と部隊との意思疎通にも電話が用いられた点である。一二日午前一〇時に総督部から第一師団司令部に出された命令にも、「赴援隊タル工兵中隊ノ状況ヲ本日夕刻迄ニ一回報告スヘシ（電話ニテ可ナリ）」とあるように、軍隊は整備された都市の社会基盤を活用しながら、衛戍地内の情報伝達を行っていた。同様の点は部隊や資材の移動にも見られ、近衛工兵大隊及び工兵第一大隊は、兵営のある北豊島郡岩淵町から浅草区の言問橋付近まで鉄道を利用して移動している。このように軍隊は被害を受けていない社会基盤に依拠しつつ救護活動を展開していった。

一二日早朝、決壊現場に到着した工兵隊は東京府内務部土木課と協議しながら応急工事に着手、午後二時四五分に作業指揮官から総督部に入った報告によれば、翌一三日の夕方までに工事を完了させる見通しを立てた。この間に軍用の絨布を製造する千住製絨所（北豊島郡南千住町）や被服を扱う被服本廠（本所区横網町）、皇族の小松宮邸（浅草区橋場）などに浸水の危機が迫ると、衛戍総督は応援部隊を派遣して防御作業にあたらせている。また、被災地に参謀を派遣し、警視庁とも連絡を密にしながら情報収集に努めた。午後六時五〇分、警視庁から埼玉方面での堤防決壊の情報が入り、その後、午後七時三〇分には、綾瀬川・鐘淵紡績会社付近の堤防も決壊、午後一〇時頃、濁流が千住方面まで押し寄せてきた。そうした状況に対し、総督部はいつでも対応できるよう、隷下の部隊に準備を命じたが、東京府からの追加要請はなく、この時点の活動は工兵隊による堤防工事にとどまった。

翌一三日、浸水被害の拡大に対し、新聞各紙は軍隊に積極的な災害対応を求める。例えば、『読売新聞』は社説「天災と軍隊」を掲載し、警察官や区役所職員、消防夫の努力が効を奏していない点を嘆きつつ、「さて之に付いて、我輩の少しく腑に落ちざることは、此くの如き非常の場合に際し、我東京在屯の軍隊が何故に冷然として拱手傍観の態度を取りたるかといふ事なり、今回の如き天災は如何にも不可抗力のものなるべしと雖も、仮令其れにしても、人事を尽すは、人間たる者の責任にして、不可抗力の天災なるが故に成行に委ねるの外なしと思ふの非なるは、言ふを俟たず、果して然らば警官の力既に及ぶ能はず、消防夫其他関係者の尽力亦た用を為さゞるに於て、我輩は我軍隊が、何故に彼等の力の足らざるを補ふ挙に出でず、以て人事の尽すべきを尽さゞりしかを疑はざるを得ず」と、軍隊の姿勢を批判している(9)。その上で、一九〇九年七月の大阪大火や一九一〇年五月の青森大火の先例、工兵の土木技術等を挙げ、軍隊の積極的な活用を主張している。ただし、「尤も軍隊は警視庁の要求無くして、自ら進んで自由の行動を取るべきものならず、故に軍隊を責むるは、聊か方角違の嫌有るを免れざるべし、然かし我国にては軍隊の出動を非常の重大事と見做すが為め、地方官も多くの場合に其力を仮るを憚るの状無きに非ず、又た時には軍隊の出動を以て、寧ろ迷惑を心得居る向も有るが如し、是皆一に軍隊の司令官が、事に臨んで往々常識を欠き、又た平素所謂軍隊の生産的利用若くは経済的利用といふ如き方面に関して、余りに無頓着の致す所たらずんば有らず」と、災害出動制度の問題点を指摘した上で、最後は各方面に反省を促している。

すでに隅田川の堤防では工兵隊による復旧作業も進んでいたが、『読売新聞』の社説は軍隊側の消極的な姿勢を批判しつつ、本来の災害対処機関である地方官庁や警察にも軍隊の出動を求めていた。この時点で出兵請求権があるのは府知事なので、「警視庁の要求」とするのは誤りである。しかし、社説の内容から地方官が軍隊の出動に消極的な様子も窺える。また、軍隊の指揮官は常識に欠けるとするが、大阪大火のように、軍隊側は地方官側の権限を尊重したため、独断による出動を躊躇していた。一三日の状況について「水害救援詳報」は次のように述べている。

午前九時谷村〔定規／衛戍総督部副官――引用者注〕少佐ヲ東京府庁ニ差遣シ兵力ヲ要スルコトナキヤ否ヤ且ツ何時ニテモ請求ニ応シテ軍隊ヲ出動セシムルコトヲ通告セシメタルニ目下綾瀬及森ヶ崎附近ニ堤防決壊シアルヲ以テ工兵隊ニ依頼セント欲スルモ之レニ要スル材料其ノ他ニ付キ只今吏員ヲシテ視察セシメアルニ依リ其ノ報告ヲ得テ直ニ協議スル筈ナリト此件ノ外出兵要求ノ模様ナシ

この後も東京府からの具体的な要請はなかった。一方、隅田川の堤防工事は兵員の交代を重ねながら着々と進行、総督部は予備兵力を堤防周辺に待機させ、綾瀬方面で何かあった場合は即応できる態勢を整えた。その上で、総督部は「浸水地区一般ニ小舟缺乏セル為飲料水及糧食ノ配与及人民救護ノ為府市当局ニ於テ之ヲ要求スレハ直ニ鉄舟及輜重車輌ヲ派遣シ之ヲ幇助スルコト及尚其ノ他ノ業務ニ於テ兵力ヲ要スルコトアラハ之亦直ニ応スル」と東京府や東京市に伝えた。そして午後八時前になってようやく東京市長から鉄舟及び輜重車両の派遣要請があった。

以上のように、出兵に至る経緯を追っていくと、軍隊、地方官ともに相手の出方がわからないまま、決断を躊躇していた様子がわかる。衛戍総督は独断で部隊を出動させることもできたが、地方官の立場を尊重したため、部隊を待機させたまま要請を待った。一方、意思疎通の手段である電話網が生きていたので、出兵要請を行うのは容易だったが、地方官側はそれを行わなかった。工兵隊の出動は前例があったものの、おそらく堤防工事以外の業務は判断できなかったのだろう。こうした動きは、軍隊出動の遅れに繋がり、新聞各紙の批判を招くことになった。例えば、翌一四日の『都新聞』は、「吾輩は工兵隊が総監や知事の要求に応じて出動せるを謝するも、縦令請求なくとも成べく多くの兵を出して防水に努力せしめん事を望む」と、軍隊側に臨機応変な対応を求めている(10)。

### (2) 救護活動及び治安維持活動の展開

出兵要請の受領から約三〇分後の八月一三日午後八時三〇分、東京衛戍総督部参謀の長坂研介は、近衛師団及び第一師団の参謀を招集し、鉄舟派遣による救助活動について詳細な打ち合わせを行った。また、衛戍総督川村景明は午後一〇時三〇分に隷下の部隊に対して次のような命令を発している。

一、水難救援隊トシテ両師団ヨリ各鉄舟二十五及給水運搬ニ要スル輜重車輌ヲ出シ且ツ所要ノ人員ヲ附スヘシ
二、救援隊ハ午前六時三十分ヨリ同七時ノ間ニ上野停車場ニ至リ長坂参謀ノ区署ヲ受ケシムヘシ
三、救援隊ハ主トシテ給水並ニ避難民ノ救助ニ任シ兼テ糧食運搬ニ従事セシムヘシ
四、救援隊ノ給養ハ近衛歩兵第二聯隊ヨリ受ケシムヘシ但シ馬糧ハ各隊携行ノコト

これらの命令から被災者の救助や救援物資の供給が主な活動目的だったことがわかる。さらに総督部は鉄道院と交渉して赤羽―上野間の臨時列車の運行を調整したほか、東京府の吏員を招いて翌一四日早朝までに下谷・浅草・本所・深川の四つの警察署と、その付近に給水用のバケツ等を用意するよう求めた。また、各区役所と警察署には、救援隊の隊長と業務内容について協議することを依頼している。

明けて一四日になると、軍隊の出動を求める在京新聞の主張は強まり、『東京毎日新聞』は「此際に於て要する所は、独り防水の急たるのみならず、現に濁水中に在りて飢餓に泣き、覆没に傷心しつゝある幾万の良民を救護すべく、吏員、警察官、人民に協力するに在り。水兵可なり、歩兵可なり、輜重兵可なり、其他体力強健なる者、皆可ならざるなし」と工兵以外の兵科にも労働力としての役割を求めている(11)。その上で、「謂う勿れ、軍隊の務は戦時に在り、防水の如きは其関する所にあらず」という反論を想定した上で、「戦時良民の後援は如何に軍隊に必要なりしか、兵士と良民とを分つは平時の事なり、一旦緩急あるに当りては、挙国は一致せざるべからず。戦時人民は戦闘を以て軍隊の事として之を閑却せずして、力の及ぶ限り彼等を後援したり。今や人民は強猛なる敵と奮闘しつゝあり、軍人は之を見て同情に価せずと為す乎。若し同情に価すとせば、之に施すの術なしとする乎。何ぞ然らん、唯警官、吏員、良民に協力せよ、然らば人民は軍人が戦時の後援を感謝せん。而して此の如き場合に如何に行動すべきかは軍人最も能く知る、即断即実行、則ち是れなり」と活動する理由を国民との関係に求め、早急な対応を促している。この時点で既存のシステムは限界を迎えていた。そうした状況に対し、軍隊は本格的に救護活動を展開し始める。

一四日早朝、上野駅に集結した近衛師団と第一師団の救援隊は、総督部の指示に基づき、前者は隅田川右岸西部の下谷区と同左岸北部の本所区を、後者は隅田川右岸東部の浅草区と同左岸南部の深川区をそれぞれ担当することになった。その後、各救援隊の隊長は、区長及び警察署長と救助活動に関する打ち合わせを行うため、午前八時から九時の間に上野駅を出発していった。だが、現地に到着してみると、出動の連絡は入っていなかったようで、混乱を招いた。「水害救援詳報」は「十三日ノ夜府庁ノ吏員ヲ招致シ給水ニ要スル器具ノ蒐集及区長署長ニ対シ救援隊長ト業務実施上ノ打合ヲ為スヘキ旨ノ伝達取計方ハ一般ニ徹底シアラサル如ク給水器具ハ一区ハ僅ニ数個ノ樽ヲ集メアルモ他ノ三区ハ全ク蒐集シアラス又隊長区役所警察署ニ至ルモ更ニ要領ヲ得ス其ノ甚キモノニアリテハ軍隊ノ救済ヲ厭フカ如ク見受ケラルルモノアリシト聞ク」と、軍隊と地方官・警察側との連携不足を記している。

しかしながら、救援隊はそうした状況に屈せず、偵察要員を派遣して状況の把握に努めた上で、具体的な救助方針を決定、それを区役所や警察に丁寧に説明していった。また、総督部も東京府庁に人員を派遣して関係者と交渉を重ねた結果、ようやく午後になって区役所・警察との間の意思疎通が可能となり、救援隊は円滑に活動を行えるようになった。その後、各救援隊は鉄舟や輜重車両を駆使して飲料水の供給や取り残された被災者の救助に尽力する。

ここまでは主に工兵隊や輜重兵隊が活動の中心だったが、兵員不足を感じた総督部は、近衛師団及び第一師団から各担当地域に歩兵大隊本部及び歩兵一個中隊を派遣する。そして各大隊長を現地指揮官に指定し、日に三度の報告を義務づけた。総督部への報告方法は、一四日までは電話連絡が中心だったが、その利用を減少させるため、一五日以降は書面による報告に変更させた。こうした現地指揮官からの報告は総督部に集められ、軍隊の活動情報は下谷・浅草・本所・深川の方面ごとに「水害救援詳報」に記録されていく。

救援隊の活動は次第に幅を広げ始め、被災者に対して食糧や毛布の供給を行うようになる。また、警察と協力して野次馬の整理にあたったほか、治安維持活動も展開する。一五日午後九時三〇分、総督部は「水害地区盗難多キニ付各救援隊長ハ頻々巡察斥候ヲ派遣シ之カ予防ニ勉ムヘシ」と、救援隊に対して治安維持活動も命じた。災害発生時は被災地の混乱に乗じて犯罪が増加する傾向にあり、軍隊は自らの姿を示すことでその防止にあたった。軍隊は救護活動で手薄になった警察の機能を補ったのである。各救援隊は定期的に巡察を派遣して陸上の警戒にあたっただけでなく、水上にも船を派遣して犯罪防止に努めたほか、不穏な情報が入った場合は、適宜兵力を派遣して警戒にあたるなど、救護の側面だけでなく、治安維持の側面でも力を発揮した。

このように軍隊の活動が軌道に乗ってくると、救援要請を躊躇していた地方官側の姿勢は一転し、積極的に軍隊の活用を図るようになる。八月一六日午後一時頃、東京府知事阿部浩は、「管内洪水罹災民中現ニ疾病ニ罹リツツアル者不少ニ付夫々吏員ヲ派シ救護ニ努メシメ又日本赤十字社東京支部ニ於テモ医員看護婦ヲ派シ救護シツツアルモ尚貴総督部ニ於テ衛生隊ヲ派シ救護相成候様致度」と、総督部に対して救療活動の要請を行う。これを受けた総督部は、陸軍省医務局衛生課長の大西亀次郎一等軍医正と対応を協議、近衛師団及び第一師団からも軍医を招いて具体的な対応を練った。その結果、軍医四人以下看護卒等四〇人から構成される陸軍患者救護隊を両師団ごとに二個ずつ編成し、次に掲げる八つの方針のもと、各区で活動を展開することになった。

一、救護隊ハ患者ノ捜索収容救護ノ為有ユル手段ヲ施シ其ノ目的ヲ達スルヲ要ス

二、患者収療ノ方法ハ概ネ衛生隊ニ準ス

三、患者救護隊ハ総テ派遣大隊長ノ指示ヲ受クルモノトス

四、救護所ハ派遣大隊長ノ指示ヲ受クルモノトス

五、薬品繃帯材料ハ東京第一衛戍病院ニ請求スヘシ

六、患者食器具等ハ府当局者ニ於テ準備スルコト但シ炊具ハ陸軍ニ於テ準備ス

七、寝具類ハ若干陸軍ニ於テ準備スルモ府当局者ニ於テモ準備セシムルヲ要ス

八、救護隊ノ業務報告ハ毎日大隊長ヲ経テ東京衛戍総督部ニ報告スルコト

患者救護隊の派遣によってそれまで救療の手が届かなかった地域をカバーすることができた。「水難救援詳報」は浅草方面の状況について、「一般ノ衛生状態頗ル佳良ナルモ舟ヲ棹シテ被害地ニ往診シ投薬スルコトハ地方人士ノ未タ為サザルトコロニシテ被害民モ亦大ニ感謝ノ意ヲ表シ居レリ」と患者救護隊の活動を記している。ただし、南千住

役場が患者救護隊の活動を謝絶するなど、ここでも現場レベルの連携不足が浮き彫りになっている。

各隊長たちは刻々と変化する状況に対応しながら活動を展開、区役所や警察と調整を図りつつ、被災者の救助に全力を尽くした。その結果、八月一八日頃には、各区ともに救護の体制が確立したが、東京市と隣接する南足立郡や南葛飾郡には手が及ばず、救援隊は逐次行動の範囲を郡部に拡大させていった。以後、浸水地域の減少とともに、被災地は平静を取り戻すようになり、二〇日午後〇時三〇分には、東京府知事から下谷・浅草方面の撤収要請があった。それを受けた総督部は電話を用いて撤収命令を救援隊に伝える。また、残る本所・深川方面も救護活動の必要性が低下している点を総督部に報告した。その後、再び軍隊と地方官の間で撤収をめぐる判断に齟齬が生じたものの、救援隊は活動を縮小、業務を区役所や警察、憲兵等に引き継ぎつつ、順次撤収していった。

以上のように、それまで堤防工事が中心だった軍隊の活動は、八月一四日以降、直接被災者を救助するものへと変化し、区役所や警察の機能を補完しながら業務の幅を拡大、東京府の要請を受けた後、順次撤収していった。この一連の過程で浮き彫りとなったのは、軍隊と区役所及び警察側との連携不足である。おそらく、東京における大規模な災害出動は初めてだったので、状況がわからない現場は混乱をしたのだろう。ただし、救護活動や治安維持活動が軌道に乗ったのは、前章で触れた大阪大火のように、軍隊側が地方官側の権限を尊重した結果で、以後、自制的な軍隊側の姿勢は災害出動時の基本方針となっていく。

### (3) 災害出動をめぐって

在京部隊の活動が本格化した八月一四日以降、軍隊に出動を促してきた新聞各紙は、東京衛戍総督部の対応を積極的に支持するようになる(12)。例えば、一五日の『東京毎日新聞』は社説「被害地の救卹」において、「東京衛戍総督も亦た府市当該官庁に通告して、出兵の準備成れるを報ぜり。各地方も勿論同様なるべしと雖も、東京市民は日比谷の焼打事件以来、軍隊に信頼すること甚だ厚く、警察官の命に従はざる徒と雖も、軍隊の命ずる所には唯々として黙従するの観あり。今回の総督の通告にして一二日前に出でたらんには、被害民を救助する上に於て、非常の利便を感ずると同時に、市民の軍隊に信頼する念を一層厚からしむるものありしなむ」と、判断の遅れを批判しつつも、「今後軍隊にして出動せば、堤防工事等の上に多大の便宜を得べく、警察官等の模倣し得べからざる方面に於て、特殊の技両を発揮し得べし」と期待を寄せている(13)。一方、同社説は奔走する警察官や区吏員に感謝の意を示しつつ、疲労による限界を指摘した。この点から明らかなように、軍隊は区役所や警察の機能を代替する存在として浮上した。

ただし、そうした見方を区役所や警察の職員たちは不愉快に感じただろう。おそらく連携不足の背景にも、各機関の感情的な対立があったと考えられる。「水害救援詳報」に依れば、第一師団参謀の小泉六一少佐は、一五日午前一一時段階の状況について、「浅草深川ノ区長ハ好意ヲ以テ迎ヘ協力事ニ従フモ警察ハ甚タ冷淡ニシテ今尚特別ニ軍隊ノ援助ヲ要セサル如キ態度ヲ認ム」と、警察側の姿勢を総督部に伝えている。その上で、「故ニ爾後ハ警察ヲ除外スルニアラサルモ成ルヘク区ト交渉シテ動作セシムル筈ナリ」と、警察との交渉を避けていく。また、一八日午後五時二〇分の浅草方面救援隊の報告には、「一般ニ地方吏員ハ内心軍隊ノ救援ヲ希望シツツアルコトハ歴然タルモ一般人民ニ対スル信用上一度軍隊其ノ地ニ到レハ之ガ援助ヲ受クルノ要ナキカ如キ有様ヲナシアリテ軍隊ノ行動頗ル不便ヲ感スルコト少カラス」と、体面を保とうとする様子も窺える。だが、救援隊はそうした状況に屈せず、「然レトモ軍隊ノ水難救援事務ハ原来実際餓渇ニ苦ミ疾病ニ斃レントスル窮民ヲ救フニアルヲ以テ地方吏員ノ動作如何ニ関セス唯精励以テ昼夜止マサルヲ期ス」と、軍隊側の姿勢を説いた。組織間の対立は円滑な救護活動を妨げていった。

他方、一六日の『都新聞』は社説「陸海軍の出動」を掲載、「陸海軍出動して罹災民救護に従事す、今二日間も早かりせばとの感なきにあらざるも、罹災民が如何に歓喜せるかは出動せる将校兵士自ら目撃せる如くにて、働き甲斐のあるべき事なり」と、ここでも対応の遅れを批判しつつ、救護活動に対する人々の反応を指摘する。その上で、「兵士の働きに依りて多くの難が救はるゝ直接の効果は言はずもあれ、市民の感謝は陸海軍と人民との親和の媒介となるべきものにして、陸海軍自身にも大なる利益あるべきを疑はず、実にや情は人の為ならず、善因は善果を産み来るべき也」と、災害出動の社会的な効果を高く評価した。(14) こうした社説から窺えるように、軍隊の災害対応が社会との接近を図る上で大きな意味を持ったのは間違いない。

しかし、新聞報道とは裏腹に、人々は一時的に軍隊への感謝の念を示したものの、状況が落ち着いてくると、軍隊に対する態度を変えていった。現場で活動する将兵たちはそうした変化を敏感に感じ取っている。被災地の状況が好転し始めた一八日、下谷方面の救援隊長は衛戍総督に対し、「初メ救援隊到着ノ当時ハ水深ク人心兢々トシテ自己ノ生命財産ノ安保シ難キモノアリシヲ以テ軍隊ニ信頼スルノ念頗ル高ク其ノ行動ニ際シテハ真ニ感謝ノ意ヲ表シツツアリシ」と、初期の反応を踏まえつつ、「今ヤ日々水量ハ減少シ自己ノ安全亦顧慮ヲ要スルノ度少クナルニ至リ且ツ恩恵ニ慣ルルノ結果罹災民一般頗ル狡猾ニ傾キ時ニ軍隊ニ対シテ罵言ヲ吐キ或ハ欺イテ二食分ノ給与ヲ貪ラントシ糧食ハ不用ナリ菓子ノ給与ヲ受ケント公言スルモノアルニ至リ」と、増長していく被災者の姿を報告している。現場で活動する将兵にとって、こうした被災者の態度は心外だっただろう。総論として軍隊の災害出動は歓迎されるべきものだったが、現場レベルの視点では、様々な問題を抱えていたのである。

先に述べた通り、八月二〇日以降、各救援隊は順次撤収していく。その過程で二一日午前九時一〇分に撤収命令を受けた深川方面救援隊は、「将来ニ対スル意見」として以下の八項目を掲げている。

一、将来再ヒ如此軍隊派遣ヲ要スルニ当リテハ事情之ヲ詳ス限リ可成速ニ予メ斥候等ヲ以テ概要状態ヲ知ラシムルヲ肝要ナリトス、而シテ此将校斥候ハ一面ニハ現状ヲ偵察シ一面ニハ地方吏、警察官ト意見ヲ交換スルヲ至要ナリトス（軍隊到着前）

二、軍隊ノ交代ニハ二昼夜毎ニ為スヲ適当ト認ム但シ出来得レハ半数宛之ヲ行ヒ以テ絶ヘス一半ハ従来ノ事情ヲ

知悉スルモノナル如クナスヲ便トス

三、服装ハ軽装ニシテ船ノ事ニ任スル者ハ足袋ヲ穿タラシムヲ必要トス駄載器具ノ携帯ヲ忘ルヘカラス

四、地方人民ヨリ借用セシ材料ハ絶ヘス混雑裡ニ行動スルカ故ニ紛失盗難等常ニ注意シアルヲ要ス

五、鉄舟ノ操作ハ舟全形一ニ工兵二、歩兵二ヲ以テスルヲ適当トス

六、鉄舟ハ裏通等通船困難ナカル故ニ小木舟止ムヲ得スンハ小筏ヲ併セ用ユルコト肝要ナリ是等ノ舟ニハ白旗等見易キ標示ヲ植クルヲ便トス、而シテ之ニ舟ノ番号ヲ附記スルコト妙ナリトス

七、衛生救護隊ノ必要ハ通切《ママ》ニ感セリ、其ノ行動方法ハ現行ノ如ク野戦衛生業務ニ準シテ可ナリ

八、救援、救護共ニ開始、終局ノ時期ノ選択ハ最モ敏捷ナルヲ至急ナリトス、然ラスンハ軍隊厚意ノ徹底不十分ニシテ従テ行動ニ便ナラサルコトナキヲ保セス

二〜七は具体的な救護活動に関するものだが、一は地方官や警察官との関係を、八は民衆との関係をそれぞれ考慮したもので、災害対応の失敗を教訓としている。この意見が陸軍内部でどこまで反映されたかは定かではないが、少なくとも、関東大水害の教訓は次の在京部隊の災害出動に活かされたと考えられる。

このように関東大水害時の活動を概観すると、いくつかの特徴が浮かび上がってくる。最も大きいのは、軍隊側が地方官庁や警察との関係に苦慮していた点である。基本的に軍隊は、本来の災害対処機関の権限を尊重したため、自らが積極的に前に出ることはなく、地方官側の意向を受けて動いていた。また、①上下間の意思疎通や部隊の移動に都市の社会基盤が使用された点や、②救護活動だけでなく治安維持活動を同時に行った点なども確認できる。さらに歩兵連隊だけでも六個（一個連隊＝三個大隊／一個大隊＝四個中隊）ある在京部隊の規模を考えれば、救護活動を展開したのはごく一部で、被害を受けていない山手方面には、まだ十分な兵力が残っていた。被災地が重なる点を含め、関東大水害の災害対応を押えることで、関東大震災の相対的な評価も可能となる。ちなみに、水害終息後の八月二九

日、日本は大韓帝国を併合し、東京でもそれを祝う提灯行列が催された。その後、朝鮮半島の植民地化によって人々の移動は活発となり、被災地となった地域には、多くの朝鮮人が暮らすようになった。

## 第2節　災害対応と軍隊の論理

災害出動の制度化以前も、各衛戍地では部隊指揮官の判断で災害への対応が行われていた。第2章で述べたように、東京衛戍地においても兵営近傍で発生した一八九四（明治二七）年四月の赤坂大火や、一九〇三年六月の赤羽大火に軍隊の出動が確認できる。しかし、兵営が集中する山手方面と違い、下町方面への出動は稀で、軍隊の存在は薄かった。だが、関東大水害を契機に人々の見方は変わり、軍隊を災害対処機関の一つとして認識するようになる。さらに一九一一年四月の吉原大火はその方向性を決定付けることになった。

### (1)　一九一一年吉原大火

四月九日午前一〇時三〇分頃、新吉原江戸町二丁目の貸座敷美華登楼から出火した火災は、強い南風に煽られて四方に拡大、名所として知られた角海老楼の時計台に燃え移るなど、遊廓街を焼き払っていった(15)。それに対して同地域を管轄する第五消防署（下谷区北稲荷町）を先頭に、市内の六つの消防署から常備消防隊が出動、また、地元の消防組も加わって消火活動にあった。しかし、火の勢いに押されて消火活動は難航、消防自体も最終的に蒸気ポンプ一台、腕用ポンプ四台、馬二頭を失う。消火活動を指揮した警視庁消防本部長の室田景辰警視は、後に火災の拡大した原因を①強風と「大廈高楼」のため火災の発見が遅れた点、②水道消火栓の機能不全や水利に欠けた点、③蒸気ポンプの不足等に求めている。いくつかの要因が重なった結果、被害は拡大していった。

他方、警視庁の要請を受けた神奈川県警察部は、保安課長の率いる消防夫一〇〇人と蒸気ポンプ一台、腕用ポンプ五台を派遣、また、東京衛戍総督部も隷下の部隊に出動を命じて各種活動を展開した(16)。軍隊側の史料が乏しいため、詳細は判然としないが、新聞報道に依れば、総督部は浅草区橋場の小松宮邸を守るため、近衛歩兵第二連隊から八〇人を派遣、さらに近衛歩兵第一、第二連隊から歩兵二個大隊を出動させ、救護活動や治安維持活動にあたらせた。一方、第一師団も歩兵第三連隊を中心に歩兵八個中隊を展開させ、一部を千住製絨所の警備にまわしている。こうした点から出動の根底には、重要施設を保護する意図があったと考えられるが、軍隊は災害の鎮圧に大きな力を発揮した。さらに工兵隊も来援し、消火活動に従事したほか、各兵営では追加派遣に備えて応援要員も待機させた。しかし、警察や消防、軍隊が協力した結果、火災は午後八時四〇分頃に鎮火、追加派遣は行われなかった。この火災の最終的な被害は、焼失戸数六五五五戸、死者一〇人で、消防夫を含め、多くの負傷者を出すことになった。

さて、軍隊の活動に目をむけると、警察の要請を受けて破壊活動を実施、消火活動はもちろん、被災者の避難も支援した。また、警察や憲兵と協力して雑踏警備を行っている。火災当日は日曜日の上、花見客などで浅草方面は混雑していた。軍隊は消火活動や避難活動の妨げとなる野次馬を整理しただけでなく、その存在を示すことで、火事場泥棒の防止にも努めた。さらに各隊は在営の軍医及び看護卒から救護班を編成し、負傷者の救療にあてたほか、吉原周辺に繰り出していた休暇中の兵士たちも救護活動に加わった。

そうした軍隊の活動は前年の水害と同様に人々の支持を集めた。例えば、一一日の『東京朝日新聞』は社説「市内外の大火」において、「吾人が満足したる所を挙ぐれば、先第一に軍隊の働きを数へざるを得ず。大阪大火の節は軍隊と市当局との間に多少の行違ひありたるが如く、人をして猶未が満足を称せしむるに至らざりしが、今度は然らず。繰出したる兵数の多からざりし割合に、其功績の大なるもの有りしを認む。吾人は感謝せざらんと欲するも得ず」と称賛しつつ、「昨年洪水の時といひ、急遽の禍災に当りて、臨機応変の働きの大なるを得るは、軍隊に限るとも謂ふを得可し。之を例として、吾人は今後に於ける軍隊の機を逸せざる出動を希ひ置く」と、軍隊に期待を寄せている。[17]

また、同日付の『東京毎日新聞』も社説「災害中の美挙」で、「此一大惨害の間にありて、喜ぶべき世の進歩の痕として「軍隊が突差の間に出動して大活躍の舞台に入たる事」を強調する。[18] その理由として、「自然の猛威が其横暴を極るに当りては、組織ある人力の大集団にあらざれば到底之に応じ難く、消防隊、警察力のみを以てしては、到底此大変に当るべくもあらざるは勿論なり」と消防や警察の限界を指摘した上で、「国民の最も剛壮なる一団を統率するに規律と命令とを以てす、之れによりて救はるゝの禍難は其範囲極めて広大ならざるべからず」と、軍隊の組織力を挙げた。さらに「軍隊の本能は元より戦争行為をなすにありと雖ども、其有する特能を平時に利用するは又時宜を得たるものにして、斯の如くにして、軍隊と国民との親密は益其度を加へ、国民皆兵主義の主義精神は国民の頭脳に深き印象を与ふべきなり」と、軍隊と国民との接近だけでなく、徴兵制への効果も指摘した。これは以前から唱えられてきたことだが、『東京毎日新聞』は改めてそれを主張している。その上で、「強き者の生命は義に勇むに於て、人生最高の壮美を発揮す。吾人は敵を征服して屍山血流を作るの動作よりも、同胞の災厄を救ふが為めに、猛火と争ふ将卒の奮闘を見るに於て更に快感を増すを禁じ得ざるなり」と、災害出動を評価する。軍事組織の本来の機能は別として、戦争よりも人命救助という『東京毎日新聞』の主張は重要である。

これらの社説から明らかなように、関東大水害と吉原大火は東京に暮らす人々に、軍隊が災害に対処する存在であることを印象づけた。管見の限り、吉原大火以降、軍隊に災害時の対応を求める社説は見られなくなるので、災害出動は軍隊の社会的機能の一つとして定着していったのだろう。また、前年の関東大水害に学んだのか、軍隊に対する地方官側の姿勢も変化している。手続きの詳細はわからないが、『東京朝日新聞』は「軍隊の働き振りは実に美事なもので南に延焼するを防いだのは全く軍隊の力である、最初小松宮邸の御安否に就き衛戍総督府に問合せると軍隊で守つて居るから大丈夫との事、尚此上手は要らぬかといふので、さらばと軍隊の出動を求めた、併し軍隊出動となれば自分も安閑として居られぬから軍隊と共に現場に赴いたのである」と、東京府知事阿部浩のコメントを掲載した[19]。ここから府知事の要請に基づき軍隊が出動したことがわかる。

一方、『東京毎日新聞』は「火勢斯の如く拡大されては今は警官消防夫の力にては到底猛火の威力に敵抗する事不可能と看取たる警視庁にては遂に軍隊の出動を乞ふに至り」と、警視庁の判断と報じる。一九一四（大正三）年一一月の警視庁官制及び地方官官制の改正によって、東京における軍隊の出兵請求権は東京府知事から警視総監に移るものの、この時点では警視総監に出兵請求権はなかった。『東京毎日新聞』の報道の真偽はともかく、警察も軍隊を積極的に活用する方向に転じていった。

以上のように、関東大水害の状況を踏まえて、吉原大火を検討すると、災害出動に対する人々の意識や、地方官側の姿勢の変化が窺える。また、総督部の反応や休暇中の兵士の行動からも軍隊側の積極的な姿勢が確認できる。

### (2)　軍隊の災害対応能力

災害出動の背景には、世論や法的根拠だけでなく、戦場における自己完結機能など軍隊の性格を規定する様々な能力があった。前章で触れた『東京朝日新聞』の社説「軍隊の応急救護力」は、疲弊した吏員や警察官に代わり、多くの人員と技術を有する軍隊が救護活動に従事するよう求めている[20]。軍隊は工兵以外の兵員も緊急時の労働力として活用できたほか、救援物資として転用可能な糧秣や衛生材料、軍馬や鉄舟等の輸送手段、土木技術や衛生技術を有しており、それらを救護活動に投入することができた。加えて、軍隊には、軍事活動の基盤となる施設や装備を火災の脅威から守る義務があり、現場の部隊は消防ポンプや破壊器具を装備していた[21]。

国有財産を焼き払う火災は、軍隊にとっても解決すべき課題で、兵営で日常生活を過ごす将兵の意識が問題となっていた[22]。陸軍省は大臣の訓示や軍隊内務書を通じて対策の強化を図るとともに、将校を主な読者層とする『偕行社記事』も関連する論稿を掲載して内部の防災意識の向上に努めた。その代表が万木才吉三等主計正による「火災」（『偕行社記事』四八五号―四八六号、一九一四年一二月―一九一五年一月）である[23]。同論稿は朝鮮京城衛戍研究会における万木の講演をまとめたもので、いくつかの衛戍地を事例に、火災の被害や出火要因、予防対策や対処方法等を論じている。ここから災害出動に対する軍隊側の論理を読み取ることができる。

万木は緒言において、「市町村ニハ夫々消防ノ設備ハアレトモ其程度多クハ幼稚ナリ。故ニ軍隊ノ消防隊ハ民家ノ火災ニ際シテ往々消防ノ応援ヲ為スコトアリ。之等ハ軍隊本来ノ目的ニハアラサレトモ水ニ溺レタリ火ニ焼カルルヲ見レハ仇敵ニテモ走テ助クル如ク国民ノ災禍ヲ救ヒ国富ノ減少ヲ防ク為ニ臨機ノ処置トシテ採ル可キ至当ノコトト信ス。而シテ地方ノ消防組ハ兎角規律ノ乱ルルニ反シ軍隊ノ消防隊ハ秩序整然、行動敏捷ナルヲ以テ其ノ効果モ亦多シ」と、一般社会の消防組と軍隊の消防隊を比較しつつ、兵営外の消火活動について解説している。出動理由の第一には消防技術の差があった。さらに本論では、消防隊の運用研究の必要性を説き、その模範として警視庁の常備消防隊を挙げる。反対に消防組に対しては、在郷軍人が入営中に習得した消防技術を活用し、「義勇消防隊ノ中堅」を担うよう期待しつつ、壮丁の受け皿となる軍隊に対しても「技術ノ熟達体力ノ鍛錬ニ於テモ寧ロ地方消防ノ模範タルノ覚悟ヲ必要トセン」と求めている。こうした万木の主張を整理すると、常に消防技術の鍛錬に励む常備組織には及ばないものの、消防組と比べて軍隊の消防は優秀であり、積極的にその模範になるべきと主張している。

他方、軍隊の災害対応については、地方官や警察、消防との関係が問題となっていた。既述のように、大阪大火では、軍隊側が爆薬を用いた大規模な破壊消防を提言したものの、市長が反対したために実現しなかった。災害出動に対する軍隊の姿勢は、地方官や警察、消防に対する「応援」にあり、基本的に各機関の役割を尊重していた。この背景には、権限の問題があった。治安維持を担う警察には、緊急時の財産破壊や私有地への侵入が認められている。その根拠は一九〇〇年六月一日制定の行政執行法（法律第八四号）第四条及び同施行令（勅令第二五三号）第二条にあり、前者には「当該行政官庁ハ天災、事故ニ際シ又ハ勅令ノ規定アル場合ニ於テ危害予防若ハ衛生ノ為必要ト認ムルトキハ土地、物件ヲ使用、処分シ又ハ其使用ヲ制限スルコトヲ得」と行政上の強制執行権が、後者には「生命、身体若クハ財産ニ対シ危害切迫セリト認メ又ハ水陸ノ交通ニ危害ヲ及ホスノ虞アリト認メタルトキハ当該行政官庁ハ行政執行法第四条ニ依リ必要ナル措置ヲ為スコトヲ得」と具体的な執行条件が規定されている。それらに基づき警察は消防組に破壊活動を指示したが、軍隊にそうした権限はなく、破壊活動や私有地への侵入は不可能だった。

万木も出動時の注意として、「軍隊ニテ地方ノ火災ニ際シ応援ノ為ニ出動セシトキニ軍隊ノ消防司令ハ夫ノ地方ノ消防司令ノ如ク自ラ判断シテ勝手ニ家屋破壊、庭園侵入等ノコトヲ命スル権限ナキコト是レナリ。蓋シ軍隊ノ諸機関ハ行政官ニアラサルヲ以テ法律ハ之ヲ軍隊ニ許ササルニ依ルモノトス」と、軍隊側の権限について説いている(24)。また、権限を越えた活動が軍隊批判を招くことを恐れており、「若シ善意ニテ破壊セシ家屋ニテモ俄ニ風向キ変リテ火ヲ家屋ヨリ数戸手前ニ於テ消シ止メシカ如キ場合ニハ破壊家屋ニ就テ不慮ノ難問題ヲ惹キ起ス虞ナキヲ保テス」と、現場の指揮官に自制を求めている。ただし、実際の災害現場では、軍隊による破壊消防が行われていた。それについて万木は、「勿論権限アル警察官ノ依頼ヲ受ケ警察ノ一機関トシテ軍隊ニテ行ヒシトキハ差支ナカル可キ」と説き、軍隊の破壊活動を警察の権限に位置付けている。この点からも明らかなように、災害時に軍隊が活動するには、警察の存在を介在する必要があった。災害現場の主導権は権限の問題から常に警察側にあったと考えられる。

平時における軍隊の本務は国家の有事に備え、兵士個人や部隊単位の技能を向上させることにある。軍隊の有する消防能力はその機能を維持するために存在したが、国民の生命や財産を火災の脅威から守ることにも使用された。ただし、権限の問題を考えても、一般の災害対処は地方官や警察の役割で、軍隊の本務ではなかった。

# 第3節　吉原大火以降の災害対応

軍隊は消防機関の未発達な地方都市において有力な災害対処機関の一つとして機能していた[25]。これは消防機関が最も発達した東京でも同様で、東京には警視庁の六つの消防署のもと、蒸気ポンプを中心とする常設の消防隊が整備されていたが、吉原大火のように、軍隊は災害の鎮圧に大きな力を発揮した。消火技術の面では専門化した警視庁消防隊に及ばないまでも、軍隊の抱える兵員は労働力として様々な事業に応用することができた。

そうした点を活かしつつ、在京部隊は兵営を中心に近傍で発生する火災に対処したほか、東京衛戍服務規則に規定された重要物件の保護にあたった[26]。また、大規模災害が発生した場合は、現場に兵員を派遣し、救護活動や治安維持活動を展開している。軍隊側の史料が乏しいため、判然としない部分も多いが、本節では、新聞報道を中心に、関東大震災以前の大規模災害への対応を整理する。最初に一九一三（大正二）年の神田大火を検討してみよう。

## (1)　一九一三年神田大火

二月一〇日、第三次桂太郎内閣の倒閣をめざす憲政擁護運動は一部が暴徒化し、一九〇五（明治三七）年九月の日比谷焼打ち事件と同様に、警察署や交番、新聞社などを襲撃したほか、国会議事堂にも押し掛けた。それに対し、警察力だけで対応できないと判断した警視総監と東京府知事は、東京衛戍総督に出兵を要請、総督部は隷下の部隊に出動を命じ、約四〇〇人の兵士を新聞社や警察署、総理大臣官邸等の警備にあてた[27]。その後、暴動は収まったものの、結局、桂内閣は翌日に総辞職、約一二年間続いた桂園時代に終止符を打った。この大正政変から僅か一〇日後の二月二〇日、神田で大規模な火災が発生し、再び在京部隊が市内に展開することになる。

深夜午前一時四〇分、神田三崎町三丁目の救世軍大学殖民館付近より出火、火は強風に煽られて燃え広がり、神保町の書店街などを焼き払っていった(28)。これに対し、所轄の第四消防署（本郷区本富士町）はじめ各消防署・分遣所の消防隊が出動したほか、竹橋の近衛歩兵営からも近衛歩兵第一、第二連隊が応援に駆け付け、消防や警察とともに消火活動に尽力した。また、老人や子ども、女性を救出、さらに荷物の搬出等、被災者の避難行動を支援する。一方、第一師団は巡邏隊一〇組（一組＝一〇人編成）を現場に派遣、憲兵隊も警察と共同で非常線を構築して警戒にあたった。こうした各機関の活動によって火災は午前七時四〇分頃に鎮火、焼失戸数は二〇〇〇戸以上に上った。

この神田大火で重要なのは、皇居への延焼の可能性があった点である。高く燃え上がった炎は平河御門内の主馬寮及び本丸の一部に火の粉を降らせた。それに対して皇宮警察署は非番警手を招集して警戒にあたったほか、皇宮消防夫は各消火栓を開くとともに、蒸気ポンプや腕用ポンプを展開させた。さらに近衛歩兵第二連隊は約四五〇人の兵士を派遣して各施設の警戒を強化、大山街道沿いに位置する近衛歩兵第三連隊や近衛歩兵第四連隊からも応援を派遣して不測の事態に備えた。幸い火災が鎮火したことで警戒態勢は午前一〇時に解かれたが、近衛師団は皇居防衛のため、歩兵部隊を動員していった。第2章で皇居の防衛体制について整理したように、近衛師団は禁闕守衛に関する諸規則に基づき、非常事態に対処している。

在京部隊は市街地において救護活動や治安維持活動を展開する一方、国家の最重要施設である皇居の防衛にも力を注いだ。その点を考えると、軍隊出動の背景には、被災者の救助だけでなく、皇居を脅かす根源を除去する意図もあったと考えられる。第2章で述べたように、軍隊は国家運営に関わる重要施設の保護も忘れていなかった。

他方、大正政変、続くシーメンス事件に伴う一九一四年二月の都市騒擾を受け、東京における出兵請求権者は東京府知事から警視総監に変更になる。一九一四年一〇月九日、内務省は「東京府下ニ於ケル公安維持ノ為兵力ノ請求ヲナスハ従来東京府知事ノ職権ニ属セシメ居候処右ハ警視総監ノ職権ニ移スヲ適当ト認ム」と、警視庁官制や地方官官制の改正案を陸軍省に示しつつ、意見を求めた(29)。治安維持の責任者である警視総監に権限を移すことで、非常時の早急な対応を図ったのだろう。陸軍省は軍務局歩兵課と軍事課が関連する師団司令部条例や衛戍条例の検討を行い、前者については「師団司令部条例中ニ在ル関係条項ハ追テ改正スル筈」としつつも、後者については「同条例第九条第二項ノ地方官中ニハ警視総監ヲ含有シアリ」として、「本改正ノ為衛戍条例ヲ改正スルノ要ナシ」と結論付けた。一二月一日、陸軍省は「警視庁官制及地方官官制中追加ノ件異存無之候」と内務省に返答している。

それに先立ち、警視庁官制は一一月一九日の勅令第二四八号で改正され、警視総監の権限を定める第四条に「警視総監ハ非常急変ノ場合ニ臨ミ兵力ヲ要シ又ハ警護ノ為兵備ヲ要スルトキハ東京衛戍総督又ハ師団長ニ移牒シテ出兵ヲ請フコトヲ得」の一文が加えられる。また、同日の勅令第二五〇号で地方官官制も改正され、出兵請求を定めた第六条に「但シ東京府知事ニ付テハ此ノ限リ在ラス」の但し書きが付された（表4－1参照）。これによって東京府知事の出兵請求権は消滅することになった。一方、関連する師団司令部条例や衛戍条例の改正は行われなかった。

### (2) 一九一七年東京湾台風

関東大水害以降も東京市の東部では、毎年のように水害が発生したが、管見の限り、在京部隊による大規模な救護活動は一九一七（大正六）年一〇月の東京湾台風までなかった。多くの場合、河川が氾濫しても警察や消防、区役所等で対処できたが、東京湾台風では、関東大水害と同様に、全国規模で災害出動が展開された(30)。その活動範囲は第一師団（東京）、第四師団（大阪）、第一三師団（高田）、第一四師団（宇都宮）、第一六師団（京都）の五個師団に及び、東京では、第一師団隷下の歩兵第三連隊、輜重兵第一大隊、工兵第一大隊が月島、深川、亀戸、砂村の各方面に展開している(31)。ただし、関東大水害と比べ、派遣部隊の規模は小さく、活動内容も限定的であった。

九月二五日、ルソン島沖で発生した台風は、二八日に台湾から沖縄を経て北進、和歌山県沖を進んだ後、三〇日夜に東京に襲来した。[32] 明けた一〇月一日午前一時頃から雨風が強まり、午前三時頃にはそのピークを迎えた。暴風によって家屋は倒潰、東京市全域が停電となったほか、深川区や下谷区では浸水被害も発生している。また、東京湾の沿岸部では高潮も発生し、京橋区の月島や深川区の洲崎、千葉県の船橋町は大きな被害を受けた。特に月島は橋梁の落下など交通路が断たれ、孤立状態に陥った。その後、夜明けとともに被害の状況が明らかとなり、被災者の救療や救援物資の供給、残骸の撤去等が課題となる。東京市内の被害は先に述べた通りである。

陸軍省大臣官房秘書官の三宅光治少佐のまとめた「大正六年九月三十日夜　風水害ニ関スル報告綴」によれば、一〇月一日、東京衛戍総督部は越中島の陸軍糧秣本廠を警備するため、近衛歩兵第二連隊を派遣したほか、午後一時には、京橋区長から第一師団長に出兵要請があり、その必要性を認めた衛戍総督の判断で輜重兵第一大隊を月島方面に派遣した。[33] 総督部は陸軍省に対し、「京橋区月島町ハ九月三十日夜半来暴風雨ニ加フルニ激浪屋上ヲ淩ヒ人畜ノ死傷家屋ノ流失倒壊少カラサルノミナラス一日正午ニ至ルモ浸水尚退カス炊爨ヲ行フ能ハス食餌ヲ得ルニ途無ク付近対岸トノ交通亦頗ル危険ニシテ避難殆ト不可能同島内約二万五千ノ住民中大多数ハ進退谷マルニ至レルヲ以テ市吏員及ヒ警察官等極力之カ救援法ヲ講セントセシモ付近一帯被害甚シク随テ救護ニ要スル人員材料ヲ得ルコト至難ナルノ状況」と、月島方面の惨状を伝えている。ここから区役所や警察が対応に窮している様子が窺える。また、深川方面も「其救急処置ノ困難ナルコト敢テ月島方面ニ譲ラサルノ状況」で、午後二時、深川区長から衛戍総督に出兵要請があった。総督部は深川区の明治小学校に歩兵第三連隊を派遣し、食糧の配給作業を担わせている。[34]

注目すべきは、各区長から出兵要請がなされた点である。既述の通り、当時、東京における出兵請求権は警視総監にあり、規定上、区長による出兵要請は不可能であった。ただし、そこには軍隊側の考える「地方官」の拡大解釈があったと考えられる。警視庁官制及び地方官官制の改正以後も府知事からの出兵要請がたびたびあったほか、その下の区長からの出兵要請もあった。おそらく陸軍側は衛戍条例第九条三項に基づき対応したのだろう。法令改正をめぐ

出兵に関する主な法令

| 条　文 |
|---|
| ①東京衛戍総督及衛戍司令官ハ災害又ハ非常ノ際治安維持ニ関スル処置ニ付テハ当該地方官ト協議スルモノトス②東京衛戍総督及衛戍司令官ハ災害又ハ非常ノ際地方官ヨリ兵力ヲ請求スルトキ事急ナレハ直ニ之ニ応スルコトヲ得③其ノ事地方官ノ請求ヲ待ツノ遑ナキトキハ兵力ヲ以テ便宜処置スルコトヲ得 |
| ①衛戍司令官ハ災害又ハ非常ノ際治安維持ニ関スル処置ニ付テハ当該地方官ト協議スルモノトス②衛戍司令官ハ災害又ハ非常ノ際地方官ヨリ兵力ヲ請求スルトキ事急ナレハ直ニ之ニ応スルコトヲ得③〔変更点なし〕 |
| ①師団長ハ防務条例第三条ノ規定ヲ除クノ外師管内ノ防禦及陸軍諸官廨諸建築物ノ保護ニ任ス②地方長官地方ノ静謐ヲ維持スルカ為メ兵力ヲ請求スル時事急ナレハ直チニ之ニ応スルコトヲ得③其事地方長官ノ請求ヲ待ツノ遑ナキ時ハ兵力ヲ以テ便宜処置スルヲ得④前項ノ場合ニ於テハ直チニ之ヲ陸軍大臣参謀総長及当該都督ニ報告シ又近衛及第一師団長ニ在テハ其事東京及東京湾要塞ニ関スルトキハ同時ニ之ヲ東京防禦総督ニ報告スヘシ |
| ①師団長ハ地方長官ヨリ地方ノ静謐ヲ維持スル為兵力ノ請求ヲ受ケタルトキ事急ナレハ直ニ之ニ応スルコトヲ得②其ノ事地方長官ノ請求ヲ待ツノ遑ナキトキハ兵力ヲ以テ便宜処置スルコトヲ得③前項ノ場合ニ於テハ直ニ之ヲ陸軍大臣及参謀総長ニ報告シ東京ニ在リテハ東京衛戍総督ニモ報告スヘシ |
| 知事ハ非常急変ノ場合ニ臨ミ兵力ヲ要シ又ハ警護ノ為兵備ヲ要スルトキハ師団長又ハ旅団長ニ移牒シテ出兵ヲ請フコトヲ得 |
| 知事ハ非常急変ノ場合ニ臨ミ兵力ヲ要シ又ハ警護ノ為兵備ヲ要スルトキハ師団長ニ移牒シテ出兵ヲ請フコトヲ得 |
| ①知事ハ非常急変ノ場合ニ臨ミ兵力ヲ要シ又ハ警護ノ為兵備ヲ要スルトキハ師団長ニ移牒シテ出兵ヲ請フコトヲ得②但シ東京府知事ハ此ノ限リニアラス |
| ①警視総監ハ部内ノ行政事務ニ付其ノ職権又ハ特別ノ委任ニ依リ管内一般又ハ其ノ一部ニ庁令ヲ発スルコトヲ得②警視総監ハ非常急変ノ場合ニ臨ミ兵力ヲ要シ又ハ警護ノ為兵備ヲ要スルトキハ東京衛戍総督又ハ師団長ニ移牒シテ出兵ヲ請フコトヲ得 |
| 官衙、公署、将校同相当官、下士ノ家宅及兵営附近ニ火災アルトキハ聯隊長ハ救援ノ為必要ノ人員ヲ派遣スルコトヲ得 |
| 水災、風災、震災等ノ場合ニハ概ネ本章ニ準シ適宜処スヘキモノトス |
| 官衙、公署、将校同相当官、下士ノ家宅及兵営附近ニ火災アルトキハ聯隊長（同官不在ナルトキハ週番大尉）ハ救援ノ為必要ノ人員ヲ派遣スルコトヲ得 |
| 水災、風災、震災等ノ場合ニハ概ネ本章ニ準シ適宜処スヘキモノトス |
| 兵営、官衙、学校、公署、将校以下ノ家宅及其ノ附近ニ火災アルトキハ聯隊長（不在ナルトキハ週番司令）ハ救援ノ為必要ノ人員（要スレハ消防具ヲ附シ）ヲ派遣スルコトヲ得 |
| 水災、風災、震災等ノ場合ニハ概ネ本章ニ準シ適宜処スヘキモノトス |

表４－１　明治末期～大正期の

| 法令名 | 年 | 月　日 | 形　式 | 条 | |
|---|---|---|---|---|---|
| 衛戍条例 | 1910年（明治43年） | ３月18日 | 勅令第26号 | 第９条 | |
| | 1920年（大正９年） | ８月７日 | 勅令第233号 | 第９条 | |
| 師団司令部条例 | 1896年（明治29年） | ５月11日 | 勅令第205号 | 第４条 | |
| | 1918年（大正７年） | ５月29日 | 軍令陸第３号 | 第５条 | |
| 地方官官制 | 1905年（明治38年） | ４月18日 | 勅令第140号 | 第８条 | |
| | 1913年（大正２年） | ６月13日 | 勅令第151号 | 第６条 | |
| | 1914年（大正３年） | 11月19日 | 勅令第250号 | 第６条 | |
| 警視庁官制 | 1914年（大正３年） | 11月９日 | 勅令第248号 | 第４条 | |
| 軍隊内務書 | 1908年（明治41年） | 12月１日 | 軍令陸第17号 | 第16章 | 第８条 |
| | | | | | 第９条 |
| | 1918年（大正７年） | ２月28日 | 軍令陸第２号 | 第16章 | 第８条 |
| | | | | | 第９条 |
| | 1921年（大正10年） | ３月１日 | 軍令陸第３号 | 第15章 | 第137条 |
| | | | | | 第138条 |

注：１）『法令全書』（原書房復刻版）より作成。条文中の項目番号は引用者。

る内務省と陸軍省との調整から、衛戍条例の「地方官」が府県知事だけを意味していないのは明白である。全国に散在する各衛戍地の状況を考えれば、必ずしも府県知事が衛戍地内にいるわけではないので、衛戍条例の「地方官」は衛戍区域内の郡長や市町村長、区長、警察官などを含んだと推察できる。加えて、地方官官制上、東京府知事に出兵請求権はなくとも、衛戍総督は自らの判断で軍隊を動かすことができ、警視総監以外からの出兵要請にも対応できた。被災地の惨状を述べる総督部の報告から軍隊側の判断が垣間見える。

さて、食糧の配給作業だけでなく、第一師団長は府知事の要請に基づき、赤羽の工兵第一大隊を南葛飾郡に派遣して電線の復旧作業や堤防の修復作業を担わせたほか、千葉県知事も第一師団長に工兵隊の出動を要請し、東葛飾郡浦安町の堤防工事を工兵隊に求めた。地方官側にも積極的に軍隊を活用する姿勢が見られる。総督部は「救援隊差遣ニ因リ罹災民ニ与タル影響」として、「月島深川両方共救援隊ノ差遣ニ依リ焦眉ノ急ヲ救フコトヲ得其間ニ於テ浸水逐次減退シ警察官及地方吏員ノ救助計画亦漸ク緒ニ就クヲ得タリト云フ」と部隊派遣の効果に言及、「救援隊ノ懇切ニシテ敏活且ツ其節制アル行動ハ市吏員及罹災民ニ多大ノ便宜ト好感ヲ与ヘタルモノト認ム」と、人々の反応を陸軍省に報告する。実際、軍隊と区役所、警察との連携は円滑に進むなど、感情的な対立は見られなかった。

さらに地方官側の姿勢の変化を表すのが一九一八年五月八日に定められた非常災害事務取扱規程（東京府訓令第一二号）である[35]。同規程は東京府庁内の救済事務を規定したもので、すでに鈴木淳や北原糸子が指摘しているように、関東大震災における東京府の対応方針となった[36]。それによれば、災害発生時、東京府は内務部長を委員長とする臨時救済委員を設置、総務部、救援部、物資部、工事部、会計部を設けて事態に対処することになった。そのうち軍隊と関係するのが救援部で、同部は①軍隊の応援請求に関する事項及び、②青年団体、在郷軍人会、消防組、慈善団体、治療団体、学校其の他有志者の救援連絡等に関する事項を扱った。この部署が軍隊だけでなく、関係諸団体との連絡調整を担うことになる。また、東京府は同日付の東京府布告第一四六号で東京府非常災害常時準備並業務書を制定、平時における具体的な準備を定めたほか、救援部の中核を担う学校兵事課に「関係軍隊に対する交渉事項及交渉先を予定し置くへし」と事前準備を義務付けた。さらに郡役所や市役所、区役所、町村役場むけの非常災害事務取扱規程も東京府訓令第一三号で制定、区役所及び町村役場は「警察官其の他官公吏、軍隊其の他応援隊の派遣、物資労力の供給等に付上級官庁に対する要求事項の準備を為すこと」と、軍隊の出動について府庁との調整を求めている。このように地方官側の災害対処規定が整備されていくなかで、軍隊の存在も明確に位置づけられていった。

以上のように、東京湾台風に対する軍隊の対応や、それを受け入れる地方官側の姿勢を概観すると、関東大水害と比べ、災害出動制度が定着している様子が窺える。衛戍総督は出兵要請に臨機応変に対応しており、現場では軍隊と区役所や警察との連携が図られた。総督部の報告にもあるように、区役所や警察の活動が本格化するまで、軍隊はその機能を補い、被災者の救済に尽力したのである。

### (3)　一九二一年新宿大火・浅草大火

一九一七（大正六）年、警視庁はアメリカのラフランス社製消防自動車を購入、以後、東京市内の消防署や出張所にポンプ自動車及び水管自動車を各二五台ずつ配備する[37]。それに伴い、馬引きの蒸気ポンプは全廃、また、消防組も一九一八年以降、主要装備を腕用ポンプから絡車（手引水管車）へと切り替えていく。このように常備消防の技術向上とともに、消防組の役割は低下していった。一方、在京部隊の災害出動は日常的に展開されていた。

一九二一年は大規模な火災が多発した年であった。その一件が三月二六日に発生した新宿大火である。午後八時頃、四谷区新宿三丁目から出火した火災は、強風に煽られ、四方に燃え広がった後、新宿新地の遊廓街などを焼き払っていった。直ちに所轄の消防隊が出動しただけでなく、他の消防署からも消防自動車が駆け付けた[38]。しかし、十分な水利を得ることができず、水道消火栓に頼る消防自動車や絡車は傍観せざるを得なかった。かつて豊多摩郡内藤新宿町であった同地域は、一九二〇年四月に東京市域に編入されたばかりで、水道消火栓の整備が追い付いていなかったのである。ここで水道が断たれると機能しなくなる消防技術の脆弱性が露見している。

そうしたなか、近衛歩兵第一連隊及び同第二連隊、歩兵第一連隊、歩兵第三連隊から半分ずつの兵力が出動、消火活動にあたった兵士の数は約四〇〇〇人に上った。加えて、騎兵隊や輜重兵隊、憲兵隊などからも約一〇〇人が出動し、治安維持活動や避難行動の支援を行っている。特に避難場所として開放された新宿御苑には、近衛歩兵第四連隊が展開し、被災者を火災の脅威から守った。このように軍隊は消防や警察の機能を補いつつ、救護活動にあたった。最終的な被害は焼失戸数約七〇〇戸で、多くの負傷者を出しつつ、翌二七日午前〇時三〇分頃に鎮火した。

この火災で注目すべきは、現役の軍人だけでなく、軍隊生活を経験した在郷軍人も救護活動に参加した点である。火災現場周辺の在郷軍人会は、青年団とともに消火活動の支援にあたったほか、被災者の避難も支援した。当時、在郷軍人を束ねる在郷軍人会本部は、在行軍人会の社会奉仕を積極的に推奨しており、軍隊と社会との接近を見越しながら、災害時の活動に期待を寄せていた[39]。そのため災害現場では、警察や消防、軍隊に加え、在郷軍人会も救護活動に加わるようになった。入営しない補充兵を別にすれば、現役時代に経験した災害対処訓練は、退営後にもそれぞれの地域で活かされたと考えられる[40]。また、こうした在郷軍人による救護活動は浅草大火でも確認できる。

新宿大火から二週間も経たない四月六日、一〇年前の吉原大火と同じ浅草方面で大規模な火災が発生する[41]。午前八時四〇分、浅草区田町一丁目から出火した火災は強風に煽られて燃え広がった。それに対し、警視庁の消防本部はもちろん、第一消防署から第六消防署までの全消防自動車二五台が出動したほか、近衛歩兵第一連隊も一個大隊を派遣、さらに憲兵隊や在郷軍人会も対応にあたった。強風の吹くなか、消防隊は狭い道路に阻まれて活動できず、また、家屋が密集するために延焼の速度も速かった。消防隊の消火活動は全く追いつかなかった。

一方、被災者たちは荷物を抱えながら浅草公園等に避難、七日の『都新聞』は、「火煙は浅草公園を襲ふて物凄くも火の子は吹雪の如く遠く本所日本橋方面にまで飛散し付近には尺余の焼け埃が降下した、其中を運ばれた家財道具が公園裏の新道路の並木に添ふて堆積され戸障子に散乱して手のつけやう無く更に公園内の空地は寸余の隙もなく一ぱいで家財の山を現出した」と、荷物で埋まる避難先の様子を報じている。二年後の関東大震災では、本所被服廠跡に避難した荷物に火が点き、火災旋風を巻き起こした。これに多くの人が飲み込まれ、約三万八〇〇〇人が犠牲になる。その悲劇を考えれば、避難した荷物に火が燃え移る危険性はこの時すでにあったのである。幸い、火災は象潟警察署や富士小学校等を焼きつつも、浅草公園の手前で午後二時三〇分頃に鎮火したため、大事には至らなかった。

浅草大火の延焼時間は約五時間に及び、その間に約一二〇〇戸の家屋を焼き払った。最終的に警視庁消防本部のすべての力が投入されて、ようやく鎮火に至っている。先の新宿大火でもいえることだが、大規模な火災が同時多発的に発生した場合、警視庁消防本部だけでは対応できなかった。加えて、消火器具が大型化したため、臨機応変な対応も困難であった。八日の『都新聞』が「警視庁消防部は本年に入り大小火災頻出し殊に最近三の輪、新宿等の火災ありて水利不便の土地及び道路狭隘の場所にありては如何に消防機関の完備しありても其目的を達する能はざるに鑑み破壊消防隊の新設計画中今回の浅草大火に遭遇し愈其計画の急切なるを感じたるを以て急速設置の審議中である」と報じるように、旧来の消火方法を見直すなど、警視庁もその対応を考えていた。

他方、四〇〇〇人以上の兵力が投入された新宿大火と比べ、浅草大火への投入兵力は僅かであった。これは兵営と火災現場との距離が関係している。兵営近傍の火災では、部隊指揮官の判断で即座に対応することができたが、遠距離の場合は、情報が伝わってから出動の判断まで時間を要した。先に述べたように、兵営の集中する東京市西部、山手方面と比べ、東京市東部、下町方面への軍隊の出動は稀であった。実際、新宿大火の三日前、三月二三日に発生した南千住三ノ輪の大火（焼失戸数約二七〇戸）では、軍隊の出動は確認できない(42)。このように災害出動の恩恵を得ることができたのは、東京衛戍地内でも軍事施設の集中する東京市西部とその周辺に限られたのである。

兵営近傍での災害対応に加え、大規模火災への軍隊の出動は、その存在を示すのに効果があった。ただし、新鮮味のなくなった災害出動について新聞は多くを語らなくなった。各衛戍地で行われた災害対応だけでなく、一九一四年一月の桜島噴火など、大規模な災害が続くなか、災害出動は軍隊の行うべき当然の行為として社会に定着していった。見方を変えれば、社会との接近を図った災害出動制度は一つの到達点を迎え、災害時の対応を誤れば、それ自体が軍隊批判の的になったのである。他方、吉原大火以降の大規模災害への対応を俯瞰すると、災害対処システムの様々な問題点が浮かび上がってくる。結果的にそれらは関東大震災で表面化し、大きな混乱を招くことになった。

## 小括

一九一〇（明治四三）年に発生した関東大水害は、国民に軍隊の災害対処能力を示す絶好の機会となったが、出兵をめぐる事務手続など、軍隊と地方官との間で意思の疎通を欠く部分があった。それについて新聞各紙は、軍隊の出動が遅れたと認識し、行政の対応を批判していく。また、同様の構図は派遣部隊と区役所及び警察署との間でも見られ、感情的な対立が円滑な活動を妨げた。しかし、救護活動が軌道に乗ってくると、新聞各紙は軍隊側の姿勢を支持、徴兵制の問題などを踏まえながら、積極的な社会貢献を求めていった。

そうした流れは吉原大火でも見られ、実際の災害対応や新聞報道を通じて、人々は軍隊の機能の変化を認識していった。在京部隊は兵営近傍の火災はもちろん、東京衛戍地内で発生した大規模な火災に出動、警察や消防、区役所と協力しながら事態の鎮静化に努めた。これが繰り返されることで、軍隊と他の行政機関との連携も生まれていったと考えられる。続く東京湾台風では、軍隊と地方官の両方で災害出動にむけた動きがあり、また、現場でも派遣部隊と区役所、警察署との共同作業が確認できる。さらに東京府は災害対応の規定化のなかで、軍隊の存在を災害対処機関の一つに位置づけていった。軍隊の出動は災害対応の最終的な手段として機能したのである。

さて、災害対応の連続性を概観すると、いくつかの特徴を見出すことができる。その第一は軍隊が都市の社会基盤を利用しながら活動を展開した点である。関東大水害のように、東京衛戍総督部と派遣部隊との意思疎通は電話連絡によって行われたほか、兵員や資材の移動には鉄道が用いられていた。第二は東京市東部の災害に軍隊が即応できなかった点である。兵営の集中する東京市西部では、軍隊の災害対応は頻繁に見られたが、位置の関係から隅田川以東での活動は少なかった。兵営近傍の災害対応は部隊レベルの判断で行われたものの、それ以外は上級司令部の判断を仰ぐ必要があったので、部隊の展開まで時間を要したのだろう。そして第三は軍隊の災害対応が東京衛戍地内の部隊で完結していた点である。工兵第一大隊が第一師管内に派遣されることはあったが、管見の限り、外部の部隊が東京衛戍地に派遣された事例は確認できない。災害時に在京部隊のすべてが出動することもなく、新兵を兵営にとどめて軍隊教育を進めるなど、十分な余力を残していた。東京衛戍地が日本最大の軍事拠点だった点は大きい。

このように関東大震災以前の東京の災害対処システムは、火災や水害への対応を基本に構築されてきた。災害の発生地域は全体からみれば部分的で、水害常襲地帯である東京市東部の低地帯と比べ、武蔵野台地に位置する大部分の軍事施設は被害を受けてこなかった。ここで問題なのは、東京全域が被害を受けるような大規模な災害、すなわち巨大地震を想定していなかった点である。第２章で述べたように、一八九四年に明治東京地震があったが、その被害は極めて限定的であった。それ以前の大規模な地震は一八五五（安政二）年一〇月二日（新暦一一月一一日）の安政江戸地震まで遡らなければならず、明治維新以降に形成されてきた東京衛戍地は、本格的な地震災害を経験していなかった。そうしたなかで、在京部隊は関東大震災に遭遇するのである(43)。

# 注

（1）東京市役所編『東京市史稿　変災編第二』（博文館、一九一四年）。以下、被害の数値は北原糸子・松浦律子・木村玲欧編『日本歴史災害辞典』（吉川弘文館、二〇一二年）に依拠した。
（2）概要は東京府内務部庶務課『明治四十三年東京府水害統計』（東京府、一九一一年）を参照。
（3）概要は北原糸子「関東大震災の行政対応策を生み出した大正六年東京湾台風」（『歴史都市防災論文集』Vol.1、二〇〇七年六月）を参照。
（4）佐藤明俊「利根川治水をめぐる茨城県の政治状況」、山崎有恒「明治末期の治水問題——臨時治水調査会を中心に——」（櫻井良樹編『地域政治と近代日本——関東各府県における歴史的展開——』日本経済評論社、一九九八年所収）。
（5）海軍においても海軍大臣の命令で横須賀鎮守府の水兵が東京に派遣されたほか、水死者捜索のため、水雷艇も出動している。その詳細は「東京付近水害の件」（『明治四十三年　公文備考　外国人・変災　巻百四十』所収、防衛研究所戦史研究センター史料室所蔵、請求番号：海軍省－公文備考－M四三－一四四－一一七五）を参照。
（6）「水害救援ノ件」（『明治四十三年十一月　貳大日記』所収、防衛研究所戦史研究センター史料室所蔵、請求番号：陸軍省－貳大日記－M四三～一一三－三三）。
（7）「水害救援ノ件回答」（同右）。
（8）東京衛戍総督部作成「水難救援詳報」（『公文雑纂　第十七巻』所収、国立公文書館所蔵、請求番号：本館－二A－〇一三－〇〇・纂〇一一五五一〇〇）。以下、特に注記がない限り、関東大水害に対する在京部隊の活動は同報告書によった。
（9）「天災と軍隊」（『読売新聞』一九一〇年八月一三日）。
（10）「警官、工兵、憲兵」（『都新聞』一九一〇年八月一四日）。同社説は「憲兵も亦警察官と力を戮せて罹災民救護に努力せよ」と憲兵の活躍も求めている。なお、一九一〇年八月一四日の『東京毎日新聞』は、「軍隊の出動は府県知事の要求あつて始めて然るべしと雖も警察官の力尽き困憊其極に達せるの今日府知事と談合して応急の手段に出づること最も其当を得たる処置と云ふべし已に工兵隊の一部に出動を命ぜし以上は他の歩兵隊の如きも出動せしめて可ならずや軍隊用の糧食の如き貯蓄せられて山を為し居らむ之が一部を割りて窮民の間に頒つこと亦た甚だ妙ならん精神だに存せば形式は如何様にても可なり法文条規を云々して急に赴ずば後日の非難を如何せん」と主張している。

(11)「出兵を促す」(『東京毎日新聞』一九一〇年八月一四日)。
(12)「民間の災害と海軍」(『読売新聞』一九一〇年八月一四日)は海軍にも陸軍と同様の対応を求めている。
(13)「被害地の救卹」(『東京毎日新聞』一九一〇年八月一五日)。
(14)「陸海軍の出動」(『都新聞』一九一〇年八月一六日)。なお、同日付の同紙は「陸海軍の出動」に続き「水源地に工兵を」を掲載、「横浜市は幸ひに東京の如き厄に罹らざるも水道の大破壊は人をして寒心せしむ、技師や人夫は其急に赴くべきも此方面にも工兵隊を派遣しては如何、吾輩は工兵隊に尚出動すべき余裕あるを信ずるのみならず、一面には工兵隊の実地演習ともなるべしと思ふなり」と主張している。
(15)以下、吉原大火の概要は一九一一年四月一〇日の『東京朝日新聞』及び『都新聞』を参照。
(16)『横浜貿易新報』一九一一年四月一〇日。なお、横浜市会は神奈川県が市の管理する蒸気ポンプを派遣したことを職権乱用と認識するなど、消防に関する指揮命令系統の問題が浮上した(『横浜貿易新報』一九一一年四月一一日)。
(17)「市内外の大火」(『東京朝日新聞』一九一一年四月一一日)。
(18)「災害中の美挙」(『東京毎日新聞』一九一一年四月一一日)。
(19)『東京朝日新聞』一九一一年四月一〇日。
(20)「軍隊の応急救護力」(『東京朝日新聞』一九一〇年八月一五日)。
(21)軍隊内務書の「火災予防規程」は第三条で「聯隊長ハ消防具及用水ノ状況ヲ顧慮シ消防隊ヲ編成シ置クヘシ週番大尉ハ必要ニ当リ此隊ヲ呼集シ使用スルモノトス」と消防隊の編成を、第四条で「毎月第一週ノ週番大尉ハ消防隊ヲ以テ消防演習ヲ行フヘシ若シ消防具ニ異状アルトキハ即時修理、交換等ノ手続ヲ為スヘシ」と演習等を定めている。
(22)例えば、一九一〇年三月五日の第二六回帝国議会衆議院予算委員会第四分科会では、前年一〇月の近衛輜重兵大隊の火災が問題となり、陸軍の消防体制が問われた(『帝国衆議院委員会議録　明治編五六』六九～七一頁)。
(23)万木才吉の主張は陸軍の火災予防論の一つの基盤となっており、後に『偕行社記事』に掲載された国広善治砲兵中尉「火災予防」(『偕行社記事』五〇一号、一九一六年五月)は万木論文の論旨を焼き直した内容となっている。
(24)万木才吉「火災」(『偕行社記事』四八五‐四八六号、一九一四年一二月～一九一五年一月)。
(25)拙稿「軍隊の『災害出動』制度の展開――高田衛戍地の事例分析を中心に――」(『年報日本現代史』第一七号、二〇一二年九月）。

(26) 災害出動制度確立後の『都新聞』の記事を拾っただけでも、①一九一二年二月一一日の麹町区永田町赤坂見附・学習院女学部の火災に近衛歩兵第一～第四連隊、近衛砲兵連隊、近衛騎兵連隊、歩兵第一連隊、②同年三月五日の駿河台・明治大学の火災に歩兵第三連隊、③同年四月七日の麻布区富士見町・共立電気株式会社の火災に歩兵第三連隊、④同年五月二九日の原宿の火災（焼失戸数一戸）に近衛歩兵第四連隊、⑤一九一三年一二月二三日の麹町区内幸町の火災に歩兵第一連隊、と軍隊の出動が確認できる。また、一九一五年一一月三〇日に発生した千駄ヶ谷の大火（焼失戸数三〇〇戸）では、近衛歩兵第四連隊に加え、観兵式出席のため同地に宿営していた対馬警備隊も消火活動に参加している。同様に同年一二月二日の新宿火災（焼失戸数二九戸）でも、信濃町の輜重兵第一大隊とともに、四谷区内に所在した第七師団の出張部隊も消火活動にあたった。他の衛戍地の部隊であっても、東京衛戍地内にある時は、在京部隊と一緒に災害に対応していた。

(27) 『都新聞』一九一三年二月一一日、『東京朝日新聞』一九一三年二月一二日。『東京朝日新聞』の取材に応じた東京衛戍総督部副官の谷村定規少佐は「十日の夜警視総監及び東京府知事よりの請求に依り当総督部より軍隊出動の命を出したる」と出兵に至る経緯を説明している。その際に「目下機動演習地に派遣中の兵士を除く約四百余名の古参兵にして昨年末に入営せる新兵は一人も参加し居らず」と説明しており、軍隊教育を尊重していた点が窺える。また、「出動兵士の全部は夜間の警戒任務なるにも関せず出来得る丈群集の激昂を和らげん目的にて銃剣をも附せず只万一の危険に備へんとする計画なりしを以て一人たりとも群集と争闘せる者無きは殊に幸ひなり」と述べており、自制的な姿勢をとっていた。

(28) 以下、神田大火の概要は一九一三年二月二一日付の『東京朝日新聞』、『都新聞』、『万朝報』などを参照。

(29) 「警視庁官制及地方官官制中追加ノ件」（『大正三年甲類第一・二類　永存書類』所収、防衛研究所戦史研究センター史料室所蔵、請求番号：陸軍省‐大日記甲類‐T三～一‐七）。

(30) 「風水害ニ対シ陸軍ニ於テ救護ヲ行ヒタル事項上奏ノ件」（『大正七年乙輯第四類　永存書類』所収、防衛研究所戦史研究センター史料室所蔵、請求番号：陸軍省‐大日記‐T七～九‐一二四）。

(31) 大阪方面では、淀川の堤防工事が難航し、第四師団長の宇都宮太郎中将はその対応に追われていた。それに対して、陸軍省は第四師団の災害対応を承認しつつも、「但シ秋季演習ハ成ルヘク変更セサル様セラレ度」とし、「若シ変更ノ止ムヲ得サル場合ニハ勅裁ヲ経ル必要アルニヨリ至急教育総監ニ上申アレ」と指示を出している。ここでも軍隊教育に対するジレンマが確認できる。一方、第四師団と隣接する第一〇師団（姫路）や第一六師団（京都）に対しては、「枚方地方淀川ノ水害大ナル模様ニツキ水害地方長官ヨリ貴師団工兵ノ派遣ヲ請求セル場合ニハ成シ得ル限リ速ニ其請求ニ応シタル外管外派遣ノ手続セラレ度」と命じている。この時点で工兵の師管外派遣も想定されていた（「枚方附近ノ水害ニ関シ軍隊出動ニ関スル件」、前掲『大正七年乙輯第四類　永存書類』所収）。

(32) 以下、東京湾台風の概要は一九一七年一〇月二日～五日の『東京朝日新聞』、『都新聞』、『東京毎日新聞』、『万朝報』などを参照した。なお、この災害では在郷軍人会の活動も確認できる。

(33) 前掲「風水害ニ対シ陸軍ニ於テ救護ヲ行ヒタル事項上奏ノ件」。以下、在京部隊の活動状況は、「風水害ニ関スル報告綴」に依った。

(34) 一〇歳で東京湾台風を経験した前田行男（左官業）は、「水が引くと、麻布第三連隊の兵隊が明治小学校へ炊き出しにきたんです。この辺は、三連隊の指揮下なんです」と、軍隊の来援を回想している（江東区編『古老が語る江東区の災害』（東京都江東区総務部広報課、一九八七年、一八頁）。

(35) 東京府の災害対応に関する規定は東京府編『東京府治概要』（東京府、一九一九年）二〇八～二三〇頁を参照。

(36) 鈴木淳『関東大震災――消防・医療・ボランティアから検証する』（筑摩書房、二〇〇四年）一七～一九頁、前掲「関東大震災の行政対応策を生み出した大正六年東京湾台風」。

(37) 鈴木淳『町火消たちの近代――東京の消防史――』（吉川弘文館、一九九九年）一七〇～一七三頁。

(38) 以下、新宿大火の概要は一九二一年三月二七日の『東京朝日新聞』、『都新聞』、『東京毎日新聞』を参照した。

(39) 『季刊現代史』第九号（現代史の会、一九七八年）一八一～二五九頁。

(40) 前掲「火災」において万木才吉は、「軍隊ハ先ツ火災予防ノ必要ヲ下士卒ノ脳裡ニ銘刻徹底シ上下挙テ注意ヲ倍蓰シ且ツ消防具ノ操用ニ習熟セシムレハ独リ軍隊自ラノ火災ヲ予防シ得ルノミナラス年年満期帰郷スル十万ノ壮丁ハ此ノ理想ヲ国民全般ニ普及スル良伝道師ニシテ国民ノ火災自衛心ヲ旺盛ナラシメ以テ出火ノ素因ヲ除去スル有力ナル方便タル可ケン」とした上で、「帰郷者ハ独リ伝道師ニ任スルヲ以テ足レリトセス進テ義勇消防隊ノ中堅タルニ至ラハ更ニ効果ノ著シカル可キヲ信ス」と、在郷軍人を通じた軍体内の防災教育の効果を唱えている。

(41) 以下、浅草大火の概要は一九二一年四月六日の『東京朝日新聞』、七日の『都新聞』、『東京毎日新聞』などを参照。

(42)『東京朝日新聞』、『都新聞』、『東京毎日新聞』一九二一年三月二四日。

(43) なお、本章では、軍隊の治安出動について深く立ち入らなかったが、在京部隊は一九〇五年九月の日比谷焼打ち事件以降も頻発する都市騒擾に出動しており、警察や憲兵と協力して治安維持にあたった。一九一八年八月の米騒動においても在京部隊は出動し、東京衛戍地内の警戒にあたっている。在京部隊はその姿を暴徒に示すことで、騒擾の鎮圧や犯罪行為の抑止に一役買ったのである。ただし、米騒動の直前に警視庁の警察官は約五八〇〇人から約八八〇〇人に増加、東京の警察力は充実しつつあった。

# 第5章　関東大震災と陸軍の対応

本章と次章では、前章までの分析結果を踏まえつつ、①政府や②中央官庁、③関東戒厳司令部や④警備隊司令部、⑤末端部隊の五つの動向を並行的に追いかけながら、関東大震災における軍隊の活動を検討する。特に本章では、陸軍の初期対応を中心に、行政戒厳を実現する関東戒厳司令部の性格と末端部隊との関係、さらに陸軍内部の指揮命令系統を体系的に明らかにしていきたい。

一九二三（大正一二）年九月一日午前一一時五八分、神奈川県西部を震源とするマグニチュード七・九の地震が発生し、激しい震動が南関東一帯を襲った。東京や横浜などの都市部では、建物の倒潰だけでなく、大規模な火災が発生したほか、沿岸部においては津波、山間部においては土石流も発生、被害を拡大させていった。武村雅之・諸井孝文の研究に依れば、震災による犠牲者は約一〇万五〇〇〇人に上るという(1)。また、水道や電気、ガス、交通機関など都市の社会基盤も崩壊、生き延びた人々は生活の手段を失った。そうした中で発生した流言は、人々の不安を増大させただけでなく、被災者の移動とともに拡大、朝鮮人や中国人の殺傷事件へと発展していく。

九月二日、混乱状況に対処するため、政府は大日本帝国憲法第八条に基づき、勅令第三九八号を以て戒厳令の一部を一定の地域に適用する。それと同時に、勅令第三九九号で適用区域を東京市と隣接する荏原郡、豊多摩郡、北豊島郡、南足立郡、南葛飾郡に定めたほか、翌三日には、関東戒厳司令部条例（勅令第四〇〇号）を公布し、陸軍部隊を一元的に指揮する関東戒厳司令部を設置、さらに勅令第四〇一号で勅令第三九九号の内容を改正し、適用範囲を神奈川県まで拡大した[2]。こうした一連の動きによって軍隊の活動態勢が整えられていった。

しかしながら、軍隊を動かす関東戒厳司令部の性格や陸軍部隊の指揮命令系統に踏み込んだ研究はなく、その意義付は十分とはいえない。関東戒厳司令部の設置過程については、大江志乃夫[3]、安江聖也[4]、土田宏成[5]、北博昭[6]などが検討し、設置理由を地震発生以前の東京の警備体制に求めているが、多くは戒厳令の適用過程を分析の中心に置くため、意思決定の機関が東京衛戍司令部から関東戒厳司令部に移行する経緯や、それに伴う警備体制の変化については検討の余地が残っている。軍隊の活動を客観的に捉えるためにも、この部分を解明する必要があるだろう。

そこで本章では、震災以前の南関東の警備体制や、震災直後の在京部隊の対応に留意しつつ、関東戒厳司令部の設置過程を検証、地震発生直後の陸軍の指揮命令系統を明らかにする。その上で、軍事的な観点から戒厳令の適用と、関東戒厳司令部設置の意義について考察を加えたい。

## 第1節　南関東の警備体制

### (1)　第一師管及び東京衛戍地の指揮命令系統

一九二三（大正一二）年九月時点の軍事施設の配置状況を中心に、平時における陸軍部隊の指揮命令系統を確認しておこう。関東大震災の被災地となる南関東一帯は軍事施設の密集地帯で、表5－1のように、近衛師団や第一師団の部隊、教育総監部管下の教育機関が点在していた。陸軍管区では、東京府・神奈川県（足柄上郡・足柄下郡を除く）・山梨県・埼玉県（大里郡・比企郡・入間郡・児玉郡・秩父郡を除く）・千葉県は東京市に司令部を置く第一師団

表５－１　関東大震災時の東京周辺の主な陸軍施設

| | 施設名 | 所在地 | 現住所 | 現　状 |
|---|---|---|---|---|
| 中央機関 | 陸軍省 | 麹町区永田町１丁目 | 千代田区永田町１丁目 | 国会議事堂、憲政記念会、国会図書館 |
| | 参謀本部 | 麹町区永田町１丁目 | 千代田区永田町１丁目 | 国会議事堂、国会前洋式庭園 |
| | 教育総監部 | 麹町区代官町 | 千代田区北の丸 | 科学技術館 |
| 近衛師団 | 近衛師団司令部 | 麹町区代官町 | 千代田区北の丸 | 北の丸公園（庁舎は現在の東京国立近代美術館工芸館） |
| | 近衛歩兵第１旅団司令部 | 麹町区代官町 | 千代田区北の丸 | 北の丸公園 |
| | 近衛歩兵第１連隊 | 麹町区代官町 | 千代田区北の丸 | 北の丸公園 |
| | 近衛歩兵第２連隊 | 麹町区代官町 | 千代田区北の丸 | 北の丸公園 |
| | 近衛歩兵第２旅団司令部 | 赤坂区一ツ木町 | 港区六本木 | 東京放送（ＴＢＳ） |
| | 近衛歩兵第３連隊 | 赤坂区一ツ木町 | 港区六本木 | 東京放送（ＴＢＳ） |
| | 近衛歩兵第４連隊 | 赤坂区青山北町 | 渋谷区神宮前 | 國學院高校、青山高校 |
| | 騎兵第１旅団司令部 | 千葉県千葉郡津田沼町 | 千葉県習志野市大久保 | 八幡公園 |
| | 近衛騎兵連隊 | 牛込区戸塚町 | 新宿区戸山 | 学習院女子大学、戸山高校 |
| | 騎兵第13連隊 | 千葉県千葉郡津田沼町 | 千葉県習志野市泉町 | 東邦大学薬学部 |
| | 騎兵第14連隊 | 千葉県千葉郡津田沼町 | 千葉県習志野市泉町 | 日本大学生産工学部 |
| | 野戦重砲兵第４旅団司令部 | 荏原郡駒澤村 | 世田谷区池尻 | 三宿中学校 |
| | 近衛野砲兵連隊 | 荏原郡駒澤村 | 世田谷区池尻 | 昭和女子大学 |
| | 野戦重砲兵第４連隊 | 千葉県印旛郡千代田村 | 千葉県四街道市 | 愛国学園大学、千葉敬愛高校 |
| | 野戦重砲兵第８連隊 | 荏原郡駒澤村 | 世田谷区池尻 | 昭和女子大学 |
| | 近衛工兵大隊 | 北豊島郡岩淵町 | 北区赤羽台 | 東京北社会保険病院 |
| | 鉄道第１連隊 | 千葉県千葉郡都賀村 | 千葉県千葉市椿森 | 椿森公園、千葉公園 |
| | 鉄道第２連隊 | 千葉県千葉郡津田沼町 | 千葉県習志野市津田沼 | 千葉工業大学 |
| | 電信第１連隊 | 豊多摩郡中野町 | 中野区中野 | 中野区役所、サンプラザ |
| | 飛行第５大隊 | 北多摩郡立川町 | 東京都立川市緑町・泉町 | 陸上自衛隊立川駐屯地 |
| | 気球隊 | 埼玉県入間郡所沢町 | 埼玉県所沢市 | 所沢航空記念公園 |
| | 近衛輜重兵大隊 | 荏原郡目黒町 | 目黒区大橋 | 警視庁第三方面本部／第三機動隊 |
| | 下志津衛戍病院 | 千葉県印旛郡千代田村 | 千葉県四街道市 | 国立病院機構下志津病院 |
| | 千葉衛戍病院 | 千葉県千葉郡都賀村 | 千葉県千葉市 | 国立病院機構千葉医療センター |
| | 立川衛戍病院 | 北多摩郡立川町 | 東京都立川市 | 立川タカシマヤ |
| 第一師団 | 第１師団司令部 | 赤坂区青山南町 | 港区六本木 | 都営南青山アパート、青葉公園 |
| | 麻布連隊区司令部 | 赤坂区青山南町 | 港区六本木 | 都営南青山アパート、青葉公園 |
| | 甲府連隊区司令部 | 山梨県西山梨郡相川村 | 山梨県甲府市北新町 | 国立病院機構甲府病院 |
| | 本郷連隊区司令部 | 本郷区真砂町 | 文京区本郷 | 関東財務局住宅、清和公園 |

| | | | | |
|---|---|---|---|---|
| 第一師団 | 佐倉連隊区司令部 | 千葉県千葉郡佐倉町 | 千葉県佐倉市城内町 | 国立歴史民俗博物館 |
| | 歩兵第1旅団司令部 | 赤坂区青山南町 | 港区六本木 | 都営南青山アパート、青葉公園 |
| | 　歩兵第1連隊 | 赤坂区檜町 | 港区赤坂 | 東京ミッドタウン |
| | 　歩兵第49連隊 | 山梨県西山梨郡相川村 | 山梨県甲府市北新町 | 山梨大学付属中学校 |
| | 歩兵第2旅団司令部 | 赤坂区青山南町 | 港区六本木 | 都営南青山アパート、青葉公園 |
| | 　歩兵第3連隊 | 麻布区新竜土町 | 港区六本木 | 国立新美術館 |
| | 　歩兵第57連隊 | 千葉県印旛郡佐倉町 | 千葉県佐倉市 | 国立歴史民俗博物館 |
| | 騎兵第2旅団司令部 | 千葉県千葉郡津田沼町 | 千葉県習志野市大久保 | 八幡公園 |
| | 　騎兵第1連隊 | 荏原郡世田谷村 | 世田谷区池尻 | 筑波大学付属駒場高校 |
| | 　騎兵第15連隊 | 千葉県千葉郡津田沼町 | 千葉県習志野市 | 東邦大学付属中学校・高校 |
| | 　騎兵第16連隊 | 千葉県千葉郡津田沼町 | 千葉県習志野市 | 財務省関東財務局合同宿舎 |
| | 野戦重砲兵第3旅団司令部 | 千葉県東葛飾郡市川町 | 千葉県市川市国府台 | 和洋女子大、国府台高校 |
| | 　野砲兵第1連隊 | 荏原郡駒澤村 | 世田谷区池尻 | 都営下馬アパート |
| | 　騎砲兵大隊 | 千葉県東葛飾郡市川町 | 千葉県市川市国府台 | 和洋女子大、国府台高校 |
| | 　野戦重砲兵第1連隊 | 千葉県東葛飾郡市川町 | 千葉県市川市国府台 | 和洋女子大、国府台高校 |
| | 　野戦重砲第7連隊 | 千葉県東葛飾郡市川町 | 千葉県市川市国府台 | 和洋女子大、国府台高校 |
| | 東京湾要塞司令部 | 神奈川県横須賀市中里 | 神奈川県横須賀市上町 | 豊島小学校 |
| | 　横須賀重砲兵連隊 | 神奈川県横須賀市不入斗町 | 神奈川県横須賀市不入斗町 | 坂本中学校、不入斗中学校 |
| | 　工兵第1大隊 | 北豊島郡岩淵町 | 北区赤羽台 | 星美学園 |
| | 　輜重兵第1大隊 | 荏原郡目黒村 | 目黒区大橋 | 都立駒場高校・芸術高校 |
| | 　自動車隊 | 荏原郡世田谷村 | 世田谷区桜1丁目 | 東京農業大学 |
| | 　東京第1衛戍病院 | 麹町区隼町 | 千代田区隼町 | 最高裁判所・国立劇場 |
| | 　東京第2衛戍病院 | 荏原郡世田谷村 | 世田谷区太子堂 | 太子堂中学校 |
| | 　習志野衛戍病院 | 千葉県千葉郡津田沼町 | 千葉県習志野市 | 千葉県済生会習志野病院 |
| | 　国府台衛戍病院 | 千葉県東葛飾郡市川町 | 千葉県市川市国府台 | 国立精神・神経センター国府台病院 |
| | 　横須賀衛戍病院 | 神奈川県横須賀市中里 | 神奈川県横須賀市上町 | 横須賀市立うわまち病院 |
| | 　甲府衛戍病院 | 山梨県西山梨郡相川村 | 山梨県甲府市 | 国立病院機構甲府病院 |
| | 　佐倉衛戍病院 | 千葉県印旛郡佐倉町 | 千葉県佐倉市 | 国立歴史民俗博物館 |
| | 　東京廃兵院 | 北豊島郡巣鴨町 | 豊島区巣鴨 | 巣鴨公園 |
| | 　東京衛戍監獄 | 豊多摩郡渋谷町 | 渋谷区宇田川町 | 渋谷区役所、渋谷公会堂 |
| 憲兵 | 憲兵司令部 | 麹町区大手町1丁目 | 千代田区大手町1丁目 | パレスホテル |
| | 　憲兵練習所 | 麹町区大手町1丁目 | 千代田区大手町1丁目 | パレスホテル |
| | 　東京憲兵隊 | 麹町区大手町1丁目 | 千代田区大手町1丁目 | パレスホテル |
| | 　　麹町憲兵分隊 | 麹町区大手町1丁目 | 千代田区大手町1丁目 | パレスホテル |
| | 　　　浅草分遣所 | 浅草区猿若町1丁目 | 台東区浅草6丁目 | — |

| | | | | | |
|---|---|---|---|---|---|
| 憲兵 | | 板橋憲兵分隊 | 豊島郡下板橋町 | 板橋区板橋 | ― |
| | | 所沢分遣所 | 埼玉県入間郡松井村 | 埼玉県所沢市西新井町 | ― |
| | | 赤坂憲兵分隊 | 赤坂区表町 | 港区赤坂 | 赤坂郵便局 |
| | | 四谷分遣所 | 四谷区内藤町 | 新宿区内藤町 | 新宿御苑 |
| | | 立川分遣所 | 北豊島郡立川村 | 東京都立川市 | ― |
| | | 渋谷憲兵分隊 | 豊多摩郡渋谷町 | 渋谷区道玄坂 | 渋東シネタワー |
| | | 市川憲兵分隊 | 千葉県東葛飾郡市川町 | 千葉県市川市 | ミキハイム市川 |
| | | 習志野憲兵分隊 | 千葉県千葉郡二宮村 | 千葉県船橋市 | 東横イン津田沼駅北口 |
| | | 千葉憲兵分隊 | 千葉県千葉郡千葉町 | 千葉県千葉市院内 | 国道126号線 |
| | | 下志津分遣所 | 千葉県印旛郡千代田村 | 千葉県四街道市 | ― |
| | | 佐倉分遣所 | 千葉県印旛郡佐倉町 | 千葉県佐倉市 | 国道296号線新町交差点付近 |
| | | 横須賀憲兵分隊 | 神奈川県横須賀市若松町 | 神奈川県横須賀市 | 横須賀中央駅前ビル |
| | | 田浦分遣所 | 神奈川県三浦郡田浦町 | 神奈川県横須賀市田浦町 | ― |
| | | 甲府憲兵分隊 | 山梨県甲府市新青沼町 | 山梨県甲府市宝 | ― |
| 教育機関 | 陸軍省 | 陸軍経理学校 | 牛込区若松町 | 新宿区若松町 | 東京女子医科大学 |
| | | 陸軍軍医学校 | 麹町区富士見町 | 千代田区富士見町2丁目 | 東京逓信病院、嘉悦女子高校 |
| | | 陸軍獣医学校 | 荏原郡世田谷村 | 世田谷区代沢 | 駒場学園高校、富士中学校 |
| | | 陸軍工科学校 | 小石川区小石川町 | 文京区後楽 | 中央大学理工学部、礫川公園 |
| | | 生徒隊 | 小石川区小石川町 | 文京区後楽 | 中央大学理工学部、礫川公園 |
| | 陸軍航空部 | 陸軍航空学校 | 埼玉県入間郡所沢町 | 埼玉県所沢市 | 所沢航空記念公園 |
| | 参謀本部 | 陸軍大学校 | 赤坂区青山北町1丁目 | 港区北青山1丁目 | 青山中学校、都営北青山アパート |
| | 教育総監部 | 陸軍砲工学校 | 牛込区若松町 | 新宿区若松町 | 警視庁第八機動隊 |
| | | 陸軍歩兵学校 | 千葉県千葉郡都賀村 | 千葉県千葉市天台 | 千葉少年鑑別所 |
| | | 教導連隊 | 千葉県千葉郡都賀村 | 千葉県千葉市天台 | 千葉少年鑑別所 |
| | | 陸軍戸山学校 | 牛込区下戸山町 | 新宿区戸山 | 戸山公園、都営戸山ハイツ |
| | | 学生隊 | 牛込区下戸山町 | 新宿区戸山 | 戸山公園、都営戸山ハイツ |
| | | 陸軍騎兵学校 | 千葉県千葉郡二宮村楽園台 | 千葉県船橋市 | 陸上自衛隊習志野駐屯地 |
| | | 教導隊 | 千葉県千葉郡二宮村楽園台 | 千葉県船橋市 | 陸上自衛隊習志野駐屯地 |
| | | 陸軍野戦砲兵学校 | 千葉県印旛郡千代田村 | 千葉県四街道市 | イトーヨーカドー四街道店 |
| | | 教導連隊 | 千葉県印旛郡千代田村 | 千葉県四街道市 | イトーヨーカドー四街道店 |
| | | 高射砲練習隊 | 千葉県印旛郡千代田村 | 千葉県四街道市 | イトーヨーカドー四街道店 |

| | | | | | | |
|---|---|---|---|---|---|---|
| 教育機関 | 教育総監部 | 陸軍重砲兵学校 | | 神奈川県三浦郡浦賀町 | 神奈川県横須賀市馬堀町 | 馬堀自然教育園 |
| | | | 教導大隊 | 神奈川県三浦郡浦賀町 | 神奈川県横須賀市馬堀町 | 馬堀自然教育園 |
| | | 陸軍工兵学校 | | 千葉県東葛飾郡明村 | 千葉県松戸市 | 聖徳大学、松戸中央公園 |
| | | | 教導大隊 | 千葉県東葛飾郡明村 | 千葉県松戸市 | 聖徳大学、松戸中央公園 |
| | | 陸軍士官学校 | | 牛込区市谷本村町 | 新宿区市谷本村町 | 防衛省 |
| | | | 本科生徒隊 | 牛込区市谷本村町 | 新宿区市谷本村町 | 防衛省 |
| | | | 予科生徒隊 | 牛込区市谷本村町 | 新宿区市谷本村町 | 防衛省 |
| | | 東京陸軍幼年学校 | | 牛込区市谷本村町 | 新宿区市谷本村町 | 防衛省、警視庁第四方面本部 |
| 工廠 | 陸軍省 | 陸軍造兵廠 | | 小石川区小石川 | 文京区後楽 | 東京ドーム・東京ドームシティ |
| | | | 東京工廠 | 小石川区小石川 | 文京区後楽 | 東京ドーム・東京ドームシティ |
| | | | 火工廠 | 北豊島郡王子町 | 北区十条台 | 陸上自衛隊十条駐屯地 |
| | | 陸軍兵器本廠 | | 麹町区隼町 | 千代田区隼町 | 最高裁判所／国立劇場 |
| | | | 東京陸軍兵器支廠 | 小石川区大塚町 | 文京区大塚 | お茶の水女子大学 |
| | | | 千葉陸軍兵器支廠 | 千葉県千葉市 | 千葉県千葉市轟町 | 千葉経済大学、千葉東高校 |
| | | 医務局 | 陸軍衛生材料廠 | 荏原郡大崎町大字上大崎 | 品川区上大崎 | シティコート目黒 |
| | | 千住製絨所 | | 北豊島郡南千住 | 荒川区南千住 | 南千住浄水場、荒川工業高校 |
| | | 陸軍糧秣本廠 | | 深川区越中島 | 江東区越中島 | 越中島公園、深川スポーツセンター |
| | | 陸軍被服本廠 | | 北豊島郡岩淵町 | 北区赤羽台 | 公営赤羽団地、赤羽自然観察公園 |
| 演習場 | 〔東京〕 | | 代々木練兵場 | 豊多摩郡代々幡町 | 渋谷区代々木神園町 | 代々木公園、NHK |
| | | | 大久保射撃場 | 豊多摩郡大久保町 | 新宿区大久保 | 早稲田大学理工学部、戸山公園 |
| | | | 駒澤練兵場 | 荏原郡世田谷村池尻 | 世田谷区池尻 | 世田谷公園、陸上自衛隊三宿駐屯地 |
| | 〔千葉〕 | | 習志野演習場 | 千葉県千葉郡津田沼町 | 千葉県船橋市・習志野市 | 陸上自衛隊習志野駐屯地他 |
| | | | 下志津演習場 | 千葉県印旛郡千代田村 | 千葉県四街道市 | 陸上自衛隊下志津駐屯地他 |
| | 〔静岡〕 | | 富士裾野演習場 | 静岡県駿東郡 | 静岡県御殿場市 | 陸上自衛隊東富士演習場 |

注：1）大正12年度及び大正13年度の『職員録』（印刷局）、大正12年版の『職業別電話名簿』（日本商工通信社）を基礎情報として、上山和雄編『帝都と軍隊――地域と民衆の視点』（日本経済評論社、2002年）附表や各自治体史、部隊史などを参考に作成した。
2）「現在の状況」で明確な位置が特定できないものは、目標物として最も近い公共施設を記した。
3）「演習場」は近衛、第一師団の在京部隊が使用する主要な演習場に限定した。

の管轄（第一師管）に属し、管内には、東京・習志野・国府台・千葉・立川・所沢・甲府・佐倉・下志津・横須賀の一〇箇所の衛戍地が存在した。[8] 各衛戍地の衛戍司令官は、駐屯部隊の最高級団隊長が兼務し、近衛師団の部隊でも衛戍勤務に関しては第一師団長の監督を受けることになっていた。[9]

これまで検討してきたように、第一師管内で非常事態が発生した場合は、県知事（東京府の場合は警視総監）は第一師団長に出兵要請ができたほか、[10] 第一師団長や衛戍司令官は、地方官から出兵要請があった場合はそれに応じることもできた。[11] 加えて、事態が切迫し、要請を受ける時間がない場合は、師団長は師管内、[12] 衛戍司令官は衛戍区域内において隷下の部隊を出動させることが可能だった。[13] しかし、師団長職にない衛戍司令官（旅団長・連隊長等）は、衛戍区域外への出兵はできず、それに際しては必ず師団長の判断を仰ぐ必要があった。

だが、衛戍司令官の判断による衛戍区域外の出兵はたびたび発生しており、一九一八年の米騒動では、「演習」の名目で部隊の派遣が行われていた。そのため陸軍省は一九一九年一二月二六日の陸密第三五七号で「衛戍地外ヘノ兵力派遣ハ師団司令部条例第五条ニ依リ師団長ノ職権ニ属スヘキモノニ有之」と、法令の遵守を各師団に命じている。[14] また、衛戍勤務を除き、第一師団長には、近衛師団等に対する指揮権はなかった。通常の師管と違い、第一師管内には、大別すると、①第一師団司令部—所属部隊、②近衛師団司令部—所属部隊の指揮命令系統があり、さらに教育総監部—教育機関（教導隊・生徒隊）や憲兵本部—東京憲兵隊—各憲兵分隊などの指揮命令系統も存在した。第一師管は多くの部隊・機関を抱える故に、一人の司令官が管内すべての部隊・機関を指揮できるわけではなかった。

さらに衛戍地単位でも駐屯部隊の性格や規模によって指揮命令系統は異なっており、近衛師団と第一師団が混在する習志野や国府台、東京では、師団の枠を越えた指揮命令系統も存在した。既述のように、東京衛戍地では、専任の衛戍司令官である東京衛戍総督が一九〇四（明治三七）年に設置され、総督部は近衛師団や第一師団の上級司令部として在京部隊の衛戍勤務を統轄した。[15] その構成員は総督以下、参謀一名、副官二名、下士・判任文官三名の計七名で、[16]

衛戍条例や衛戍勤務令に基づき警備体制を構築、東京衛戍服務規則によって非常時の対応方法を定めた(17)。

総督部は在京部隊を一元的に指揮できる機関として暴動や災害に対応してきたが、第一次世界大戦後の軍縮世論のなか、その不要論が浮上すると、一九二〇年八月七日の勅令第二三二号によって廃止される(18)。この背景には、軍縮世論だけでなく、①警視庁警察官が増員したことや、②米騒動への対応が不十分だったことも理由としてあった(19)。法令の改正を担った陸軍省軍務局も衛戍勤務を統轄するだけの司令部は不要と判断したのだろう(20)。それに伴い、衛戍司令官を規定する衛戍条例第二条から「東京衛戍総督」の文言は削除され、東京の衛戍勤務は近衛師団及び第一師団の先任師団長が統轄することになった。つまり、東京衛戍司令官は先に親補職に就いた師団長が兼務し、他の衛戍地と同様に、衛戍司令部も兼任師団長の師団司令部が担当することになった。

以上のように、東京衛戍司令官は東京における衛戍勤務の統轄に加え、師団長の任務である軍隊教育の遂行など、多くの業務を担わなければならなかった。さらに近衛師団には禁闕守衛、第一師団には第一師管内の警備もあり、東京衛戍司令官を兼務した場合、司令官個人だけでなく、それを支える司令部の負担も増すことになった。他方、ワシントン会議(一九二一年一一月—一九二二年二月)以降の国際的な秩序は、海軍に主力艦の削減を迫っただけでなく、陸軍にも軍縮を求め、部隊廃止を伴う山梨軍縮(第一次一九二二年八月/第二次一九二三年三月)へと繋がっていく(21)。総力戦の登場とともに、凄惨を極めた第一次世界大戦の経験は、世界的な軍縮・反軍思潮に発展し、社会から軍隊の存在意義が問われることになった(22)。そうした社会状況の中で関東大震災が発生したのである。

## (2) 地震発生前の陸軍の状況

関東大震災時の東京衛戍司令官は、近衛師団長の森岡守成中将で、地震発生の半月前に小倉の第一二師団長から転任してきた(23)。一方、第一師団長は石光真臣中将で、一九二二(大正一一)年一〇月二〇日から同職にあったが、親補職に就いたのは森岡の方が早かったため、衛戍勤務については森岡の指揮を受けることになった[24]。近衛師団司令部は皇居北側の麹町区代官町（現・千代田区北の丸）、第一師団司令部は皇居南西部の赤坂区青山南町（現・港区南青山）に位置し、衛戍司令部は前者の場所に所在した。

さて、関東大震災が発生した九月上旬は軍隊教育にとって重要な時期であった。既述のように、平時における軍隊の本務は、戦時に備え、兵士個人や部隊単位の技能を向上させることにある。全国に配置された陸軍部隊は日々訓練を実施し、定期的に上級指揮官から完成度に関する検閲を受けていた。陸軍の場合は一〇月から一一月に行われる秋季演習が一年間の総仕上げで、その直前は師団長や旅団長の検閲期間にあたっていた。加えて、八月に大規模な人事異動があったため、新任幹部による検閲もあわせて行われた。

地震が発生する一九二三年の九月一日は土曜日で、多くの記録にあるように、朝方に雨が降った後、昼頃には蒸し暑くなるという天候であった。当日の石光の行動は判然としないが、新任師団長の森岡は参謀長の寺内寿一大佐や司令部の幕僚を従え、千葉県印旛郡千代田村（下志津）で野戦重砲兵第四連隊の検閲を行っていた。つまり、地震発生時、東京衛戍司令官やそれを支える幕僚たちは東京衛戍地にいなかったのである。このことは後の第四九回帝国議会貴族院予算委員会（一九二四年七月一五日、第四分科会）で加藤高明内閣の陸軍大臣宇垣一成中将が「極く緊急なる場合に其勤務〔東京の衛戍――引用者注〕を統督する所の首脳者が欠けて居った為に色々不便を感じたのであります」と答弁するように、大きな混乱を招くことになった[25]。

他方、在京部隊の多くも秋季演習にむけた演習や新任幹部の検閲を受けていた[26]。すべての状況を把握できるわけではないが、近衛歩兵第一連隊は師団司令部と同じく下志津演習場に出張中で、近衛歩兵第一旅団司令部の検閲を受けていた[27]。また、野砲兵第一連隊（第一師団／駒澤）や野戦重砲兵第八連隊（近衛師団／駒澤）、近衛騎兵連隊（駒澤）も静岡県の板妻廠舎に出張中で、富士裾野において演習を行っていた。それ以外の部隊は概ね東京衛戍地内にあり、前日まで富士裾野で演習を行っていた歩兵第三連隊（第一師団／麻布）は慰労休暇のためほとんどの将兵が外出中であったが、他の兵営では将兵たちが通常の業務に就いていた。[28] 例えば、在京の歩兵連隊のうち、近衛歩兵第二旅団に所属する近衛歩兵三連隊（一ツ木町）は旅団長の検閲中、[29] 同じく近衛歩兵第四連隊（青山北町）は代々木練兵場で演習中であった。また、近衛歩兵第一旅団に所属する近衛歩兵第二連隊（代官町）も大久保射撃場おいて射撃訓練を実施、残る第一師団の歩兵第一連隊（赤坂）は営庭などで訓練を行っていた。このように一日午前の時点で、在京歩兵連隊の四個が兵営もしくはその周辺に所在していた。

ここで注目したいのが、休暇中だった歩兵第三連隊の将兵たちである。後に麻布の兵営は地震で大きな被害を受けたが、ほとんどが外出していたので人的被害は少なかった。しかし、同隊の大部分は本郷連隊区（本郷区・下谷区・浅草区・本所区・深川区・北豊島郡・南足立郡・南葛飾郡など）の出身者だったため、遊興や帰宅の最中に下町方面で被災した者が多かった。さらに家族を残したまま勤務に戻らなければならず、そのまま生き別れた者も少なくなかった。[30] また、兵士の中には、地震直後から救護活動を行い、現地で亡くなった者もいた。[31] 後に刊行された関東大震災の「美談集」には、そうした軍人の最期が収められている。[32]

他方、赤羽方面に目を転じると、工兵第一大隊は前日まで群馬県の前橋で行っていた転地架橋演習の後片付けに追われ、雨の中で材料の整理作業を行っていた。[33] 一方、隣接する近衛工兵大隊では、秋季演習にむけた後備役の招集が行われており、各地から在郷軍人が集まっていた。下士官の一人として招集された『横浜貿易新報』の「老軍曹」記者は、後に近衛工兵大隊での震災体験を新聞紙上に発表することになる。[34]

正午前、検閲中の部隊を除き、在京部隊は各々の兵営で昼食の時間に入った。一般的な兵営は木造二階建ての兵舎数棟から構成され、各兵舎は大隊及び中隊ごとに分かれていた。中隊の兵舎内は一〇人前後の兵士で構成される内務班によって区切られ、兵士たちはそこで寝食を共にした。また、内務班の班長を務める下士官たちは、下士官専用の部屋が割り当てられていた。もちろん、将校以上になると執務室のほか、将校集会所が用意され、中隊長以上になると個室も与えられた。そして将兵たちが各々の場所で食事を始めた時、大地は揺れ始めたのである。

## 第2節　地震発生と陸軍の対応

### (1)　在京部隊の初動

午前一一時五八分、激しい震動が東京を襲った。武村雅之の研究に依れば、近世期以降の干拓地である隅田川東側の震度は高い一方、皇居とその南西部に位置する地域、さらに山手方面の震度は低かった[35]。ちょうど兵営群の所在する地域は震度の低い地域と重なり、被害は大きくなかったが、都市の社会基盤は崩壊、電信・電話などの情報伝達手段は断たれてしまった。加えて、市内一三〇箇所から発生した火災は日本海を北上する台風の風に煽られて拡大していった。そうした刻々と変化する状況に在京部隊は対応しなければならなかった。

近衛歩兵第四連隊の兵営で被災した高杉善治（見習士官）は、地震発生時の状況を次のように回想している[36]。

九月一日、その日私達は午前中代々木の練兵場で演習を行い、十一時頃兵営に帰り、恰度内務班で昼食が始まった時であった。当初、ゴーッという地鳴りが聞えてきたと思うと、急に五〇糎ほども突き上げられるような、ひどい上下動があり、続いて今度は強度の水平動がやって来た、内務班の整頓棚の上の衣服類はバタ、バタとひっくりかえされ、よろよろとして歩行も困難であった。

また、北豊島郡岩淵町の近衛工兵大隊で被災した「老軍曹」も同様の内容を述べている[37]。

身体にシックリとそぐわぬ軍服に軍曹の肩章がついた男が二人と伍長が一人折りから当番の運むで来た昼食に箸

をつけた。大正十二年九月一日正午に三分前赤羽近衛工兵大隊の後備下士室に於てゞある。其朝入隊して三、四年ぶりに味はう麦めしに茄子の煮つけか何かで一箸下ろした刹那、ゴウと地鳴りがしたと思ふか思はぬ間にグラグラと揺れて来た。併し御互にヤセ我慢を張って「ナーニ大丈夫ですよ」と次に箸を下ろさうと試みたが、それは無駄な努力に過ぎなかった。ゴツンゴツンと激しい上下動途端にそこいら中からミリミリと無気味な音をたて卓子の上にあったアルミニュームの御菜を入れた皿や湯飲茶碗が躍り出す。

その直後、近衛工兵大隊は混乱に陥ったようで、各々の部屋から飛び出した将兵たちで廊下や階段は埋め尽くされた。地震直後、兵舎内の内務班や個室で昼食に入った将兵たちは、屋外に出ることを最初に考えた。おそらく他の兵営でも状況は変わらなかったと推察できる(38)。

ここで注目したいのが、内務班の各班長の行動である。高杉の回想に依れば、中隊命令を受けた班長たちは、部下たちに「帽子と靴、銃と剣だけを持って、すぐに営庭に退避、舎前に集合」と命じたという(39)。これは軍隊内務書（一九二一年三月一〇日、軍令陸第二号）第一五章「火災予防、消防及非常呼集」の第一四〇「非常呼集ヲ要スルトキハ聯隊長若ハ現在スル上級先任者ハ非常ノ号音ヲ吹奏セシムヘシ此ノ号音ニテ下士以下携帯兵器ヲ携ヘ舎前ニ整列スルモノトス」に基づいている。屋上の瓦が落下するなか、幹部たちは兵士たちの安全を確保しつつ営庭に誘導、兵士たちも銃剣を持ってそれに従った。その後、各兵営では負傷兵の治療や被災状況の確認が行われたほか、営庭に天幕を張り、余震の合間を縫って兵舎内から必要な軍装品や糧食を搬出していった。同様の対応は近衛歩兵第三連隊や近衛工兵大隊の記録からも確認できる。

在京部隊は活動拠点の安全を確保すると、施設の警戒を強めつつ、兵営周辺での救護活動を開始する。情報伝達の手段が断たれたため、在京部隊は各指揮官の裁量で行動、東京衛戍服務規則で定められた箇所へ応援隊を派遣したほか、兵営近傍で被災者の救助や消火活動を実施した。また、救護所を開設して負傷者にも対応し、一部では兵営を開放して被災者の受入を開始する。例えば、一ツ木町の近衛歩兵第三連隊は直ちに救護活動を開始、赤坂区新町で発生した火災に対応すると同時に、兵営を開放して約一五〇〇人を天幕に収容、負傷者には応急処置を施した。[40]さらに午後二時三〇分、清水谷公園に救護所を開設して救療活動を行ったほか、建物の下敷きとなった人々の救助にもあたった。一方、被災した人々も軍隊を頼って兵営に集まり、直接、兵士の派遣を求めていった。[41]

幸い人的被害が軽微だったため、各部隊は直ちに行動することができ、山手方面の被害拡大は抑えられた。こうした素早い対応の背景には、日頃からの災害対応の経験があったと考えられる。しかし、各部隊は施設保護や兵営周辺の対応に手一杯で、他へ十分な応援をまわすことはできなかった。また、指揮命令系統が断絶したため、災害の状況に応じた効率的な展開も不可能だった。前章で検討したように、過去の大規模災害では、東京衛戍総督部（司令部）と部隊間の連絡は主に電話回線によって行われ、兵員や資材の移動には鉄道が用いられたが、社会基盤の崩壊や活動拠点の被害によって、在京部隊は組織的に動くことはできなかった。

そうしたなか、軍隊は活動の糧となる軍事物資を失うことになる。将兵たちの素早い対応で兵営の被害は抑えられたが、陸軍所管の教育施設や工廠は大きな被害を受けた。その一因は施設内で保管する薬品の存在にあった。[42]麹町区富士見町の陸軍軍医学校では、職員や学生、患者の避難は円滑に行われたが、軍陣衛生学教室や化学兵器研究室の薬品が倒れ、発火と同時に有毒ガスが発生する。これは職員の迅速な対応と、午後二時一〇分に来援した近衛歩兵第二連隊の一個分隊の協力によって鎮火・埋没に成功するが、十分な応援を得られなかった施設では被害の拡大を阻止できなかった。例えば、大崎の衛生材料廠では、建物の倒潰と同時に薬品から出火し、六棟あった倉庫は一棟を残してすべて焼失する。[43]衛生材料廠は陸軍省医務局の管轄で、陸軍の使用する医薬品や器材を製造・保管する施設である。職員は全員で消火に当たったが、その数は少なく、消防署や近隣の兵営にも応援を求めたが、混乱状況でそれは実現しなかった。さらに水道の断水が追い討ちをかけた。衛生材料廠の消火設備は水道消火栓に頼っていたため、断水によって放水が不可能になった。衛生材料廠の火災は施設の一部を破壊することで鎮火に成功するが、倉庫の焼失によって多くの衛生材料が失われ、後の救療活動に影響を及ぼすことになった。

以上のように、在京部隊の被害は小さく、すぐに兵営周辺で救護活動に着手したものの、司令部との連絡手段を失ったため、災害状況に応じた展開は難しかった。また、電信・電話網の崩壊は上からの指示だけでなく、現場からの情報が集まらないことを意味し、司令部は情報収集の手段を一つ失った。社会基盤の崩壊は軍隊の組織的な活動を不可能にしたのである。さらに軍事物資を失った点も大きく、初期の救護活動は停滞することになった。

### (2) 東京衛戍司令部の対応

地震直後、近衛師団長が不在のため、急遽、第一師団長が東京衛戍司令官の職務を代行することになった。午後一時一〇分、石光真臣は永田町の陸軍省構内から「非常警備ニ関スル命令」を発令、「東京市街火災其他ノ異変ニ対スル援助ノ為メ、近衛師団、第一師団ノ区域ヲ、左ノ如ク定ム」と、担任区域の境界線を甲武線―新宿―四谷見附―赤坂見附―虎ノ門―日比谷公園―憲兵司令部―永代橋―両国橋―両国停車場―総武本線のラインに設定し、北部(線路上を含む)の警備を近衛師団、南部の警備を第一師団に担当させた(44)。

東京衛戍服務規則の全文が確認できないため、具体的な警備体制は判らないが、石光は師団司令部の位置からそれぞれの担当地域を南北に分けたと考えられる。こうした師団ごとの地域分担は、日比谷焼打ち事件や関東大水害でも確認でき、各司令部が隷下の部隊を動かしていった(45)。また、命令内容から窺えるように、陸軍が対応しなければならなかったのは火災であった。先行諸研究では、最初から陸軍が治安維持活動に邁進しているように描かれているが、初期の部隊展開は災害自体に対処するものであった。さらに石光は同じ「非常警備ニ関スル命令」で「衛戍事務ハ、陸軍構内ニテ執行ス」と司令部の位置を示し、午後二時に東京衛戍司令部を近衛師団の庁舎から陸軍省の構内に移した。これによって中枢機関の集まる三宅坂が陸軍の震災対応の中心地となった。

石光の命令は衛戍司令官の判断による出動を定めた衛戍条例第九条三項に基づくもので、在京部隊の活動根拠もこの規定にあった。一方、東京における出兵請求権を有する警視総監の赤池濃は、警察力だけでは事態に対処できないと考え、警視庁の本部庁舎が燃え始めた午後二時頃に「衛戍総督」への出兵要請を判断、警務課長の小林光政警視を本来の衛戍司令部である近衛師団司令部に派遣して出兵の内諾を得た(46)。後述するように、この時点で赤池は戒厳令の適用も視野に入れていた。続いて午後四時三〇分には、「警戒救護ノ為相当兵員御派遣相成度此段及要求候也」と、「森岡近衛師団長殿」に対して書面による出兵要請を行っている(47)。当時、森岡守成が不在の上、衛戍司令部も陸軍省に移っていので、どのような事務処理が行われたかは不明だが、手続は円滑に進まなかったと推察できる。加えて、赤池がすでに存在しないはずの「衛戍総督」に出兵を求めたとする回想は、東京衛戍総督部条例の廃止に警視庁官制が対応しておらず、条文中に「東京衛戍総督」の文言が残っていたためだろう(48)。

しかし、在京部隊の活動は警察側の要望によっても裏付けられた。午後二時、石光は治安維持の方策として両師団の将兵三〇〇人を補助憲兵として憲兵司令部へ派遣したほか、同三〇分には、自動車隊を陸軍省や師団司令部の直轄とし、部隊輸送や消火活動、被災者の救助にあてた(49)。続いて午後三時に都心部の消火活動にあてるため、赤羽の工兵大隊の招致を決定、同時に東京第一及び第二衛戍病院と在京各部隊に救護班の編成と救護所の開設を命じる。また、自動車による巡回救護班を編成して京橋・日本橋方面に出動させた。さらに午後五時頃には、両師団の糧秣倉庫の開放を決定するなど、衛戍司令部は警備や救護に関する命令を次々と発令していった。

さらに午後三時頃には、皇居から非常号砲五発を放ち、府下の非常事態を各方面に伝えた(50)。近衛工兵大隊の「老軍曹」記者は、「確か午後二時だったと思ふ。東京の空にムクムクと恐ろしい龍巻の様な雲か起り見る見る拡大して行った。あとで思へば夫れが東都を焼きつくした劫火の煙りであったらしい。突如五発の砲声が東京の方向から天に響いた。宮城で発射された非常号砲である。武装した各中隊の兵は砂煙を残して営門を出ていく。馬上の大隊長以下将校の姿だけが目について居たのも暫し聽がて見へなくなってしまった。云はずとも知れた東京への出動である」と、前後の兵営の状況を体験記に記している。[51] 非常号砲には臨時招集の意味もあり、それを耳にした現役兵たちは各兵営に戻らなければならなかった。[52] 外出中に被災した歩兵第三連隊の将兵たちも麻布の兵営をめざしていった。[53] こうした点から衛戍司令部は市内中心部に兵力を集めようと考えていた。

だが、次々と出される衛戍司令部の命令は、末端の部隊まで円滑に伝わらなかった。既述の通り、電話が不通となったため、衛戍司令部は自動車やオートバイ、自転車、徒歩によって直接各兵営に命令を伝えようとする。しかし、火勢が強まるとともに、延焼地域は拡大、治安維持に派遣された補助憲兵までもが憲兵司令部等の自衛消防に割かれた。[54] そうしたなか、連絡員の移動は道路や橋梁の崩壊、火災によって阻まれ、各兵営への命令伝達を遅らせた。例えば、近衛工兵大隊と第一工兵大隊には、午後三時に出動命令が出ているが、それが届いたのは、前者が午後六時三〇分、後者が同四五分で、両大隊が指定された場所に到着するにはさらに時間を要した。ここからも在京部隊が組織的に動けなくなっている様子が窺える。

近衛工兵大隊の留守大隊に組み込まれた「老軍曹」によれば、兵営は「陸軍省や師団司令部あたりから来るらしいオートバイやサイドカーの伝令が一再ならず爆音を轟かせ駈け込むで来る。何とも名状し難い一種重苦しい様な空気は営庭を掩い尽くしてしまった。全く戦時気分である。外部の状況は全然知ることが出来ぬ」という状況で、人の往来は激しくなるものの、末端まで情報は伝わってこなかった。[55] そうしたなか、兵士たちの不安は増し、兵営内は「焦燥、危惧の念は云い合さねど各人の顔に浮ぶ負け惜しみに景気をつけて戯談口を利く者があってもお愛相に笑ひ返へす声に力がない」という状態に陥った。「老軍曹」は「恐らく誰れの頭も家郷の安否で一杯になって居た事であらう」と兵士たちの心情を代弁している。夜に入り、東京や横浜方面の炎が天を焦がすなか、情報を得られない兵士たちはさらに不安を募らせた。この状況は被災地に家族を持つ他の兵営の兵士たちも同様だっただろう。

衛戍司令部は災害状況に対応するため、隷下の部隊に出動を命じたものの、社会基盤の崩壊や火災の拡大によって円滑な命令伝達はできなかった。意思疎通の手段が失われたことは、効率的な部隊展開だけでなく、実際に現場で働く兵士たちにも動揺を与えた。特に被災地に家族を持つ兵士たちは、安否確認ができない状況で、治安維持活動や救護活動を進めなければならなかった。こうした不安定な心理状態が様々な混乱を招く背景にあったのである。

### (3)　第一師管内の部隊招致

東京衛戍司令官代理となった石光真臣をどこの部署の職員が支えたかは定かではないが、近衛師団司令部や第一師団司令部は石光の指揮下でそれぞれ対応にあたった。まず、近衛師団は石光の命令に基づき、午後二時に補助憲兵を東京憲兵隊に派遣したほか、午後九時には、東京市内の警備と救護に用いるため、隷下の騎兵第一三連隊及び同第一四連隊（習志野）、野戦重砲兵第四連隊（下志津）、鉄道第一連隊及び同第二連隊（千葉）の招致を決定、また、下志津で演習中だった近衛歩兵第一連隊にも帰還を命じた。これらの命令は自動車やオートバイによる連絡員の派遣や、翌日以降の航空機連絡で各衛戍地に伝えられた。この時点で近衛師団司令部の大部分は森岡守成に随伴していたので、留守中の司令部職員が対応したと考えられる。

他方、第一師団司令部は一日午後一時三〇分に「非常警備ニ関スル命令」を受領し、警備担当地域を虎ノ門―高輪御所のラインで東西に区分、東部を歩兵第一連隊、西部を歩兵第三連隊の担当に設定した。ただし、後者は多く将兵が外出中だったため、西部地域をさらに赤坂見附―青山六丁目―大山街道のラインで南北に区分し、北部を輜重兵第一大隊（駒場）、南部を騎兵第一連隊（世田谷）の担当とした。続いて午後二時三〇分、近衛師団と同様に補助憲兵を憲兵司令部に派遣、その後、午後三時三〇分には、巣鴨刑務所及び小菅刑務所の警備を衛戍司令部から命じられ、野砲兵第一連隊（駒澤）と野戦重砲兵第三旅団（国府台）をそれぞれ巣鴨と小菅に派遣する。ただし、師団司令部から国府台への命令伝達は電話の不通や交通手段の途絶によって遅れ、派遣が実現したのは翌二日であった。さらに午後五時、第一師団は国府台衛戍地の金子直少将（野戦重砲兵第三旅団長）に対し、「貴官ハ、国府台衛戍部隊ヲ以テ、速ニ本所深川方面ニ出動シ、同地附近ノ警備ニ任スヘシ」と命令、オートバイによる伝令を派遣するが、その命令が届いたのは、旅団隷下の野戦重砲第七連隊の記録から考えて、午後九時前だったと推察できる(56)。

このように一日の夕刻以降、近衛師団や第一師団は東京衛戍地外の部隊招致を決定するが、司令部から部隊への命令伝達は円滑に進まなかった。また、情報収集もままならず、時間の経過とともに進行する災害の状況を正確に掴むことはできなかった。そうしたなか、衛戍司令部は電話線を回復させるため、午後一時に近衛歩兵第二連隊と同第三連隊の通信班に出動を命じる。各通信班は午後四時までに陸軍省と皇居、赤坂離宮、首相官邸、内相官邸、警視庁、東京市役所、近衛師団司令部、憲兵司令部の間に軍用電話を架設していった(57)。ただし、歩兵通信班の対応は応急的な措置で、電話線も不完全な状態だった。衛戍司令部はさらに電信第一連隊（中野）に出動を命じ、通信網の強化を図ったが、それが実現できたのは都心部の重要施設に限られた。

連絡ができない状態は現場の部隊においても同様で、被害の拡大を目前にしながら動けない場合もあった。例えば、野戦重砲兵第一連隊（国府台）の第六中隊に所属していた久保野茂次一等卒は、「山の如く東屋の処で火災の焔が天をこがしても、我々兵隊は異口同音に、何故この眼前の大都市のこの災厄に救助に行かないだろうといふてた」と、一日夜の兵営内の様子を日記に記している(58)。国府台に大きな被害はなく、兵士たちは自分たちが動かないことを疑問に感じていた。ちょうど国府台の兵営から江戸川を挟んだ対岸が東京であった。だが、部隊が動けない理由は先に述べた出兵制度にあった。野戦重砲兵第三旅団は国府台衛戍司令官を兼務する金子の判断で動くことができたが、その範囲は衛戍区域である千葉県東葛飾郡市川町周辺に限られた。衛戍線外の活動は第一師団長の判断を仰がねばならならず、独断で動くことはできなかった。これは「衛戍」という軍事の論理が部隊の動きを制限したといえる。

電話連絡ができない旅団司令部は、午後四時に自動車による連絡員を派遣して司令部との意思疎通を試みた[59]。要するに、一日夕刻の時点で、師団司令部と旅団司令部は相互に連絡員を派遣し合っていたのである。しかし、火災が拡大するなか、双方の連絡員たちはそれぞれ迂回しながら目的地をめざしていった。最終的に旅団の連絡員が師団司令部に到着したのは、一日午後一一時五〇分で、すでにこの時には、国府台に出動命令が届いていた。他方、旅団司令部は独自の対応として、午後二時に東京市出身者の一時帰宅を許可した。しかし、帰宅者の一部も火災のため入京できず、兵営に戻ってくる。国府台の部隊が動き出すのは、命令受領後、日付が二日に変わる頃で、それまでは東京方面の惨状を目にしながら有効な手を打つことはできなかった。

以上のように、近衛師団司令部や第一師団司令部は、石光の意向に従い、それぞれ千葉県駐屯の部隊を招致したものの、ここでも社会基盤の崩壊によって意思の疎通ができなくなっていた。また、軍事の論理も部隊レベルの意思決定に制限を加えていた。このような状況は近衛師団長の帰還にも影響を与えた。

## 第3節　戒厳令の適用

### (1)　東京衛戍司令官の帰還

地震発生後、東京をめざした森岡守成は、後年、自らの回想記に困難を極めた帰還の様子を書き記している[60]。森岡は地震発生後も下志津で検閲を続け、すべてが終了した午後四時に千葉市内の旅館にむけて出発した。おそらく下志津では、被害の深刻さに気が付かなかったのだろう。しかし、千葉にむかう過程で東京方面の異変に気づき、禁闕守衛の任務と東京衛戍司令官の職務を思い出す。森岡は直ちに参謀長の寺内寿一を自動車で帰京させると同時に、自らも準備を整えて帰京の途に就いた。午後九時三〇分頃、先発した寺内一行は陸軍省内の衛戍司令部に到着したものの、森岡一行は道路の寸断や火災に阻まれ、前に進むことができなかった。

最初、上野・浅草方面の火災が南下するのを確認した森岡は、江戸川の上流から千住方面もしくは赤羽方面に迂回することを試みたが、市川で橋梁の崩落を知ると、小松川・大島方面からの進入を模索する。しかし、道路は避難民で溢れたため、自動車を棄て、幕僚に亀戸・錦糸町方面を偵察させたが、同方面からの進入も不可能だった。ちょうど本所・深川方面は火災によって焼き払われつつあり、また、中川から隅田川に至る水路も荷船で埋まっていた。そこで東葛飾郡役所で小船を得て江戸川を南下、海上から月島方面の惨状を眺めつつ、ようやく二日早朝に芝浦に辿り着いた。結果的に森岡は、千葉から下町方面の被災状況を確認しながら帰還することになった。午前八時、陸軍省に到着した森岡は、赤坂離宮で摂政宮に謁見した後、東京衛戍司令官の職務を石光と交代する。これによって東京衛戍地内の指揮命令系統は本来の形に復帰したのである。

他方、同じく下志津に出張していた近衛歩兵第一旅団司令部や近衛歩兵第一連隊も決断を迫られていた。旅団司令部は師団司令部と同様に、直ちに東京方面へ引き返し、一日午後一一時には、代官町の庁舎へ帰還するが、連隊だけはそのまま下志津で演習を継続した。この日、連隊は夜間演習を実施する予定で、正午前から仮眠を取るなど準備に入っていた。第一一中隊に所属していた川北重男は当時の状況を次のように述べている。(61)

九月一日は大隊対抗の夜間演習検閲執行で兵は十一時に昼食を済まし、午睡中私は廠舎の近くで野重が大日山向け実弾射撃をしているのを数名の戦友と共に近くの土堤に登り見学して居ました。其の最中（午前十一時五十八分頃）大轟音と共に大地震が起り、午睡中の兵は窓から飛び出し中の軍需品や手持品は棚から落ち銃架より銃の倒れる物凄い音で昼夜を問はず余震は其の後一〇回も続きました。

下志津演習場の兵士たちも断続的に続く震動のなかにあった。午後三時頃、連隊の将兵たちは東京方面の空が煙で真っ暗になるのを目撃し、その後、東京方面から焼けた葉書や文書が風で下志津まで飛ばされてくる。これらの現象や連隊に入ってくる情報から東京方面で大規模な火災が発生していることが察せられた。

しかし、連隊は夜間演習を実行する。師団長の命令がない限り、既定の演習予定を変更することはできなかった。結局、夜間演習は演習場全体が火災で明るく照らされたため中止となるが、連隊は日付が変わるまで対応を決めかねていた。連絡が途絶えるなか、各地の部隊指揮官はそれぞれ決断を迫られていたが、近衛歩兵第一連隊の対応は、規則を尊重し、独断による行動を控えた例といえる。連隊が撤収準備を始めたのは帰還命令を受けた二日早朝で、竹橋の兵営に戻ったのは三日午前四時三〇分であった。ここでも軍事の論理が部隊の行動に制限を加えていた。

### (2)　戒厳令の適用と陸軍の対応

先に近衛師団や第一師団が東京衛戍地外の部隊招致を進めた点を述べた。それと同様の判断が陸軍首脳の間でもあった。陸軍大臣の山梨半造大将は、参謀総長の河合操大将と協議した上で、東京衛戍地外の部隊招致を決定、東京衛戍司令部は一日午後九時に東京近郊の各部隊に出動を命じた。本来、各師団長は所属の異なる師団への指揮命令権はなく、衛戍地外への出動を命じることはできないが、この場合は陸軍首脳の判断でそれを可能にしたのだろう。また、衛戍条例第八条の「衛戍地ニ在ル軍隊ハ衛戍司令官ノ管轄ニ属セサルモノト雖衛戍司令官ノ定メタル衛戍ニ関スル諸規則ヲ遵守スヘキモノトス」や、衛戍勤務令第七四条の「一時衛戍地ニ宿営スル軍隊ノ指揮官ハ其目的及予定日時ヲ衛戍司令官ニ通報シ且衛戍上ニ関スル指示ヲ受クヘシ」にあるように、外部の部隊であっても東京衛戍地内では、東京衛戍司令官の指示を仰がなければならなかった。つまり、第一師団長の石光真臣は、近郊に駐屯する近衛師団の部隊を各衛戍地から動かす権限はなかったが、それが東京衛戍地内にある場合は指示を出すことができた。

続いて日付が変わる前後に、山梨と河合は摂政宮の許可を得た上で、第一師管外の部隊招致を決定する。この対応は中央機関の業務担任を定めた陸軍省参謀本部教育総監部関係業務担任規定（一九一三年七月一〇日制定）の第五条に基づくもので、第一段階として、北関東（第一四師団／宇都宮）、信越（第一三師団／高田）、北陸（第九師団／金沢）、東北（第二師団／仙台、第八師団／弘前）の部隊に出動を命じた。招致部隊の規模は第一三師団及び第一四師団が歩兵二個連隊と工兵一個大隊、衛生機関、それ以外は工兵一個大隊と衛生機関であった。ここから窺えるように、隣接する第一三師団や第一四師団には事態への即応が求められた。また、土木・建築の技術を有する工兵や医療技術を有する衛生機関が動員されている点からも地方部隊の動員は治安維持活動に限定されるものではなかった。

さらに陸軍省は教育総監部管下の教導隊や生徒隊も東京衛戍司令官の指揮下に組み込もうと考えていた。日没後、陸軍省に赴いた教育総監部本部第一課の森五六中佐は、軍務局軍事課の要請で、教導隊や生徒隊を東京衛戍司令官の指揮下に編入する総監命令案を起案、午後九時以降、教育総監部本部長の宇垣一成や同総監の大庭二郎大将を訪ねて承認を得ていった(62)。すでに在京部隊の兵力は限界を迎えており、陸軍首脳は東京近郊の兵力を結集することで事態の打開を図った。だが、それらを一元的に動かすには、担当者間での権限の調整が必要であった。

さて、二日に東京衛戍司令官に復帰した森岡守成は、午前一〇時に隷下の部隊に対して被災地の警備に就くよう命令、午後二時には主力部隊が配備に就いたほか、午後一〇時までには全部隊の展開が完了した。具体的な命令内容は確認できないが、直接、被災現場を確認してきた森岡は、混乱する人心を安定させるため、軍隊による治安維持活動を指示したのだろう。この時点で陸軍の対応は救護活動から治安維持活動を主とするものへ変化していく。

一方、東京衛戍司令官を解かれた石光には、新たに第一師団長の職務に関する問題が浮上する。第一師団長には、師管内全域を警備する任務があり、東京衛戍地の対応に専念できるわけではなかった。二日午前七時、横須賀衛戍地から徒歩伝令があったのを皮切りに、連絡の途絶えていた横浜方面の情報が入ってくる(63)。さらに午後には、神奈川県警察部警務課長の野口明警視と高等課長の西坂勝人警部が司令部を訪れ、安河内麻吉県知事の出兵要請を伝えた(64)。石光はこれに難色を示し、兵力不足から横浜方面への部隊の派遣を断る。西坂の回想によれば、「帝都の治安維持が第一で、横浜などは後回しだ」と言われたという(65)。第一師団は東京衛戍地の対応に手一杯で、横浜方面にまで考えが及んでいなかった。結果的に神奈川県の出兵要請は、隣県部隊の到着と師団参謀の進言で受け入れられ、翌三日に歩兵一個中隊が派遣された。この点からも明らかなように、第一師団の処理能力は限界に達していた。

そうした混乱状況のなか、戒厳令の必要性に迫られた政府は、二日午後〇時四五分に摂政宮の裁可を経て勅令第三九八号を公布、一定の地域に戒厳令の必要な規定を適用することを定めた。続く勅令第三九九号は、東京市と隣接五郡に戒厳令第九条及び第一四条を適用したほか、その責任者を東京衛戍司令官に指定している。ちなみに適用対象となった戒厳令第九条及び第一四条は次の通りである。

第九条　臨戦地境内ニ於テハ地方行政事務及ヒ司法事務ノ軍事ニ関係アル事件ヲ限リ其地ノ司令官ニ管掌ノ権ヲ委スル者トス故ニ地方官地方裁判官及ヒ検察官ハ其戒厳ノ布告若クハ宣告アル時ハ速カニ該司令官ニ就テ其指揮ヲ請フ可シ

第一四条　戒厳地境内ニ於テハ司令官左ニ記列ノ諸件ヲ執行スルノ権ヲ有ス但其執行ヨリ生スル損害ハ要償スルコトヲ得ス

第一　集会若クハ新聞雑誌広告等ノ時勢ニ妨害アリト認ムル者ヲ停止スルコト

第二　軍需ニ供ス可キ民有ノ諸物品ヲ調査シ又ハ時機ニ依リ其輸出ヲ禁止スルコト

第三　銃砲弾薬兵器火具其他危険ニ渉ル諸物品ヲ所有スル者アル時ハ之ヲ検査シ時機ニ依リ押収スルコト

第四　郵信電報ヲ開緘シ出入船舶及ヒ諸物品ヲ検査シ並ニ陸海通路ヲ停止スルコト

第五　戦状ニ依リ止ムヲ得サル場合ニ於テハ人民ノ動産不動産ヲ破壊燬焼スルコト

第六　合囲地境内ニ於テハ昼夜ノ別ナク人民ノ家屋建造物船舶中ニ立入リ検察スルコト
第七　合囲地境内ニ寄宿スル者アル時ハ時機ニ依リ其地ヲ退去セシムルコト

これによって部隊を動かす森岡には、地方行政や司法に対する部分的な指揮権が与えられた。また、一般市民に対しても強制力の行使や、民法上の権利を制限することが可能となった(66)。つまり、行政執行法によって定められていた警察の強制力とほぼ同等の権限を東京衛戍司令官は得たのである。

そうした状況を受け、午後四時、森岡は一般に対して「衛戍司令官告諭」を、また、各部隊に対しては「警備ニ関スル訓令」をそれぞれ出している。前者の命令については、勅令第三九九号によって「本職ハ東京市及其附近ノ静謐ヲ保ツノ権ヲ委セラレタリ」と自らの立場を述べるとともに、「各人深ク自ラ慎ミ、静謐ヲ保持スルノミナラス、救護ニ任スル軍隊ニ対シテハ、可成之ニ協力センコトヲ望ム」と、治安維持活動や救護活動への協力を求めた。一方、後者の命令では、「罹災セル一般官民ニ対シテハ、懇ニ救護ニ従事スヘシ」としながらも、「万一此ノ災害ニ乗シ非行ヲ敢テシ、治安秩序ヲ紊ルカ如キモノアルトキハ、之ヲ制止シ、若シ之ニ応セサルモノアルトキハ、警告ヲ与ヘタル後、兵器ヲ用フルコトヲ得」と強硬手段に出ることを命じ、衛戍司令官告諭でもそのことに触れている。ただし、森岡は警察や司法機関に対する指揮、また、強制力の行使に関する具体的な指示は出さなかった。

ここで軍隊の出した警備方針について考えてみたい。二日の状況について森岡は、「朝鮮人暴動」等の流言が広まったため、「至る処に暴行斬殺等の不祥事勃発し、警察の威力全く停止したるを以て、遂に衛戍勤務令の制裁に従ひ、衛兵の命を拒むものは治安維持上断乎たる処置に出づの已を得ざるに至れり」と回想しており、強硬な姿勢の背景には、混乱に伴う治安の悪化があった(67)。森岡の「衛戍勤務令の制裁」とは、兵器の使用を定めた衛戍勤務令第一二条の規定のことであろう。衛戍勤務に就くものは、①暴行を受け自衛のため止むを得ざる場合と、②多くの人が集合して暴行を働く時、兵器を用いなければ鎮圧の手段がない場合のみ兵器の使用が可能であった。まさに「警備ニ関スル訓令」と一致している。実際、こうした方針に基づき、各部隊は実弾を携帯して治安維持にあたった。

しかし、現場の部隊は戒厳令の適用に即応できたわけではなかった。近衛歩兵第三連隊の『聯隊歴史』に依れば、同部隊が「警備ニ関スル訓令」を受けたのは午後五時、戒厳下令の伝達を受けたのは午後七時で、それぞれの受領時刻が前後している。加えて、兵営から離れて活動する部隊に情報が伝わるには、さらに時間を要しただろう。連絡手段が断たれた状況下では、たとえ戒厳令適用の情報があっても、軍隊はそれに基づいて動くことはできなかった。

以上のように、戒厳令によって森岡に大きな権限が与えられたものの、これは次の段階までの一時的な措置であった。すでに二日夕刻には、軍事参議官の福田雅太郎大将に戒厳司令官就任の内命が下っており、特設の戒厳司令部設置にむけた準備が進みつつあった(68)。後に戒厳参謀に就任する森の回想によれば、教育総監から参謀就任の内命を受けた後、二日夕刻に該当者が陸軍省の裏玄関に集まって福田から訓令を受けたという(69)。その後、参謀本部総務部長の阿部信行少将を中心に司令部編成の起案作業が行われ、翌三日には、参謀本部陸地測量部内に関東戒厳司令部が新設された(70)。なお、詳細は次章で述べるが、二日午後八時頃、摂政宮が避難した赤坂離宮において山本権兵衛内閣の親任式が行われ、陸軍大臣は加藤友三郎前内閣の山梨半造から田中義一大将へ替わった。

### (3)　被災地の混乱と陸軍部隊の展開

森岡守成の命令に基づき、被災地に展開した近衛師団及び第一師団の各部隊は、担当区域内の警備を実施するとともに、被災者の救助や避難誘導、救療活動等を行った。両師団ともに旅団・連隊ごとに担当区域を区切り、現地に進出した連隊本部はさらにその周辺の警備担当を大隊・中隊ごとに振り分けていった。各隊は要所を固めつつ、担当区域内を巡察しながら警察とともに治安維持を担った。こうした部隊の分散配置は軍隊が広範囲に展開することで、その存在を示し、人心を安定させるのに効果があったが、反対に上下間の意思疎通を欠くなど、混乱を拡大させる面もあった。指揮命令の観点から分散配置を見た場合、情報伝達の面では著しく不利だった。

先に軍隊の活動目的が救護から治安維持に移行していく点を指摘した。その背景の一つには、「朝鮮人暴動」に代表される流言があり、被災地の混乱に拍車をかけていた。これについては朝鮮人・中国人の殺傷問題を追及する観点からその発生源や拡大過程の検証作業が進められてきた。また、佐藤健二は流言の実態把握の困難さを指摘した上で、行政刊行物を中心に詳細な分析を行っている[71]。ここで問題としたいのは、軍隊が流言に翻弄された点である。

被災地では、渡航した朝鮮人と日本人との間で労働力をめぐる感情的な対立や、相互の文化に対する認識不足等があり、「朝鮮人暴動」に関する流言の発火点となった。また、震災以前の新聞各紙には、朝鮮人による「暴行」や「陰謀」、さらに抗日運動に伴う爆弾使用や「不逞鮮人」の文字が躍っていた。「朝鮮人暴動」を信じる素地が人々の間に形成されていたのである。そうしたなか、燃え続ける火災や電気のない暗闇、爆発音、焼け跡の臭気など、非日常的な状況が人々の心理状態を不安定にさせたと推察できる。加えて、唯一のメディアであった新聞社の機能不全も流言の拡大に拍車をかけただろう。その結果、流言は爆発的に拡大、軍隊の救護活動を停滞させることに繋がった[72]。

警視庁編『大正大震火災誌』によれば、「朝鮮人暴動」ではないが、地震発生の約一時間後、一日午後一時頃には流言の流布が始まったという[73]。その後、午後三時頃には、「社会主義者及ビ鮮人ノ放火多シ」の情報が登場する。ただし、一日夕刻の段階では、警察は流言の発生を認知しながらその危険性を認識せず、十分な対策をとらなかった。警視庁は本部庁舎だけでなく、市部にあった四〇の警察署のうち、半数以上の二五を火災で失ったほか、派出所や駐在所も大きな被害を受けていた。さらに軍隊と同様に、警察の連絡手段も崩壊、上下間の意思疎通もままならない状態であった。そうしたなか、警察は態勢の立て直しに加え、火災への対応や被災者の避難誘導、救療活動等に追われていった。治安維持に力を割くのは難しかったのだろう。

しかしながら、流言は拡大し、在京部隊の兵営にも様々な情報が入ってきた。赤羽の「老軍曹」は二日朝の兵営の

状況を次のように述べている。(74)

昨夜東京へ帰った兵達が二人三人と追々力のない足どりで帰って来る。其多くが家は既に焼かれて居たが火で近寄れず家族の安否も確かめる術なく帰隊したと云ふ風に悲惨な報告をする者が多い。そして彼等は殆んど申合せた様に東京は全く焦土と化し横浜も同一の運命に陥って居ると消息を齎らした。東京の死者五十万、横浜同二十万との噂やら伊豆大島は影を没し七島全部から噴煙が盛んで江の島は真二つに裂け湘南の海岸一帯は大海嘯の襲来に跡方もなく洗い去られたなどと途徹もない号外が甲から乙へ乙から丙へと語りつがれる。外間との連絡の全くない兵舎にあっては半信半偽で夫れでも我れ先きを争って其の語り手の周囲に詰めかける。

この時点で「老軍曹」の回想には「朝鮮人暴動」の文言は登場しないが、事実とは異なる誇張された被害が伝わっていた。だが、末端の将兵たちにその情報源を確認する術はなく、不安な気持ちに駆られながら情報に集まった。「老軍曹」は新聞記者だけあって、そうした状況を「恰も渇者が水を求める様な状態で彌や増す不安に責なまれ乍ら一句でも新しい消息を得やうと果かない《ママ》努力を重ねたことである」と、冷静に観察している。将兵の間でも流言を鵜呑みにするような状況が生じつつあった。

その後、二日夕刻頃から「不逞鮮人」の集団が多摩川方面から来襲するという情報が伝わると、大山街道に沿った兵営群では、それに対する対応がとられた。例えば、近衛歩兵第三連隊は兵営の警備を強化している。(75)

日没前ヨリ流言蜚語盛ニ行ハレ鮮人暴行ノ報頻ニ至ル黄昏時屯営附近ノ住民不逞鮮人来襲ノ報ニ戦慄キ屯営ニ向ツテ殺到ス避難民中ニ不逞ノ徒ノ混入シアラン事ヲ慮リ門ヲ閉チテ入レス群集暗黒ナル路上ニ肩摩雑沓ス混雑ノ裡ニ弾薬ノ分配ヲ終リ篝火ヲ営庭各所ニ配置ス

朝鮮人を恐れて軍隊を頼る避難者と、それに備えて兵営の警備を強化する軍隊の様子が窺える。文中に「流言蜚語」

とあるが、この史料は落ち着いた段階で記されたものなので、おそらく二日の段階では、流言という確証はなかっただろう。実際、二日午後七時三〇分に「鮮人二百名青山御所ニ来襲スル」の情報を得た近衛歩兵第三連隊は歩兵一個小隊を派遣、異常はなかったものの、午後八時七分には軽機関銃分隊一個を追加で派遣している。また、近衛歩兵第四連隊の高杉善治の回想に依れば、「陸軍省命令という妙な電話」によって、「不逞鮮人」に備え、代々木練兵場方面の警備にあたったという(76)。この際、駒澤練兵場の方向から野砲の発射音が聞こえ、将兵たちの緊張は高まった。この発射音は避難者の懇願によって行われた威嚇射撃で、その目的は人心の安定化にあったが、それを知らない人々は緊張感を高めた。被災者と同様に、軍隊も流言によって行動を左右されていた。

他方、被災現場で活動する軍人には、そうした情報に惑わされない人間も存在した。例えば、二日午前〇時三〇分頃に小松川方面への出動を命じられた野戦重砲兵第七連隊（国府台）の千田静飛虎中尉は、一二〇人ほど兵士を率いて午前二時頃に兵営を出発、小松川方面で被災者の救護活動にあたった(77)。出動した野戦重砲兵第七連隊の目的は人命の救助で、活動上の紛失を恐れて銃剣は携帯しなかったが、乾麵麭《パン》三食分を携行していた。この乾麵麭もすべて被災者に提供している。その後、三日夜に帰隊するまで、千田は吾嬬町役場を拠点に救護活動に従事、二日夕刻までは特に変化はなかったが、日が落ちると、朝鮮人に関する不穏な情報が次々と寄せられ、周辺住民も軍隊を頼るようになる。それに対して千田は「朝鮮人暴動」の情報に否定的で、直接、目にしたのは、朝鮮人を追い回す日本人の姿であった。銃器を持たない部隊が治安維持活動を行うのは難しいと考えられるが、朝鮮人に対する日本人の感情が悪化するなか、千田は朝鮮人の保護に努め、住民から批判されつつも、負傷者には手当を施していった。

このように日付が九月一日から二日に至る段階で展開した部隊は、救護活動に専念したため、流言に惑わされることは少なかったが、兵営という閉ざされた空間にとどまった将兵たちは、焦燥している状況で「朝鮮人暴動」の情報を得たため、内容の確認をせず、そのままそれを鵜呑みにしていった。これに治安維持活動を目的とした出動命令が重なったことで、現場の部隊、特に被害の少なかった千葉方面の部隊は、「朝鮮人暴動」を前提に治安維持活動を展開していく。野戦重砲兵第三旅団も帰営した部隊から銃砲と実弾が配布され、再び東京方面に出動する。兵営は被災者を収容しつつも、次第に治安維持活動の拠点に変わっていったのである。

## 第4節　指揮命令系統の確立

### (1)　関東戒厳司令部の設置

九月三日、関東戒厳司令部条例の勅令案が陸軍大臣の田中義一から総理大臣の山本権兵衛に上げられ後、摂政宮の裁可を経て、勅令第四〇〇号で制定された。その第一条一項は、「関東戒厳司令官ハ陸軍大将又ハ中将ヲ以テ之ニ親補シ天皇ニ直隷シ東京府及其ノ附近ニ於ケル鎮戍警備ニ任ス」と、戒厳地域を統轄する関東戒厳司令官の役割を規定し、続く二項では、「関東戒厳司令官ハ其ノ任務達成ノ為前項ノ区域内ニ在ル陸軍軍隊ヲ指揮ス」と軍隊の指揮権が定められている。さらに第二条で「関東戒厳司令官ハ軍政及人事ニ関シテハ陸軍大臣ノ区処ヲ受ク」と、陸軍大臣との関係を規定した。一方、同条例の付則は「当分ノ内東京衛戍司令官ノ職務ハ之ヲ停止ス」とし、関東戒厳司令官が東京衛戍司令官の職務を担うことになった。これに基づき、東京衛戍司令官を解かれた森岡守成は、午後四時に陸軍省から近衛師団司令部に復帰、東京北部地域の警備に専念できるようになった。

加えて田中は、「関東戒厳司令官ヲ置カレタルト災害ノ関係上戒厳令執行ノ区域ヲ拡張スルノ必要アルニ由ル」という理由から戒厳区域を東京市周辺から東京府・神奈川県全域に拡大するため、勅令三九九号を改正する勅令案を山本に提出し、関係閣僚の連署と摂政宮の裁可を経て勅令第四〇一号として公布していった。森五六の回想によれば、関東戒厳司令部の幕僚たちは二日夜の準備段階で、静岡県の沼津以西は鉄道が動いているという航空機の情報をもとに被災範囲の確定作業を行った(78)。田中の勅令案提出は幕僚たちの動きを受けたものだろう。勅令第四〇一号は東京府と横須賀市及び三浦半島を除く神奈川県全域を関東戒厳司令官の管轄とする一方、横須賀市及び三浦半島については横須賀鎮守府司令長官の管轄に定めている。これは土田宏成も指摘するように、陸海軍の警備担当を区分した防務条例に基づいたものである(79)。また、第一五師管（第一五師団／豊橋）であった神奈川県足柄上郡と足柄下郡も関東戒厳司令官の管轄下に組み込まれた。こうした一連の作業によって石光真臣も師管警備の職務から部分的に解放され、東京南部地域の警備に専念できるようになった。

三日は月曜日だったため、職員たちが続々と陸軍省や参謀本部に登庁してくる。その中から戒厳参謀に任命された者は、それぞれ警備、補給、救護、交通、庶務、情報などの担当に分かれ、戒厳司令部で勤務を始めた。当時の司令部の構成員は、参謀本部を中心に陸軍省や教育総監部の職員が各々関連する業務に従事している。各部署の構成員は表5－2に示す通りである。森の回想によれば、任務分担は二日に参謀長に就任した阿部信行と数人で決めた戒厳の基礎事項に基づいて決定、森自身は警備一般を担うことになったが、後にそれを参謀本部作戦課員の下村定少佐に譲り、自らは補給業務を担当したという(80)。そして森は陸軍省軍務局の奥村恭平大尉（輜重兵）とともに救援物資の輸送業務を差配していった。

その後、四日の勅令第四〇二号で戒厳令の適用範囲が埼玉県や千葉県に拡大されたほか、関東戒厳司令部も組織を充実させていった。五日に宣伝部を設けたほか、一一日以降は戒厳司令官と参謀長の下に参謀部と副官部を設置、さらに参謀部の下に警備課、情報課、交通課、補給課、航空課等の部署を配置する。この組織の改編は後述する陸軍震災救護委員と大きく関係しており、戒厳司令部は適宜組織を改編することで、災害に対応する態勢を整えていった。それに伴い、司令部内の人事異動も頻繁に行われた。

他方、三日午前、田中は宮中に参内して戒厳司令部の編成並びに戒厳司令官の任命について摂政宮の裁可を仰いだほか、福田雅太郎も参内して戒厳司令官任命の御礼を摂政宮に述べた。以後、福田は毎日午前九時と午後八時に状況報告のために参内することになった(81)。続いて午後二時三〇分、福田は最初の命令として警視総監や関係地方長官、郵便・電信局長に対し、「罹災者の救護を容にし、不逞の挙に対し之を保護する目的とするを以て、克く時勢の緩急に応じ、寛厳宜しきに適するを要す」と対応方針を通達するとともに、戒厳令第一四条に規定された緊急措置の実施を命じる。その詳細は次章で述べるが、ここに至ってようやく行政戒厳に応じた態勢が整ったのである。

### 表5－2　関東戒厳司令部発足時の構成員

| 組織 | | | 氏名／階級 | 原所属 |
|---|---|---|---|---|
| 司令官 | | | 福田雅太郎／大将 | 軍事参議官 |
| 参謀長 | | | 阿部信行／少将 | 参謀本部総務部長 |
| | 参謀部 | 警備 | 武田額三／歩兵大佐 | 参謀本部欧米課長 |
| | | | 下村定／歩兵少佐 | 参謀本部 |
| | | | 磯田三郎／砲兵大尉 | 参謀本部 |
| | | 補給 | 森五六／歩兵中佐 | 教育総監部第一課第2班 |
| | | | 粟飯原秀／歩兵大尉 | 陸軍省軍務局 |
| | | | 奥村恭平／輜重兵大尉 | 陸軍省軍務局 |
| | | 救護 | 坂本健吉／騎兵少佐 | 近衛師団司令部参謀部 |
| | | | 久我亀／三等軍医正 | 陸軍省医務局 |
| | | | 野副道彦／一等軍医 | 陸軍省医務局 |
| | | 交通 | 堀又幸／歩兵大尉 | 参謀本部 |
| | | | 大津和郎／工兵大尉 | 参謀本部 |
| | | 庶務 | 田辺盛武／歩兵大尉 | 参謀本部 |
| | 情報部 | | 三宅光治／歩兵大佐 | 陸軍兵器本廠（陸軍省新聞班） |
| | | | 岡村寧次／歩兵中佐 | 参謀本部 |
| | | | 萩原三郎／歩兵少佐 | 陸軍兵器本廠（陸軍省新聞班） |
| | | | 下川義忠／歩兵大尉 | 陸軍省大臣官房 |
| | | | 田北惟／歩兵大尉 | 陸軍兵器本廠（陸軍省新聞班） |
| | 副官部 | | 中井武三／歩兵中佐 | 陸軍兵器本廠（陸軍省新聞班） |
| | | | 徳永乾堂／歩兵大尉 | 参謀本部御用掛 |
| | | | 竹下幾太郎／歩兵大尉 | 近衛師団司令部副官部 |
| | | | 湯原綱／陸軍司法事務官 | 陸軍省法務局 |

注：1）『大正十二年　職員録』（印刷局）、東京市役所『東京震災録』前輯（東京市役所、1926年）、松尾章一監修／田﨑公司・坂本昇編『関東大震災政府陸海軍関係史料　Ⅱ巻　陸軍関係史料』（日本経済評論社、1997年）より作成。
2）陸軍省新聞班については、小野晋史「陸軍省新聞班の設立とその活動——大正期日本陸軍の言論政策——」（『法学政治学論究』第55号、2002年）を参照。

　この時点で被災地には、近衛師団及び第一師団の部隊だけでなく、教育総監部隷下の各種教育機関も活動を展開していた。また、隣接師管をはじめ全国から続々と応援部隊が駆け付け、軍人の数は膨張し始めた。そうした状況を一つの師団司令部が統轄するのは不可能であった。戒厳司令部は東京府を中心に神奈川県（三浦半島を除く）及び埼玉県、千葉県全域を管轄下に置いており、その範囲内の陸軍部隊を一元的に指揮することができた。通常ならば師管や衛戍地の枠組み、さらに所属師団の違いから一人の指揮官がすべての部隊を動かすことはできないが、戒厳令適用と特設司令部の設置によって初めてそれが可能となった。換言すれば、政府や陸軍は「戒厳地域」という空間を創出することで、指揮命令系統の問題点を解消し、軍隊の活動の円滑化を図ったのである。

だが、実際には、関東戒厳司令部が設置されたからと言って、すぐに部隊を自由に動かせたわけではなかった。森は司令部設置後の状況について、「司令官の指揮する兵力に就ては敢て不足ではなかつたが、交通、通信の殆んど杜絶して居つた当時に於ては、何時何処に何部隊幾何の兵力が到着するかは不明である。恰も敗軍の混乱状態も斯くあらんかと想像せらるゝ程であった」と述べており、福田は幕僚を手分けして到着した部隊を一つひとつ迎え、近衛師団長や第一師団長の指揮下に編入していった(82)。ここでも連絡手段の崩壊が影響していた。

## (2)　「中間司令部」と警備担当地域の設定

関東戒厳司令部の設置によって指揮命令系統の問題は解消されたが、直接、戒厳司令部が末端の部隊まで指揮したわけではなかった。戒厳地域は広範囲にわたったため、中央からの命令はいくつかの「中間司令部」を介在して行われた。一日の段階で、近衛師団と第一師団が担当地域を分けたように、戒厳司令部も戒厳区域をいくつかの警備担当地域に分け、それらを担当する司令部と警備隊を設置して実際の治安維持活動や救護活動に従事させた。

三日、関東戒厳司令部は戒命第三号と第四号で、東京北警備隊（亀戸以東総武鉄道―本所緑町―両国橋―本石町―東京駅―日比谷公園北端―皇居―麹町通―塩町通―新宿駅―甲武及び青梅線、その以北の東京府）、東京南警備隊（東

京北警備隊担当地域の以南）、神奈川警備隊（相模川及びその以東の三浦半島を除く神奈川県、東京府八王子市付近）、小田原警備隊（相模川以西の神奈川県）の四つを設置し、警備部隊の任務として、「各方面警備隊ハ、夫々担任管区内ニ於ケル治安維持ノ責ニ任シ、地方官憲ト協力シテ罹災民ノ救恤及保護ニ任ス」と指示していった。東京北警備隊及び東京南警備隊は従前の通り、森岡守成の近衛師団と、石光真臣の第一師団が基幹となったが、神奈川警備隊については、第一師団の部隊を中心に新たに編成された。また、小田原警備隊は三島の野戦重砲兵第一旅団に担当を命じたが、同地域には、すでに第一五師団長の判断で部隊が派遣されていたので、それを組み込むことになった。

関東戒厳司令部と各警備隊司令部との関係は、関東戒厳司令部が治安維持活動や救護活動の大枠、警備隊レベルの部隊配置等を定めるのに対し、各警備隊司令部はその方針を受け、担当区域内の状況に合わせた対応を隷下の部隊に指示していった。また、各警備隊司令部も担当区域内をいくつかの警備担当地域に細分化している。例えば、森岡は三日午後四時に陸軍省構内から戒北命第一号として東京北部警備隊命令を発令、戒命第三号と第四号で示された戒厳司令部の方針を隷下の部隊に伝達するとともに、①「各地司令官、死体収集班及救護班ヲ編成シ、カメテ当該地区内ノ死傷者ノ収集及救護ニ任セシムヘシ」、②「各隊ハ歩兵聯隊本部（旅団司令部）及東京北司令部間ニ電話線ヲ架設スヘシ」、③「各部隊ハ、少クモ三日分ノ糧秣ヲ携行シ、給養ヲ実施スヘシ」と具体的な指示を出している。加えて、担当区域内を第一警備隊（司令官・近衛歩兵第一旅団長宮地久寿馬少将）、第二地区警備隊（司令官・近衛歩兵第二旅団長野田久吉少将）、第三地区警備隊（司令官・歩兵第六六連隊長小山永行大佐）の三つに区分していった。

警備隊司令部の下に位置する連隊や大隊、中隊レベルでも、警備担当地域の分担が確認できる。近衛歩兵第三連隊は三日午後九時に東京北警備隊第二地区司令官から警備に関する命令を受けた後、翌四日午前一時三〇分に連隊長の二宮治重大佐は西警備隊命令を兵営から発令、「聯隊ハ（騎兵第十四聯隊ヲ附セラル）旅団ノ西警備隊トナリ治安ノ維持並ニ罹災民ノ救助保護ニ従事セントス」と、具体的な指示を部下に伝え、第二大隊に出動を命じた。(83) 続けて午後一時には、連隊本部に小石川区茗荷谷町の徳川邸に進出することを命じ、同地到着後の午後四時には、「聯隊（第三大隊欠）ハ旅団担任区域中警備地区内ノ治安維持人民ノ救助交通ノ整理ニ任セントス」と方針を示した後、A地区（第二大隊）、B地区（第一大隊）、C地区（騎兵第一四連隊）というように隷下の部隊を振り分けた。

他方、各警備担当地域で重要な役割を果たしたのは、警備隊の司令部機能を担った旅団司令部である。通常、師団司令部の下には二つの歩兵旅団司令部があり、それぞれ二個の歩兵連隊を統轄していた。二つの師団が所在する東京衛戍地には、近衛歩兵第一旅団、同第二旅団、歩兵第一旅団、同第二旅団の四つの旅団司令部があったが、地震発生以降、東京衛戍司令部や師団司令部が直接連隊レベルに指示を出したため、旅団司令部の仕事はなかった。この状況は歩兵第二旅団長であった奥平俊蔵少将の自叙伝に詳しい(84)。

歩兵第二旅団は歩兵第三連隊と歩兵第五七連隊（佐倉）によって構成されており、司令部は赤坂区青山南町にあった。一日午前一一時五八分、旅団司令部の食堂で被災した奥平は、歩兵第三連隊の兵営に伝令を派遣し、施設と部下の安否を確認、その後、午後から半休となる土曜日であったため、牛込区市ヶ谷仲町の自宅に帰った(85)。こうした行動は奥平だけなく、中央官庁に勤務する軍人や営外居住の将校にも多く見られた(86)。幸い、新宿方面の被害は少なく、奥平は自宅の庭に蚊帳を張って一晩を過ごした。この時点で奥平は旅団司令部の宿直に出動を要する場合は至急報告するよう命じていたが、奥平のところには連絡は入らなかった。翌二日、奥平は旅団と隣接する師団司令部に赴いたものの、「終日司令部に於て待機の姿勢にありしも旅団長として別に処置すべき事なきを以て夜に入り帰宅」と記している。連隊に対する指揮権はあったものの、旅団司令部は震災対応の指揮命令系統から外されていた。

しかし、三日以降、戒厳司令部の設置に伴い、旅団司令部は本来の機能を取り戻すことになる。二日に受領した神奈川県知事からの出兵要請に基づき、第一師団司令部は三日午前八時に歩兵第一連隊第七中隊と工兵若干名を横浜に派遣、続いて戒厳司令部は神奈川警備隊の設置を決定すると同時に、奥平をその司令官に指名した。つまり、歩兵第二旅団司令部が神奈川警備隊の司令部機能を担うことになったのである。命令を受けた奥田は司令部の幕僚とともに横浜に赴き、隷下の部隊を指揮しながら治安維持活動や救護活動を展開していった。先に挙げた東京北部警備隊と比べて規模は小さいものの、神奈川警備隊（九月七日、「神奈川方面警備隊」と改称）も管轄区域を三つの「守備隊」（歩兵連隊と騎兵隊によって構成）に細分化し、各担当地域の警備を担わせている。

そうした対応は他の警備隊でも見られ、四日の千葉・埼玉両県への戒厳区域拡大に合わせて、関東戒厳司令部―警備隊司令部―地区司令部（東京限定）―警備担当部隊の指揮命令系統がいくつも構築されていく。七日午前一〇時、各地の被災状況と来援部隊の到着状況を検討した戒厳司令部は、戒命第一三号で警備隊の配置状況を整理するとともに、その活動方針を示した。この時点で戒厳司令部の下には、東京北部警備部隊（近衛師団司令部／森岡守成中将）、東京南部警備部隊（第一師団司令部／石光真臣中将）、神奈川方面警備部隊（歩兵第二旅団司令部／奥平俊蔵少将）、藤沢方面警備部隊（歩兵第一旅団司令部／柴山重一少将）、小田原方面警備部隊（歩兵第二九旅団／木下文次少将）、中仙道方面警備部隊（歩兵第六旅団／林智得少将）の六つの警備部隊のほか、千葉県内の衛戍地残留部隊によって組織される市川・船橋方面警備部隊、千葉方面警備部隊、佐倉方面警備部隊の三つがあり、師団司令部や旅団司令部が司令部機能を担った。さらに東京の警備部隊に設けられた地区司令部にも来援した旅団司令部が充てられた（表5－3参照）。その後、中間司令部は交代と再編を重ねながら各種活動に従事していく。

以上のように、戒厳司令部は既存の司令部を指揮命令系統に組み込むことで末端の部隊を動かしていった。部隊の分散配置に加え、いくつかの意思決定機関を置いたことは、上下間の意思疎通に支障が出たと考えられるが、被災状況に応じつつ、広範囲に展開した兵力を動かすには、こうした指揮命令系統を構築する必要があったのだろう。陸軍の動員兵力が最終的に五万人に上った点を考えれば、戒厳司令部のみですべての部隊を動かすのは不可能であった。この点からも従来の東京衛戍司令部や第一師団司令部では、災害の状況に対応できなかったことがわかる。要するに、

表5－3　関東戒厳司令部と「中間司令部」

| 司令部 | 所在地 | 指揮官／階級 | 原所属／衛戍地 |
|---|---|---|---|
| 関東戒厳司令部 | 東京 | 福田雅太郎／大将 | 軍事参議院 |
| 東京北部警備部隊 | 東京 | 森岡守成／中将 | 近衛師団司令部／東京 |
| 第1警備地区 | 東京 | 宮地久寿馬／少将 | 近衛歩兵第1旅団／東京 |
| 第2警備地区 | 東京 | 野田久吉／少将 | 近衛歩兵第2旅団／東京 |
| 第3警備地区 | 東京 | 小山永行／大佐 | 歩兵第66連隊／宇都宮 |
| 第4警備地区 | 東京 | 中島銑之助／少将 | 歩兵第26旅団／高田 |
| 第5警備地区 | 東京 | 久保一郎／中佐 | 歩兵学校教導隊／東京 |
| 第6警備地区 | 東京 | 小畑豊之助／少将 | 騎兵第1旅団／習志野 |
| 東京南部警備部隊 | 東京 | 石光真臣／中将 | 第1師団司令部／東京 |
| 大島区 | 東京 | 金子直／少将 | 野戦重砲兵第3旅団／国府台 |
| 深川・大崎区 | 東京 | 牛島貞雄／大佐 | 歩兵第3連隊／東京 |
| 中区 | 東京 | 岩倉正雄／大佐 | 歩兵第1連隊／東京 |
| 南区 | 東京 | 川村尚武／少将 | 歩兵第28旅団／宇都宮 |
| 西区 | 東京 | 鈴木義雄／少将 | 歩兵第3旅団／仙台 |
| 市外北区 | 東京 | 福羽真城／中佐 | 騎兵第1連隊 |
| 市外南区 | 東京 | 宇山熊太郎／大佐 | 野砲兵第1連隊 |
| 八王子警備隊 | 東京 | 井上璞／大佐 | 歩兵第65連隊／仙台 |
| 千葉県警備部隊 | 千葉 | 三好一／少将 | 騎兵第2旅団／習志野 |
| 千葉方面警備隊 | 千葉 | — | 衛戍地残留部隊／千葉 |
| 下志津衛戍地警備隊 | 千葉 | — | 衛戍地残留部隊／下志津 |
| 佐倉方面警備隊 | 千葉 | — | 衛戍地残留部隊／佐倉 |
| 市川・船橋方面警備隊 | 千葉 | — | 衛戍地残留部隊／ |
| 中山道方面警備部隊 | 浦和 | 林智得／少将 | 歩兵第6旅団／金沢 |
| 神奈川方面警備部隊 | 横浜 | 奥平俊蔵／少将 | 歩兵第2旅団／東京 |
| 北地区守備隊 | 横浜 | 秋山愛二郎／大佐 | 歩兵第36連隊／鯖江 |
| 中地区守備隊 | 横浜 | 笹倉昇／大佐 | 歩兵第5連隊／青森 |
| 南地区守備隊 | 横浜 | 安田郷輔／大佐 | 歩兵第57連隊／佐倉 |
| 藤沢方面警備部隊 | 藤沢 | 柴山重一／少将 | 歩兵第1旅団／東京 |
| 小田原方面警備部隊 | 小田原 | 木下文次／少将 | 歩兵第29旅団／静岡 |

注：1）『大正十二年　職員録』（印刷局）、東京市役所『東京震災録』前輯（東京市役所、1926年）、松尾章一監修／田崎公司・坂本昇編『関東大震災政府陸海軍関係史料　Ⅱ巻　陸軍関係史料』（日本経済評論社、1997年）より作成。

2）千葉県警備部隊及び神奈川方面警備部隊の指揮官は判然としないが、後者については、各守備隊を担当した連隊の連隊長名を記した。

関東大震災は当時の陸軍の想定を超えた大規模な災害だったのである。

## 小括

地震直後、他の機関と同様に、被災地に所在した軍隊も被害を受け、本来の機能を発揮できない状況に陥った。だが、関東戒厳司令部が機能し始めたことで、陸軍の指揮命令系統は整い、中央機関も次第に態勢を立て直していった。さらに地方からの応援部隊も加わり、被災地の兵力は増加していく。各方面の警備隊指揮官は、戒厳司令部と連絡を保ちつつ、地方官や警察官と連携しながら治安維持活動や救護活動を展開していった。特に地方官庁や警察の機能が回復しないなか、軍隊は諸機関の機能を補完する役割を担った。

さて、これまで検討してきたように、軍事的な観点から見た場合、戒厳令の適用と関東戒厳司令部の設置には大きく二つの意義があった。すなわち、第一は「戒厳地域」という新たな空間を創出することで、軍隊の活動の円滑化を図った点である。通常、個々の衛戍地単位では問題にならなかった複雑な指揮命令系統は、南関東一帯が被災地となったことで問題化した。加えて、情報伝達手段の喪失は、災害の進行状況に応じた組織的な活動を妨げた(87)。それらに対処するため、陸軍は戒厳司令部を中心に指揮命令系統の再構築を進めた。続いて第二は司令部機能の充実を図った点である。東京衛戍総督部の廃止以降、東京の衛戍勤務は先任師団長の兼務する東京衛戍司令官が統轄したが、本来の師団長業務が衛戍司令官の職務を妨げていた。また、関東大震災では、東京全域が被災地となったため、師団司令部に全体を俯瞰する余裕はなく、司令部機能も限界を迎えていた。そうした問題を解消するため、陸軍は新たに戒厳司令部を設けることで、組織と人員の充実を図ったと考えられる。

次章で詳述するように、戒厳令の適用を決定したのは政府（内田康哉を臨時総理とする加藤友三郎内閣）で、軍隊側が主導的に動いた訳ではないが、陸軍は行政戒厳に応じた警備体制を構築、対応を模索しながら既存の問題を解消していった。その結果、三浦半島を除く戒厳地域については、関東戒厳司令官が一元的に指揮できるようになった。

だが、陸軍省が陸軍震災救護委員を設置したことで、陸軍の指揮命令系統は再び多元化する。一九二三（大正一二）年九月一一日、臨時震災救護事務局との関係から陸軍省は省内に陸軍震災救護委員を設置、戒厳司令部から軍隊の救護機能を分離させ、救援物資の供給、救療・収容、社会基盤の復旧等の指揮を同委員に移管させた。(88) 特徴的なのは、関東戒厳司令部が参謀本部主体の組織なのに対し、陸軍震災救護委員は陸軍省主体の組織であった。これによって陸軍の救護活動は陸軍震災救護委員の下で管理され、戒厳司令部は治安維持活動を統轄する機関となったが、統率の関係上、各地に展開した技術科部隊は戒厳司令官の指揮下で活動することになった。つまり、現場の部隊は二重の管理下に置かれることになった。そのことは部隊を動かす意思決定を鈍化させたと考えられる。

また、陸軍は警察との関係だけでなく、海軍との連携においても意思疎通を欠く部分があり、救援物資の供給事業めぐって対立が表面化した。九月三日以降、救援物資が鉄道や海路を通じて集まってくると、臨時震災救護事務局の調整のもと、海軍は海上輸送から陸揚げ作業を、陸軍は揚陸地点から分配所までの運搬業務を担うことになった。それに伴い、戒厳司令部は四日に関東補給部を設置、五日以降は揚陸地点の芝浦のほか、鉄道や水路の要所である新宿・田端・隅田川・亀戸・品川・横浜に配給機関を設置した。しかし、揚陸地点の不整備や使用人夫（多くは在郷軍人・青年団）の不熟練、陸海軍間の調整不足などで救援物資が海上で停滞した。これに海軍側の責任者であった第二艦隊司令長官加藤寛治中将は憤慨し、一三日に参謀長を派遣して陸軍側に抗議している。(89) 関東大震災以後、防空計画の策定が進むなか、陸海軍を含めた組織間の連携が課題となっていくのである。

## 注

(1) 諸井孝文・武村雅之「関東地震（一九二三年九月一日）による被害要因別死者数の推定」（『日本地震工学会論文集』第四巻第四号、二〇〇四年九月）。なお、関東大震災の地震規模や被害状況については、武村雅之『関東大震災——大東京圏の揺れを知る』（鹿島出版会、二〇〇三年）及び災害教訓の継承に関する専門調査会編『一九二三　関東大震災報告書』第一編（中央防災会議、二〇〇六年）を参照。
(2) 関東大震災における政府機関の応急対応は災害教訓の継承に関する専門調査会編『一九二三　関東大震災報告書』第二編（中央防災会議、二〇〇九年）を参照。
(3) 大江志乃夫『戒厳令』（岩波書店、一九七八年）一二三〜一二四頁。
(4) 安江聖也「関東大震災における行政戒厳」（『軍事史学』第三七巻第四号、二〇〇二年三月）。
(5) 土田宏成「帝都防衛態勢の変遷——関東大震災前後を中心として——」（上山和雄編『帝都と軍隊——地域と民衆の視点から——』日本経済評論社、二〇〇二年）は第四九回帝国議会貴族院予算委員会第四分科会（一九二四年七月一五日）における宇垣一成陸軍大臣の発言を引用し、警備体制の問題点を指摘している。
(6) 北博昭『戒厳——その歴史とシステム』（朝日新聞出版、二〇一〇年）一三七〜一四二頁。
(7) 陸軍管区表（一九〇七年八月、軍令陸第三号）。なお、埼玉県の大里郡・比企郡・入間郡・児玉郡・秩父郡は第一四師管第二八旅管熊谷連隊区に、神奈川県の足柄上郡・足柄下郡は第一五師管第二九旅管静岡連隊区に属していた。
(8) 陸軍常備団隊配備表（一九二二年八月、軍令陸第五号）。
(9) 衛戍条例（勅令第二六号、一九一〇年三月一八日）第三条二項。
(10) 地方官官制（一九一四年一一月九日、勅令第二五〇号）第六条、警視庁官制（同、勅令第二四八号）第四条。
(11) 師団司令部条例（軍令陸第三号、一九一八年五月二九日）第五条一項、衛戍条例第九条二項。
(12) 師団司令部条例第五条二項。なお、師団長が軍隊を動かした場合は、陸軍大臣及び参謀総長、さらに東京衛戍地の場合は東京衛戍総督に報告する必要があった（同第五条三項）。
(13) 衛戍条例第九条三項。衛戍勤務令（一九一〇年三月一八日、軍令陸第三号）第八条には、兵力使用時の陸軍大臣への報告義務が定められており、旅団長や連隊長職の衛戍司令官の場合は、師団長にも報告する必要があった。

(14)「地方騒擾ニ際シ兵力出動ニ関スル件」(『大正九年　密大日記』所収、防衛研究所戦史研究センター史料室所蔵、請求番号：陸軍省－密大日記－T九～一－六)。この命令の背景には、前年の米騒動の影響があったと考えられる。

(15) 東京衛戍総督部条例（一九〇四年四月二三日、勅令第一二八号)。同条例制定の経緯は「東京衛戍総督部条例制定師団司令部条例改正ノ件」(『明治三十七年四月　貮大日記』所収、防衛研究所戦史研究センター史料室所蔵、請求番号：陸軍省－貮大日記－M三七～四）を参照。

(16)「東京衛戍総督部編制表」(『明治三十七年四月　貮大日記』所収)。なお、東京衛戍総督部の廃止直前、一九一九年五月一日時点の構成員は、総督柴五郎中将、参謀武川寿輔歩兵中佐、副官菊野三郎歩兵少佐、同杉山得一歩兵大尉、同猪鹿倉徹郎歩兵大尉、総督部付高橋博騎兵曹長、同有賀半兵衛一等計手、属越智良助歩兵曹長の計八名であった（『職員録』大正八年版、印刷局、一九一九年、二一三頁)。

(17) 東京衛戍服務規定については消防新聞編輯局編『現行消防法全書』(消防新聞社、一九一八年）三六一～三六三頁を参照。

(18) 一九二〇年七月一二日付の『読売新聞』は七月末日で東京衛戍総督部は廃止、衛戍総督の栗田直八郎中将は待命になるとともに、東京衛戍司令官は古参の第一師団長河合操中将が務めると報じた。また、東京衛戍総督部の参謀及び副官も第一師団に転属するとも伝えている。実際、東京衛戍総督部は八月一〇日に廃止されることになった。

(19) 前掲「帝都防衛態勢の変遷」。

(20) 衛戍条例（勅令第二三三号、一九二〇年八月七日)。改正経緯は「衛戍条例中改正ノ件」(『大正九年甲輯第四類　永存書類』所収、防衛研究所戦史研究センター史料室所蔵、請求番号：陸軍省－大日記甲輯－T九～四－一四）を参照。

(21) 大正デモクラシー期の軍隊の状況については、浅野和生『大正デモクラシーと陸軍』(慶応通信、一九九四年)、黒沢文貴『大戦間期の日本陸軍』(みすず書房、二〇〇〇年）を参照。

(22) ワシントン会議以降の軍隊の状況については、筒井清忠「大正期の軍縮と世論」(青木保他編『近代日本文化論一〇　戦争と軍隊』岩波書店、一九九九年）を参照。

(23) 東京衛戍司令官は河合操中将（第一師団長／一九二〇年八月―一九二一年一月）以降、藤井幸槌中将（近衛師団長／一九二一年一月―一九二二年二月)、西川虎次郎中将（第一師団長／一九二二年二月―同八月)、中島正武中将（近衛師団長／一九二二年八月―一九二三年八月)、森岡守成中将（近衛師団長／一九二三年八月―同一一月）と変化し、それぞれの師団司令部が衛戍関係の事務を掌っていた。

(24) 石光真臣（一八七〇年五月九日生まれ）は陸軍士官学校一期、森岡守成（一八六九年八月九日）は同二期で、中将への昇進は共に一九一九年七月であったが、森岡は石光より一年早い一九二一年七月に第一二師団長に就任した。陸軍の人事については秦郁彦編『日本陸海軍総合事典』（東京大学出版会、一九九一年）を参照。

(25)『帝国議会貴族院委員会議事速記録二二』（臨川書店、一九八六年）三八二〜三八三頁。

(26) 九月一日の在京陸軍部隊の行動は、「近衛師団行動一覧表　其一（九月一日）」（前掲『東京震災録』前輯、二一九〜二二三頁）及び「第一師団行動一覧表　其一（九月一日）」（前掲『東京震災録』前輯、二九四〜二九八頁）を基礎情報とし、具体的な行動は部隊史などで補った。

(27) 近歩一聯隊史刊行委員会編『近衛歩兵第一聯隊歴史』（全国近歩一会、一九八六年）二七五〜二七九頁。

(28)「震災雑聞」（『戦友』第一六〇号、一九二三年一〇月）。

(29) 近衛歩兵旅団司令部作成『近衛歩兵第二旅団歴史』（防衛研究所戦史研究センター史料室所蔵、請求番号：中央－部隊歴史－旅団－一七）に依れば、旅団長の野田久吉少将は副官の谷儀一少佐を従え、近衛歩兵第三連隊の初度巡視を行っていたが、地震発生とともに巡視を中止し、旅団司令部に戻っている。

(30) 一九二三年九月二一日の『都新聞』は、「焼跡や辻口に直立して警戒の任に当つてゐる将卒中には自分の家族が倒壊又は焼失して一家全滅又は離散して行方不明の悲い事情にあるものがすくなくない」とし、「在京師団中こうした気の毒な将卒は約千人に達し歩兵第一聯隊に二百二十五名歩兵第三聯隊に四百四十二名を数へてゐる」と報じている。

(31)『都新聞』一九二三年九月二〇日。

(32) 例えば、「哀れ焼死した麻布三聯隊の兵卒罹災者が線香を上げに來る」（定村青萍編『大正の大地震大火災遭難百話』多田屋書店、一九二三年、三九〜四〇頁）など。

(33) 工兵第一大隊将校集会所『工兵第一大隊歴史抄』（工兵第一大隊将校集会所、一九二八年）四六〜五一頁、赤羽招魂社奉賛会編『工兵第一大（連）隊史』（赤羽招魂社奉賛会、一九八四年）三〇〜三二頁。

(34) 老軍曹「兵営と地震と火事」（『横浜貿易新報』臨時第二五〜二六、二八、三〇号、一九二三年一〇月七日〜八日、一〇日、一二日）。なお、震災時の『横浜貿易新報』臨時号については、拙稿「関東大震災と『横浜貿易新報』――震災臨時号の分析を中心に――」(『横浜市史資料室紀要』第一号、二〇一一年三月)を参照。
(35) 武村雅之『関東大震災を歩く――現代に生きる災害の記憶――』(吉川弘文館、二〇一二年)一～一四頁。
(36) 高杉善治「関東大震災の思い出」(近衛歩兵第四聯隊史編纂委員会編『近衛歩兵第四聯隊史』近歩四錦紫会、一九八一年、所収)。
(37) 前掲「兵営と地震と火事」。
(38) 近衛歩兵第一連隊の兵営で被災した小林録郎も高杉善治や「老軍曹」とほぼ同様の内容を回想しており、地震発生時でも任務を全うする風紀衛兵の喇叭手や軍旗歩哨の姿を記している(前掲『近衛歩兵第一聯隊歴史』)。
(39) 前掲「関東大震災の思い出」。
(40) 近衛歩兵第三連隊『聯隊歴史』第九巻(防衛研究所戦史研究センター史料室所蔵、請求番号:中央-部隊歴史連隊-一三二〇)。
(41) 近衛工兵大隊の「老軍曹」は、「一隊の兵が赤羽の町の被害状況を調査す可く急派されたと入れ違いに隊のスグ近くあった某紡績工場から工場が全潰し工女三百余名が埋められたから救助して貰いたいと宙を飛んで駈け込むで来た。コリや意外に被害は大きいぞと兵舎の無事によって与へられて居た自信は骨灰微塵に打ち砕かれてしまった」と、震災直後の状況を記している(前掲「兵営と地震と火事」)。
(42) 一九二三年一〇月四日、陸軍省副官の中村孝太郎大佐は「震災ニ因ル火災予防ニ関スル件陸軍一般へ通牒」(陸普第四一三七号)を発し、「関東地方ニ於ケル這次ノ震災ニ鑑ミルニ震害ニ因ル失火ノ原因ハ薬品等ノ自然発火ニ基クモノ多数ナルカ如ク被認候ニ付テハ此等薬品等容器ノ激突顛倒等ニ由リ自然発火ノ虞アルモノノ格納所改善設備ニ関シテハ調査研究ノ上後日指示セラルル筈ニ有之候モ差向此等失火ノ原因トナルヘキ虞アルモノノ格納方法ニ就テハ特ニ応急ノ処置ヲ講シ萬遺漏ナキ様注意相成度依命及通牒候也」と各方面に対して注意を促している(『自大正十二年九月至大正十三年十二月　陸普綴　第一部』所収、防衛研究所戦史研究センター史料室所蔵、請求番号:陸軍省-陸普-T一二-一二-一二七)。
(43) 衛生材料廠の被災状況は陸軍衛生材料廠編『陸軍衛生材料廠歴史』(陸上自衛隊衛生補給所、一九七五年)を参照。
(44) 東京市役所編『東京震災録』前輯(東京市役所、一九二六年)「陸軍省及び陸軍の活動」一五頁。以下、特に注記がない限り、陸軍の活動に関する史料引用は同書の記述によった。
(45) 例えば、日比谷焼打ち事件では、近衛師団は麹町区・牛込区・小石川区・本郷区・下谷区・浅草区・神田区及びそれらに隣接する郡部を、第一師団は四谷区・赤坂区・麻布区・芝区・京橋区・日本橋区・本所区・深川区及びそれらに隣接する郡部をそれぞれ担当した（「暴徒鎮撫ニ関スル告諭及命令写送付」、『明治三十八年九月分　副臨号書類綴』、防衛研究所戦史研究センター史料室所蔵、請求番号：大本営－日露戦役－M三八－七－一一〇）。

(46) 赤池濃「大震災当時に於ける所感」（『自警』第五巻第五一号、一九二三年一一月）。

(47) 東京市役所編『東京震災録』中輯（東京市役所、一九二六年）一九三～一九四頁、警視庁編『大正大震火災誌』（警視庁、一九二五年）一九～二〇頁。

(48) 警視庁官制から「東京衛戍総督」の文言が削除され、条文の内容が現実の状況に即した形となるのは一九二六年六月三日の警視庁官制改正（勅令一四五号）以降である。

(49) 東京市役所編『東京震災録』前輯（東京市役所、一九二六年）「陸軍省及び陸軍の活動」一五～一六頁。憲兵司令部は地震発生三〇分後に副官を東京衛戍司令部に派遣して補助憲兵の提供を要請している（田崎治久編『日本之憲兵（正・続）』三一書房、一九七一年、五五一頁）。

(50) 前掲『聯隊歴史』第九巻に依れば、九月一日午後二時三〇分の段階で皇居の守衛隊司令官は宮内省書記官及び次官と協議し、号砲を発射しないことを決めていた。東京衛戍司令部はおそらくこの後に方針を変更したと考えられる。

(51) 前掲「兵営と地震と火事」。

(52) 赤津正男編『震災叢書第参編　震災惨話』（新生社、一九二三年）六二～六四頁。同書は歩兵第三連隊の活動を中心に、家族よりも任務を優先する軍人の姿を綴った上で、「現在市内の辻に立って警備の任に当たってゐる兵隊さん等もその家は大部分罹災してゐるが重い任務の為に家族の安否をたづねるいとまさへない」と記している。

(53) 前掲「震災雑聞」。

(54) 前掲『続日本之憲兵』四九三頁。

(55) 前掲「兵営と地震と火事」。

(56) 野重七聯隊史編纂委員会編『野戦重砲兵第七聯隊史』（野重七聯隊会、一九七三年）四五～四六頁。

(57) 前掲「陸軍省及び陸軍の活動」二六一～二六二頁。

(58) 「久保野日記」（今井清一監修・仁木ふみ子編『史料集　関東大震災下の中国人虐殺事件』明石書店、二〇〇八年、一六四頁）。

(59) 前掲「陸軍省及び陸軍の活動」二九一頁。
(60) 森岡守成『余生随筆』(日本国防協会、一九三七年)二〇五~二〇六頁。
(61) 川北重男「関東大震災における聯隊行動について」(前掲『近衛歩兵第一聯隊歴史』)。
(62) 森五六述/山本四郎編「関東大震災の思い出——一戒厳参謀の日記と回想——」(『日本歴史』第二五六号、一九六九年九月)。
(63) 前掲「陸軍省及び陸軍の活動」二九一~二九二頁
(64) 西坂勝人「横浜市及神奈川県下の震災状況」(『大正大震災火災誌』改造社、一九二四年)。
(65) 西坂勝人述「関東大震災をめぐって」(『神奈川県史研究』第一三号、一九七一年一一月)。
(66) 前掲「関東大震災における行政戒厳」は「出兵」と「戒厳」の違いを挙げつつ、その差は一般市民に対する軍隊の命令強制権の有無にあると説明している。この指摘は関東大震災における警察と軍隊、さらに憲兵との力関係を考える上でも重要であり、示唆に富んでいる。
(67) 前掲『余生随筆』二〇七~二〇九頁。なお、森岡は「此大震災の第一第二日は全く無警察状態にして、警視庁さへも火災に見舞はれ、陸軍の手にて救ふの他物も無き有様にて、罹災民は兵営や公園等に避難し、逃げ遅れたるものは唯『兵隊さん兵隊さん』と連呼し、之を救ふものは兵隊の外無き有様なり」と回想している。
(68) 森五六「関東戒厳司令官としての福田大将」(山根倬三編『福田雅太郎追懐録』福田雅太郎追懐録刊行会、一九三五年)二〇四~二一二頁、黒田勝美編『福田大将伝』(福田大将伝刊行会、一九三七年)三七九~三九四頁。
(69) 前掲「関東大震災の思い出」。
(70) 前掲「関東戒厳司令官としての福田大将」は、「当時三宅坂一帯は人馬の往来出入も劇しく混雑を極め、陸軍首脳部は大震火災の参禍を被った陸軍諸施設の調査応急処置やら衛戍地域内は勿論、災害地一帯の治安維持の緊急処置に熱中して居り、下町一帯を掩ふ劫火の余焔は天に映して物凄く、余震頻々として大破損の屋内は危険千萬で、外庭の天幕下に蝋燭の微光を辿って事務を執って居る状況であった」と、九月二日夕刻の状況を記している。その上で、参集した戒厳司令部の幕僚たちは、「参謀長阿部〔信行——引用者注〕少将を中心とし陸軍省より引張り出した一脚の机に裸燭を立て、立った儘で先づ戒厳命令の起案に着手した」と関東戒厳司令部の設置にむけた準備を進めたものの、「処が戦術一般には通暁して居る参謀連も、勝手の違った戒厳命令の起草には、はたと行詰った。幸いも参謀長阿部少将は日露戦役当時要塞副官として、戒厳勤務の経験があったから、其指導の下に陸軍省の物置きから明治三十八年帝都焼撃事件当時の官報を引張り出して、当時の戒厳命令やら、戒厳布告を御手本として漸く出来上って、司令官の決裁を経たのは九月三日の早暁であって、大将の威令は此時から災害地一帯に及ぶことになったのである」と、命令の発令に至る経緯を述べている。日比谷焼打ち事件以降、戒厳令の適用がマニュアル化されていない様子が窺える。

(71) 佐藤健二「関東大震災における流言蜚語」(『死生学研究』第一一巻第一号、二〇〇九年三月)。

(72) 鈴木淳『関東大震災――消防・医療・ボランティアから検証する』(ちくま新書、二〇〇四年)一八九～二〇二頁。

(73) 警視庁編『大正大震火災誌』(警視庁、一九二五年)四四一～四八〇頁。

(74) 前掲「兵営と地震と火事」。

(75) 前掲『聯隊歴史』第九巻。

(76) 前掲「関東大震災の思い出」。高杉善治は具体的な日時は記していないが、電話回線の復旧状況から考えて、二日以降の状況だと考えられる。

(77) 千田静飛虎「自動車重砲の草創期」(前掲『野戦重砲兵第七聯隊史』)。

(78) 前掲「関東大震災の思い出」。

(79) 前傾「帝都防衛態勢の変遷」。

(80) 前傾「関東大震災の思い出」。

(81) 奈良武次『侍従武官長奈良武次日記・回想録』第一巻(柏書房、二〇〇〇年)三八三頁。

(82) 前掲「関東戒厳司令官としての福田大将」。

(83) 前掲『聯隊歴史』第九巻。

(84) 奥平俊蔵著・栗原宏編『不器用な自画像――陸軍中将奥平俊蔵自伝』(柏書房、一九八三年)二三七～二三八頁。

(85) 以下、官公吏の自宅住所は一九二三年版の長田源一編『職業別電話名簿』(日本商工通信社、一九二三年七月)を参照した。同書は東京及び横浜在住の電話所有者の電話番号と自宅住所、職業等を記している。住所は番地までわかるが、プライバシーを考慮し、本稿では町名のみの記載にとどめた。

(86) 前掲「関東大震災の思い出」に依れば、教育総監部に勤務していた森五六は、田安門から市ヶ谷の陸軍士官学校の前を通り、大久保町の自宅に帰っている。また、国府台の野戦重砲兵第七連隊の千田静飛虎も「退庁時になっても師団命令もなく聯隊長以下営外者は一応帰宅した」と回想している（前掲『野戦重砲兵第七聯隊史』一七七頁）。

（87） 地震によって情報伝達手段を喪失したことは、陸軍の内部でも問題となっていた。東京都公文書館所蔵の『陸軍震災資料第一』には、通信網の復旧作業を行った電信連隊の「将来ニ関スル意見」があり、その問題点を確認することができる。そこで「各衛戍地ヲ連絡スル無線電信網ヲ常設スルヲ可トス今回ノ災害ニ於ケル通信機機関ノ杜絶ニ依ル苦シキ経験ニ徴シ此種無線網ノ在置ニ就キテハ何人モ其必要肯スルコトナルベシ」と、無線機を活用した通信網の構築を主張している。詳細は前掲『関東大震災政府陸海軍関係史料』Ⅱ巻（四七九頁）を参照。

（88） 陸軍震災救護委員は白川義則陸軍次官を委員長に、陸軍省の局長及び課長クラスが陸軍省官制に基づく所管事項に合わせて委員に就任、補給部・配給司令部・配給部・輸送部・技術部・救療部の部長を兼任しつつ、部員を指揮して各種業務を遂行することになっていた。例えば、救療部長には医務局長が就任し、震災直後から各所に展開していた救護所や第一衛戍病院に仮移転した衛生材料廠の補給業務等を統轄して被災者の救療に尽力している。また、技術部は通信以外の技術作業の大部分を統轄し、全国から集まった工兵隊や鉄道連隊などの技術部隊を指揮して道路や橋梁、鉄道の復旧作業を行ったほか、残骸の撤去や崩壊建築物の爆破を行っている。例えば、盛岡の工兵第八大隊約六〇名は上層部が倒壊した浅草の凌雲閣などを一日で爆破・解体した。

（89） 伊藤隆編『続・現代史資料五　海軍　加藤寛治日記』（みすず書房、一九九四年）六九頁。

# 第6章　戒厳令と治安維持政策の展開

前章で検討したように、関東大震災では、東京市を中心に戒厳令の第九条及び第一四条が適用され、その後、戒厳区域は神奈川県や埼玉県、千葉県へと拡大していった。本章で問題としたいのは、なぜ関東大震災において戒厳令が適用されたのか、換言すれば、なぜ戒厳令を適用しなければならなかったのか、という点である。そこには既存の出兵制度では対応できない理由があったはずである。

従来、この戒厳令の適用については、「虐殺」問題の文脈から朝鮮人対策の一環として捉えられてきた。特に戒厳令の適用に至る過程に関しては、姜徳相の提唱した説が広く定着している(1)。だが、近年はこうした見方と異なる視角が提示されている。例えば、安江聖也は行政戒厳に関する法制や政府・陸軍中央の動きを踏まえた上で、朝鮮人対策としてきた先行諸研究を批判する(2)。また、北博昭は警視総監の赤池濃が「朝鮮人暴動」の流言が拡大する以前、九月一日午前二時の段階で戒厳の建言を行っている点に着目し、朝鮮人対策としてきた従来の説に疑問を投げかけている(3)。さらに宮地忠彦は安江の研究を踏まえながら、警察の観点から戒厳令の適用過程を分析し、その必要性を出兵制度の限界に求めた(4)。このように従来の説は修正されつつあるが、戒厳令適用の明確な理由は提示されていない。軍隊が朝鮮人や中国人を殺傷した経緯についても検討の余地が残る。関東大震災における戒厳令の適用を総合的に評価するには、行政的な手続きはもちろん、その影響も踏まえて検討する必要がある。

ここで注目したのは、「戒厳令」に対する人々の認識である。まず執行機関となる軍隊や警察、さらに憲兵は戒厳令をどのように認識したのか、次いでそれらの統制を受ける側、具体的には、一般の行政機関や民衆にとって戒厳令とはどのようなものだったのか。こうした点に目をむけることで、戒厳令の適用理由やその効果を明らかにできるだろう。また、従来の研究は戒厳令の適用過程と殺傷事件の多発した九月上旬の分析に重きを置いてきたが、それ以降の動きについては概略を述べるにとどまっている。

そこで本章では、戒厳令をめぐる政府の動向や陸軍の治安維持活動、戒厳令に対する人々の認識等に留意しつつ、戒厳令の適用から撤廃に至る過程を追うことで、震災時の治安維持政策と軍隊の役割について明らかにする。

## 第1節　戒厳令適用の政治過程

### (1)　地震発生と政府首脳の動向

最初に先行諸研究を踏まえつつ、戒厳令適用に至る政治過程を概観する。一九二三（大正一二）年九月一日当時、政府は加藤友三郎内閣から第二次山本権兵衛内閣への移行過程にあった。八月二四日、加藤友三郎は大腸癌のために現職のまま死去し、翌二五日には、外務大臣であった内田康哉が臨時に総理大臣を兼務する。そして内田は二六日に閣僚の辞表を取りまとめて摂政宮に提出、二八日には、山本権兵衛に後継内閣の組織が命じられた。しかし、組閣作業は難航、地震発生の九月一日は各所で組閣にむけた話し合いが進められていた。

次期首相に内定した山本は、一日の午前一一時頃から娘婿の海軍大臣財部彪大将とともに、築地の水交社で閣僚人事の相談を行っていた(5)。また、陸軍首脳も三宅坂の陸軍大臣官邸において軍事参議会議を開催し、次期陸軍大臣の選定作業を進めていた。この会議の出席者は定かではないが、当時、軍事参議官であった田中義一の回想から、少なくとも陸軍大臣山梨半造大将や参謀総長河合操大将、教育総監大庭二郎大将の出席が確認できる。(6)これに軍事参議官の福田雅太郎大将や町田経宇大将が加わったと考えられる。一方、内田は午前一〇時に外務省へ出勤した後、午前一一時頃から床屋に入った。そして髭剃りを行っていたところ、突然、大きな揺れに襲われた。

地震発生時、東京の治安維持を担う警視総監赤池濃は、麹町区有楽町一丁目の警視庁本庁舎で被災し、震動で官舎が倒潰するのを目の当たりにする。(7)その後、赤池はすぐに宮中に参内して摂政宮の無事を確認、警視庁の総監室に戻った後は、内務省警保局から来援した大塚惟精警務課長や得能佳吉保安課長、さらに幹部職員とともに善後策を協議した。この時、激しい余震が続き、建物を揺らし続けた。そのため赤池たちは、庁舎の防火壁を閉じて玄関前に本部を移動させたが、火災の拡大から日比谷公園、さらに東京府立第一中学校（麹町区西日比谷）と所在地を二転三転させていった。こうした過程で赤池は再び宮中に参内して摂政宮に状況を報告、その際に警保局長の後藤文夫とともに、内務大臣の水野錬太郎と面会し、今後の対応について協議する。ここで赤池は「衛戍総督」への出兵要請と同時に、後藤に切言して戒厳令の適用を水野に建言した。赤池の記憶に依れば、午後二時頃だったという。

赤池が戒厳令の適用を発案した背景には、同時多発的な火災によって混乱状況に陥る東京の姿があった。赤池が後藤と一緒に水野に面会しようとした時、「火は既に四方に発し、帝室林野局を始めとして警視庁附近の家屋、松本楼の如き盛んに燃えつつありて高輪御所も亦炎上の報あり、神田、下谷、浅草、日本橋方面よりは震災火災の注進櫛の歯を引くが如き」と、警視庁の周囲は炎に包まれていた。それを見た赤池は「余は帝都を挙げて一大混乱裡に陥らん事を恐れ、此際は警察のみならず国家の全力を挙て治安を維持し応急の処理を為さざるべからざる」と思い至り、出兵要請と戒厳令の適用を判断する。また、後藤も「九月一日午後震災の被害各方面に惨憺たる状況を呈して居るを見た余は、全部を通じて其災禍の頗る大なるを想像せざるを得なかつたのであって、戒厳令を布くの非常手段を執らざる可らざるとの決意は地震直後当局者の間に生じたのであった」と、当時の状況を回想している[8]。戒厳令適用の前提として、赤池や後藤が想定していたのは、大規模な火災や食糧不足に伴う混乱で、朝鮮人対策ではなかった。ちなみに警視庁の本庁舎は、この後、火災によって焼け落ちている。

他方、戒厳令の適用については、地震直後から陸軍首脳部でもその必要性が感じられていた。後に関東戒厳司令官に就任する福田が部下の森五六に語ったところに依れば、地震直後、首脳部の頭上に天井が落下してきたという。幸い、埃を被っただけで済んだが、福田は森に「あのとき参議官一同がやられていたらどうなったことか」と語っている[9]。注目すべきは、福田がとった行動である。黒坂勝美『福田大将伝』は「此の時軍事参議官たる大将〔福田雅太郎――引用者注〕は、先づ時局収拾の第一着手として戒厳令施行の議を陸相田中義一大将〔この時点では軍事参議官――引用者注〕に建言した一人であった」と興味深い記述を行っており、陸軍内でも戒厳令適用にむけた動きが確認できる[10]。ただし、大江志乃夫は福田の進言が田中の陸相就任前であることから、この記述を否定している[11]。しかし、田中は一九二四年九月一日の『都新聞』で一年前の状況を次のように回想している[12]。

自分は組閣の事に関係して陸軍大臣官邸に河合参謀総長、大庭教育総監、山梨大将等と寄合って居た所彼の大震にあひ誠に危険な所を辛うじて脱してみたが脱すると同時に官邸の西洋館が壊れる様子を見て之は必ず火災が起るに相違ない、同時に東京市中の秩序が乱れて容易ならぬ状態を惹起するかも知れぬから、何うしても戒厳令を布かねばなるまいと感じが起つた所右大将連も略同感の様子であった。

激しい震動から逃れた首脳部は、建物の倒潰する状況を目の当たりにし、これから発生する火災と混乱を予期していた。そして、それを鎮めるために戒厳令の適用も視野に入れたのである[13]。この後、陸軍大臣の山梨は首相官邸で開かれる臨時閣議に出席する。内田の日記によれば、山梨の到着が閣僚の最初で午後二時頃であった[14]。

一方、海軍大臣の財部は、山本や司法大臣として入閣予定の平沼騏一郎とともに水交社二階の貴賓室で地震に遭遇する[15]。数分間の震動で財部らは直立することができず、部屋の壁や装飾は崩れ落ちた。その後、難を逃れた財部は、午後〇時四〇分頃に霞ヶ関の海軍省に戻り、昼食の後、午後二時前に参内して摂政宮に状況を報告する。侍従武官の四竈孝輔少将の日記によれば、財部は吹上御苑の観瀑亭に避難した摂政宮を訪ね、山本の無事を報告している[16]。その後、財部も首相官邸の臨時閣議にむかったが、到着したのは午後四時過ぎで、全閣僚で最も遅かった[17]。

さて、内閣の責任者である内田は、地震発生と同時に髭剃りを中断し、午後〇時三〇分に参内して摂政宮に状況を報告する。その後、永田町二丁目の首相官邸に赴いて臨時閣議を招集、各方面に使いを出した。それによって加藤友三郎内閣の閣僚は午後四時過ぎまでに全員集まり、地震に対する応急対応を話し合った。ここで閣僚たちは非常徴発令の発布や臨時震災救護事務局の特設、戒厳令の適用などを協議していった。

### (2) 臨時閣議

内田康哉の招集した臨時閣議の様子は、内田の日記だけでなく、枢密院顧問官であった伊東巳代治の回想や倉富勇三郎の日記にも詳しい。内田は閣僚だけでなく、天皇の最高諮問機関である枢密院顧問官にも招集をかけており、非常事態への対応を模索していた[18]。伊東の回想によれば、地震発生後、内閣から使者が来て、首相官邸に赴くことになった[19]。当時、伊東は麹町区永田町一丁目に居を構えており、首相官邸とは目と鼻の先であった。また、倉富の赤坂丹後町の自宅には、午後五時過ぎに枢密院書記官の堀江季雄が陸軍省の自動車で来訪、首相官邸で枢密院会議を開くので、午後七時までに集まってほしい旨を伝えた[20]。この時、堀江は会議への出席を促すため、各顧問官の自宅を車でまわったという。枢密院の書記官が顧問官の招集に奔走していた様子が窺える。

要請を受けた伊東は、浴衣姿のまま首相官邸に赴き、内田と面会している。伊東の記憶に依れば、官邸に到着した時刻は午後一時頃で、内田は庭にテーブルを出して会議を行っていた[21]。内田の日記と状況を突き合わせると、この時点で閣僚はまだ誰も集まっていなかった。その後、伊東は夕方まで官邸に滞在し、顧問官の立場から内田らに助言を与えている。この時、喫緊の課題として浮上していたのは、救援物資の確保であった。伊東が「内田内閣が、当時一番に、心配したのは、罹災救助の事を、善くする為め、非常徴発令を発布しようとするに在つたと思うふ」と回想するように、救援物資を集めるため、内田らは非常徴発令の発布を模索していた(22)。

ただし、それを行うには、緊急勅令を出す必要があった。大日本帝国憲法第八条一項では、「天皇ハ公共ノ安全ヲ保持シ又ハ其ノ災厄ヲ避クル為緊急ノ必要ニ由リ帝国議会閉会ノ場合ニ於テ法律ニ代ルヘキ勅令ヲ発ス」と緊急勅令が定められ、続く二項では、「此ノ勅令ハ次ノ会期ニ於テ帝国議会ニ提出スヘシ若議会ニ於テ承諾セサルトキハ政府ハ将来ニ向テ其ノ効力ヲ失フコトヲ公布スヘシ」と議会の事後承認を規定している。また、枢密院官制第六条には、「枢密院ハ左ノ事項ニ付諮詢ヲ待テ会議ヲ開キ意見ヲ上奏ス」とあり、審議事項の一つに「憲法第十四条戒厳ノ宣告同第八条及ヒ第七十条ノ勅令及其他罰則ノ規定アル勅令」を掲げている(23)。つまり、緊急勅令を出すには、内閣の承認の上に、枢密院の審議を経る必要があった。だが、社会基盤が崩壊した状況では、各顧問官への連絡は難しく、会議を開くのは困難だった。例えば、枢密院議長の清浦圭吾は荏原郡大森町に住んでいたため、全く連絡が取れなかった。

そうした状況について内田から相談を受けた伊東は、緊急勅令の必要性を痛感しつつも、自らには枢密院の代表権はないので、内閣の責任で裁可を仰ぐよう指示している(24)。それから三時間程経過する間に各方面からの情報が寄せられ、同時多発的な火災や警視庁の焼失が明らかになってくる。そこで伊東は「是れでは、早く戒厳令を施行するの外あるまい」と進言している。ここで注目すべきは、伊東が戒厳令の適用を発案した契機である。そこには、先に述べた赤池濃の判断と同様に、大規模な火災と警視庁の焼失があった。おそらくこの時点で警察の機能不全を悟ったのだろう。その後、役目を終えたと考えた伊東は、自宅の様子を確認するため帰途に就いた。この時、首相官邸に隣接する中華民国公使館に火災が迫っていたという。

続いて、伊東と入れ替わる形で首相官邸にやって来たのが枢密院顧問官の倉富であった。倉富は午後六時三〇分に自宅から徒歩で首相官邸にむかい、到着した時には、内田のほか、内務大臣水野錬太郎、司法大臣岡野敬次郎、陸軍大臣山梨半造、農商務大臣荒井賢太郎、鉄道大臣大木遠吉、逓信大臣前田利定、文部大臣鎌田栄吉、内閣書記官宮田光雄、法制局長官馬場鍈一などが善後策を協議していた。その時の状況について、倉富日記は次のように記している。(25)

時ニ官舎南隣中華民国公使館正ニ熾ク火焔官舎ニ迫マル。大臣等皆官舎ノ庭ニ在リ顧問官ハ予ノ外一人モ来リ居ラス、既ニシテ井上勝之助来ル。予水野錬太郎ニ会議ヲ開クコトヲ得ルヤ否ヤヲ問フ。水野之ヲ開ク積リナリシモ顧問官ノ出席モ困難ナラント思ヒ戒厳令ヲ出サルルコトハ之ヲ止メ政府ノ責任ヲ以テ臨機ノ処置トシテ出兵ヲ要求セリト云フ。予井上ト然ラハ別ニ用務ナキヤト云フ。水野然リト云フ。予乃チ去ル。

伊東の回想と同様に中華民国公使館の火災が確認できるほか、顧問官の集合状況についても記されている。水野は会議を開くことを希望しつつも、伊東が帰宅している点から、すでにこの時点で断念していたのだろう。(26)留意すべきは、閣議において戒厳令適用の審議がなされ、その結論が出ていた点である。戒厳令の必要性を感じていた水野や山梨はもちろん、伊東の進言もあって、閣議は戒厳令を適用する方向に動いたと推察できるが、やはりここでも緊急勅令の発布方法が障壁となった。

そこで閣議が出した答えは、戒厳令を諦め、「政府ノ責任ヲ以テ臨機ノ処置トシテ出兵ヲ要求セリ」というものであった。(27)内田の日記にも「官制ニ依ル出兵ヲ議決実行」と記されており、政府の判断で軍隊の出動を決めた。ただし、問題なのは、日記に記された「官制」の意味である。おそらく、これは内閣の権限を定める内閣官制を指していると考えられるが、同官制には出兵に関する規定はなかった。(28)既述の通り、東京における出兵請求権は警視総監にある。推測の域を出ないが、内閣官制第四条二項に「内閣総理大臣ハ所管ノ事務ニ付警視総監、北海道庁長官及府県知事ヲ指揮監督ス」と定められている点から、内閣は警視総監を通じて軍隊の出動を図ったのだろう。(29)しかし、警視総監の赤池はすでに出兵要請を行っていたので、内閣の決定はそれを支持したに過ぎなかった。要するに、内閣は緊急勅令によって戒厳令を適用する以外、軍隊の活動に関与することはできなかったのである。

この後、臨時閣議は午後九時頃に散会となり、内田は豊島郡西大久保町の自宅に帰宅、午後一〇時三〇分頃に床に就いた(30)。戒厳令の適用を含め、様々な対応策が浮上したものの、結局、枢密院の会議を開くことができなかったため、緊急勅令を出すことができず、臨時閣議は軍隊出動の方針を定めて終わった。この間にも東京や横浜の火災は拡大、社会基盤が崩壊するなか、人々は不安な気持ちを募らせていった。そうしたなか、警察や軍隊の首脳部は、情報伝達の手段を失いつつも、夜を徹して応急対応にあたった。

### (3) 緊急勅令の裁可

地震発生時、内務省で被災した内務大臣の水野錬太郎は、状況を楽観的に考えていたが、臨時閣議の席上、各方面からの情報によって容易ならざる事態だと認識するようになった。さらに一日夕刻には、赤池濃を随えて神田から上野方面を視察、その感想を「意外の惨状に驚いた事であった」と述べている(31)。倉富勇三郎の日記に依れば、倉富が首相官邸に到着した時点で水野はまだ閣議に出席していたので、水野が巡視に出発したのはそれ以降であろう(32)。ちょうど一日午後七時から午後八時は、神田方面に火災が拡大した時間帯で、すでに浅草・本所方面は焼き払われていた(33)。おそらく水野や赤池が目にしたのは、天を焦がす大火災とそれから逃げる人々だっただろう。その後、水野は麹町区外桜田の内相官邸に入り、蝋燭を灯しつつ、徹夜で書類の整理にあたった。この時点で麹町区大手町一丁目の内務省は焼け落ちており、職員の一部は内相官邸に移動、同地が応急対応の中心地となった(34)。同夜、ここで非常徴発令と臨時震災救護事務局官制の起案が行われ、翌朝の臨時閣議で諮られることになった(35)。

翌二日午前八時三〇分、自動車に乗って自宅を出発した内田康哉は、午後九時前に首相官邸に到着、直ちに臨時閣議を催し、非常徴発令及び臨時震災救護事務局官制の内容を審議、枢密院副議長の浜尾新（小石川区金富町在住）と枢密院顧問官の伊東巳代治の了解を経て、内閣の責任で摂政宮に緊急勅令の裁可を願い出た(36)。ここで戒厳令についても審議されたと考えられるが、先の二つの緊急勅令案と違い、その適用は見送られる。従来の研究はこの臨時閣議で戒厳令の適用が決定したとするが、内田の日記を他の史料を突き合わせると、実態は異なっていた。では、なぜ戒厳令の適用は見送られたのか、その答えは伊東の回想から窺い知ることができる。

臨時閣議後、水野は内閣を代表して浜尾や伊東を訪ねることとなり、内閣恩給局長の下条康麿とともに自動車で両者のもとへむかった。そして水野の訪問を受けた伊東は当時の状況について、「彼是する中に、水野君が、徴発令に対して、判を押して貰ひに来たので、戒厳令の方は、どうしたかと聴くと、余り業々しいといふ論もあつてといふから、自分は、皆が必要と認める時には、事既に遅しであると申して、即刻戒厳施行の御裁可を仰がねばなるまいと、注意した」と回想する(37)。ここから非常徴発令及び臨時震災救護事務局官制と、戒厳令の承認過程が別々なのは明らかである。また、戒厳令の適用については反対論があって躊躇している様子も窺える。その後、水野は浜尾を訪ねた後、法制局長官の馬場鍈一に勅令案の起案を命令、内田とともに赤坂離宮にむかい、摂政宮の裁可を得て、午後〇時〇五分に首相官邸に戻っている(38)。ちなみに摂政宮が勅令案に署名したのが午前一一時四五分頃で、ちょうどその時に余震が発生した。このように二日午前の段階でも、政府首脳は戒厳令の適用について慎重だった。

しかし、非常徴発令及び臨時震災救護事務局官制の緊急勅令発布直後、内閣は戒厳令の適用に急速に舵を切っていく。その背景には、被災地で拡大し始めた「朝鮮人暴動」の情報があった。水野の回想に依れば、鉄道大臣の大木遠吉は朝の閣議で、「朝鮮人攻め来る報を盛んに多摩川辺で噂して騒いでゐるといふ」と報告した(39)。それを聞いた水野は赤池を呼んで真意を尋ねると、様々な情報が飛び交っている様子がわかった。その結果、「そんな風ではドウ処置すべきか、場合が場合故種々考へても見たが、結局戒厳令を施行するの外はあるまいといふ事に決した」という(40)。この方針を決めたのは、地震発生から三回目となる午後〇時〇五分以降の閣議だと考えられる。内田の日記は「更ニ戒厳令ノ必要ヲ認メ、閣議ヲ定メ、更ニ伺候」と記しており、午後〇時四五分に戒厳令適用の裁可を摂政宮から得た[41]。ここに至って内閣に躊躇はなく、僅か四〇分の間に起案から裁可までの処理を済ませた。時間から考えて、すでに勅令案は用意されていた可能性もある。また、内閣の責任ですでに二つの緊急勅令を通していたので、この時点で枢密院会議の承認という最大の障壁は取り除かれていた。内閣から顧問官たちに伺いを立てた形跡もない。枢密院会議が開けない上に、伊東も戒厳令の適用を頻りに促していたので、確認の必要はないと判断したのだろう[42]。

さて、ここで改めて戒厳令が適用された理由を考えたい。最終的な引き金は「朝鮮人暴動」の情報にあったのは間違いないが、仮に暴動鎮圧ならばこれまで検討してきたように、通常の出兵で対応できたはずである。近年の研究もこの点を疑問視しており、安江聖也は美濃部達吉の『憲法撮要』を活用しつつ、「美濃部によれば、『出兵』時、軍隊は騒乱の鎮定に必要な限度で、騒乱の原因を直接作った者に対してのみ、命令強制を行えるに過ぎず、騒乱に無関係の人民に対しては何等命令強制を行う権限を付与されない。一方、『戒厳』においては、騒乱との関係を問わず地域全人民に対する命令強制権が戒厳司令官に付与される。『戒厳』と『出兵』の法的効果の最大の違いは、軍隊が命令強制をなせる客体にあったのである」と説明、「治安維持に限らず、被災地の人民に対して自ら命令強制を行わしめることで、軍の実力を救護全般のためフルに頼りにしようとしていたことが判る」と結論付けている[43]。行政執行法の存在など、救護活動への影響は検討の余地があるが、この指摘は重要である。同様に、宮地忠彦も出兵と戒厳の違いに言及しながら、水野らが戒厳令の適用に踏み切った背景を分析、その理由を暴動鎮圧でなく、流言への対応に求めている[44]。これらの指摘からも明らかなように、少なくとも、戒厳令の目的は暴動鎮圧ではなかった。

以上の状況に、戒厳令適用に至る政治過程を合わせて考えれば、その背景には、建物の倒潰や火災、被災者の混乱に加え、流言の蔓延という最悪の状況に歯止めをかける意図があったと推察できる。事態を打開するには、軍隊の力を用いる以外になく、軍隊の活動を円滑にするためにも、行政戒厳が必要だった。そうした点を陸軍の首脳部も認識していたのだろう。ただし、見方を変えれば、赤池が戒厳令を発想した時点で、警察は治安維持の責任を放棄したともいえる。同時多発的な火災と社会基盤の崩壊、さらに警視庁や内務省の焼失は警察幹部の心を砕き、戒厳令の適用に傾かせていった。赤池が出兵要請と戒厳令を同時に思いついた点からも軍隊への依存度の高さが窺える。

また、一九一八（大正七）年八月の米騒動の際に、寺内正毅内閣の内務大臣だった水野は、他の閣僚が進める戒厳令の適用に強く反対し、その実現を阻止したことで知られるが、関東大震災では、全く逆の方向に動いている(45)。この二つの違いは警察機能の有無である。これまで検討してきたように、通常の出兵の場合、軍隊はあくまで警察の補助機関として機能し、警察の権限に行動を左右される場合が多かった。しかし、関東大震災では、肝心の警察自体が機能を失っており、軍隊の存在を前面に出さざるを得なかった。これを可能とするのが戒厳令であった。軍隊は通常では不可能な様々な強制力を戒厳令第一四条の適用によって行使できるようになった。このように内務官僚を中心に、政府は戒厳令の適用を通じて、治安維持の主体を警察から軍隊へ移していったのである。

## 第2節　戒厳令適用の功罪

### (1)　執行機関の確立と警備方針

九月二日午後〇時四五分、摂政宮の裁可を経て、勅令第三九八号で一定地域に戒厳令中必要な規定を適用することが定められたほか、続く勅令第三九九号で東京市及び隣接五郡に戒厳令の第九条と第一四条を適用することになった。また、条例の職務執行者として東京衛戍司令官が指定された。ただし、前章で述べたように、戒厳令が適用されたからといって、すぐにそれに対応する態勢ができたわけではなかった。ここで最も重要だったのは、戒厳令の適用を広く被災地に知らせることだったが、物資不足の上、官報等を印刷する印刷局も機能不全に陥ったので、円滑な情報伝達は不可能であった。戒厳令適用の情報が被災地に浸透していくには多くの時間を要した。

例えば、伊東巳代治が戒厳令の適用を知ったのは、午後三時頃で、「馬場〔鍈一――引用者注〕法制局長官が、今出したといふ報告をしに来たので、自分は始めて、先づ夫れでよいと安心した」と回想している。(46)また、肝心の陸軍では、午後四時に東京衛戍司令官兼近衛師団長の森岡守成が戒厳令適用に基づく「警備ニ関スル訓令」を発したものの、その下の第一師団司令部が隷下の部隊に情報を通達したのは午後六時三〇分であった。(47)近衛師団による命令伝達の状況は判然としないが、上法快男『元帥寺内寿一』は、二日の戒厳令適用を午前六時四〇分としている。(48)加えて、近衛歩兵第三歩兵連隊の記録には、「午后七時戒厳下令ノ伝達ヲ受ク」とあり、裁可から約六時間を経てようやく情報が伝わってきた。(49)二日午前一〇時の出動命令に基づき、多くの部隊が被災地に展開していた状況を考えれば、兵営を離れた個々の部隊に情報が伝わるのは、もっと遅かっただろう。つまり、緊急勅令が発布された段階において、末端の将兵の大部分は戒厳令の適用を知らないまま活動を展開したのである。

戒厳令の条文を有効に機能させるには、職務執行者である戒厳司令官の意思決定のもと、被災地に展開した部隊が動かなければならないが、行政戒厳に対する陸軍側の準備は全くなく、末端の将兵たちが戒厳令を意識して行動するのは、早くても三日以降だったと推察できる。また、二日夜から関東戒厳司令部の設置準備が始まっていた点を考えれば、森岡の戒厳司令官就任は一時的な措置で、森岡自身も「新内閣〔山本権兵衛内閣――引用者注〕は、斯かる状況に於ては到底近衛、第一両師団のみにては此大混乱を救済するの不可能なるを察知したるを以て、第三日に戒厳令を布き、戒厳司令官には陸軍大将福田雅太郎氏を任命し、近接師団より処要の兵員を招致し、之を戒厳司令官の令下に属せしむ」と、戒厳令の適用を三日と回想している。(50)もちろん、自らに戒厳令に基づく権限が付与されたことを忘れたとは考え難いが、戒厳令の印象は戒厳司令部の設置された三日以降の方が強かったのだろう。

それでは肝心の戒厳司令部設置以降の状況を検討してみよう。戒厳司令官に就任した福田雅太郎は三日午後二時三〇分に戒命第一号を発令し、戒厳令の適用に関する方針を明示している。その内容は次の通りである。(51)

本年勅令第四〇一号施行ニ関シ、警視総監、関係地方長官、及警察官、並郵便局長、及電信局長ハ、勅令第四〇一号施行地域内ニ於テ、本司令官管掌ノ下ニ左ノ諸勤務ヲ施行スヘシ、但シ之カ施行ハ、罹災者ノ救護ヲ容ニシ、不逞ノ挙ニ対シ之ヲ保護スルヲ以テ、克ク時勢ノ緩急ニ応シ、寛厳宜シキニ適スルヲ要ス。

一、警視総監及関係地方長官並警察官ハ、時勢ニ妨害アリト認ムル集会、若ハ新聞雑誌広告ヲ停止スルコト。

二、警視総監及関係地方長官並警察官ハ、兵器弾薬等、其ノ他危険ニ亘ル諸物品ハ、時宜ニ依リ之ヲ検査シ押収スルコト。

三、警視総監及関係地方長官並警察官ハ、時宜ニ依リ、出入ノ船舶及諸物品ヲ検査スルコト。

四、警視総監及関係地方長官並警察官ハ、各要所ニ検問所ヲ設ケ、通行人ノ時勢ニ妨害アリト認ムルモノノ出入ヲ禁止シ、又時機ニ依リ、水陸ノ通路ヲ停止スルコト。

五、警視総監及関係地方長官並警察官ハ、昼夜ノ別ナク、人民ノ家屋建造物、船舶中ニ立入リ検察スルコト。

六、警視総監及関係地方長官並警察官ハ、本令施行地域内ニ寄留スル者ニ対シ時機ニ依リ地境外ニ退去ヲ命スルコト。

七、関係郵便局長及電信局長ハ、時勢ニ妨害アリト認ムル郵便電信ハ開緘スルコト。

戒命第一号は戒厳令第一四条で規定された強制力を地方官や警察官に対して指示したもので、命令内容は日比谷焼打ち事件の際に発令された衛戍総督命令とほぼ同じである。(52)一九〇五（明治三八）年九月六日、勅令第二〇七号の戒厳令適用に基づき、戒厳区域（東京市／荏原郡／豊多摩郡／北豊島郡／南足立郡／南葛飾郡）の戒厳司令官となった東京衛戍総督佐久間左馬太は、警視総監や東京郵便局長に対し、戒厳令第一四条の規定を具体化する命令を発していた。[53] 関東大震災との違いは「関係地方長官並警察官」の文言の有無で、森五六の回想によれば、戒厳命令や戒厳布告は日比谷焼打ち事件の官報を参考に作成したという。[54] 先例に倣った様子が窺える。注目すべきは、戒厳司令官が隷下の部隊ではなく、地方官や警察官に指示を出している点で、本来の治安維持機関に強制力の執行を求めた点から平時の形を尊重していたことがわかる。[55] また、戒厳令適用の目的は、第一は「罹災者ノ救護ヲ容ニシ、不逞ノ挙ニ対シ之ヲ保護スル」と、決して治安維持活動に限定されるものではなかった。

そうした地方官や警察官に対する命令だけでなく、福田は一般人に対しても、「今般勅令第四〇一号戒厳令ヲ以テ、本職ニ関東地方ノ治安ヲ維持スルノ権ヲ委セラレタリ、本職隷下ノ軍隊及諸機関（在京部隊ノ外各地方ヨリ招致セラレタルモノ）ハ全力ヲシテ警備救護救恤ニ従事シツ、アルモ、此際地方諸団隊及一般人士モ亦極力自衛協同ノ実ヲ発揮シテ災害ノ防止ニ努メラレンコトヲ望ム」と、軍隊の治安維持活動や救護活動に言及する一方、一般人にも被害の拡大を防ぐよう求めている。[56] この命令は、安江聖也が挙げた美濃部達吉の説明を裏付けている。[57] 加えて、「一、不逞団体蜂起ノ事実ヲ誇大流言シ、却テ紛乱ヲ増加スルノ不利ヲ招カサルコト」と、「二、糧水欠乏ノ為不穏破廉恥ノ行動ニ出テ、若クハ其分配等ニ方リ秩序ヲ紊乱スル等ノコトナカルヘキコト」の二点についても注意を促した。この時点の課題は、流言に基づく混乱の拡大と無秩序な被災者の行動を抑止することにあった。そのため前者の注意には、「帝都ノ警備ハ、軍隊及各自衛団ニ依リ既ニ安泰ニ近ツキツ、アリ」と秩序の回復状況が付け加えられた。治安維持の主体を警察でなく、軍隊や自警団としている点からも警察力の低下が浮き彫りとなっている。また、地域住民から組織される自警団を治安維持の一角として捉えている点は留意する必要があるだろう。[58]

本来、警察や憲兵以外に治安維持に関する権限はなく、当然、自警団に強制力を行使する権限もないが、警察が機能不全に陥った状況では、それを黙認せざるを得なかった。また、見方を変えれば、戒厳司令部はその存在を認めることで、統制を図ろうとしたとも考えられる。治安維持を担う警察や軍隊から見れば、勝手に実力を行使する自警団自体が公権力を無視したもので、それを放置することは、権力基盤を揺るがすとともに、これまで築かれてきた国内の秩序を崩す可能性もあった。戒厳令によって軍隊が前面に出たことは、権限を持たない人々から治安維持の機能を取り戻す意味もあったのだろう。実際、応援部隊が来着し始めると、福田は①自警団は軍隊や憲兵、警察の指示を受けること、②検問における誰何の禁止、③軍隊や憲兵、警察の許可なく武器を携帯することの禁止を指示している。以後、応援部隊の増加とともに、自警団は順次廃止され、治安維持の機能は軍隊や警察に移っていった。

他方、勅令第三九七号の臨時震災救護事務局官制に基づき、二日午後には、内閣総理大臣山本権兵衛を総裁、内務大臣後藤新平を副総裁、内務省・大蔵省・陸軍省・海軍省・逓信省・農商務省・鉄道省の各次官及び社会局長官・警視総監・東京府知事・東京市長などを参与とする臨時震災救護事務局が組織され、総務部・食糧部・収容設備部・諸材料部・交通部・飲料水部・衛生医療部・警備部・情報部・義捐金部・会計経理部の一一の部署を設けて震災対応にあたることになった。そして各部の委員には、関係各省庁の局長クラスが就任し、具体的な指示を出していく。特に治安維持については、「治安の維持は陸海軍警察相協力して之に当たること」という方針を打ち出し、陸軍・海軍・憲兵・警察・司法の各幹部から構成される警備部が中心となって対策を練った。ここで実際に軍隊を動かす戒厳司令部と警備部との関係調整が課題になったと考えられる。それを解消するため、三日以降、毎日午前九時に警備部内に戒厳司令部、陸海軍両省、司法省、憲兵司令部、警視庁の関係者が集まり、意思の疎通を図ることになった。

その後、五日には、福田と後藤との間で覚書が交わされ、①治安維持は戒厳司令官の責任で担当し、②救護事務は内務大臣の責任で行うが、戒厳司令官は努めてそれを援助するという方針が決定する。また、戒厳司令官は平時における各行政機関の権限を尊重し、警備活動についても軍隊による実力行使を避け、平時の管掌機関である警察や憲兵の後援者としての位置を保つよう努めた。このように復興後の警察の信用等を考慮して警備方針が策定されたが、混乱状況の現場では様々な問題が発生していた。

## (2) 陸軍部隊の展開と戒厳令

九月二日から翌三日にかけて、「朝鮮人暴動」の流言は被災地を中心に拡大していく。本震以降、繰り返し続く余震や延焼地域の拡大、ガスや薬品等による爆発音は生き残った人々に動揺を与えた。また、都市の社会基盤が崩壊したため、火災鎮火後は闇に閉ざされたほか、焼け跡や遺体から放たれる異臭は、人々の不安を高めた。加えて、当時、速報性を持つ唯一のメディアであった新聞も断たれたため、情報を入手することも困難であった。自らの置かれた状況がわからないなか、人を介して伝わってきた「朝鮮人暴動」の情報は、地震発生前に行われていた「不逞鮮人」の新聞報道と相俟って、人々の間に「事実」として広く浸透していった。それと同時に人々は自警団を組織、朝鮮人や中国人、さらに訛の強い地方出身者に対する迫害、殺傷行為等に及んだ。

これに軍隊も深く関わっており、現場に展開した将兵たちは「保護」の目的で朝鮮人を拘束する一方、場合によってはその場で暴行を加え、殺害に及ぶ場合もあった。東京都公文書館所蔵『関東戒厳司令部詳報』第三巻に収められている「震災警備ノ為兵器ヲ使用セル事件調査表」(以下、「事件調査表」)によれば、軍隊が殺傷に及んだ事案は全部で二〇件あり、その中には、警察に反抗的な自警団員四人や平沢計七ら社会主義者一〇人を殺害した亀戸事件も含まれているが、後に外交問題に発展する王希天殺害事件は含まれていない(59)。それ以外で朝鮮人や中国人に関係するものは一二件で、一日に帰宅中の兵士が起こした一件を除けば、残りの一一件は二日から四日の間に下谷区から隅田川以東の本所区、南葛飾郡、千葉県の東葛飾郡で発生している。ここからいくつかの傾向を見出すことができる。

陸軍の武器使用は一九一六(大正五)年一二月二七日に改正された衛戍勤務令(軍令陸第五号)第一二条に、「衛戍勤務ニ服スル者ハ左ニ記スル場合ニ非サレハ兵器ヲ用ユルコトヲ得ス」と規定され、一項に「暴行ヲ受ケ自衛ノ為止ムヲ得サルトキ」、二項に「多衆聚合シテ暴行ヲ為スニ当リ兵器ヲ用ユルニ非サレハ鎮圧スルノ手段ナキトキ」と使用条件が示されている。史料の制約上、その実態を確認することはできないものの、「事件調査表」の武器使用は概ね衛戍勤務令に沿っており、抵抗を受けた後、武器の使用に踏み切っている。もちろん正当な職務執行とするための文飾はあろうが、戒厳司令部は法令に基づく行動を意識していた。ただし、鈴木淳も指摘するように、軍隊の行動が被災者に朝鮮人殺害の正当性を誤認させ、「朝鮮人暴動」の拡大に繋がった可能性は極めて高い(60)。

ここで注目したいのが同地域に展開した陸軍部隊の性格である。前章で述べたように、隅田川以東に展開したのは国府台の野戦重砲兵第三旅団をはじめ、習志野の騎兵隊など千葉県に駐屯する部隊であった。二日以降、これらの部隊は「朝鮮人暴動」の流言の中に飛び込んでいき、結果的にその渦に飲み込まれることになった。これらの部隊が流言を鵜呑みにした背景には、従来から指摘されている朝鮮人や中国人に対する差別感情も一因にあろうが、部隊の展開方法も大きく関係したと考えられる。通常、駐屯部隊が各々の衛戍地を越えて別の衛戍地に出動することはなく、駐屯部隊の多い東京衛戍地に千葉方面の部隊が展開するのは異例の事態であった。さらに千葉方面の被害は少なく、東京出身の兵士は不安を募らせていたものの、多くは日常と変わらない様子で、事態の重大性を認識していなかった(61)。そうしたなか出された「警備」を目的とする出動命令は、将兵たちに少なからぬ動揺を与えただろう。

なお、陸軍大臣の判断に基づき、佐倉の歩兵第五七連隊、習志野の騎兵第一三連隊及び同第一四連隊、騎兵第二旅団（騎兵第一五連隊及び同第一六連隊）、鉄道第二連隊、下志津の野戦重砲兵第四連隊、千葉の鉄道第一連隊などに出動命令が出たのは一日午後九時で、各地への命令到達時刻はすべて確認できないが、『東京震災録』所収の「近衛師団行動一覧表　其二」によれば、習志野への到達時刻は二日午前九時であった。具体的な命令内容は確認できないものの、一日午後一〇時の段階で東京衛戍司令部が隅田川以東の状況を把握できず、近衛師団及び第一師団に偵察を命じている点や、流言の拡大前という状況を考えれば、この命令が「朝鮮人暴動」を前提としていないことは明白である。だが、現場部隊の対応は「朝鮮人暴動」を前提としたものへと変化していった。

後にプロレタリア作家となる越中谷利一は、当時、騎兵第一三連隊に所属していた。その時の経験を元に書いた「戒厳令と兵卒」で、越中谷は出動の様子を「二日分の糧食及び馬糧、予備蹄鉄まで携行、それに実弾六十発（内五発は負銃の中に装填）を渡され、いざ出発となると、将校は自宅から、箪笥の奥に奥さんの一張羅の長襦袢と一しょに蔵ってあった真刀を取り出して来て出発の指揮号令をしたのであるから、宛ら戦争気分！将校以下下士兵卒に至るまで何が何やら分らぬ乍ら夢中になって屯営を後にした」と記している。[62] このように震災を「戦争」になぞらえる記述は、他の軍人の日記や回顧録でも確認できる。[63] 現役兵の入営期間が基本的に二年だった点を考えれば、武装して出動することは稀で、最初から被災地にあった部隊を除けば、状況のわからない将兵の気持ちは高揚したのだろう。

その後、午後二時頃に亀戸に到着した越中谷は、「おお満目凄惨！亀戸駅付近は罹災民でハンランする洪水のようであった」と回想する。すでに被災地は混乱状態にあり、現地に到着した千葉駐屯部隊に求められたのは、混乱を鎮め、秩序を回復することであった。そこで対処すべき課題として直面したのが「朝鮮人暴動」である。現地では、自警団の結成とともに、「朝鮮人暴動」の流言が事実として語られ、その真偽を確認できぬまま、展開した部隊も流言に沿った対応をとり、混乱の原因と認識した朝鮮人の排除にむかった。地震前、暴力的な朝鮮独立運動を批判する新聞報道がなされていた点を考えれば、一般人と同様に、将兵たちも「朝鮮人暴動」を自然に受け入れたのだろう。

さらに問題だったのは、現場の将兵たちの認識が連絡員を通じて各々の兵営に伝播した点である。東京衛戍司令部や師団司令部などは、拡大し始めた「朝鮮人暴動」に警戒しつつ、情報の確認作業に追われていた。例えば、二日午後五時頃に伝わった「不逞鮮人多摩川を渡河して襲来する」という情報には、品川・目黒・池尻・渋谷方面に部隊を派遣して備える一方、情報の収集と分析を行い、「朝鮮人暴動」に関する根本的な調査を行っていた。その結果、「朝鮮人暴動」の大部分は根拠のない流言で、朝鮮人による計画的な蜂起はないという結論に至る。同じ頃、警視庁でも官房主事の正力松太郎を中心に同様の調査を行っていた。警察は情報に振り回される過程で一時的に流言を信じたものの、二日午後一〇時には流言が事実ではないという結論に落ち着く(64)。この時点で実働部隊を動かす軍隊や警察の首脳部は、「朝鮮人暴動」の事実確認に追われており、確証が得られるまでは強硬な姿勢で治安維持に臨んだ。このように不測の事態に備えるのは、治安維持の担当者として当然であろう。

しかし、二日夜の段階で方針は大きく転換し、三日午前九時に催された臨時震災救護事務局警備部の会合でも「朝鮮人ニシテ容疑ノ点ナキ者ニ対シテ、之ヲ保護スルノ方針ヲ採リ、成ルヘク適当ナル場所ニ集合避難セシメ、苟クモ容疑ノ点アル鮮人ハ、悉ク之ヲ警察又ハ憲兵ニ引渡シ、適当処分スルコト」という朝鮮人保護の方針を打ち出していく。ただし、再三述べているように、こうした中央の方針が末端の部隊に浸透するには時間を要した。加えて、工兵隊や電信隊による電話網の回復は、東京や横浜を優先したため、千葉方面の衛戍地は後回しにされた。三宅坂の陸軍省・参謀本部（戒厳司令部）と国府台が繋がったのは九月一〇日で(65)、以後、広島の電信第二連隊が一四日までに千葉方面の電話網を回復させていく。中央の意思は連絡手段の復旧まで各衛戍地に直接伝わることはなかった。

一方、被災地に赴いた部隊と各衛戍地の間では、人員交代などで人の往来は盛んであった。そのため兵営に残った将兵は帰還した者から「朝鮮人暴動」の話を聞き、流言を事実として認識してしまったと考えられる(66)。残留した将兵は留守勤務を遂行するため、兵営という狭い空間の中に拘束されており、独力による情報収集や分析は困難であった。また、家族や知人を被災地に残す者は、「朝鮮人暴動」の情報を聞いて、朝鮮人に対する敵愾心を燃やした可能性もある。つまり、当時の部隊展開や通信網の回復状況を考えると、「朝鮮人暴動」の情報は上級司令部から下りてくるのではなく、被災地に赴いた将兵から千葉方面の兵営に伝わった。そして閉ざされた兵営の中で既成事実化していったのである。これに被災者の流入による流言の伝播が重なり、千葉方面の混乱はさらに拡大していった。

では、そうした状況において戒厳令はどのように機能したのか。結論を先に言えば、秩序回復を図ろうとする政府の意図とは反対に、戒厳令の情報は混乱の拡大に拍車をかけた。これまで見てきたように、すでに各部隊は指定された地域を中心に治安維持活動や救護活動を展開しており、戒厳令の情報はそれらの後を追う形で広がった。ここで問題なのは、その情報が「朝鮮人暴動」に代表される流言とともに、新聞紙上で報じられた点にある。例えば、被害を免れた在京新聞社の一つである『東京日日新聞』は、三日の一面に「不逞鮮人各所に放火し帝都に戒厳令を布く」と見出しを掲載し、「朝鮮人抜刀事件起り警視庁小林警務長係《ママ》〔係長／警務課長小林光政――引用者注〕外特別高等刑事各課長刑事約三十名は五台の自動車にて現場に向つた。当市内鮮人、主義者等の放火及宣伝等々頻々としてあり。二日夕刻より遂に戒厳令をしきこれが検挙に努めてゐる」と伝えている。司法警察権（捜査権限）を有する警察が犯罪者を検挙するのに戒厳令は関係ないが、『東京日日新聞』は戒厳令を根拠に検挙を行っているように報じた。おそらく、これを目にした人々は、戒厳令の目的を「朝鮮人暴動」の鎮圧と認識しただろう。

加えて、現場で活動する軍人や警察官は戒厳令の意味を正確に理解していなかった。この点について警視庁監察官であった田邊保皓警視は、戒厳令適用の目的を「一旦其の能力を喪ひ、又は失はむとした普通警察力を補充援助して安寧秩序を回復維持すること」とした上で、「此点に就ては戒厳司令部及ひ地方行政事務を掌る首脳部に於ては、充分正確な理解を有つて居つた様てある」と評しつつも、末端部隊の認識については次のように述べている[67]。

> 各地方方面警備部隊地方官憲等に於ては、突発的災害から引続き発せられた戒厳布告に遭遇し、特に東京付近を除き遠隔の地から召集された部隊の如き其の戒厳の当然施行さるへき状況にあつた実情、及ひ今回施行された戒厳の性格を察知了解する遑なくして、僅に二三時間て出発の準備を整へ、帝都任地へ馳せ参した如きは、其首脳部たる隊長其の他の幹部に於ても、数日後に於て始めて其の真義を了解し得るに至つた者もあつたと想像しなければならぬ、特に疾風迅雷的に宣伝された、鮮人襲来暴行の流言蜚語の出発前又は輸送中に於て伝聞した警備部隊か、期せすして事発《ママ》〔変――引用者注〕に依る通常の戒厳と誤解した者かあつた様てある。

この田邊の指摘はまさに千葉県駐屯部隊の行動に当てはまっている。先に述べた通り、千葉県駐屯の各部隊は戒厳令適用の裁可が下る前に出動しており、「朝鮮人暴動」の情報を鵜呑みにして活動を展開していた。それに戒厳令の情報が加わったことで、現場の部隊は強硬な姿勢をさらに強めただろう。

以上のように、政府は軍隊の出動と戒厳令の適用によって流言の鎮圧と秩序の回復を図ったものの、通信連絡網の崩壊によって司令部と部隊間の意思疎通ができない状況では、戒厳令は「朝鮮人暴動」の流言と相俟って、混乱を拡大させる結果となった。この背景には、戒厳令に対する当事者たちの無理解とともに、戒厳令を不用意に「朝鮮人暴動」と結びつけた新聞報道の効果もあったと考えられる。

### (3)「戒厳令」に対する人々の反応

既述の通り、関東大震災以前に戒厳令が適用された例は、日清戦争時の広島、日露戦争時の長崎・対馬・函館・台湾などがあり、これらは戦争を遂行する上で実施された本当の意味での「戒厳」であった。それ以外の平時における適用事例は、一九〇五(明治三八)年九月の日比谷焼打ち事件が唯一で、暴動を鎮圧するため、東京市及び周辺郡部に第九条及び第一四条が適用されたのみであった。ただし、実施に至らなかったものの、一九一八(大正七)年八月の米騒動でも戒厳令の適用が検討されたほか、日比谷焼打ち事件以後の新聞各紙は、災害発生時や労働争議、また、海外の紛争等がある度に「戒厳令」の文言を頻繁に用いてきた。

例えば、一九一一年の吉原大火を報じる『都新聞』は、火災現場で警戒線を張る警察や軍隊について、「巡査、憲兵、出動の近衛歩兵の充血したる眼を睜りて入り来る人を誰何するさまは実に戒厳令を布けるがごとし」と表現しているほか[68]、京都市内の米騒動に対する『大阪朝日新聞』の記事も、警察及び軍隊の警戒状況、さらに夜間外出の自粛について、「宛如戒厳令の布かれたるが如し」と報じている[69]。要するに、「戒厳令」という言葉は軍隊が出動し、治安維持活動を行う場合の常套句となっていたのである。その根底にあったのは、戦時中に適用された戒厳ではなく、日比谷焼打ち事件で誕生した「行政戒厳」の経験であった。

新聞報道において日比谷焼打ち事件に基づく戒厳像が繰り返し語られるなか、人々は戒厳令に対する漠然としたイメージを醸成していったと考えられる。しかし、そこに戒厳令とは何か、という根本的な答えはなかった。このことは執行者である軍人や警察官においても同様で、強権的な姿勢をとる要因となった。例えば、実業家の鹿島龍蔵（鹿島組理事）は、九月四日の日記に橋を渡る際に起きた警察官との悶着を記しており、「猶曰く戒厳令発せられたる今日、グヅグヅ云はゞ斬ってしまうぞ」という警察官の発言を記録している[70]。この警察官は「田舎から連れて来た者らしい」が、当然、戒厳令が適用されたからといって、警察官に何もしていない一般人を斬りつける権限はない。

軍隊の方に目を転じると、後に首脳部も反省するように、戒厳令に対する将兵の無理解が現場で様々な問題を起こす要因となっていた。近衛師団は「其ノ実施ニ際シ、実務執行上地方官公吏ハ勿論、軍部ニ於テモ戒厳ニ関スル経験乏シキト研究不十分ナリシ結果、地方官公吏ト軍部トノ連絡不十分ナルノミナラス、職務執行上隔靴掻痒ノ感ナキ能ハス、又特ニ今回ノ戒厳令執行ニ関セシハ、警察官ト軍部トカ並列職務ヲ執行セシ点ナリトス、之カ為戒厳司令官ハ自己ノ意図ノ如ク警察官ヲ運用スルコト能ハス」と、戒厳令についての所見をまとめている[71]。この点からわかるように、行政戒厳に関する事前準備はなく、もちろん、将兵に対しても十分な教育は施されていなかった。数少ない前例から、現場の将兵はそれを日比谷焼打ち事件と同様のものと認識したのだろう。また、執行機関として警察と軍隊が併存するなど、戒厳司令官による統制も不十分で、他の行政機関との連携も円滑に進んでいなかった[72]。

一方、第一師団も近衛師団と同様の点を指摘した上で、「市民ノ混乱名状スヘカラス、軍隊ハ警備救護ニ全力ヲ尽スモ尚足ラス、各所ニ分遣活動シツヽアリシ際、偶々戒厳布告ヲ耳ニシ、憲法第十条ノ戒厳ノ宣告アリタリト思惟シタルニ、戒厳令中ノ第九条第十四条ノ規定ヲ適用ス云々ト公布セラレタリシカ、成文ヲ軍隊ニ於テ承知シタルハ早クモ九月四日、五日頃ナルヘシ、蓋シ軍隊ハ屯営ニ集結シアリシニハアラスシテ、極端ニ分散シ各種ノ任務ニ従事シアリタレハナリ、之ヲ要スルニ今回ノ戒厳ハ吾人ノ予期セル戒厳ト名実相伴ハサリシ」と問題点を指摘している(73)。ここで戒厳の宣告を憲法第一〇条としているが、これは第一四条の誤りである。既述の通り、軍隊は自らの存在を示すため、分散配置の方針をとったが、これは補給や命令伝達に不利で、中央の意思は末端まで伝わり難かった(74)。

さらに第一師団は「戒厳令中第九条及第十四条ヲ適用スルノ勅令ハ殆ント空文ニ等シキ感アリ、従テ多数ノ戒厳軍隊ハ単ニ警察機関ノ補助ニ服シタルニ過キス、然モ地方警察、戒厳司令官ノ隷下ニ入ルヘクシテ其命令ノ服行確実ヲ欠キタルコト例少シトセス」と警察との関係を問題にしている。戒厳令第九条に沿うならば、警察は戒厳司令官の指揮下に入らなければならないが、実際は軍隊側が警察の権限を尊重する方針をとったため、警察と軍隊の関係は曖昧であった。そのため第一師団は「特ニ戒厳初期ニ於テ軍隊ハ警察力ノ無力トナリシヲ回復セシムルコトニ直接間接大ニ努力シタルニ拘ラス、警察側カ人民カ軍隊ニ信頼スルノ厚キヲ見テ軍隊カ警察ヲ圧迫スルカ如キ言動ヲ弄シ、軍隊ニ反感ヲ抱ク者多キハ遺憾トスル所ナリ」と不満を漏らしている。現場では感情的な対立も生じていた。関東大水害で問題となったものの、その後、解消されていった行政間の対立がここで再燃している。

このように警察や軍隊が戒厳令の中身を理解しないまま、治安維持活動を展開したことがわかる。つまり、「戒厳令」という言葉だけが先行し、その実態は全く追いついていなかったのである。これは行政戒厳という事態を警察、軍隊ともに想定していなかったことが大きい。また、通常の治安出動や災害出動と同様に、軍隊側が警察側の権限を尊重した点も現場で混乱を招く要因となった。おそらく、戒厳令を求めた警察の首脳部や、その実行を判断した加藤友三郎内閣の閣僚たちはそうした事態を想定していなかったのだろう。ここから先は想像の域を出ないが、戒厳令を求めた人々が必要としていたのは、「戒厳令」の持つ言葉の力だったのではないだろうか。

この点は神奈川県知事安河内麻吉と横浜市長渡辺勝三郎との協議から類推することができる。九月一日、平塚で地震に遭遇した渡辺は、徒歩で横浜に戻る途中、「朝鮮人暴動」の情報に直面する。当時の状況について渡辺は、「朝鮮人騒動と謂ふが如き事は有るべき筈が無いと考へて居つたので、道筋の警察署、郡役所に寄つて尋ねつゝ来たのでありますが、横浜近くの戸塚に来て初めて其処の警察署長より、私もどうもさう云ふ筈は無いと思ひますが、何分郡長始めさう仰つしやるので云々と言つて居りました。さう云ふ筈は無いと思ふと言つたそれが唯一の人でありました」と回想している。(75)「朝鮮人暴動」の流言は神奈川県でも拡大していた。その後、三日午前一〇時に横浜市桜木町の仮市庁舎（中央職業紹介所）に到着した渡辺は、部下を集めて応急対応を協議した後、安河内と面会している。

当時、横浜市内では、「朝鮮人暴動」の流言とともに、略奪行為も横行、警察の機能が停止するなか、秩序は著しく悪化していた。そこで渡辺は安河内に対し、「此の二問題〔略奪と流言——引用者注〕は早く如何にかして解決しなければ更に重大な危機を招来せぬとも限らない。その流言蜚語の如き、自からの影に恐れて脱がれ得ざる滑稽さに似てはゐるが、その滑稽事も放置すれば益々人心は悪化し、秩序は滅列し、底止するなきに至るであろう。此際急遽戒厳令を布いて貰う方法を講ぜねばなるまい」と提言したものの、安河内は「戒厳令を布いても警察権が破壊された今、執行能力が無いから駄目であらう」と否定する。この安河内の指摘は正論だが、渡辺は「予は戒厳令の布かれただけでも人心を安定に導く一つの方法であると感じたので、極力之れを主張した」という。渡辺は「戒厳令」という言葉に人心を安定させる効果を求めていた。結局、渡辺と安河内の主張は平行線を辿り、最終的に安河内は戒厳令の案件を渡辺に投げたが、神奈川県に戒厳令適用の情報が伝わってくると、その問題は自然に消えていった。(76)

このように政府とは別に、地方官庁においても戒厳令を求める声は上がっており、実態はなくとも、「戒厳令」という言葉に期待を寄せる面があった。しかし、その言葉は軍隊の出動と合わせて、人々に「朝鮮人暴動」を誤認させることにも繋がった。かつて神奈川県警察部に籍を置き、後に防疫監吏として衛生課に復帰する桑島弥太郎は、軍隊の来援とともに、戒厳令適用の情報が伝わった四日の様子を次のように述べている。(77)

後に聞けば政府は早くも昨三日を以て戒厳令を布いたとのことであったが、是れは斯る非常時に際し蜚語百出、人心の動揺甚しきを安定する上に、憲法の機能を発揮する最も当を得し処置であらねばならぬと思ふた、続て司令官の諭告が諄々として達せられたが、罹災者の多数は其意を解せずして、寧ろ軍隊の出動を見て朝鮮の凶徒襲来の説を裏書し、今にも戦争の起るやに騒ぎ立つるに、私は見るに忍びぬので群集する衆愚に対し戒厳令の概念やら、今回発令の趣旨やら、司令官諭告の要旨やらを説明し、決して軽躁の行為なきやう説明してやつたが、愚昧なる多衆の耳には猶且了解せぬやうであった。

桑島は戒厳令の適用を適当の処置と考えたが、多くの人はそれを誤った方向で理解しており、「朝鮮人暴動」を裏書きするものと認識していった。そうした誤解を解くことが治安維持の責任者たちに求められていく。

九月八日、関東戒厳司令部情報部の発行する「関東戒厳司令部情報」第五号は「戒厳令トハ」という記事を掲載、「今回布告サレタル戒厳令ト云フノハ災害ニ基ク安寧秩序ヲ保ツ為地方ノ行政司法事務中安寧秩序維持ニ関係アル事件ヲ限リ戒厳司令官ニ指揮権ヲ委任セラレ一定ノ土地兵力ヲ以テ警戒セシムルト共ニ市民ノ惨害ヲ軍隊ノ実力ヲ以テ救護救恤セシメラルル緊急勅令テアル」と、戒厳令の意味を噛み砕いて説明している(78)。陸軍がこうした情報を発信した背景からも、戒厳令に対する人々の認識不足が窺える。

以上のように、「戒厳令」に対する人々の反応を見ていくと、執行機関である警察や軍隊に事前の準備がなかっただけでなく、一般の人々も戒厳令の意味を理解していなかった。唯一の前例が日比谷焼打ち事件だった点を考えれば、戒厳令の目的を「朝鮮人暴動」の鎮圧と認識したのは自然であった。行政側には「戒厳令」という言葉によって秩序の安定化を図る動きがあったものの、現実は反対の方向に作用していったのである。

# 第3節　戒厳令の適用解除

## (1)　適用解除にむけた動き

九月二日以降、隣県への被災者の避難に伴い、「朝鮮人暴動」の流言も周辺部へ拡がり始めた。それに対して政府は、四日の勅令第四〇二号で埼玉県と千葉県を戒厳区域に加えるとともに、関東戒厳司令官福田雅太郎は、戒命第一号と同じ内容を戒命第三号で埼玉県及び千葉県に出した。また、福田は千葉県駐屯部隊も一元的に動かせるようになり、国府台・習志野・千葉・佐倉・下志津の各部隊に対し、それぞれの警備担当区域を定めたほか、埼玉県には歩兵第二旅団の一部を派遣する。さらに四日以降、地方からの応援部隊が続々と東京に到着し、戒厳司令部の差配で被災地に幅広く展開していった。応援部隊の全体像は表6－1の通りである。同様に警察も地方からの応援を受けて態勢を立て直していく。地震直後、不足していた被災地の警備力は地方からの応援を受けて次第に充実していった。

被災地の警備力は九月中旬の段階で、陸軍兵力約四万八千人、警察官約一万四千人に達し、これに憲兵や海軍も加わって秩序の回復に努めた(79)。動員された陸軍部隊は、最終的に歩兵五七個大隊、騎兵二二個中隊、砲兵三四個中隊、工兵四七個中隊、鉄道一四個中隊、電信一三個中隊に上り、さらに航空隊や輜重隊、自動車隊も投入された(80)。戒厳司令部は警備隊の編成替えを行うなど、状況に応じて部隊の配置を変えていった。一方、迫害対象となった無実の朝鮮人や中国人は、中央の方針確定以降、警察や軍隊によって保護され、日本人から隔離されていった。警備力の充実に加え、流言が否定されたことで、被災地は落ち着きを取り戻していく(81)。

他方、陸軍は地震直後から救護活動を行っていたものの、治安の安定化によって、ようやく本腰を入れることがで

表6－1　地方部隊の動員状況

| 部隊名 | | | | 活動期間 | | | | |
|---|---|---|---|---|---|---|---|---|
| 師団名 | 派遣部隊名 | 兵営所在地〔衛戍地名〕 | 派遣規模 | 出動 | 罹災地到着 | 撤収 | 活動時間 | 初期配属 |
| 第2師団（仙台） | 歩兵第3旅団司令部 | 宮城県仙台市〔仙台〕 | — | 9月4日 | 9月5日 | 10月5日 | 31日間 | 東京南部 |
| | 歩兵第29連隊 | 宮城県仙台市〔仙台〕 | 歩兵3個大隊 | 9月4日 | 9月5日 | 10月5日 | 31日間 | 東京南部 |
| | 歩兵第65連隊 | 福島県若松市〔若松〕 | 歩兵2個大隊 | 9月4日 | 9月5日 | 10月9日 | 35日間 | 司令部直轄 |
| | 歩兵第32連隊 | 山形県山形市〔山形〕 | 歩兵1個大隊 | 9月4日 | 9月5日 | 10月9日 | 35日間 | 司令部直轄 |
| | 工兵第2大隊 | 宮城県仙台市〔仙台〕 | 工兵1個大隊 | 9月4日 | 9月4日 | 10月20日 | 47日間 | 東京北部 |
| | 救護班（衛生機関） | ※管轄下の部隊・衛戍病院から派遣 | — | 9月4日 | 9月4日 | 10月19日 | 46日間 | 司令部直轄 |
| 第3師団（名古屋） | 工兵第3大隊 | 名古屋市西区南外堀町〔名古屋〕 | 工兵1個大隊 | 9月4日 | 9月7日 | 10月22日 | 46日間 | 司令部直轄 |
| | 救護班（衛生機関） | ※管轄下の部隊・衛戍病院から派遣 | — | 9月4日 | 9月6～7日 | ①9月19日<br>②9月28日 | 22日間 | 東京北部 |
| 第4師団（大阪） | 救護班（衛生機関） | ※管轄下の部隊・衛戍病院から派遣 | — | 9月4日 | 9月9日 | 9月24日 | 16日間 | 神奈川 |
| 第5師団（広島） | 工兵第5大隊 | 広島県広島市〔広島〕 | 工兵1個大隊 | 9月6日 | 9月11日 | 10月14日 | 34日間 | 司令部直轄 |
| | 電信第2連隊 | 広島県豊田郡忠海町〔広島〕 | 電信1個連隊 | 9月6日 | 9月11日 | 10月25日 | 45日間 | 司令部直轄 |
| | 救護班（衛生機関） | ※管轄下の部隊・衛戍病院から派遣 | — | 9月4日 | 9月9～12日 | 9月28日 | 20日間 | 東京北部 |
| 第6師団（熊本） | 救護班（衛生機関） | ※管轄下の部隊・衛戍病院から派遣 | — | 9月4日 | 9月8日 | ①9月18日<br>②9月26日 | 19日間 | 藤沢 |
| 第7師団（旭川） | 工兵第7大隊 | 北海道旭川市〔旭川〕 | 工兵1個大隊 | 9月4日 | 9月7～9日 | 10月5日 | 30日間 | 東京南部 |
| | 救護班（衛生機関） | ※管轄下の部隊・衛戍病院から派遣 | — | 9月4日 | 9月7日 | 9月27日 | 21日間 | 藤沢 |
| 第8師団（弘前） | 歩兵第4旅団司令部 | 青森県弘前市〔弘前〕 | — | 9月6日 | 9月9日 | 10月31日 | 54日間 | 司令部直轄 |
| | 歩兵第5連隊 | 青森県東津軽郡筒井村〔青森〕 | 歩兵2個大隊 | 9月6日 | 9月9日 | 10月27日 | 50日間 | 神奈川 |
| | 歩兵第31連隊 | 青森県中津軽郡清水村〔弘前〕 | 歩兵2個大隊 | 9月6日 | 9月9日 | 10月31日 | 54日間 | 司令部直轄 |
| | 歩兵第17連隊 | 秋田県秋田市〔秋田〕 | 歩兵1個大隊 | 9月6日 | 9月8日 | 10月20日 | 44日間 | 東京南部 |
| | 歩兵第52連隊 | 青森県中津軽郡千年村〔弘前〕 | 歩兵1個大隊 | 9月6日 | 9月9日 | 10月20日 | 43日間 | 司令部直轄 |
| | 工兵第8大隊 | 岩手県岩手郡厨川村〔盛岡〕 | 工兵1個大隊 | 9月4日 | 9月5日 | 10月5日 | 32日間 | 東京北部 |
| | 救護班（衛生機関） | ※管轄下の部隊・衛戍病院から派遣 | — | 9月4日 | 9月6日 | 9月24日 | 19日間 | 東京南部 |
| 第9師団（金沢） | 歩兵第6旅団司令部 | 石川県金沢市〔金沢〕 | — | 9月4日 | 9月5日 | 10月25日 | 52日間 | 中山道 |
| | 歩兵第7連隊 | 石川県金沢市〔金沢〕 | 歩兵3個大隊 | 9月4日 | 9月7日 | 10月25日 | 50日間 | 中山道 |
| | 歩兵第35連隊 | 石川県石川郡野村〔金沢〕 | 通信班 | 9月4日 | 9月7日 | 10月23日 | 48日間 | 東京南部 |
| | 歩兵第36連隊 | 福井県丹生郡立待村〔鯖江〕 | 歩兵3個大隊 | 9月4日 | 9月5～6日 | 10月10日 | 37日間 | 東京南部 |
| | 歩兵第69連隊 | 富山県婦負郡東呉羽村〔富山〕 | 通信班 | 9月4日 | 9月5日 | 9月21日 | 17日間 | 司令部直轄 |
| | 工兵第9大隊 | 石川県石川郡野村〔金沢〕 | 工兵1個大隊 | 9月4日 | 9月5日 | 9月21日 | 17日間 | 司令部直轄 |
| | 救護班（衛生機関） | ※管轄下の部隊・衛戍病院から派遣 | — | 9月4日 | 9月5～6日 | 9月21日 | 17日間 | 東京南部 |
| 第10師団（姫路） | 工兵第10大隊 | 京都府加佐郡福知山町〔福知山〕 | 工兵1個大隊 | 9月6日 | 9月11日 | 10月15日 | 36日間 | 司令部直轄 |
| | 救護班（衛生機関） | ※管轄下の部隊・衛戍病院から派遣 | — | 9月4日 | 9月9日 | 9月30日 | 23日間 | 神奈川 |

| | | | | | | | | |
|---|---|---|---|---|---|---|---|---|
| 第11師団（善通寺） | 工兵第11大隊 | 香川県中多度郡善通寺町〔善通寺〕 | 工兵１個大隊 | ９月６日 | ９月11日 | 10月８日 | 29日間 | 司令部直轄 |
| | 救護班（衛生機関） | ※管轄下の部隊・衛戍病院から派遣 | — | ９月４日 | ９月８日 | ９月26日 | 19日間 | 千葉 |
| 第12師団（小倉） | 工兵第12大隊 | 福岡県企救郡企救町〔小倉〕 | 工兵１個大隊 | ９月６日 | ９月12日 | 10月８日 | 36日間 | 神奈川 |
| | 救護班（衛生機関） | ※管轄下の部隊・衛戍病院から派遣 | — | ９月４日 | ９月８日 | ９月26日 | 19日間 | 千葉 |
| 第13師団（高田） | 歩兵第26旅団司令部 | 新潟県高田市〔高田〕 | — | ９月４日 | ９月５日 | 10月11日 | 38日間 | 東京北部 |
| | 歩兵第50連隊 | 長野県松本市〔松本〕 | 歩兵２個大隊 | ９月４日 | ９月５日 | 10月11日 | 38日間 | 司令部直轄 |
| | 歩兵第58連隊 | 新潟県高田市〔高田〕 | 歩兵１個大隊 | ９月４日 | ９月５日 | 10月11日 | 38日間 | 東京北部 |
| | 歩兵第30連隊 | 新潟県中蒲原郡菅名村〔村松〕 | 歩兵３個大隊 | ９月４日 | ９月６日 | 10月７日 | 33日間 | 東京北部 |
| | 工兵第13大隊 | 新潟県北魚沼郡千田村〔小千谷〕 | 工兵１個大隊 | ９月４日 | ９月６日 | 10月11日 | 37日間 | 東京南部 |
| | 救護班（衛生機関） | ※管轄下の部隊・衛戍病院から派遣 | — | ９月４日 | ９月６日 | ９月19日 | 14日間 | 東京北部 |
| 第14師団（宇都宮） | 歩兵第28旅団司令部 | 栃木県河内郡国本村〔宇都宮〕 | — | ９月３日 | ９月３日 | ９月24日 | 22日間 | 東京南部 |
| | 歩兵第15連隊 | 群馬県高崎市〔高崎〕 | 歩兵３個大隊 | ９月３日 | ９月３日 | ９月24日 | 22日間 | 東京南部 |
| | 歩兵第66連隊 | 栃木県河内郡国本村〔宇都宮〕 | 歩兵３個大隊 | ９月３日 | ９月３日 | ９月29日 | 27日間 | ①東京北部<br>②司令部直轄 |
| | 工兵第14大隊 | 茨城県東茨城郡常磐村〔水戸〕 | 工兵１個大隊 | ９月３日 | ９月３日 | 10月17日 | 46日間 | 神奈川 |
| | 救護班（衛生機関） | ※管轄下の部隊・衛戍病院等から派遣 | — | ９月３日 | ９月３～４日 | ９月19日 | 17日間 | 東京南部 |
| 第15師団（豊橋） | 歩兵第29旅団司令部 | 愛知県豊橋市〔豊橋〕 | — | 師団長の判断で出動現地において関東戒厳司令部の指揮下に編入 | | 10月14日 | 40日間 | 小田原 |
| | 歩兵第34連隊 | 静岡県静岡市〔静岡〕 | 歩兵２個大隊 | | | 10月27日 | 55日間 | 小田原 |
| | 歩兵第67連隊 | 静岡県浜松市〔浜松〕 | 歩兵１個大隊 | | | 10月５日 | 31日間 | 小田原 |
| | 歩兵第60連隊 | 愛知県渥美郡高師村〔豊橋〕 | 歩兵１個中隊 | | | ９月24日 | 18日間 | 司令部直轄 |
| | 工兵第15大隊 | 愛知県豊橋市〔豊橋〕 | 工兵１個大隊 | | | 10月20日 | 48日間 | 小田原 |
| | 輜重兵第15大隊 | 愛知県渥美郡高師村〔豊橋〕 | 輜重兵１個大隊 | | | ９月25日 | 21日間 | 小田原 |
| | 救護班（衛生機関） | ※管轄下の部隊・衛戍病院から派遣 | — | | | ９月28日 | 25日間 | ①小田原<br>②神奈川 |
| 第16師団（京都） | 工兵第16大隊 | 京都府紀伊郡伏見町〔京都〕 | 工兵１個大隊 | ９月４日 | ９月９日 | 10月８日 | 31日間 | 藤沢 |
| | 救護班（衛生機関） | ※管轄下の部隊・衛戍病院から派遣 | — | ９月４日 | ９月９日 | ９月25日 | 15日間 | 神奈川 |
| 第17師団（岡山） | 工兵第17大隊 | 岡山県岡山市〔岡山〕 | 工兵１個大隊 | ９月６日 | ９月11日 | 10月15日 | 36日間 | 神奈川 |
| | 救護班（衛生機関） | ※管轄下の部隊・衛戍病院から派遣 | — | ９月４日 | ９月８～７日 | ９月21日 | 14日間 | 東京北部 |
| 第18師団（久留米） | 工兵第18大隊 | 福岡県三井郡御井町〔久留米〕 | 工兵１個大隊 | ９月６日 | ９月11日 | 10月21日 | 42日間 | 司令部直轄 |
| | 救護班（衛生機関） | ※管轄下の部隊・衛戍病院から派遣 | — | ９月４日 | ９月９日 | ９月23日 | 15日間 | 東京南部 |

注：１）東京市役所編『東京震災録』前輯（東京市役所、1926年）、陸軍省編『自明治三十七年至大正十五年陸軍省沿革史』（巌南堂書店、1929年）、松尾章一監修『関東大震災政府陸海軍関係史料』Ⅱ巻（日本経済評論社、1997年）、『陸軍震災救療誌』（陸軍省医務局）、『職員録』大正11～13年版（印刷局）を参考に作成。

２）初期配置は「司令部直轄」＝関東戒厳司令部直轄、「東京北部」＝東京北部警備隊（近衛師団）、「東京南部」＝東京南部警備隊（第１師団）、「神奈川」＝神奈川方面警備隊、「藤沢」＝藤沢方面警備隊、「小田原」＝小田原方面警備隊、「千葉」＝千葉方面警備隊、「中山道」＝中山道方面警備隊。

３）主に旅団司令部は方面警備隊の指揮、歩兵連隊は罹災地の治安維持、工兵大隊は社会基盤の復旧、衛生機関は罹災者の救療などを担当した。

４）関東戒厳司令官の指揮下に属さなかったが、横須賀重砲兵連隊や野戦重砲兵第一旅団（静岡県田方郡三島町）なども警備・救護活動を展開している。

きた。例えば、関東戒厳司令部は、七日の午前一〇時に出した戒命第一三号において、「震災地方一般ノ状態ハ、警備ノ充実ニ伴ヒ逐次平静ニ復シツヽアルモ、此際一層民心ニ安定ヲ与へ、且ツ罹災民ノ救護ヲ徹底セシムルノ必要ヲ認ム」と救護活動に力を入れるよう隷下の部隊に指示している。各部隊は様々な形で救護活動に携わっていたが、特に大きな力を発揮したのは、すべての師団から動員された衛生機関と工兵部隊であった。前者は救療活動を、後者は社会基盤の復旧やバラックの建設、崩壊した建築物の爆破などを展開していった。

地方機関の機能回復とともに、戒厳司令部は一一日に八王子方面の警備兵力を撤収させたのを皮切りに、軍隊の担っていた機能を縮小させ始める。一三日の戒命第二七号では、「戒厳軍隊ハ、将来其撤去ノ際ニ於ケル紛乱ノ再発ヲ予防スル為メ、地方復興ノ状態ニ順応シテ警備ノ実行ヲ逐次地方機関ニ移シ、現在ノ配備ヲ緊縮セントス」と、戒厳令の適用解除を見越しつつ、軍隊の配備を縮小させる方針を打ち出した。それと同時に「今後ニ於ケル警備継続要領」を作成し、次のような具体的な撤収方法を示した。

第一、各警備部隊司令官ハ、予メ地方ニ対シ、兵力ニ依ル直接警備ハ、震災直後ノ混乱ノ状態ニ対シ臨機実施セルモノニシテ、永続スヘキモノニ非サル所以ヲ徹底セシメ、民心ノ安定ニ伴ヒ、警察力及公衆自衛観念ノ復興ヲ促進ス。

第二、各警備部隊ハ、民心鎮静秩序恢復ノ状態ニ順応シ、地方諸機関ト緊密ナル連繋ノ下ニ、逐次現在ノ分散配置ヲ緊縮シ、兵力ニ依ル個々物件直接ノ警護ヲ減シテ、小地区毎ニ兵力ヲ結集シ、頻繁ナル巡察ニ依リテ警備ヲ持続ス。

地区毎ニ交代制ヲ採リ、以テ警備状態ノ邇久ニ基ク兵力ノ減耗、軍紀ノ弛廃ヲ防止ス。

人馬ノ保護、防疫ニ対シ、十分ノ注意ヲ加へ、特別ノ施設ヲ要スルモノハ、之ヲ戒厳司令部ニ要請ス。

第三、直接兵力警備撤去ノ順序、左ノ如シ。

1、個人ノ所有ニ属シ、震災後社会公益上特ニ警護ノ必要ヲ認ムル物件。
2、官公署及官有、公有若シクハ之ニ準スル重要物件、皇族邸、及戒厳地域内外国公使館、及之ニ準スルモノ。
3、交通々信機関、及国家生存上及時局救済上特ニ警護ヲ要スル物件、構築物若シクハ集積場爆発物、其他危険ノ虞レアル物品ヲ格納セル場所ニシテ特ニ警護ヲ要スルモノ。
避難外国人集合場群人収容所等ハ、別命アル迄各管区毎ニ之ヲ警護ス。

銀行ハ、開業当日ハ直接警護ヲ与フルヲ原則トシ、其他日及焼跡金庫ハ銀行自ラ之ヲ警護シ、所在軍隊ハ其請求ニ依リ巡察ヲ以テ之ヲ援助ス。

第四、前条撤去ノ着手時期ハ、各地方ノ情勢ヲ顧慮シ、各警備部隊司令官ニ於テ之ヲ決定スルモノトス。但シ、（3）所載ノモノニ関シテハ、別命ニ依ル。

前条ニ記上セサル物件ノ警護ニ関シテハ、特ニ命令スルモノ、外、各警備部隊司令官其要度ニ応シ適宜処置スルモノトス。


この命令でも陸軍側が地方官や警察官の権限を尊重し、その早期回復を意図していたことがわかる。(82) 戒厳令の適用によって軍隊の存在は前面に出たものの、過去の暴動や災害と同様に、あくまで地方官庁や警察への「応援」という姿勢を貫いていた。(83) これは部隊の展開方法からも窺える。当初、戒厳司令部は軍隊の存在を示すことで、秩序の回復を図ろうとしたが、被災地の安定化に伴い、それを解いて兵力を数箇所に集中、警察に治安維持の機能を譲りつつ、逐次、部隊の展開地域を縮小させる方針を打ち出した。

さらに地方官庁や警察の機能が回復してくると、九月二〇日以降、遠方から動員した部隊を所定の衛戍地に帰還させ始めた。この背景には、軍隊教育の遅延という軍事の根幹を揺るがす重大な問題があった。軍隊の展開は被災地の安定化に寄与する反面、長い時間、被災地に動員された将兵は演習が行えず、部隊全体の練度にも影響を及ぼした。

これは戦時に備える軍隊の本務から考えても大きな問題であった。また、前章でも触れたように、秋は各部隊の能力を完成させる重要な時期で、天皇統監のもと複数の師団の参加する陸軍特別大演習など、各地で大規模な演習が予定されていた。だが、それも震災の影響で中止となり、後に現場の部隊から不満の声が上がっている。

例えば、近衛師団は「戒厳勤務ノ時期ハ、各兵種トモ部隊教練ノ完成期ナリシヲ以テ教育ハ相当ノ打撃ヲ受ケタルモ、陣中勤務通信文通衛生救護ノ演練ハ、期セスシテ緊張セル敵前ノ意気ヲ以テ修得スルヲ得タリ」と教育上の効果や、「教育上最モ齟齬渋滞ヲ来タシタル歩兵ト雖モ、概ネ十月中旬以降ニ於テ鋭意之カ恢復ニ勉メタル結果、教育年度ノ後期ニ於テハ略々所期ノ成果ヲ得ルモノト信ス」と教育の挽回過程を述べつつも、「然レトモ軍隊練成上有形無形ノ効果最モ大ナル秋季演習ヲ実施スルヲ得サルニ至リシハ、最モ遺憾トスル所ナリ」と不満を漏らしている。[84]全国規模で軍隊の動員が行われた点を考えれば、その影響は幅広く各方面に及んだと考えられる。

このように軍隊としては、戦時に備えることが本来の役割で、関東大震災における各種活動は、軍隊の本来的な任務でないと認識されていた。[85]そのため地方官庁や警察の機能が回復したにもかかわらず、派遣部隊を様々な業務に濫用する傾向や、活動の長期化によって救護事業を管掌する地方官庁や警察の権限を奪うことに陸軍の首脳部は危機感を抱いていた。[86]ここに軍事の論理が明確に表れており、それまでの災害対応にも通じている。

しかし、軍隊に対する期待は高く、救護活動や戒厳状態の継続を望む声が上がっていた。例えば、九月一五日の『都新聞』は、社説「軍隊に感謝す」を掲載し、「帝都の治安を維持し、恟々たる人心を安定せしめたるは軍隊の力である、糧食や水の配給も軍隊の力に頼れるものが多い、物価の暴騰を防ぎたるも軍隊の力が多大である、罹災地の人民は衷心より軍隊に感謝を払つて居る」とし、「罹災民の救済と罹災地の治安以て保ち得べしと安心せる効果は莫大である、国民が戒厳令撤廃の早からざらん事を望むが如き其信頼の深き証拠である」と、国民の視線を踏まえた上で、「陸海軍共に至命上の危険はなきも、其繁忙と其努力に至つては戦時に数倍するものあるは、宜しく国民の銘記すべき所である、近時世上の一部には軍閥と軍縮とを混同せるの嫌ひあり、国民と軍隊との間に阻隔の傾向ありたるも、今回の軍隊の働きに依り、両者の親密を加へたるは国家の幸ひである」と、軍隊の活動を評価した[87]。軍隊の活動は地震以前の反軍世論を改善することに繋がった[88]。また、陸軍側もそうした世論の変化を敏感に感じ取っていた[89]。

以上のように、警備力の充実によって秩序は回復にむかうものの、軍隊に対する人々の期待は高まり、戒厳状態の継続を求める動きに繋がっていった。一方、軍隊としては、早期の戒厳解除と同時に、関係業務を地方官庁や警察に引き継ぎつつ、動員した部隊を各衛戍地に復帰させたいと考えていた。しかし、軍縮・反軍世論の高まっていた状況から一転し、軍隊に対する支持が集まるなか、国民の期待を無下にすることもできなかった。これまで検討してきた他の災害対応の事例と同様に、関東大震災においても軍隊の抱えるジレンマが浮き彫りになっている。軍隊と国民の意思が相反するなか、部隊を動かす戒厳司令部は慎重な対応を迫られていた。

### (2) 陸軍部隊の撤収と臨時憲兵隊の増設

地震発生から一ヶ月が経過した後も戒厳解除の兆しは見えなかった。この間、福田雅太郎は甘粕事件（甘粕正彦憲兵大尉による社会主義者大杉栄らの殺害事件）の責任をとって九月二〇日に関東戒厳司令官を辞任、代わって前陸軍大臣の山梨半造が戒厳司令官に就任した[90]。また、二三日、関東戒厳司令部は被災地に展開する部隊を段階的に撤収させる計画を作成、各地の方面警備隊も縮小の方向にむかった。

一方、そうした陸軍の方針は被災地に動揺を与え、軍隊の駐留と戒厳状態の継続を求める動きに繋がった。一〇月一日の『都新聞』は、「災害地の秩序猶恢復せず、人心猶安定せざるを理由として、戒厳警備の継続を希望する声の盛んなるは今日の所止むを得ざる次第である、元来戒厳警備は一時の急に応ずるが為めの者で、長く之を継続するは寧ろ時代の恨事であるが、さらばとて今日之を撤廃しては、災害地の人民は到底安んじて其生を送るを得ざるが如き感じを禁じ得ない、吾等は政府が秩序の恢復に努むると同時に、戒厳撤廃後の治安維持を整へん事を切望す」と政府に治安の回復を求めつつ、「治安維持の為めに戒厳警備の継続を希望するも、一方に於ては必要以上に峻厳なる武断政治を行はざらん事を切望す」と注文をつけている。被災地の秩序は未だ不安定で、警備の継続が必要だった。ここで注目すべきは、『都新聞』が解除後の警備体制に言及している点である。現状では、戒厳によって治安が保たれているものの、被災地の人々は、戒厳地域の枠組が外れた場合、再び治安が乱れることを危惧していた。

そのことは治安維持を担う警察や軍隊にとっても課題であった。警察は巡査の増員を図るが、急遽採用した人間を現場に投入するのは不可能であった。一方、戒厳解除を見越した陸軍は、警察権を有する憲兵を増やすことで対応を図る。九月下旬、陸軍は憲兵及び補助憲兵を約二〇〇〇人増員する方針を決定、さらに摂政宮は一〇月一〇日の勅令第四四一号で「各兵科ノ者ヲシテ憲兵ノ勤務ヲ補助セシムルノ件」を裁可した。それまでの補助憲兵制度に関する法的根拠は、日比谷焼打ち事件の際に公布された一九〇五（明治三八）年九月六日の「乗馬兵科ノ者ヲシテ憲兵ノ勤務ヲ補助セシムル件」（勅令第二〇八号）で、東京衛戍総督もしくは衛戍司令官は、乗馬兵科の者を憲兵司令官や憲兵隊長、憲兵分隊長の指揮下に置き、憲兵の勤務を補助させることができた。新たな規定では、補助憲兵の適用兵科を大幅に拡大したほか、派遣の判断を陸軍大臣や軍司令官に委ねた。また、憲兵司令官の要請を受けた場合、師団長（交通断絶等の止むを得ない場合は団隊長）は、部隊から補助憲兵を派遣することができるようになった。

一〇月一一日、勅令第四四一号に基づき、全国の師団から補助憲兵に指定された者が勤務を開始、それらを統轄する山梨も訓示を発し、「本職ハ此重大ナル時機ニ当リ、憲兵カ克ク所謂国家警察ノ見地ニ立脚シ、深ク民心ノ安定ヲ念トシ、災害後日ヲ経ルニ従ヒ生スヘキ地方官憲及民情ノ変化ニ応シテ、緩急運用ノ妙ヲ誤ラス、斯クテ治安警備ノ重任ヲ果スニ萬遺算ナカラムコトヲ切望シテ已マサル所ナリ」と、憲兵の役割に期待を寄せている。その後、臨時憲兵隊の増設が進み、通常の東京憲兵隊に加え、江東・上野・牛込・麻布・横浜・藤澤・小田原の七つの憲兵隊を新設、さらにその下に憲兵分隊や憲兵分遣所を配置していった。[91] 各種活動を展開する他の兵科と比べ、構成員の少ない憲兵の活動は目立たなかったが、一〇月中旬以降、被災地において憲兵の存在感は増していった。

それに伴い、陸軍の治安維持活動はさらに縮小し、地方から動員された部隊も続々と衛戍地に復帰していった。この背景には、先に指摘した軍隊教育の問題はもちろん、活動の長期化で生じる衝突を回避する意図もあった。[92]『国民新聞』の取材を受けた陸軍当局者は、「一体戒厳令をいつまでも存置して置くなど、謂ふのは自治体としても頗る不名誉の事だ」とした上で、「陸軍としても兵の教育には支障を来すし又余り永くなると自然いろいろな事件も起り軍隊に対する種々の悪評などが出る様になると困るから一日も早く引揚げたいと思つて居る」と述べている。[93] また、一五日の『都新聞』も一〇月末の戒厳解除を報じると同時に、「戒厳令撤廃せられ且来る十一月下旬近衛第一両師団管下の二年兵全部帰休除隊の暁明年一月十日新兵が入営する迄現在の初年兵ばかりとなるから此間警備上不安を感ずる如く伝へらるゝも既に補助憲兵約一千八百名（全国師団各兵科より選抜せる初年兵）を各災害地域に配置し且警察力を拡大して治安の維持に努むる筈なれば決して心配する必要はない」と、陸軍当局の意向を伝えた。被災地に展開する大部分の兵士が二年兵だった点を考えれば、その除隊という時間的な問題も差し迫っていた。さらに活動の長期化によって兵士の士気は低下しつつあり、民衆との間で摩擦を起す可能性も孕んでいた。[94]

その後、被災地に展開する部隊は、治安維持に支障を来さない範囲で教練を再開したほか、活動の縮小と撤収を繰り返しつつ、方面警備隊を解隊していった。二五日には、勅令第四五二号で千葉県及び埼玉県の戒厳令適用が解除されることになった。この動きは憲兵の増加した一〇月中旬頃からあったものの、千葉・埼玉両県知事の要請によって戒厳状態は継続、結局、その撤廃は一〇日近くも延期された。[95] 軍隊に依存する地方官側の論理と、戒厳の早期解除を願う軍隊側の論理は反発し合っていた。補助憲兵となった者を除き、地方からの応援部隊は一〇月末までに完全に撤収、被災地に展開するのは、近衛師団及び第一師団の所属部隊のみとなった。[96]

このように陸軍は戒厳令の適用解除後の状況を考慮しつつ、増員した警察官や憲兵に治安維持の業務を引き継いでいった。ここで重要なのが補助憲兵の存在である。制度改正を含めた憲兵の増員は、警備力の空白を生まない措置と言えるが、軍事警察権だけでなく、行政警察権や司法警察権を有する憲兵は、一般人に対しても強制力の行使が可能であった。つまり、戒厳解除で一般人に対する軍隊の権限は縮小するものの、陸軍は憲兵を通じて治安維持に関与できたのである。臨時憲兵隊や補助憲兵の活動は、順次規模を縮小しながらも翌年の三月まで続いた。

### (3) 行政戒厳の解除とその評価

一一月九日、内閣において、陸軍大臣と海軍大臣から勅令第三九八号の廃止が提案された。それに伴い、勅令第三九八号を廃止する勅令案が枢密院において審議されることになった[97]。一四日午後〇時五〇分、内閣総理大臣の山本権兵衛や閣僚一〇人、枢密院議長の清浦奎吾や副議長の浜尾新、顧問官一八人などが会議に出席して意見を交わした[98]。また、議論には参加できないものの、陸軍からは陸軍省軍務局長の畑英太郎少将や関東戒厳司令部参謀長の阿部信行少将、内務省からは警保局長の岡田忠彦も同席して議論の推移を見守った。

冒頭、清浦が会議開催の趣旨について述べた後、枢密院書記官長の二上兵治が勅令第三九八号の廃止について具体的な説明を行った。そこで二上は、「過般ノ震災及之ニ伴フ火災ニ因リ東京府並近県地方ニ容易ナラサル擾乱ヲ生シ警察力ノミヲ以テハ到底治安ノ維持スルコト能ハスサルノミナラス地方長官ノ要求ニ基ク出兵ニ依ルモ尚且之ヲ能クスヘカラサル情況ト為リタルニ因リ政府ハ緊急勅令ヲ以テ一定ノ地域ニ戒厳令中必要ノ規定ヲ適用スルノ件ヲ制定公布シ一定ノ地域ヲ限リ別ニ勅令ノ定ムル所ニ依リ戒厳令中必要ノ規定ヲ適用スルコトヲ得ル旨ヲ規定シ此ノ緊急勅令ヲ実際ニ運用シテ東京府並近県ニ戒厳令第九条及第十四条ヲ適用シ以テ治安ヲ維持スルニ努力シタリ」と、戒厳令の適用に至る経緯を語っている。注目すべきは、通常の出兵では対応できないとした点で、戒厳令を必要とした理由が明確に示されている。そして、「今日世上ノ状態ヲ以テ災害当時ノ状況ニ比較スレハ固ヨリ秩序ノ回復見ルヘキモノアリト雖今戒厳令中必要ノ規定ノ適用ヲ止メテ果シテ治安ノ維持ニ支障ヲ来スルコトナキヤ否ヤニ付特ニ当局ニ質問シタルニ当局ニ於テハ此ノ際一層警察官憲兵ヲ増加シ其ノ他種々適切ナル処置ヲ講シテ安寧ヲ保持スルニ萬意漏ナキコトヲ期スル旨ヲ言明シタリ」と説明し、勅令第三九八号の廃止を説いた。

これに対して顧問官の久保田譲、有松英義、仲小路廉などが反対の立場から意見を述べている。口火を切った久保田は現状の安定は表面上のことで、失業者等を扇動して暴動を起こす者が現れる可能性を指摘したほか、有松は「殊ニ先刻別席ニ於テ内務大臣ハ現在ノ警察力ハ不充分ナルカ故ニ憲兵ノ増員ニ俟ツ旨ヲ述ヘラレ又陸軍大臣ハ新ニ設ケムトスル警備司令部ハ今日ノ状態ニ於テ必シモ之ヲ臨時ノ施設ト謂フヘキニ非サルモ成ルヘク速ニ其ノ廃止ヲ希望スル旨ヲ述ヘラレタリ」と、警備体制の強化を理由に秩序が不安定な状況を述べた。ここで有松の言う「警備司令部」とは、関東戒厳司令部に代わる東京警備司令部のことで、かつての東京衛戍総督部と同様に、在京の近衛師団と第一師団を統轄する機関として新設される予定であった。

すでに陸軍は憲兵の増加した一〇月中旬頃から戒厳解除後の警備体制を模索しており、地震発生時の失敗を活かす形にしようとしていた。一〇月二二日の『報知新聞』が「陸軍当局では戒厳令撤廃の善後策として憲兵二千余名を増加し内務方面の警官増員と相待ちて保安警備の任務に当らしむるばかりでなく中間的施設として既報のやうに臨時に東京衛戍総督府を設置して罹災地の安寧秩序を保護すべく調査成案して居る」と報じるように、衛戍総督部の復活は既定路線で、枢密院会議の時点で東京警備司令部の新設は固まっていた。(99) そうした反対意見に対し、陸軍大臣田中義一は、「余ハ今日ノ情勢ニ於テ非常事変ノ場合ノ措置タル戒厳ノ継続ヲ必要ト思惟セス」とした上で、指摘のあった警備司令部については、「平時ノ衛戍総督部条例ノ如キモノヲ以テ之ニ臨メハ足ルコトト信ス故ニ非常時ノ戒厳ヲ撤廃シ平時ノ衛戍条例ヲ適用スルヲ可ナリト為スナリ」と答えている。

その後、清浦の発議によって採決を行い、賛成多数で戒厳解除を可決、翌一五日の勅令第四七八号で勅令第三九八号を、続く勅令第四七九号で戒厳令の適用範囲を定めた勅令第三九九号をそれぞれ廃止した(100)。また、勅令第四八〇号で東京警備司令部令を制定するとともに、関東戒厳司令部条例を廃止、戒厳司令官の山梨半造をそのまま東京警備司令官に移行させた。こうした一連の事務手続を経て、九月二日から七五日間続いた行政戒厳は終焉を迎えたのである。ただし、戒厳解除の事務手続については、一二月一一日から始まった第四七回帝国議会で問題となり、第二次山本権兵衛内閣は各方面から追及を受けることになった(101)。

さて、関東大震災における軍隊の活動は多くの人々に好意的に受け止められ、軍隊は再び支持を獲得した。教育総監部本部長の宇垣一成は、「国民少なくとも今次の変災の直接影響を蒙りし士民は、軍隊の活動に対して感謝の意を有して居る。甚しき忘恩者にあらざる限りは」と、被災者の反応を日記に記している(102)。また、反軍思想家で知られる水野廣徳も雑誌『中央公論』の一〇月号で、「戒厳令下に於ける軍隊の行動は極めて厳正に極めて敏活であつた。而かも従来屢見たるが如き倨傲の態度と威圧的言動とを見ることなく、国民と軍隊との間は極めて円滑親善であった」とした上で、「今や市民は軍隊に対して多大の好感と信頼と敬意とを有して居る。国軍の為めに慶賀し、軍憲に対して賛辞を呈せざるを得ない」と、軍隊の活動を高く評価した(103)。

しかし、翌月の『中央公論』で水野は軍隊批判に転じている。その原因は甘粕事件や亀戸事件など、軍隊が起こした不祥事にあった。水野は軍隊の活動を評価した自らの原稿に触れた上で、「然るに稿を終へて後幾何もなく甘粕事件なるものが暴露し、一たび回復したる軍隊に対する社会の信頼と、軍人に対する社会の敬意とは、恰かも過般の大震災に潰れた安普請の如く、根本的に動揺し崩潰して仕舞った。尋で余震として亀戸署に於ける騎兵の殺傷事件暴露し、軍隊に対する社会の疑惑は益濃厚となつた」と、不祥事の状況を説明、「折角回復し掛けたる軍隊と軍人とに対する国民の信望が、短見無思慮な二三軍人の不法行為に依つて再び破壊消失されたることは、国軍の為めに惜しみ、国家の為めに悲しまざるを得ない」と嘆いている。[104] 一部軍人の問題行動が軍隊全体の評価に影響を及ぼした。

加えて、亀戸事件の真相解明に迫る自由法曹団の山崎今朝弥弁護士は、「戒厳令と聞けば人は皆ホントの戒厳と思う、ホントの戒厳令は当然戦時を想像する、無秩序を連想する、切捨て御免を観念する。当時一人でも、戒厳令中人命の保障があるなどと信じた者があったろうか。何人といへども戒厳中は、何事も止むを得ないと諦めたではないか」と、戒厳令の効果を指摘した上で、「実に当時の戒厳令は、真に火に油を注いだものであった。何時までも、戦々恂々たる民心を不安にし、市民をことごとく敵前勤務の心理状態に置いたのは慥かに軍隊唯一の功績であった。全く兵隊さんが、巡査、人夫、車掌、配達の役目の十分の一でも勤めてくれていたら、騒ぎも起らず秩序も紊れず、市民はどんなに幸福であったろう」と軍隊の活動を皮肉っている。[105] 混乱を招いた戒厳令に対する指摘は的を射ているものの、幅広い軍隊の救護活動を考えた場合、山崎の評価は妥当ではない。ただし、戒厳令の適用によって軍隊の存在が治安維持の前面に出たのは間違いないだろう。

他方、憲法学者の美濃部達吉は、「一般人心の鎮静に最も偉大な効果を収め、歴史上未曾有な大変災に際して、人心恂々、所に依つては殆ど無警察無秩序の状態にも陥らうとする虞れの有つた場合に、何よりも大きな安心を与ふることの出来たのは、言ふ迄もなく戒厳令の施行であった」とし、「軍隊のありがたみの一般の民心に痛感せられたのは、恐らくは此時ほど著しかったことは無かろう」と戒厳令の適用と軍隊の活動を評価する。[106] その上で、「唯戒厳の任に当つた将校軍人の中に思ひがけない犯罪事件が起つて、之が為に突如として戒厳司令官の更迭をまで見るに至つたのは、千秋の遺憾である」としつつも、「此事変及び国際上に起つた多少の恨事を除いては、戒厳令の施行に依り能く治安維持、民心鎮静の目的を達し得たことは何人も認むる所で、今回の如きは戒厳令の最も有効に適用せられた実例となすべきであらう」と、治安維持政策を総括している。また、「戒厳軍の主として活動したのは、警備、救護、営造物の修理などであって、人民の自由を拘束する権力は法律上には与へられて居ても、其権力を実際に活用することは、寧ろ稀であった」と軍隊側の自制的な姿勢を指摘、それが人々の軍隊への支持に繋がったとした。美濃部は軍隊の不祥事を問題視しながらも、全体としては軍隊の活動を支持している。

以上のように、戒厳解除については、反対意見があったものの、枢密院の審議を経て廃止、被災地の治安維持は警察や憲兵の手に委ねられる。それと同時に関東戒厳司令部は東京警備司令部に移行、再び専任の衛戍司令官が復活することになった。新聞各紙は戒厳解除とそれまでの軍隊の活動を評価したが、不祥事が明るみになるなか、軍隊批判の声は次第に高まっていった。関東大震災における一部軍人の犯罪行為は、軍隊全体の評価に暗い影を落とすこととなり、戒厳令の適用を含め、その後の歴史的な評価にも影響を与えたのである(107)。

## 小　括

災害発生時、軍隊を含めた諸機関が円滑な救護活動を展開するには、第一に被災地の安定を確保しなければならない。戒厳令の適用から解除に至る過程を俯瞰すると、それぞれの場面で直面した課題が浮き彫りとになってくる。

地震直後、最初に警察や軍隊が直面したのは、拡大する火災と被災者への対応だったが、施設の焼失や社会基盤の崩壊によって指揮命令系統は混乱、警察や軍隊も本来の機能を失った。それでも軍隊は態勢を立て直しつつ、災害対応にあたったが、警察は早い段階で軍隊側に出兵を要請、さらにその存在を正面に押し出すため、戒厳令の適用を内閣に働きかけた。しかし、制度上の障壁に阻まれ、すぐに戒厳の実現には至らなかったが、被災地では「朝鮮人暴動」の流言が広まり始め、混乱状態に陥っていった。これに対して生き延びた人々は、警察の穴を埋めるべく、各地で自警団を組織する。当然、自警団に強制力を行使する権限はないが、本来、警察が担うべき機能は不法に拡散していった。そうしたなか、陸軍は被災地の秩序を保つため、東京衛戍地外の兵力を集める一方、内閣は軍隊の活動の円滑化と、人心の安定化を図るため、戒厳令の適用に踏み切っていった。

不足していた警備力は全国規模の軍事動員で充実、陸軍部隊は被災地に幅広く展開しつつ、治安維持活動や救護活動を実施していった。また、軍隊は流言によって迫害対象となっていた朝鮮人や中国人を保護し、日本人から隔離することで、問題の根源を除去していく。そうした対応が功を奏し、次第に秩序は回復の方向へむかった。しかし、時間の経過とともに、軍隊に対する過度な依存が見られるようになり、早急撤収を図りたい軍隊側の意向と衝突することになった。陸軍は警察権を有する憲兵の数を増やすことで、治安維持活動の縮小を図ったが、軍隊に対する人々の依存度は高く、戒厳解除を協議する枢密院においても反対論が燻った。それまでの災害対応と同様に、軍隊側は地方官側の権限を尊重しており、自らの活動が地方官庁や警察の権限を奪うことを危惧していた。加えて、活動の長期化が軍隊教育の遅延に繋がるなど、戦争に備える軍隊の本務を阻害していった。

そうした一連の流れで問題だったのは、やはり「朝鮮人暴動」の流言で、それに振り回された結果、警察や軍隊は救護活動に投入できる力を治安維持活動に割かねばならなかった。当然ながら、警察や軍隊も震災の被害を受けており、上下の意思疎通も断たれていた。応急対応に忙殺されるなか、錯綜する様々な情報を収集し、内容を分析していくには、時間が必要であった。また、被害が東京市東部に集中したこれまでの災害と異なり、市内全域が被災地となった関東大震災では、在京部隊の余裕もなくなっていた。想定外の大規模な災害だったため、警察も軍隊も「朝鮮人暴動」の流言に対して、冷静に対処することはできなかったのである。

さらに混乱に拍車をかけたのは、皮肉にも、内務省や警視庁が求めた戒厳令であった。臨時総理大臣の内田康哉をはじめ、退任の決まっていた加藤友三郎内閣の閣僚たちは、混乱状況を鎮めるため戒厳令の適用に踏み切ったが、肝心の軍隊側にその用意はなく、すぐに対応することはできなかった。また、被災者はもちろん、現場の警察官や将兵たちもその意味を正確には理解していなかった。陸軍部隊は情報伝達とともに、強硬な姿勢で治安維持に臨むようになる。実態のわからない「戒厳令」という言葉だけが先行し、人々の緊張感を高めていった。加えて、新聞に「朝鮮人暴動」と軍隊の出動、さらに戒厳令の情報が同時に報じられたことで、「朝鮮人暴動」の流言を裏書する結果になった。執行機関の態勢が追いつかなかったため、戒厳令は政府の意図と全く逆の方向に作用したのである。

ここで明らかなのは、関東大震災のような、広域災害に対する準備が全くなかった点である。第2章で触れた通り、行政戒厳の仕組みは日比谷焼打ち事件で誕生したが、それに対する研究や事前準備は進まず、暴動や災害に対しては、師団司令部条例や衛戍条例、補助憲兵制度等で対応してきた。つまり、大規模な火災や水害、個々の暴動を越えるような事態は想定されていなかったのである。見方を変えれば、これらの法令で対応できない事態は発生せず、その状態を最初に打ち破ったのが、関東大震災となった。師管を越えた軍事動員が初めて行われた点からも、関東大震災は国内の治安維持システムにおける一つの転換点となったのである。

注

（1）姜徳相『関東大震災』（中央公論社、一九七五年）一〇～三〇頁。以後、姜は改訂版の『関東大震災・虐殺の記憶』（青丘文化社、二〇〇三年）から同「虐殺　再考、戒厳令なかりせば」（関東大震災八五周年シンポジウム実行委員会編『震災・戒厳令・虐殺』三一書房、二〇〇八年）、同「一国史を超えて」（『大原社会問題研究所雑誌』第六六八号、二〇一四年六月）に至るまで、自説を中心に検証作業を進めている。また、姜の説は大江志乃夫『戒厳令』（岩波書店、一九七八年）に取り入れられるなど、その後の研究にも影響を与えた。

（2）安江聖也「関東大震災における行政戒厳」（『軍事史学』第三七巻第四号、二〇〇二年三月）。

（3）北博昭『戒厳――その歴史とシステム』（朝日新聞出版、二〇一〇年）一三一～一五一頁。

（4）宮地忠彦『震災と治安秩序構想――大正デモクラシー期の「善導」主義をめぐって』（クレイン、二〇一二年）一二六～一二九頁。

（5）山本権兵衛の回想は東京市政調査会編『帝都復興秘録』（寶文館、一九三〇年）三～一四頁を参照。

(6) 田中義一「国難に遭遇して」(『都新聞』一九二四年九月一日)。
(7) 赤池濃「大震災当時に於ける所感」(『自警』第五巻五一号、一九二三年一一月)。
(8) 後藤文夫「震災当時の追想並其教訓の一端」(同右)。
(9) 森五六述/山本四郎編「関東大震災の思い出――一戒厳参謀の日記と回想――」(『日本歴史』第二五六号、一九六九年九月)。
(10) 黒坂勝美『福田大将伝』(福田大将伝刊行会、一九三七年)三七九頁。
(11) 前掲『戒厳令』一三一頁。
(12) 前掲「国難に遭遇して」。
(13) 九月一日夕方、大久保町の自宅に帰宅していた森五六は門前で「森本大尉(参謀本部員、二十二期)」と偶然に会って戒厳令が出される噂を聞いたという(前掲「関東大震災の思い出」)。陸軍内部でも戒厳令の適用を想定していたことが窺える。なお、一九二二年及び一九二三年の『職員録』を確認したところ、「森本大尉」の名前は確認できないので、おそらく森村經太郎大尉(陸士二三期)の誤りであろう。
(14) 小林道彦・高橋勝浩・奈良岡聰智・西田敏宏・森靖夫編『内田康哉関係資料集成』第一巻(柏書房、二〇一二年)六九~七〇頁。
(15) 『財部彪日記』一九二三年九月一日(『財部彪文書三四』所収、国立国会図書館憲政資料室所蔵)。
(16) 四竈孝輔『侍従武官日記』(芙蓉書房、一九八〇年)三七八~三八二頁。
(17) 前掲『内田康哉関係資料集成』第一巻、七〇頁。
(18) 同右六九~七〇頁。
(19) 東京市政調査会編『帝都復興秘録』(寶文館、一九三〇年)一四~二五頁。
(20) 『倉富勇三郎日記』一九二三年九月一日(『倉富勇三郎関係文書一九』所収、図書館憲政資料室所蔵)。
(21) 水野錬太郎は「此閣議は、総理官邸の庭で開かれたが、伊東〔巳代治――引用者注〕伯も着流しのまゝで見舞に来られ、有馬〔英義、枢密院顧問官――引用者注〕氏も、日本銀行総裁井上〔準之助――引用者注〕君も見えた様に記憶しておる」と回想している(前掲『帝都復興秘録』二三一~二三二頁)。また、内田の日記は伊東、有松、倉富勇三郎、井上勝之助などの顧問官が来訪したことを記している(前掲『内田康哉関係資料集成 第一巻 資料編一』七〇頁)。

(22)　水野錬太郎『我観談屑』（萬里閣書房、一九三〇年）は協議内容について、「先づ第一に相談した事は大震災に対しての救護のことであるが、未だ震災区域もはっきり分らず、災害の状態も詳しい事は一向に知れなかつたので、纏つた対策はできなかつた。先づ何をおいても罹災民への食糧を供給することが先決問題なので取り敢えず救護に対する費用の臨時支出を大蔵大臣と相談して九百八十萬円の予備金支出を決定した。更に臨時救護事務局官制の案を、法制局長官に命じて起草せしめた」と回想している（三九七〜三九八頁）。

(23)　枢密院官制は一八八八年四月二六日の勅令第二二号で制定された後、一八九〇年一〇月七日の勅令第二一六号で部分改正が行われ、第六条に緊急勅令に関する審議を加えた。

(24)　前掲『帝都復興秘録』一四〜二五頁。

(25)　前掲『倉富勇三郎日記』一九二三年九月一日。

(26)　倉富勇三郎が首相官邸にむかった午後六時三〇分頃、伊東巳代治は自宅周辺の防火作業にあたっていた（前掲『帝都復興秘録』一八頁）。

(27)　前掲『倉富勇三郎日記』一九二三年九月一日

(28)　内閣官制（一八八九年一二月二四日、勅令第一三五号）。

(29)　石川県金沢市に拠点を置く『北国新聞』は一九二三年九月二二日の紙面に「戒厳令まで　前内閣のドチ」として、戒厳令に至る経緯を報じている。その中で、枢密院顧問官を集めた内田康哉は、「折角お集まりを願いひましたが、今回は戒厳令をしかずに単に東京府から出兵を要求するといふ形式をとるだけにきめましたから今日はこのままお引とりを願いひたい」と話したという。この流れは倉富勇三郎の日記とも符合しているので間違いないだろう。注目すべきは、東京府を通じて軍隊の出動を求めている点で、内閣は軍隊の出動に直接関与することはできなかった。

(30)　前掲『内田康哉関係資料集成』第一巻、七〇頁。

(31)　前掲『帝都復興秘録』二三〇〜二三六頁、前掲『我観談屑』三九五〜四〇四頁。

(32)　前掲『倉富勇三郎日記』一九二三年九月一日。

(33)　火災の延焼過程については災害教訓の継承に関する専門調査会編『一九二三　関東大震災報告書』（内閣府中央防災会議、二〇〇六年）第五章「火災被害の実態と特徴」を参照。

（34）内務省の罹災状況については大臣官房会計課長兼地理課長だった堀切善次郎の「関東大震災」（大霞会編『内務省外史』地方財務協会、一九七七年、三〇四〜三〇八頁）に詳しい。
（35）警保局長の後藤文夫は「物資の欠乏に対する不安を除く処置、各方面関係行政機関の連絡統一等総て常例を脱して非常の決断に出でざるべからざるを痛感したのである」と直面した課題を述べた上で、「そこで猛々たる火焔を四方の空に仰ぎ見つゝ、一日夜半、内務大臣官舎の中庭に於て臨時震災救護事務局官制及非常徴発令が起草せられ、翌二日午前戒厳令と共に御裁可を経て発布せらるゝに至つたのである」と、一日夜の状況を回想している（前掲「震災当時の追想並其教訓の一端」）。伊東巳代治の回想や内田康哉の日記からも明らかなように、戒厳令適用の裁可は臨時震災救護事務局官制や非常徴発令とは別だが、この三つの勅令が関連して考えられていた。なお、堀切善次郎や小玉道雄（当時、会計課嘱）の回想に依れば、臨時震災救護事務局官制を起草したのは大臣官房監察官の赤木朝治であった（前掲『内務省外史』二五三頁、三〇五頁）。
（36）前掲『内田康哉関係資料集成』第一巻、七〇〜七二頁。
（37）前掲『帝都復興秘録』一九頁。
（38）前掲『内田康哉関係資料集成』第一巻、七〇〜七二頁。
（39）前掲『帝都復興秘録』二三〇〜二三六頁。
（40）前掲『我観談屑』も「更に翌日〔九月二日――引用者注〕に至つて市民の恐怖動揺は益々募り、このまゝに捨ておく時はどういふ結果を導くかも知れないので、この際戒厳令を敷いて人心を落ち附かせる必要があると信じ、緊急勅令を以て救護法と戒厳令を施行しようとしたのである」と、戒厳令適用に至る理由を述べている。この点からも明らかなように、その目的は人心の安定にあった。
（41）前掲『内田康哉関係資料集成』第一巻、七〇〜七二頁。
（42）水野錬太郎は浜尾新への伺いの状況を「夫れ〔緊急勅令の発布――引用者注〕は已むを得ない事であらうが、自分からは、よいとも悪いともいへぬ。内閣限り責任を執るなら格別、自分に相談されても困るといふ事であつたから、自分は、唯御諒解を願つておく程度にしたいといふて辞去せると、清浦〔奎吾――引用者注〕議長にも通じて貰ひ度いと附加へられた」と回想しており、浜尾の消極的な姿勢が窺える（前掲『帝都復興秘録』二二三〜二二四頁）。なお、大森の清浦奎吾のもとへは、内閣書記官であった船田中が自転車で赴き、その承認を得て午後五時近くに首相官邸に戻ってきている（同二四二〜二四三頁）。地震発生の九月一日と二日の混同が見られるものの、後年、船田は中村隆英・伊藤隆・原朗編『現代史を創る人びと（二）』（毎日新聞社、一九七一年）でその時の状況を回想している。
(43) 前掲「関東大震災における行政戒厳」。
(44) 前掲『震災と治安秩序構想』一二八～一二九頁。
(45) 米騒動時の水野錬太郎の行動については「戒厳令施行閣議の秘事」（尚友倶楽部・西尾林太郎編『水野錬太郎回想録・関係文書』山川出版社、一九九九年）及び千葉了「水野錬太郎と米騒動」（大霞会編『続内務省外史』地方財務協会、一九八七年）を参照。なお、千葉に依れば、水野は「これしきの騒ぎは警察で鎮圧できる。また必要によっては地方長官は出兵を要請する職権をもっているから、戒厳令発布の必要はない」と述べたという。ここから「出兵」と「戒厳」を区別している様子も窺える。
(46) 前掲『帝都復興秘録』一九頁。
(47) 東京市役所編『東京震災録　前輯』（東京市役所、一九二六年）、「陸軍省」二九二頁。以下、陸軍の活動状況及び史料引用は同書によった。
(48) 上法快男『元帥寺内寿一』（芙蓉書房、一九七八年）一六六～一六九頁。関東大震災時の状況については、今岡豊が児島義徳の収集した資料を中心にまとめており、「九月二日午後六時四十分東京府および神奈川県下に戒厳令が布告され、関東戒厳司令官に福田雅太郎陸軍大将が任ぜられた」と、一部二日の状況との混同が見られる。
(49) 近衛歩兵第三連隊『聯隊歴史』第九巻（防衛研究所戦史研究センター史料室所蔵、請求番号：中央－部隊歴史連隊－三三〇）。
(50) 森岡守成『余生随筆』（日本国防協会、一九三七年）二〇九頁。
(51) 前掲『東京震災録』前輯、「陸軍省」一九～二〇頁。
(52) 『東京朝日新聞』一九〇五年九月八日。
(53) 日比谷焼打ち事件時の佐久間左馬太の対応については、台湾救済団編『佐久間左馬太』（台湾救済団、一九三三年）三三一～三四〇頁を参照。
(54) 前掲「関東大震災の思い出」。森五六の回想に依れば、陸軍省軍務局軍事課員の粟飯原秀大尉が一九〇五年九月の日比谷焼打ち事件時の官報を探し出し、それを基に各種起案を行ったという。その時に様子は森五六「関東戒厳司令官としての福田

大将」（山根倬三編『福田雅太郎追懐録』福田雅太郎追懐録刊行会、一九三五年）に詳しい。

(55) この点は一九二三年九月六日に出された関東戒厳司令官の告諭に「戒厳ヲ令セラレテモ、直接ノ取締ハ地方警察官ガ之ニ任ズルノデアルコトヲ忘レテハイケナイ」とある点からも窺える。

(56) 前掲『東京震災録』前輯、「陸軍省」二一〇頁。

(57) 前掲「関東大震災における行政戒厳」、同『震災と治安秩序構想』。

(58) 土田宏成『近代日本の「国民防空」体制』（神田外語大学出版局、二〇一〇年）が国民の防空体制への動員を描くように、関東大震災時の自警団に対する軍隊の経験、教訓化はその後の防災体制や防空体制を考察する上で重要な課題である。本書では、深く立ち入ることはできないので、今後の課題としていきたい。

(59) 松尾章一監修／田﨑公司・坂本昇編『関東大震災政府陸海軍関係史料』Ⅱ巻（日本経済評論社、一九九七年）一六〇～一六五頁。

(60) 鈴木淳『関東大震災――消防・医療・ボランティアから検証する』（筑摩書房、二〇〇四年）一九六～一九九頁。

(61) 震災当時、習志野の騎兵第一三連隊に兵卒として勤務していた越中谷利一（プロレタリア作家）は、その体験をもとに「一兵卒の震災手記」（一九二七年九月）、「谷一等卒」（一九二八年一月）、「戒厳令と兵卒」（一九二八年八月）などを発表している。越中谷に依れば、習志野騎兵部隊が出動したのは一九二三年九月二日の正午前で、出動命令を受領する前は乗馬教練を行っていた。通常と変わらない状況だったことが窺える。

(62) 越中谷利一「戒厳令と兵卒」（『日本プロレタリア文学集三四　ルポタージュ集（二）』新日本出版社、一九八八年、三五～三九頁）。

(63) 佐倉の歩兵第五七連隊で関東大震災に遭遇した嶋田轍之助（筏師）は、「あくる日（二日――引用者注）、救助に向かったんです。背のうひとつ軽いのしょって、実弾を一〇発だかそこら入れて、五、六回休憩して、あとかけ足でもって、救助にきたんです。あくる日だから、ほとんど焼けちゃって。ただ煙がでてたよ、ほうぼうにね。途中に死骸がゴロゴロ。江東橋の下なんて、水が見えないくらい死骸。もう無惨なもんでしたよ。そいで、救助の必要が何にもないんで、あくる日、すぐ横浜へ警備にいったんです」と回想している（江東区編『古老が語る江東区の災害』東京都江東区総務部広報課、一九八七年、一四六頁）。騎兵第一三連隊と同様に実弾を装備して急行したことがわかる。

(64) 前掲『震災と治安秩序構想』一二九〜一三四頁。流言を信じた警保局は、船橋の海軍無線送信所から警保局長後藤文夫の名前で「朝鮮人暴動」への注意を全国に発信したほか、警視庁は二日午後五時の段階で、管内の警察署に不逞者の取締強化の通達を出している。

(65) 「自九月十日至十月十日　第二大隊作業一覧表」(『関東戒厳司令部詳報　第八巻』所収、東京都公文書館所蔵、請求番号：震災・災害‐七八四)。

(66) 前掲「戒厳令と兵卒」において越中谷利一は、習志野衛戍地に残った残留部隊の状況を記しており、少ない人数で避難民の受け入れ対応を行った点を述べる一方、九月四日以降、流言に巻き込まれていく過程を描いている。越中谷は「残留部隊の警戒に於ても言語道断な所業は敢て出動部隊のそれに譲らず甚だしかった」とした上で、「それは、出動した本部からの指示命令が不確実、不徹底のために行動に統一的な基準のないことと、一つは、戒厳勤務は戦時勤務であるから、然らば戦時の場合と同様に行動してよいかどうか、と云う実際上の解釈乃至適用に就ては、特に残留部隊には其点があいまいだったからである。しかも事実上兵卒を指揮する者が無知低能な下士官であったから尚更のことであった」と、その理由を説明している。ここでも戒厳令に対する認識不足が混乱を拡大させていた。

(67) 田邊保皓「震災の体験より非常時に処する方策に関する所見」(『警察協会雑誌』第二八九号、一九二四年九月)。

(68) 『都新聞』一九二一年四月一〇日。

(69) 『大阪朝日新聞』一九一八年八月一三日。

(70) 武村雅之編『天災日記——鹿島龍蔵と関東大震災』(鹿島出版会、二〇〇八年)五三頁。

(71) 近衛師団「将来参考トナルヘキ所見」(東京市役所編『東京震災録　後輯』東京市役所、一九二六年、一六二七〜一六三五頁)。

(72) 関東大震災における警察と軍隊の関係については、植山淳「関東大震災直後の軍隊と警察——戒厳令施行に関する一考察——」(『京浜歴科年報』第一四号、二〇〇〇年一月)も災害誌の分析を中心に考察を試みている。

(73) 第一師団「将来参考トナルヘキ所見」(前掲『東京震災録　後輯』一六三五〜一六五四頁)。

(74) 一九三〇年八月に陸軍省の作成した「治安維持等の為の兵力使用に関する参考」(「治安維持等の為の兵力使用に関する参考配布ノ件」、『昭和五年　甲第四類　永存書類』所収、防衛研究所戦史研究センター史料室所蔵、請求番号：陸軍省‐大日記甲輯－Ｓ五～四－一一、以下「治安維持の参考」と表記）は「行動に関する注意」において、「軍隊は団体的威力を以て本質とするのであるから常に兵力を集団して使用することに努めねばならぬ」とした上で、「兵力を分岐する時も成るべく纏めて使用し僅少の兵を徒らに分散するが如きは之を避け歩哨巡察斥候を派遣するにも相当威力を有するだけの人員を以てするを可とする」と、分散配置に対して否定的な見解を示している。ただし、例外の場合として、「出動の原因が天災地変等のためであつて秩序が紊乱して居ても特に集団的暴民の存在せぬ様な時には人心安定の為分散配置を有利とする場合もあろう」と、関東大震災の事例を挙げている。ここで「かの関東大震災の折の様に市民中軍隊又は兵卒の姿を見て歓喜の涙を流す者さへあつたと云ふ様な時には軍隊の存在を示すために十分兵力を示すために十分兵力を分配し巡察の如きも隅々まで行き亙る様にし又要すれば喇叭を吹奏する等の手段を講ずるのが良いこともある」と、分散配置の利点についても述べている。

(75) 渡辺勝三郎述「震災と横浜市」（横浜市役所市史編纂係編『横浜市震災誌』第一冊、横浜市役所市史編纂係編、一九二六年、六四～八三頁）。渡辺の回想は横浜市長退職後の一九二五年一月に「震災誌」の編纂に際して作成されている。

(76) 渡辺勝三郎は前掲『帝都復興秘録』（八〇～九〇頁）でも戒厳令をめぐる安河内麻吉との交渉過程を回想している。

(77) 桑島弥太郎『神奈川県震災衛生誌』（神奈川県衛生課、一九二六年）二五一～二五二頁。

(78) 松尾章一監修／平形千惠子・大竹米子編『関東大震災政府陸海軍関係史料』Ⅰ巻（日本経済評論社、一九九七年）二七五頁。

(79)「大正十二年九月上旬同年十月下旬　戒厳地域内警備兵力並警察官増減一覧表」（前掲『関東大震災政府陸海軍関係史料Ⅱ巻』五五頁）。

(80) 関東大震災における陸軍の活動概要は陸軍省作成「震災地ニ於ケル警備救護ノ概要」（一九二三年一一月印刷）及び陸軍省編『自明治三十七年至大正十五年　陸軍省沿革史』（巌南堂書店、一九二九年）一六七～二七三頁を参照。

(81) 前掲「治安維持の参考」は「流言蜚語等の取締」として、「治安維持を害する流言蜚語を阻止する為告示等を行ひ又情況によつては宣伝を実施するの必要ある場合もあらうが要は軍隊出動の目的を正解せしむると共に速かに民心の安定を計ることが必要であるから真の情況を伝へて各種の流言蜚語を厳重に取締ることが肝要である」と、治安維持の観点から流言を鎮圧することの重要性を説いた。ただし、「宣伝の事項及方法等は慎重に考究して実情に即する如く努め之を行つたが為に反つて事態を重大化する様な事がない様に注意することが肝要である」と、軍隊の行動が反対に作用しないよう注意を促している。ここには関東大震時災の苦い経験が教訓としてあったと推察できる。

(82)　一九二三年九月一七日の『都新聞』は「司令部の参謀は二時間も眠られぬ」と題し、関東戒厳司令官福田雅太郎の執務状況を写真付で掲載している。同記事は「参謀本部に陣取つた司令部玄関には各方面よりの自動車が陸続として駆けつる、室内では臨時急設した電話がひつきりなしにかゝつて来る、各室とも将官連が丁度戦時の様な活気を見せて立働いて居る」と司令部内の様子を報じたほか、「然しどうだ君達の筆の力で早く戒厳を解くように努めては、警察力を早く復活せねばなるまい、未だ夜警をやつて居る所があるそうだが、早く止めたらいゝね、今に兵隊が減じてから其必要があるかも知れぬから今の間は休養して置くことが必要だ」と記者に対する福田のコメントを載せた。この点からも軍隊の活動が警察に代わる一時的な措置だとわかる。

(83)　前掲『元帥寺内寿一』にある児島義徳（震災当時、近衛歩兵第三連隊・連隊旗手）の回想に依れば、「震災時火災、死傷者の処置、物資の分配等は困らなかったが、朝鮮人の蜂起、不穏挙動者の対策については全く困った。その時電話で参謀長（近衛師団参謀長／寺内寿一大佐——引用者注）に報告すると同時に対策を伺ったのであるが、参謀長は、『一般人に対することは警察官の仕事である。軍隊は一切関与してはならぬ』とはっきり言われたのであった。当時は全く非常事態であったから、色々と難しい局面に出会いながら、過ちをしないで終ったのは、寺内参謀長のこの教訓があったからである」と、近衛師団司令部は権限の行使について自制を促していた。警察官の権限を尊重する姿勢が窺える。なお、後年の「治安維持の参考」も「治安維持は本来地方官憲の職域であるから軍隊が出動したからとて地方官憲の責任が軽減され又は喪失するものではなく依然として其の活動は継続するのである」と責任の所在を明示した上で、「以上の如き軍隊の任務遂行の為の行動は飽くまで自主自立であるが終始地方機関との密接なる連携を忘れてはならぬ」と説いている。少なくとも、一九三〇年の段階でも軍隊は国内の治安維持に対して一歩身を引いていたことがわかる。

(84)　前掲近衛師団「将来参考トナルヘキ所見」。

(85)　例えば、更迭された福田雅太郎と代わって関東戒厳司令官に就任した山梨半造は、「震災と陸軍の行動状況」（『港湾』第一巻第四号、一九二三年一一月）において、軍隊の治安維持活動や救護活動を「元来一般市民に関する糧食の配給、傷者の救療、交通通信整理等は、軍隊本来の任務に非ずと雖、震災の為帝都附近の有らゆる諸機関、一時殆んど覆滅し、内外の連絡遮断したるのみならず、各官公庁すら震災の被害激甚にして、敏速たる活動を許さざる当時の情況に於ては、戦時の独力活動を基礎としたる、編制組織を有する軍隊の実力を以て、之が救済を行ふは、蓋し喫緊機宜の処置たるを失はず、即ち軍隊の救済は、全く一時的応急施設に外ならずして、地方関係各機関の復興に伴ひ、速に之に移管せらるべきものなり」と説明している。つまり、軍隊の各種活動を本来の任務ではない一時的な措置と位置付けている。

(86) 前掲「治安維持の参考」は関東戒厳司令部の指揮下で行われた各種救護活動を適当な措置とした上で、「然し以上の如き業務は出兵本来の任務としていつも実行すべき筋合のものではなく本務の傍ら援助するものであるから縦ひ実施したとしても軍隊の手を引いても差支ない見込がついた時は速み地方官公機関に委すべきものである」と、救護活動を付帯業務に位置づけている。さらに「状況上附帯業務を相当突き込むで行つた場合往々にして地方側は軍隊に依頼するが便であるとか特に其の能率の点等から見て既に急迫の時期緩和せられ常人を以て実施し得るに拘らず引き続き各種の仕事を依頼して来ることがある」として、関東大震災や一九二七年三月の北丹後地震を例に問題点を挙げている。その上で、「之等は勿論軍隊の乱用であるのみならず一面より見れば地方人民の職を奪ふ結果となるのであるから十分当時の状況に考へ地方官憲をして出兵の初に方り兵力使用の本旨を了解せしめ軍隊使用の本義を脱逸せない様にせねばならぬ」と説いている。この点からわかるように、関東大震災では、軍隊に対する過度の依存が確認できる。

(87) 『都新聞』一九二三年九月一五日。

(88) 一九二三年一〇月一日に刊行された大日本雄弁会講談社編・発行の『大正大震災大火災』は、「欧州戦乱以降、世を挙げての遊柔惰弱の風潮は遂に軍縮！軍縮！の声となり、而かも遂に軍縮は実現せられ、甚だしきに至つては軍隊無用論など随所にその叫びを挙げ国民も亦、この声に禍せられて軍隊を厭ひ国民皆兵の実将に地に堕ちんとしつ丶あるの状態であつたが、這個の大震災は、遺憾なくこの風潮を打破して、軍隊の威力を示し、陸海軍の実力の如何に絶大緊要のものたるかを国民の脳裡に刻みつけるに十分であった」と、地震発生前の社会状況を踏まえつつ、軍隊の活動を説明、「実に大変災勃発後に於ける軍隊の活動は国民の信頼の的であり我等齊しく感謝して惜かざる所である」と述べている。その上で、「国民よ！この軍隊の実力を如何に見んとするか！かかる非常時にのみ軍隊に感謝するを知つて、平時に於いては嫌厭、無用視するのは誤れるも甚だしきものでは無いか」と主張している。

(89) 例えば、関東戒厳司令官の福田雅太郎は、「つぶさに民心の帰趨を察し、厳に軍隊の行動を閲みしたのに、国民と軍隊との間は実に円満無碍である、斯る麗はしさは、何処にも見ることが出来ないと断言するを憚らないのである、嘗つては為にするもの丶ために軍隊は誹謗され、思慮浅きものは、又動もすればその離間策を妄信せんとしたのであるが、此の事変あつて以来、斯る忌はしき事は霧散霧消して、列車の行き違ひにも軍隊あるを見て庶民が其の労を感謝し萬歳を唱へると云ふのではないか、して見れば時に人心の更替はあるとしても日本は昔ながらの軍民一致の国である事を立証したのである」と、地震発生以後の軍隊と国民との関係を評している（福田雅太郎「戒厳下に於ける国民と軍隊と、吾人将来の覚悟」、前掲『大正大震災大火災』所収）。

(90)　一九二三年九月一六日、大杉栄と内縁の妻・伊藤野枝、さらに甥の橘宗一が甘粕正彦憲兵大尉らによって殺害された。

(91)　『都新聞』一九二三年一〇月一七日は、「憲兵は少くとも六ケ月以上の教習を要するが為に養成困難とする所なるが陸軍当局に於ては震災突発以来全国各師団に於て成績優秀なる人物を各兵科より選抜し憲兵教育を施して今日に至れるが故に充分その勤務に服し得る見込である而して配置勤務の方法は地方により異るも憲兵一人に対し補助憲兵二三人を附することゝし補助憲兵は勤務を余暇利用して更に憲兵将校より憲兵としての予備教育を受ることを継続することに決定した」と、補助憲兵の具体的な運用方法を報じている。

(92)　前掲「治安維持の参考」は「出動軍隊の撤去」として、「撤去は漸を以て行ひ急激に民心を動揺せしむることを避けねばならぬと共に逐巡彌久することは禁物である」と出動した軍隊の撤収に関する注意を説いている。その上で、「元来地方官側は軍隊の撤去を以て著しく不安を感じ長く駐兵を希望し勝ちである」という傾向を示しつつ、「併し必要外の駐兵は目的に反し地方側との間に種々の問題を惹起し軍隊自体のためにも諸種の弊害を生ずる虞もあるから切り上げ時機は遅きに過ぎないことを可とする」と、活動の長期化に伴う問題点を挙げている。一九一〇年の関東大水害の際と同様に、軍隊と国民との接点が増えることは、無用な摩擦を生む可能性もあった。

(93)　『国民新聞』一九二三年一〇月一〇日夕刊。

(94)　越中谷利一「谷一等卒」は震災から約一ヶ月が経過した後、小松川に駐屯する騎兵第一三連隊の状況を描いている。この頃になると、治安維持活動を展開する部隊も緊張感がなくなっていた。そのなかで現地での演習について、「例によって二組の毎日定まっている巡察隊の出たあとは、全く用もないので、午後になると又、病舎よりほど遠からぬ、海に注ぐ河口の高い堤防の下に少し許り展けている砂場の広場に集まって、武器携帯の演習をやり始めていた。が、尤も演習と云っても、名目だけで、実は退屈凌ぎと、馬運動を兼ねて、附近の住民のために「軍隊」は毎日斯うして安寧維持のために、武装して集まっているぞと云うことを示して、安心を与えるのが目的のようなものであった。だから半分は遊びの気持で、只時々空砲の音をさせたり、成るべく勇ましそうな乗馬襲撃の予行をやったりして、見物に集まって来ている地方民を嬉ばせらば、それでいいのであった」と記している。軍隊と地域住民との接近が窺える反面、明らかに兵士の士気は低下していた。

(95)『報知新聞』一九二三年一〇月一六日。

(96)海軍は九月二〇日に練習艦隊が担当していた避難民の海上輸送を終了し、二二日には芝浦方面、二七日には横浜方面の海上輸送及び陸揚げ作業を臨時震災救護事務局協議会に引き渡す。各種業務に従事していた艦艇は九月下旬から順次通常の活動に戻り、連合艦隊は一〇月三日に東京湾から撤収する。その後、残って活動していた各鎮守府所属の艦艇も一一月六日に完全撤収することになった。

(97)戒厳令の適用廃止に関する内閣の審議過程は前掲『関東大震災政府陸海軍関係史料』I巻、一四三〜一七三頁を参照。

(98)『枢密院会議議事録　三十一』(東京大学出版会、一九八六年)一一四〜一二三頁。原典は「大正十二年勅令第三百九十八号一定ノ地域ニ戒厳令中必要ノ規定ヲ適用スルノ件廃止ノ件筆記　大正十二年十一月十四日」(国立公文書館所蔵、請求番号：枢D〇〇五二八一〇〇)。以下、枢密院の審議過程は同史料に依った。

(99)『報知新聞』一九二三年一〇月二二日。

(100)戒厳令の適用廃止に反対したのは、久保田譲、有松英義、仲小路廉の三人に、一木喜徳郎と富井政章を加えた五人の枢密院顧問官であった(前掲『枢密院会議議事録　三十一』)。

(101)戒厳令の適用を定めた一九二三年九月二日の勅令第三九八号は、枢密院会議の審議を経て一一月一五日に廃止された。ここで問題となったのは、廃止された勅令第三九八号を議会に諮らなかった点で、貴族院議員の江木翼は一二月一四日の貴族院本会議でこの点を追及したほか、衆議院議員の原夫次郎(立憲政友会)も一二月一九日の衆議院本会議で同様の点を問い質している。さらに原は一二月二三日の大正十二年勅令第四百三号委員会でも戒厳令の解除を問題視し、政府の対応を追及している。その議論の詳細については『帝国議会衆議院議事録』を参照。

(102)宇垣一成『宇垣一成日記I』(みすず書房、一九六八年)四四八頁。

(103)水野廣徳「大災記」(『中央公論』一九二三年一〇月)。

(104)水野廣徳「大杉殺害と軍人思想」(『中央公論』一九二三年一一月)。

(105)山崎今朝弥著／森長英三郎編『地震・憲兵・火事・巡査』(岩波書店、一九八二年)二一九〜二五三頁。原典は一九二三年一二月作成の「地震・流言・火事・暴徒」。

(106) 美濃部達吉「震災に由る戒厳令の施行」(東京商科大学一橋会編『復興叢書』第一輯、岩波書店、一九二三年)。後に美濃部達吉『現代憲政評論――選挙革正論其の他――』(岩波書店、一九三〇年)所収。

(107) 一九二三年一〇月一二日付の『国民新聞』は、「目下施行中の戒厳令は専ら戦時の場合を目的として立案されたもので今次の如き国内の事情に依る非常の場合に際しては施行上種々不備不便の点あり」と戒厳令の問題点を指摘しつつ、「国内的の原因に基づく非常の場合に適用すべき規定を設くの必要を認め陸軍省始め各関係当局者間に現行戒厳令改正の意見あり」と報じている。その上で、「夫々調査中であるから近く具体的な改正案が作成せらる、事になるであらう」と、戒厳令改正にむけた関係機関の動向を伝えた。戒厳令中の「合囲地境」や「臨戦地境」はあくまで戦時を想定したもので、「此場合〔臨戦地境の適用――引用者注〕には軍隊は専ら治安維持の任に衝り行政司法共に軍事関係以外は依然其の当局者に依つて統轄せらる、ものであるが此点につき具体的の内容が規定されて居ないので種々不都合なる点あり」と、具体的な問題点を挙げている。このように関東大震災を契機とした戒厳令改正の動きがあったものの、結果的に一九四七(昭和二二)年五月一七日の政令第五二号によって廃止されるまで条文の変化はなかった。

# 第7章　関東大震災と横浜市の警備体制

本章では、関東地方において軍隊が所在しなかった横浜市域を対象に、非常時の人々の対応を検証することで、地域に軍隊が所在する意味を考察したい。

これまで検討してきたように、軍隊が出動するシステムは、最終的な治安維持装置として各衛戍地において平時から確立していた。表7－1に示すように、一九二〇（大正九）年一〇月の第一回国勢調査に掲げられた全八三市区中五二の市区が衛戍地だった点を考えれば、駐屯部隊による治安維持機能は近代都市の特徴の一つといえよう(1)。だが、日本有数の大都市だったにもかかわらず、戦前の横浜には、憲兵以外の軍事施設はなく、当然ながら駐屯部隊による治安維持機能も存在しなかった。そのような都市が危機に直面した時、治安は如何に保たれ、軍隊と市民との関係はどのように変化したのか。関東大震災時の横浜の状況を体系的に整理した今井清一は、地震以後、軍事力に傾倒していく指導者層の姿を指摘しているが、その具体的な動きについては明らかにしていない(2)。軍隊の対内的機能を考えるだけでなく、横浜の地域史を考察する上でも、関東大震災の歴史的な位置づけは重要である。

ところで、これまで都市と軍隊の関係は、兵営の誘致運動や存置運動の分析に代表されるように、主に地域振興論の観点から論じられてきた(3)。軍隊による消費は地域経済の発展を促すため、軍拡時は誘致運動が生じる一方、軍縮時は地域経済の基盤を維持するため、激しい存置運動も展開された。また、都市化の進展した地域では、軍隊の存在を

表7-1　全国都市の軍隊所在状況〔1920年10月1日現在〕

| 分類 | 順位 | 都市名 | 府　県 | 世帯数 | 人　口 | 府県庁 | 軍隊 | 主な駐屯部隊・施設 |
|---|---|---|---|---|---|---|---|---|
| 六大都市 | 1 | 東京市 | 東京府 | 456,935 | 2,173,201 | ○ | ○ | 近衛師団／第1師団 |
| | 2 | 大阪市 | 大阪府 | 276,347 | 1,252,983 | ○ | ○ | 第4師団 |
| | 3 | 神戸市 | 兵庫県 | 138,972 | 608,644 | ○ | × | — |
| | 4 | 京都市 | 京都府 | 128,893 | 591,323 | ○ | ○ | 第16師団 |
| | 5 | 名古屋市 | 愛知県 | 92,461 | 429,997 | ○ | ○ | 第3師団 |
| | 6 | 横浜市 | 神奈川県 | 95,243 | 422,938 | ○ | × | — |
| 人口一〇万人以上 | 7 | 長崎市 | 長崎県 | 37,039 | 176,534 | ○ | ○ | 長崎要塞 |
| | 8 | 広島市 | 広島県 | 34,616 | 160,510 | ○ | ○ | 第5師団 |
| | 9 | 函館区 | 北海道 | 29,160 | 144,749 | × | ○ | 函館要塞 |
| | 10 | 呉市 | 広島県 | 28,313 | 130,362 | × | ○ | 呉鎮守府／広島湾要塞 |
| | 11 | 金沢市 | 石川県 | 29,296 | 129,265 | ○ | ○ | 第9師団 |
| | 12 | 仙台市 | 宮城県 | 21,915 | 118,894 | ○ | ○ | 第2師団 |
| | 13 | 小樽区 | 北海道 | 21,276 | 108,113 | × | × | — |
| | 14 | 札幌区 | 北海道 | 20,041 | 102,580 | ○ | ○ | 歩兵第25連隊 |
| | 15 | 鹿児島市 | 鹿児島県 | 19,954 | 103,180 | ○ | ○ | 歩兵第45連隊 |
| | 16 | 八幡市 | 福岡県 | 21,838 | 100,235 | × | × | — |
| 人口五万人以上 | 17 | 福岡市 | 福岡県 | 18,040 | 95,381 | ○ | ○ | 歩兵第35旅団 |
| | 18 | 岡山市 | 岡山県 | 21,423 | 94,585 | ○ | ○ | 第17師団 |
| | 19 | 新潟市 | 新潟県 | 18,965 | 92,130 | ○ | × | — |
| | 20 | 横須賀市 | 神奈川県 | 16,381 | 89,879 | × | ○ | 横須賀鎮守府／東京湾要塞 |
| | 21 | 佐世保市 | 長崎県 | 16,545 | 87,022 | × | ○ | 佐世保鎮守府／佐世保要塞 |
| | 22 | 堺市 | 大阪府 | 18,165 | 84,999 | × | × | — |
| | 23 | 和歌山市 | 和歌山県 | 19,383 | 83,500 | ○ | ○ | 歩兵第32旅団 |
| | 24 | 静岡市 | 静岡県 | 14,543 | 74,093 | ○ | ○ | 歩兵第29旅団 |
| | 25 | 下関市 | 山口県 | 16,148 | 72,300 | × | ○ | 重砲兵第2旅団 |
| | 26 | 門司市 | 福岡県 | 16,285 | 72,111 | × | × | — |
| | 27 | 熊本市 | 熊本県 | 13,817 | 70,388 | ○ | ○ | 第6師団 |
| | 28 | 徳島市 | 徳島県 | 15,710 | 68,457 | ○ | ○ | 歩兵第10旅団 |
| | 29 | 豊橋市 | 愛知県 | 12,916 | 65,163 | × | ○ | 第15師団 |
| | 30 | 浜松市 | 静岡県 | 12,394 | 64,749 | × | ○ | 歩兵第67連隊 |
| | 31 | 大牟田市 | 福岡県 | 13,040 | 64,317 | × | × | — |
| | 32 | 宇都宮市 | 栃木県 | 13,058 | 63,771 | ○ | ○ | 第14師団 |
| | 33 | 岐阜市 | 岐阜県 | 13,710 | 62,713 | ○ | ○ | 歩兵第68連隊 |
| | 34 | 前橋市 | 群馬県 | 11,703 | 62,325 | ○ | × | — |
| | 35 | 富山市 | 富山県 | 13,554 | 61,812 | ○ | ○ | 歩兵第31旅団 |
| | 36 | 旭川区 | 北海道 | 11,387 | 61,319 | × | ○ | 第7師団 |
| | 37 | 福井市 | 福井県 | 13,272 | 56,639 | ○ | × | — |
| | 38 | 甲府市 | 山梨県 | 12,024 | 56,207 | ○ | ○ | 歩兵第49連隊 |
| | 39 | 室蘭区 | 北海道 | 11,981 | 56,082 | × | × | — |
| | 40 | 那覇区 | 沖縄県 | 13,049 | 53,882 | × | × | — |
| | 41 | 松山市 | 愛媛県 | 11,804 | 51,250 | ○ | ○ | 歩兵第22連隊 |
| | 42 | 松本市 | 長野県 | 10,256 | 49,999 | × | ○ | 歩兵第50連隊 |
| | 43 | 若松市 | 福岡県 | 11,445 | 49,336 | × | × | — |
| | 44 | 高知市 | 高知県 | 11,280 | 49,329 | ○ | ○ | 歩兵第44連隊 |
| | 45 | 青森市 | 青森県 | 9,495 | 48,941 | ○ | ○ | 歩兵第5連隊 |

| | | | | | | | | |
|---|---|---|---|---|---|---|---|---|
| 人口三万人以上 | 46 | 山形市 | 山形県 | 8,689 | 48,399 | ○ | ○ | 歩兵第25旅団 |
| | 47 | 津市 | 三重県 | 10,122 | 47,741 | ○ | ○ | 歩兵第30旅団 |
| | 48 | 高松市 | 香川県 | 10,743 | 46,550 | ○ | × | — |
| | 49 | 姫路市 | 兵庫県 | 9,535 | 45,750 | × | ○ | 第10師団 |
| | 50 | 久留米市 | 福岡県 | 8,243 | 43,629 | × | ○ | 第18師団 |
| | 51 | 大分市 | 大分県 | 7,627 | 43,150 | ○ | ○ | 歩兵第72連隊 |
| | 52 | 米沢市 | 山形県 | 7,626 | 43,007 | × | × | — |
| | 53 | 盛岡市 | 岩手県 | 8,090 | 42,403 | ○ | ○ | 騎兵第３旅団 |
| | 54 | 長岡市 | 新潟県 | 8,311 | 41,627 | × | × | — |
| | 55 | 奈良市 | 奈良県 | 8,737 | 40,301 | ○ | ○ | 歩兵第53連隊 |
| | 56 | 水戸市 | 茨城県 | 8,189 | 39,363 | ○ | ○ | 歩兵第27旅団 |
| | 57 | 宇治山田市 | 三重県 | 8,736 | 39,270 | × | × | — |
| | 58 | 釧路区 | 北海道 | 7,953 | 39,392 | × | × | — |
| | 59 | 八王子市 | 東京府 | 7,668 | 38,955 | × | × | — |
| | 60 | 岡崎市 | 愛知県 | 8,623 | 38,527 | × | × | — |
| | 61 | 尼崎市 | 兵庫県 | 8,219 | 38,461 | × | × | — |
| | 62 | 若松市 | 福島県 | 7,256 | 37,549 | × | ○ | 歩兵第65連隊 |
| | 63 | 松江市 | 島根県 | 8,755 | 37,527 | ○ | ○ | 歩兵第34旅団 |
| | 64 | 長野市 | 長野県 | 7,835 | 37,308 | ○ | × | — |
| | 65 | 高崎市 | 群馬県 | 7,911 | 36,792 | × | ○ | 歩兵第15連隊 |
| | 66 | 高岡市 | 富山県 | 7,229 | 36,648 | × | × | — |
| | 67 | 秋田市 | 秋田県 | 6,736 | 36,281 | ○ | ○ | 歩兵第16旅団 |
| | 68 | 福島市 | 福島県 | 6,757 | 35,762 | ○ | × | — |
| | 69 | 四日市市 | 愛知県 | 7,779 | 35,165 | × | × | — |
| | 70 | 小倉市 | 福岡県 | 6,682 | 33,954 | × | ○ | 第12師団 |
| | 71 | 佐賀市 | 佐賀県 | 6,352 | 33,528 | ○ | ○ | 歩兵第55連隊 |
| | 72 | 明石市 | 兵庫県 | 7,723 | 33,107 | × | × | — |
| | 73 | 弘前市 | 青森県 | 6,068 | 32,767 | × | ○ | 第８師団 |
| | 74 | 大津市 | 滋賀県 | 7,333 | 31,453 | ○ | ○ | 歩兵第９連隊 |
| | 75 | 今治市 | 愛媛県 | 6,368 | 30,296 | × | × | — |
| 人口三万人未満 | 76 | 福山市 | 広島県 | 6,790 | 29,768 | × | ○ | 歩兵第41連隊 |
| | 77 | 鳥取市 | 鳥取県 | 6,337 | 29,274 | ○ | ○ | 歩兵第40連隊 |
| | 78 | 高田市 | 新潟県 | 5,431 | 28,388 | × | ○ | 第13師団 |
| | 79 | 大垣市 | 岐阜県 | 6,043 | 28,334 | × | × | — |
| | 80 | 尾道市 | 広島県 | 6,182 | 26,466 | × | × | — |
| | 81 | 上田市 | 長野県 | 5,656 | 26,271 | × | × | — |
| | 82 | 丸亀市 | 香川県 | 5,750 | 24,480 | × | ○ | 歩兵第12連隊 |
| | 83 | 首里区 | 沖縄県 | 5,384 | 22,838 | × | × | — |

注：1）数値は1920年10月１日現在。
　2）内閣統計局『大正九年　国勢調査報告』全国の部第１巻、154～277頁（東京統計協会湯沢雍彦監修『戦前期国勢調査報告集』大正９年、クレス出版、1993年、所収）。
　3）北海道及び沖縄県の区制は1922年以降、市制へ移行。

発展の阻害要因と捉え、軍事依存からの脱却が試みられたが、反対に目立った産業のない地域では、軍事への依存度を強める傾向にあった。このように都市と軍隊の様相は地域の置かれた環境によって様々だが、その根底には常に軍隊と地域経済との関係が横たわっていた。ここから軍隊を地域経済に影響を及ぼす一種の都市装置と見做すことも可能である。しかし、経済効果はあくまで副次的な作用で、本来の機能を捉えるものではない。軍隊を都市装置として考えるならば、その本質、すなわち、「武力」を行使する機関が内在する意義を考える必要がある。

そうしたなか、昭和初期に発生した横浜の連隊誘致運動についても、これまで主に地域振興論の観点から分析が進められてきた(4)。確かに地域振興論は大きな誘致理由の一つに違いないが、陸軍省に対する横浜側の陳情書に「彼の往年の関東大震災に際しては流石《ママ》〔流言――引用者注〕に蜚語に将又暴挙に市民の人心は恟々として不安の極に達したり此時に於て軍隊の来援に依り之等を霧散し得、市民の脳裡に深く軍隊の偉力に崇敬の念慮を印したり」と、震災の教訓を挙げている点は看過できない(5)。横浜の誘致運動の背景には、地域振興論とは異なる別の論理が存在した。

そこで本章では、関東大震災前後に生じた横浜市の警備体制の変化を検証することで、従来の地域振興論とは異なる軍隊誘致論、具体的には駐屯部隊に治安維持機能を求める都市の論理を明らかにしたい。それと同時に、東京と横浜の関係についても軍事的な側面から考察を加える(6)。検証作業では、日露戦後の講和反対騒擾を起点に、震災以前の暴動や災害の連続性から横浜市の警備体制を整理し、続いて地震発生時の警備状況と、それに対する地域社会の反応から横浜と軍隊との距離を測っていく。さらにその結果を踏まえた上で、震災以後の警備体制が横浜に与えた影響を検討し、昭和初期の連隊誘致運動に繋がる論理を浮き彫りにする。

## 第1節　関東大震災以前の警備体制

### (1)　日露講和反対騒擾

最初に日露講和反対騒擾に対する陸軍の対応から横浜市の警備体制を確認する。日露戦争時の陸軍管区表（一九〇三年二月一三日改正／勅令第一三号）によれば、現在の横浜市域は北部と南部で二つの連隊区に分かれていた。旧横浜市及び南部の久良岐郡・鎌倉郡は第一師管第一旅管の横浜連隊区に、北部の橘樹郡と都筑郡は同麻布連隊区に属し、前者は橘樹郡・都筑郡を除く神奈川県全域と山梨県の兵事関係事務を掌っていた。その事務所である横浜連隊区司令部は横浜市南太田町（旧久良岐郡戸太町字太田）に所在したが、横浜に常設の部隊はなく、横浜連隊区も麻布連隊区と同様に、多くの壮丁が東京赤坂の歩兵第一連隊に入営していた(7)。

他方、同じく市内の富士見町には、東京に本部を置く第一憲兵隊（東京市麹町区大手町／一九〇七年一〇月に「東京憲兵隊」と改称）の横浜憲兵分隊が存在し、横浜市・橘樹郡・都筑郡・久良岐郡を管轄区域としていた(8)。軍隊内の秩序維持を主任務とする憲兵は、各師団を頂点とする陸軍部隊とは別に、東京の憲兵司令部以下、憲兵隊―憲兵分隊―憲兵分遣所の単位で編成されていた。通常、憲兵は陸軍大臣の所管に属したが、海軍の軍事警察に関しては海軍大臣、行政警察に関しては内務大臣、司法警察に関しては司法大臣の指揮をそれぞれ受けた。既に述べてきたように、憲兵は軍人だけでなく、一般人に対しても警察権の行使が可能で、軍人の監視に重きを置きつつ、管轄地域の安定化にも努めていた。つまり、横浜市内には、伊勢佐木町・加賀町・寿町・横浜水上・戸部・山手本町・神奈川の七つの警察署以外にも警察権を行使する機関が存在したのである。

一九〇五（明治三八）年九月五日、東京の日比谷公園で始まった暴動は戒厳令の適用と軍隊の出動によって鎮まるが、講和反対の動きは地方へ拡大、横浜でも混乱が生じた。まず、地元紙の『貿易新報』（一九〇六年一二月に『横浜貿易新報』と改称）が講和反対に支持を表明したほか、市内では警察襲撃の噂も流れた。(9) 九日の青木町の演説会では、聴衆が警戒中の警官隊と衝突するなど不満を高めつつあった。その後も不穏な動きは続き、一二日午後一〇時には伊勢佐木町の羽衣座で大規模な騒擾が発生、興奮した群衆は警官隊と衝突した後、伊勢佐木警察署や交番を襲撃した。それに対して横浜憲兵分隊は分隊長以下五名が伊勢佐木警察署の保護にあたったが、完全な鎮圧には至らず、本格的な対応は東京からの応援を待たなければならなかった。(10)

当時、神奈川県警察は事前に市外の警察署から応援を得て警備にあたったが、群衆の行動を抑止することはできず、東京と同様に警察自体が襲撃対象になった。午後一一時、事態を重く見た県庁は、上京中だった周布公平知事に電話を入れ、それを受けた周布は直ちに留守第一師団長の矢吹秀一中将に出兵要請を行った。(11) 衛戍地外の出兵は、これまで検討してきたように、師団司令部条例第四条（一八九六年五月一一日改正／勅令第二〇五号）や地方官官制第八条（一九〇五年四月一八日改正／勅令第一四〇号）に根拠があり、第一師管に属する横浜の場合は、東京青山の第一師団司令部がその受け入れ窓口となっていた。当時、第一師団は出征中で、対応したのは留守部隊であった。

矢吹は直ちに後備独立歩兵大隊の派遣を決定する。一三日午前四時五〇分、横浜停車場に到着した歩兵二個中隊と補助憲兵は喇叭を吹奏しながら威嚇的に市中を行進した。(12) この時点で市内は平静を取り戻していたものの、各所には群衆が留まっており、同日夜には県庁を襲撃する噂も流れていた。それに対して横浜公園に本部を置いた派遣部隊は、官公署や外国人居住区を中心に幅広く展開する。このように派遣部隊は県庁の電話から約六時間で警備の任に就いている。それを可能としたのは、電話や鉄道など東京と横浜を結ぶ都市間の社会基盤であった。

さて、そうした陸軍の対応に横浜の人々はどのように反応したのか。派遣隊長の田中次郎少佐は、「当隊ノ公園ニ到着スルヤ昨夜来ノ騒擾ノ為メ恐怖ノ念ヲ以テ充タサレシ市民ハ大ニ安堵セシモノ、如シ、然シ市民ハ軍隊ノ来着ニ対シ歓迎ノ意ヲ表セハ後日暴漢ノ為メ襲撃セラレンコトヲ予想シ表面上其意ヲ表セシモノナキモ内心安堵ノ模様アリ」と、部隊到着時の様子を報告書に記している。(13) 暴徒に怯えた人々は自重しつつも軍隊の到着を歓迎した。他方、『貿易新報』は社説「横浜市の痛恨事」において「其極遂に軍隊の派遣をも余儀なくするに至れるは横浜市無痛の恨事にして、我輩は横浜の文明の為に多数市民と共に涕を分たざる能はず」と説き、出兵に至った経緯を悔やんでいる。(14) このように警察が機能不全に陥るなか、第一師団は横浜の最終的な治安維持装置とし機能したのである。その後、派遣部隊は一八日夕刻の撤収命令まで治安維持活動を展開した後、一九日午後に東京の兵営に戻っていった。

以上の経過から横浜市の警備体制を整理すると、基本的に横浜の治安維持は市内の警察が担当し、状況に応じて市外警察署の応援を得ていたが、横浜憲兵分隊も市内の治安維持に加わっていた。しかし、警察や憲兵で対処できない場合は東京から第一師団が駆けつけるなど、多くの部隊を抱える東京衛戍地が最終的な治安維持装置として機能していた。また、それを担保したのは東京と横浜を結ぶ電話線や鉄道などであった。横浜市内に常駐の部隊はなかったものの、鉄道によって部隊の移動は保障され、軍隊の即応展開が可能であった。このように横浜の警備体制は市内の警察に基盤を置きつつも、状況に応じて横浜憲兵分隊や第一師団が加わる仕組みとなっていた。

### (2) 陸軍管区の変更と警備体制の変化

日露戦後、ロシアの報復戦を意識する陸軍は、戦時中に編制した四個師団（第一三〜一六師団）の常設化と二個師団の新設を模索する。(15) それに対して兵営を求める運動が全国各地で発生、第一師管内の宇都宮や水戸、甲府なども誘致運動に着手した。(16) 他方、同時期の横浜では、この種の運動は見られず、地域の問題関心は専ら港湾の改良や埋立地の造成にむけられていた。地域経済の状況を考えれば、生糸貿易や工業化によって発展する横浜に軍隊は必要なかったのだろう。そうしたなか、一九〇七（明治四〇）年九月一八日の陸軍常備団隊配備表改正（軍令陸第四号）によって新たな衛戍地が決定すると、宇都宮は北関東（茨城県・栃木県・群馬県・埼玉県北部）を師管とする第一四師団、水戸は歩兵第二連隊及び工兵第一四大隊、甲府は第一師団に属する歩兵第四九連隊の衛戍地となった。こうした関東地方の軍事的空間の変化は横浜にも影響を及ぼすことになる。

陸軍常備団隊配備表と同時に陸軍管区表も改正され[17]、横浜連隊区司令部は一九〇七年一〇月一日に名称を甲府連隊区司令部に変更[18]、翌年の三月八日には、横浜から甲府へ移転していった[19]。これによって甲府連隊区に属する横浜市及び久良岐郡・鎌倉郡では、壮丁の多くが歩兵第四九連隊に入営することになり、横浜から甲府への人の流れができた。つまり、甲府は横浜に替わって神奈川県及び山梨県の兵事行政の中心地となったのである。また、甲府の衛戍地化に伴い、新たに甲府憲兵分隊も設置され、横浜憲兵分隊と共に東京憲兵隊に属した[20]。このように甲府の軍事化が進む一方で、横浜の軍事的な位置は相対的に低下していった。

さらに一九一三年一二月一八日には横浜憲兵分隊も廃止され、横浜市及び橘樹郡・都筑郡は新設の渋谷憲兵分隊に、久良岐郡は横須賀憲兵分隊にそれぞれ管轄を引き継いだ[21]。廃止の理由について『続日本之憲兵』は、「従来ノ実験上設置ノ要少キト東京トノ交通便ナルヲ以テ之ヲ撤シ渋谷憲兵分隊ヲシテ其警察務ヲ掌ラシム」と説いている[22]。平穏の続く横浜に憲兵を設置する必要はなく、仮に非常事態が生じた場合でも鉄道輸送で対処できた。この点からも東京と横浜を結ぶ社会基盤の重要性が窺える。このような一連の動きによって横浜の軍事施設は完全に撤収し、市内の警備は専ら警察がその中核を担うようになった[23]。

実際、日露講和騒擾以降、横浜において軍隊が出動する事態は発生しなかった。例えば、一九一〇年三月一九日に発生した野毛町大火（焼失家屋約五〇〇戸）では、市内の消防組織によって鎮火に成功、火事場泥棒に対しては所轄の戸部警察署が対処している[24]。また、同年八月の関東大水害でも警察や消防の力で対処しており、第一師団に応援を求めることはなかった。第4章で検討したように、東京では、関東大水害以降、大正政変やシーメンス事件、大規模な火災・水害などに軍隊が出動していたが、横浜は比較的平穏で、市内の治安は基本的に警察や消防によって維持された。そのため軍隊の出番はなく、市民と軍隊が接する機会は軍事演習や軍艦の出入港等に限られた。

そうした軍隊に依存しない警備体制は、大正期の米騒動や埋地大火でも顕著に表れた。一九一八年七月に始まった米騒動は約一ヶ月の間に全国へ波及、各地で暴動鎮圧のため軍隊が出動した(25)。横浜でも八月一五日に騒擾が発生したが、軍隊の出動はなく、市内の治安は警察によって保たれた。横浜の米騒動を検証した吉良芳恵に依れば、横浜の警察官数は他都市と比べて多く、事前に厳重な警備態勢を敷いたことが功を奏したという(26)。警察部長の大塚惟精は後に、「当時其の前から内務省では出兵を要求したが宜からう。此処は御承知の通り聯隊として陸軍はないから、海軍でも出して貰ってはどうかと云ふ話がありましたけれども、警察だけでやりますということで、警察だけで此処を護ったのであります」と、米騒動を回想している(27)。警察の首脳部は独力で騒擾に対処できると考えていた(28)。

また、一九一九年四月二八日に発生した埋地大火においても警視庁や東京憲兵隊、郡部消防組の応援を受けたものの、第一師団に応援を求めることはなかった(29)。午後一時四〇分、千歳町で発生した火災は強風に煽られて拡大、それに対して市内すべての消防組織が出動した。さらに神奈川・鶴見・川崎・保土ヶ谷・戸塚の各消防組が来援、県警察部は警視庁にも応援を要請して自動車ポンプ二台と警官一五〇人の派遣を得ている。県庁は第一師団でなく、警視庁に応援を求めており、警察の力で事態を収めようとした(30)。一方、東京憲兵隊は赤坂憲兵分隊から憲兵二〇人、また、海軍も横須賀海軍工廠から下士卒四二人を派遣し、治安維持や消火活動にあたらせたが、陸軍の出動はなかった。火災は午後八時四〇分に鎮火、焼失戸数は約二七〇〇戸に上った(31)。この大火を契機に横浜の消防体制は強化され、特設消防署規程（一九一九年七月一六日／勅令第三五〇号）の制定と相俟って、常設の消防署が設置される。

米騒動と埋地大火、この二つの対応から明らかなように、横浜市の警備体制における軍隊の位置は低下している。

駐屯部隊を有する他都市ならば両方とも軍隊が出動する事態だが、横浜では警察と消防の力で鎮圧に成功した。後者では、東京から憲兵の応援を得たが、日露講和騒擾時のような第一師団の出動はなく、最終的な治安維持装置は発動しなかった。そのため大火後の善後策でも都市内部の変革にとどまっている。他方、横浜の軍事的な機能が甲府衛戍地や東京衛戍地に吸収されるなか、横浜と軍隊の関係は希薄になっていく。制度上、県知事が東京から第一師団の応援を得ることは可能だったが、そのような事態は発生せず、横浜市の警備体制は警察を中心に自己完結したのである。逆説的に見れば、駐屯部隊が存在しない故に、軍隊に頼ることはなかったのだろう。しかし、そのような警備体制は関東大震災の発生によって脆くも崩れ去ってしまう。

## 第2節　横浜の関東大震災

### (1)　出兵要請と陸軍の対応

一九二三（大正一二）年九月一日午前一一時五八分、相模湾西方沖を震源域とするマグニチュード七・九の地震が発生する。[32]その後、震動で発生した火災は、強風に煽られて急速に燃え広がり、僅か一日で横浜の中心部を焼き払った。また、混乱状況に陥るなか、略奪行為が横行したほか、様々な流言も蔓延し、朝鮮人や中国人に対する迫害・殺傷事件へと発展していった。[33]そのような悲劇を生んだ背景には、日本の植民地支配に加え、ライフライン断絶による人心の混乱や報道機関の麻痺、横浜刑務所の囚人解放など複数の要因が重なったと考えられる。

では、そのような事態に対して治安維持を担う警察はどのように対処したのか。不幸なことに市内の警察もその大部分が被害を受けたため、有効な対策を講じることはできなかった。[34]市内七箇所の警察署は神奈川署を除きすべて倒潰・焼失、現場で働く警察官にも多くの犠牲者を出した。また、消火活動にあたる消防（二消防署・三分署・七出張所）も建物の倒潰や水道管の破裂によって十分な機能を果たせず、有効な手段を打てないまま延焼の拡大を許してしまった[35]。その上、警察本部も焼失、本部と所轄署を結ぶ電話線も断たれたため、指揮命令系統にも混乱が生じた。地震直後に市内の警察や消防は大打撃を受けたのである。

そうしたなか、神奈川県庁は早い段階で軍隊への出兵要請を判断したが、それを実現させるにはいくつもの障壁が存在した。県庁内で被災した森岡二朗警察部長は所轄の警察署や消防署に対応を指示した後、警察本部を横浜公園内に移すことを決定、午後〇時二〇分頃には県庁の表玄関に出て周囲の状況を確認する。その時点で県庁を囲むように存在した横浜税関や横浜郵便局、各国の領事館は倒潰、地下の水道管も破裂して路面は水で溢れていた。さらに消防署の倒潰情報が入ると、森岡は軍隊の応援を考え始めた。おそらく、この時点で森岡が想定したのは、軍隊による救護活動であろう。直ちに安河内麻吉知事の承認を得た森岡は、高等課員に命じて東京方面との連絡を図るが、鉄道や電話線が寸断されたため、出兵要請を行うことはできなかった。その後、時間の経過とともに火災は拡大、混乱状況のなかで森岡は警察幹部と逸れてしまう。

一方、残された幹部たちは横浜公園に避難し、臨時救護所を開設して応急対応にあたったが、市内の被害は拡大し、次第に治安維持の面でも軍隊の応援が必要となった。二日午前〇時頃、警察幹部たちは上田荘太郎理事官を警察部長代理とし、安河内のもとに警務課長の野口明と高等課長の西坂勝人を派遣して改めて出兵を進言する。午前三時頃、横浜公園を出発した西坂と野口は伊勢山の知事公舎跡に避難した安河内を訪問、その了承を得たが、やはり電話連絡はできなかった。そこで両名が徒歩で東京に赴くことになった。この経緯は西坂の回想録等に詳しい[36]。

東京到着後、三宅坂の陸軍省を訪ねた両名は県知事代理の資格で軍務局長の畑英太郎と面会、横浜の惨状を訴えると同時に、出兵と糧食五万人分の分与を要請した。それに対して畑は救援物資の送付や陸軍部隊の派遣を快諾しつつも、出兵については第一師団長の石光真臣に交渉するよう助言する。この手続きは師団司令部条例や地方官官制に基づいている。直ちに両名は第一師団司令部を訪ねて出動要請を行うが、第5章で述べたように、石光は難色を示した。当時、東京も混乱を極めており、多くの部隊を抱える東京衛戍地でも兵力は不足していた。そのため横浜方面に力を割くことはできず、石光は部隊の派遣を断ったのである。また、糧食を保管する越中島の陸軍糧秣廠も焼失したため、東京の部隊は各兵営で保管する僅かな糧食を被災者に優先的に配布するような状態だった。第一師団は遠く離れた横浜よりも眼前の東京の治安維持に全力を注いだのである。(37)

そうした消極的な姿勢に対して野口と西坂は改めて部隊の派遣を懇願、それを見かねた師団参謀が石光に隣県部隊の到着を報告したことで、ようやく歩兵一個中隊の派遣が決定した。さらに習志野の騎兵隊が東京に到着した後はそれも派遣することとなったが、すぐに部隊の派遣が行われたわけでなく、具体的な動きは翌三日早朝の駆逐艦出港まで待たねばならなかった。東京衛戍地の混乱に加え、鉄道が寸断されたため、人員や物資の輸送は艦船に頼るしかなかったのだろう。一方、第一師団から出兵の確約を得た両名は、内相官邸や首相官邸に横浜の状況を報告した後、午後八時に東京を出発、三日午前三時には横浜に帰還することができた。

その間に横浜市内の混乱はさらに拡大、朝鮮人・中国人への迫害行為や、各種物資の略奪、金品の窃盗事件などが横行した。二日午後一一時三〇分、磯子沖に横須賀鎮守府の駆逐艦二隻が停泊し、陸戦隊一個小隊を根岸・本牧方面に展開させたが、被災者の不安を解消させるには不十分で、さらなる兵力が求められた。三日朝、軽巡洋艦「五十鈴」が入港して陸戦隊を上陸させたほか、午前一一時には約束の歩兵一個中隊（歩兵第一連隊第七中隊／約一二〇人）も駆逐艦で入港、加えて午後二時四〇分には騎兵第一五連隊（約二五〇人）も陸路で横浜に進出してきた。そうした軍隊の到着は被災者に安堵感を与えようで、西坂は「全く歓声を挙げ流涕して之〔軍隊――引用者注〕を迎へたのである。軍隊来る…軍隊来る…の声が如何に県下罹災民に、心強く感ぜしめたるかは、蓋し彼の震災に直面せる人々の記憶に新たなる事であろう」と、当時の状況を記録している[38]。地震発生から丸二日の時間を経て、ようやく横浜は外部からの応援を得ることができたのである。

以上のように、地震発生から軍隊来援までの経過を概観すると、横浜市の警備体制の限界が浮き彫りになる。東京では、兵力や物資は不足したものの、各兵営が軍隊の活動拠点となり、その周辺で治安維持活動や救護活動を展開していた。しかし、市内に兵営を持たない横浜では、警察や消防が機能不全に陥った場合は東京の第一師団に応援を求める以外に対処方法はなかった。だが、同時に被災した状況下では、東京の治安維持が優先され、横浜の状況は捨て置かれたのである。結果的に横浜の治安維持は東京の状況に左右された。また、陸軍の即応展開を担保していた電話線や鉄道も寸断されたため、物理的な対応も遅れ、孤立無援のまま横浜の治安は悪化の一途を辿った。そうした警備上の問題点は震災復興の過程で浮上し、横浜への歩兵連隊の移転・常置論に発展していくのである。

### (2) 復興運動と連隊常置論

九月二日午後、東京市及び隣接五郡に戒厳令第九条と第一四条が適用されたのに続き、翌三日には、神奈川県にも同様の条文が適用され、横浜方面の陸軍部隊も関東戒厳司令部の指揮下に編入された。しかし、横浜の人々がそれを知るのは、四日の増援部隊の到着まで待たねばならず、社会基盤の崩壊はここでも影響を及ぼしていた。

第5章でも述べたとおり、三日正午、歩兵第二旅団長の奥平俊蔵は戒厳司令部から横浜方面の警備を命じられ、午後八時三〇分に歩兵第五七連隊第二大隊（佐倉）や憲兵隊とともに芝浦を出発、午後一一時には横浜港に到着したが、荒波のために上陸できず、仮県庁となった海外渡航検査所に到着したのは四日の午前九時頃であった[39]。奥平は戒厳令の適用を県・市幹部に伝えるとともに、神奈川警備隊司令部を県庁内に設置（七日、神奈川方面警備隊司令部と改称して高島山に移転）、横浜市とその周辺部を二つの地域に区分して治安維持活動や救護活動にあたった。さらに地方官庁は軍隊到着の情報を古新聞に書いて市内各所に掲示、また、所轄の警察署にも伝達して人心の安定を図った。その後、表7－2に示すように、多くの部隊が横浜に展開したことで、混乱状況は次第に収まっていった。

それと同時に復興にむけた動きも本格化、横浜の人々は具体的な復興方法を模索し始めた。一一日、仮市役所において緊急市会が召集されたのに続き、一九日には官民合同の復興協議会も催され、三〇日の横浜市復興会の創設に繋がった。同会は横浜財界の有力者である原富太郎を会長とする官民合同の組織で、復興に関する様々な意見を調整する役割を担った。また、『横浜貿易新報』も一三日から臨時号を発行、社説「復興要議」を通じて復興論を幅広く論じていく(40)。そうした過程で横浜市の警備体制が課題として浮上、連隊常置を求める動きへと発展していった。管見の限り、それを最初に主張したのは『横浜貿易新報』の社説であった。

一五日の『横浜貿易新報』臨時第三号は「復興要議」において、「恐怖期に際し市民自ら警備の任に当るは已むを得ないことである、しかし決死の市民もそれが長期にわたると全く疲労してしまふ、のみならず主力をこの方面に注いで居っては復興事業が手おくれになることは言ふまでもない、幸ひにして今や軍隊の警備もよく行届きこの方面にたいする市民の苦心が大いに緩和せられたことはまことに喜ばしい」と、警備の主体が軍隊に移ったことを指摘、「しかし横浜の再建がある程度まで運ぶまで警備の必要は相当に存するかと思はれる、そしてそれはかなり長い期間にわたるにちがいない、ついてはこの際少くも一個聯隊ぐらいの軍隊を常置することにし直に適当の方面に兵舎の建築をしてもらったらどうであろう、これは市民の安定を期するためにぜひ実現を希望する」と、軍隊の常置を主張している(41)。ここで注目すべきは、軍隊を治安維持装置として捉えている点で、この視点は以後も一貫している。さらに九月下旬に軍隊が撤収を始めると、再び「復興要議」で軍隊の常置を主張、「適当の場所に、仮兵舎の建築に懸って貰ったら、り災者住宅の緩和を計ることも出来る」と、治安維持以外の側面にも触れつつ、問題の早期解決を訴えた(42)。

そうしたなか、二四日に戒厳司令官の山梨半造が横浜を訪ねると、渡辺勝三郎市長は軍隊常置を希望、「全国主要都市にして軍隊の常備のないのは神戸と横浜両市で何れも貿易港として此方面には閑却されてゐたが今回の如き天災に遭遇し社会的不安と秩序を維持して人心の安定を計るには痛切に組織ある軍隊の活動を必要とするの経験を得たので此の主張を生じた」と、軍隊の必要性を述べたという(43)。渡辺の発言からこれまで希薄だった横浜と軍隊との関係が窺える。それに対して山梨は渡辺の希望を了承し、陸軍大臣に相談することを約束した。さらに翌二五日の『横浜貿易新報』は、渡辺の行動を取り上げ、「市民全体の齊しく希望して居る所たるを疑はないのである」と支持、「若し果して然りとすれば、此際市会も復興会も共に其筋に対して之が陳情を為し、以て其実現を期することが肝要であると信ずる」と、市会や復興会にも働きかけを促した(44)。

二七日、市議の全員協議会においても軍隊の誘致が議題に挙がり、一個連隊の駐屯と兵舎建築の要望を可決、その後、渡辺は二九日付で関係各大臣に連隊常置を求める陳情書を提出した(45)。常置を求める理由は、「這般シン災により横浜市は一時全く無警察の状況を呈しチツ序は根本より破壊せられ人心の不安は極度に達せり惟ふに今回の如き大事変に際してはリ災地の警察力は微力にして頼むに足らず急速に軍隊の派遣を得るに非ざれば到底チツ序維持の大任を尽し難し然るに我が横浜市の如く付近に軍隊を有せざる地にありては他に救急の途なく遂に市民をして白昼兇器を携帯して自警するの已むなきに立到らしめたるは極めて遺憾とする処なり」と、専ら治安維持にあった(46)。また、復興会も一〇月六日の第二回常務委員会において連隊常置の要望を可決、戒厳の継続とともに、その陳情書を関係大臣に提出した(47)。このように連隊常置論は横浜の復興運動の中に組み込まれ、陳情という形で具体化していった。

一方、陸軍側も横浜の運動に対して前向きな反応を示している。神奈川方面警備隊司令部は、「戒厳令の存廃を云為することは避けたい。仮令撤廃さるるも直に軍隊の引上げを意味しないから不安を抱く必要はない。併し憲兵又は警察の警備で足る事を何時迄も軍隊に依頼するは不可である」と、軍隊への過度の期待を諌めつつも、「聯隊常置は之とは別であるが都市防衛上必要だとは今回の経験で認められてゐる」と、連隊常置の可能性について述べている(48)。

## 部隊の活動〔1923年9～11月〕

| 活動内容 | |
|---|---|
| 活動期間 | 主な事業 |
| 23日 | 神奈川方面警備隊司令部（司令官：奥平俊蔵少将）〔9月25日まで〕 |
| 35日 | 神奈川方面警備隊司令部（司令官：斉藤亘少将）〔10月29日まで〕 |
| 8日 | ①軍医1名・看護卒2名は9月10日の撤収まで約400名の被災患者を治療②歩兵第1連隊第7中隊は警備の予備として神奈川方面警備隊司令官の直轄 |
| 47日 | 中央地区の警備を担当（9月20日時点） |
| 34日 | — |
| 15日 | 北部地域の警備を担当（9月20日時点） |
| ①1日<br>②7日 | ①地方師団の歩兵連隊の撤退後、横浜市域の警備業務を担当、11月1日以降、「横浜警備隊」に改名②1924年5月10日に歩兵第三連隊と交代するまで約360名が保土ヶ谷町神戸原に駐屯 |
| 23日 | ①第1大隊は陸路で横浜に進出（4日午後1時、神奈川駅到着）、北部の警備を担当②第2大隊は海路で横浜に進出（4日午前7時、横浜市本牧谷戸橋下より上陸）、南部の警備を担当③大隊附衛生部員（一等軍医井原愛雄・二等軍医鮎川克己以下11名）は撤収まで1,036名を治療 |
| 44日 | ①中央地区の警備業務を担当②初期において一部を南部地域の警備に派遣③9月20日時点で北部地域の警備を担当 |
| 7日 | — |
| 34日 | ①海面及び主要道路の清掃・補修作業②桟橋・橋梁等の補修作業③通信設備の復旧 |
| 36日 | ①大岡山以南地区水路の開設作業②中村川仮橋の架橋、亀之橋の新設、千歳橋の補修③三好橋・東橋・翁橋・武蔵橋の架設、前田橋の補修④「バラック」の建設⑤道路網の補修⑥平沼銀行・綿花株式会社・スタンダード石油会社の残骸爆破 |
| 45日 | ①歩兵第1連隊・騎兵第15連隊と共同で市内の警備を実施②市内の交通整理作業（9月8日～9月11日）③警備司令部―部隊間の電話網の構築④市内主要水路の開設作業⑤橋梁の架設⑥「バラック」の建設 |
| 35日 | ①月見橋・築地橋の補修作業②反町・粟田谷・松本・三ツ沢付近の警備③市内の交通整理作業④水道網の整備⑤電話網の構築⑥「バラック」の建設⑦興信銀行・越前屋呉服店・税務署・専売局出張所・本町銀行集会所の爆破・整理作業 |
| 10日 | ①第1大隊は横須賀線復旧工事に従事②第2大隊は東海道線復旧工事に従事 |
| 17日 | ①第1大隊は東京―横浜間の東海道線復旧工事に従事②第2大隊は八王子―横浜間の横浜線復旧工事に従事 |
| ①38日<br>②28日 | ①9月7日、ZC無線電信機にて横浜通信所（高島山）を開設②9月11日、被災地の照明 |
| 42日 | 横浜市内の電話回線の復旧 |
| — | ①9月4日、元浜町の焼失跡に救護所を開設②9月6日、社会館に移転、大阪医大救護班と共同作業③9月9日、第10師団救護班と合併し救療活動を展開 |
| 27日 | 地方師団の衛生機関が撤退した後、横浜市域の救療業務を担当 |
| 16日 | ①保土ヶ谷町大仙寺に本部を設置、岡野町済生会病院に救護所を設置②患者収療班を3分隊編成し、中央地区西南部一帯に派遣③処置患者数4,287名 |
| 17日 | ①横浜市以北東海道沿線地区の救療業務を担当（神奈川青木小学校に本部を設置）②横浜駅・横浜公園に救護所を開設（処置患者趨3,227名）③飲料用水の水質検査等を実施 |
| 7日 | ①部隊の主力を東神奈川金蔵院に設置、一部を子安小学校に派遣し救護所を開設②学校施設が傾斜したため、天幕・附近神社の拝殿を利用し救療活動を実施③処置患者趨940名 |
| 22日 | ①南部地区の救療業務を担当（本牧町貿易中学校に本部を設置）②本牧（軍医以下29名）、江吾田（軍医以下36名）、善行寺新桜道（軍医以下26名）に救護所開設③9月23日以後、順次救護所を閉鎖、患者を日本赤十字社等に引継ぐ④処置患者趨4,211名 |

（横浜市役所、1927年）、横浜市役所編『横浜復興誌』第1編（横浜市役所、1932年）、松尾章一監修『関東大震災政府年版（印刷局）、『横浜市日報』、『横浜貿易新報』等を参考に作成。

隊は社会基盤の復旧、衛生機関は被災者の救療を担当した。

を受領、兵員は陸路（鉄道）、物資は海路で横浜へ進出した。

## 表７－２　横浜市における陸軍

| 部隊名 | | | | | |
|---|---|---|---|---|---|
| 派遣部隊名 | 兵営所在地〔衛戍地名〕 | 所属師団 | 派遣規模 | 横浜到着 | 撤　収 |
| 歩兵第２旅団司令部 | 東京府赤坂区青山南町〔東京〕 | 第１師団 | — | ９月３日 | ９月25日 |
| 歩兵第４旅団司令部 | 青森県弘前市〔弘前〕 | 第８師団 | — | ９月25日 | 10月29日 |
| 歩兵第１連隊 | 東京府赤坂区檜町〔東京〕 | 第１師団 | 歩兵１個中隊 | ９月３～４日 | ９月10日 |
| 歩兵第５連隊 | 青森県東津軽郡筒井村〔青森〕 | 第８師団 | 歩兵２個大隊 | ９月９日 | 10月25日 |
| 歩兵第31連隊 | 青森県中津軽郡清水村〔弘前〕 | 第８師団 | 歩兵２個大隊 | ９月24日 | 10月29日 |
| 歩兵第36連隊 | 福井県丹生郡立待村〔鯖江〕 | 第９師団 | 歩兵１個大隊 | ９月９日 | ９月23日 |
| 歩兵第49連隊 | 山梨県西山梨郡相川村〔甲府〕 | 第１師団 | ①歩兵２個大隊<br>②歩兵１個大隊 | ①９月７日<br>②10月25日 | ①９月７日<br>②10月31日 |
| 歩兵第57連隊 | 千葉県印旛郡佐倉町〔佐倉〕 | 第１師団 | 歩兵２個大隊 | ９月３～４日 | ９月25日 |
| 騎兵第15連隊 | 千葉県千葉郡津田沼町〔習志野〕 | 第１師団 | 騎兵１個連隊 | ９月３～４日 | ①１個中隊９月９日<br>②機関銃隊10月５日<br>③残留部隊10月16日 |
| 騎兵第16連隊 | 千葉県千葉郡津田沼町〔習志野〕 | 第１師団 | 騎兵１個中隊 | ９月４日 | ９月10日 |
| 工兵第５大隊 | 広島市白島町北町〔広島〕 | 第５師団 | 工兵１個大隊 | ９月11日 | 10月14日 |
| 工兵第12大隊 | 福岡県企救郡企救町〔小倉〕 | 第12師団 | 工兵１個大隊 | ９月11日 | 10月16日 |
| 工兵第14大隊 | 茨城県東茨城郡常磐村〔水戸〕 | 第14師団 | 工兵１個大隊 | ９月３～４日 | 10月17日 |
| 工兵第17大隊 | 岡山県岡山市〔岡山〕 | 第17師団 | 工兵１個大隊 | ９月11日 | 10月15日 |
| 鉄道第１連隊 | 千葉県千葉郡都賀村〔千葉〕 | 近衛師団 | 鉄道１個連隊 | ９月８日 | ９月17日 |
| 鉄道第２連隊 | 千葉県千葉郡津田沼町〔習志野〕 | 近衛師団 | 鉄道１個連隊 | ９月４日 | ９月20日 |
| 電信第１連隊 | 豊多摩郡中野町〔東京〕 | 近衛師団 | ①無線隊<br>②照明隊 | ①９月７日<br>②９月11日 | ①10月14日<br>②10月８日 |
| 電信第２連隊 | 広島県広島市〔広島〕 | 第５師団 | 電信１個大隊 | ９月14日 | 10月25日 |
| 第１師団救護班 | 佐倉衛戍病院一等軍医国田武雄看護卒９名 | 第１師団 | — | ９月４日 | 詳細不明 |
| 第１師団患者収療班 | （詳細不明） | 第１師団 | — | ９月29日 | 10月25日 |
| 第４師団救護班 | 第４師団軍医部二等軍医深谷鉄夫以下21名 | 第４師団 | — | ９月９日 | ９月24日 |
| 第10師団救護班 | 姫路衛戍病院三等軍医正加藤錠吉以下33名 | 第10師団 | — | ９月９日 | ９月25日 |
| 第15師団救護班 | 一等軍医小池某（所属等不明）三等軍医相澤正以下45名 | 第15師団 | — | ９月11日 | ９月17日 |
| 第16師団救護班 | 奈良衛戍病院長澤勇以下91名 | 第16師団 | — | ９月９日 | ９月30日 |

注：１）東京市役所編『東京震災録』前輯（東京市役所、1926年）、横浜市役所市史編纂係編『横浜市震災誌』第４冊
陸海軍関係史料』Ⅱ巻（日本経済評論社、1997年）、『陸軍震災救療誌』（陸軍省医務局）、『職員録』大正11～13
２）主に旅団司令部は展開部隊の指揮、歩兵連隊・騎兵連隊は被災地の治安維持、工兵大隊・鉄道連隊・電信連
３）地方師団の派遣部隊の移動経路は各衛戍地から一旦東京に集結した後、関東戒厳司令部で横浜への派遣命令

また、『横浜貿易新報』は歩兵第三連隊の駐屯する麻布兵営が大きく損傷したことを報じ、「此の常置希望は運動如何により比較的容易に実現を期し得らる可しと観測されて居る」と、同連隊の移転について可能性を述べている(49)。横浜側の希望だけでなく、陸軍側の状況からも連隊常置に有利な環境が整っていた。この点は三〇日の市会においても見られ、市議の山崎善次郎は歩兵第三連隊の移転を見据えた意見書の提出を提案し、市議たちの賛同を得ている(50)。

以上のように、関東大震災による警備体制の崩壊は、これまで軍隊と距離のあった横浜の人々にその存在の重要性を認識させ、軍隊常置を求める声に発展していった。大きな危機に直面したことで、横浜の人々は駐屯部隊による治安維持機能に期待を寄せるようになった。ここに治安維持装置としての軍隊の機能が如実に表れている。また、陸軍側も横浜側の動きを無視することはできず、警備体制の見直しを含め、対応を迫られることになった。歩兵第三連隊の被害も相俟って、横浜と軍隊の関係は転換点を迎えつつあった。

## 第3節　関東大震災以後の警備体制

### (1)　東京警備司令部の新設

前節で述べたように、兵営設置を求める横浜側の声には切実なものがあった。その論理は具体的にどのようなものだったのか。『横浜貿易新報』の「一記者」は、社説「火急と掠奪と防衛と」において震災直後の治安悪化を振り返りつつ、その問題点を的確に分析している(51)。同社説は「通信の機関が不完全になって横浜の惨状が皆目判らず『東京の危機』ばかりが問題でこの非常の変災にも閑却されたのが横浜とは周章サ加減にも程がある」と怒りを示しつつ、軍隊来援時の状況に触れ、「東京の震害のため一層激しい横浜の夫が一時忘れらる位だから軍隊の来援が手遅れとなっても苦情が言へぬとあればソレ迄のこと、しかし何彼にこの調子では横浜の市民は浮ばれない」と、不満を述べている。応急対応はすべてにおいて東京の方が優先されたため、横浜の影は薄かった。その点を踏まえた上で、「軍隊を常置して呉れと言へば今更蟲がいゝと言はうが今度の苦痛はどうであらう。掠奪は憎むべし、けれどもこの徒を駆つて公然秩序を蹂躙せしめたのは横浜の人気が悪いか警備上の欠陥によるか、少くとも経験の数ふる市民の真剣な望みだけは正当に受け容れて貰ひたい」と、軍隊常置を強く希望している。

そうした主張が挙がるなか、被災地の警備体制は順次変化していった。警察や地方官庁が機能を取り戻し始めた九月中旬以降、関東戒厳司令部は分散兵力の整理を行うとともに、軍隊教育の遅延を考慮し、地方からの動員部隊を各々の衛戍地に復帰させる。横浜においても九月二五日に神奈川方面警備隊の司令部機能が歩兵第二旅団から弘前の歩兵第四旅団へ移ったほか、治安維持を担っていた佐倉の歩兵第五七連隊や鯖江の歩兵第三六連隊もその前後に帰還の途に就いた。さらに一〇月中旬には騎兵隊や工兵隊も撤収、一〇月下旬の展開兵力は歩兵一個連隊程度となった。

一方、前章でも述べたように、陸軍中央は戒厳の適用解除を見越し、警察権を有する憲兵を増員することで治安の維持を図ろうとした。その結果、新たに横浜憲兵隊が創設され、市内各所に分隊や分遣所を設置して治安の維持にあたった(52)。九月四日、将校以下四人の憲兵が横浜に到着していたが、目立った活動はなく、神奈川方面警備隊から補助憲兵を得て細々と治安維持活動を展開していた(53)。しかし、一〇月六日に横浜憲兵隊の設置が決まると(54)、憲兵の存在感は一気に増し、一一日には横浜市内の憲兵数は従来の七倍に膨れ上がる(55)。一七日の『横浜市日報』の報道に依れば、横浜憲兵隊は本部を青木町桐畑に置き、その下に横浜・根岸・神奈川の三つの憲兵分隊と、東神奈川・横浜駅・保土ケ谷・日本橋・戸部町・御産宮・前田橋・本牧・堀之内の九つの分遣所を統轄した(56)。被災地の安定化とともに、次第に警備の主体は一般の兵士から警察権を有する憲兵や警察官へと移ったのである。

一〇月二四日、戒厳司令部は歩兵第四旅団及び残留していた地方部隊の撤収を命令、続いて二九日には神奈川方面警備隊司令部の廃止を命じ、一一月一日以降は第一師団司令部が横浜方面の警備を指揮することになった。[57]それに伴い、横浜に展開していた歩兵第四九連隊は第一師団の指揮下に復帰する。加えて一六日には、戒厳が解除され、戒厳司令部も廃止されたが、同時に東京市から隣接郡部（荏原郡・豊多摩郡・北豊島郡・南足立郡・南葛飾郡）、さらに横浜市及び橘樹郡の警備を担う東京警備司令部が新設された。[58]その初代司令官には山梨半造が就任し、東京衛戍司令官の職務を行うと同時に、横浜の警備についても第一師団長からその権限を引き継いだ。[59]これによって残留部隊は横浜警備隊と名称を変え、東京警備司令官の指揮下で引き続き横浜の警備を担うことになった。すでに大江志乃夫や土田宏成が指摘しているように、警備司令部の新設によって京浜地域を防衛上一体とする認識が誕生、管轄内の陸軍部隊を一元的に指揮する警備司令官は、横浜の警備についても責任を負うことになった。[60]

さて、ここで問題となったのが横浜警備隊を支える活動拠点である。軍隊の長期的な活動を維持するには、兵員を収める兵営が必要で、警備司令部設置以後、陸軍は横浜市に隣接する橘樹郡保土ヶ谷町の神戸原に兵営の造営を進めた。一一月二六日、最初に歩兵第一連隊から将校以下三〇人が保土ヶ谷町和田に駐留した後、一二月六日に兵営が完成すると、歩兵第四九連隊の第二大隊一八〇人が甲府から保土ヶ谷へ移転、さらに翌年の一月九日には同第三大隊四四〇人と交代し、そこで初年兵の教育を行うようになった。[61]治安維持活動だけでなく、通常の業務を行うなど、横浜警備隊は保土ヶ谷に根付く兆候を見せた。このように兵営の完成によって横浜の近郊に軍隊が常駐するようになり、市会や復興会の求めた軍隊常置の希望は部分的に実現したのである。

横浜憲兵隊の新設と保土ヶ谷兵営の完成によって警察、憲兵、軍隊による新たな警備体制が固まる。一二月二日午後二時、仮県庁の議事堂において横浜警備隊と横浜憲兵隊、そして警察の三者会談が催され、今後の横浜市の警備体制について協議を行った。[62]出席者は横浜警備隊長や憲兵隊長及び分隊長、警察部長や本部課長、市内警察署長、さらに川崎・鶴見・保土ヶ谷の三警察署長や検察関係者も加わった。そこで①毎月第一、第三土曜日を定期合会日と定め相互に連絡を取って治安の維持に努めること、②必要に応じて臨時会合を催し、突発事件は三者で通報し合うこと、③特に年末には三者合同で警戒を厳にすることなどが決定した。さらに非常時には保土ヶ谷から歩兵一個大隊を展開させるほか、憲兵は約五〇〇人を動員、また、警察も一時間前後に相当数を召集できる態勢を整えた。

このように軍隊常置を求める声が挙がるなか、一一月中旬以降、横浜市の警備体制は警察、憲兵、軍隊の三機関によって強化されることになった。被災地の安定化とともに、警備隊は縮小し、治安維持の主体は憲兵や警察に移ったが、兵営の完成によって軍隊が横浜の後背地に控えた。市内への兵営設置は実現しなかったものの、横浜の人々の求めた軍隊常置論は部分的に実現し、陸軍部隊による即応展開が可能となったのである。

### (2) 連隊常置論の再燃と宇垣軍縮

年が明けて一九二四（大正一三）年に入ると、横浜警備隊と横浜憲兵隊の施設において変化が見られた。陸軍省は保土ヶ谷兵営の訓練環境の整備に着手、地元有力者である岡野欣之助と協議を重ね、練兵場造営の契約を二月一日に交わしたほか[63]、演習を地元の青年団や小学生に公開するなど、地域に根付く傾向を強めた[64]。一方、横浜憲兵隊は三月上旬に部隊の整理が始まり、三月三一日には横須賀憲兵分隊を指揮下に加えたが、市内の部隊は横浜憲兵分隊と日本橋・神奈川・本牧の分遣所のみとなった。警備隊は施設を拡充させたが、憲兵隊は順次縮小していった[65]。

しかし、歩兵第四九連隊第三大隊も五月一二日に歩兵第三連隊第一大隊の二二〇人と交替し、横浜警備隊の兵員数は半減する。横浜市内の復興が着々と進むなか、陸軍兵力も縮小にむかった。だが、そうした流れに反するように、再び連隊常置論が浮上する。六月二九日、地元紙の『横浜毎朝新報』は営繕を要する歩兵第三連隊の保土ヶ谷移転を報じ、陸軍省と横浜市の秘密交渉とともに、年内の移転実現についても言及した[66]。前年から問題となっていた麻布兵営の修繕と新築の保土ヶ谷兵営の存在、加えて軍隊を求める横浜の声などが連隊常置論の進展を促したのである。さらにその動きは第一師団長石光真臣の保土ヶ谷訪問によって具体性を帯びるようになる。

七月五日、石光は幕僚を随えて保土ヶ谷を訪問し、警備と教育の状況を視察した後、射撃場の様子を確認して帰途に就いた。これについて地元紙の『横浜毎朝新報』は連隊移転の事前調査でないかと報じたほか[67]、『横浜貿易新報』も同様の内容を報じつつ、石光のコメントを掲載している。石光は「大都市の背後に相当の軍隊の必要なることは今回の地震に徴しても明かなことで例へ斯る大天災がなくとも平常に於ける万一の場合に所する為必要と信じている」と述べ、警備上の観点から京浜間に兵営が必要であると説く一方、狭隘な練兵場など保土ヶ谷兵営の問題点を指摘、埼玉県や鶴見方面への移転を仄めかした。ただ、「保土ヶ谷町でも練兵場さへあれば三連隊の移転地としては差支えない」と敷地献納など保土ヶ谷の人々に「誠意」を求めている。この点は従来から指摘されている陸軍の敷地献納工作に通じるが[68]、保土ヶ谷側の反応は冷たく、石光も「警備隊に対する留置運動は横浜市長並びに知事等が熱心であって程ヶ谷町が比較的静かな態度に居ることは町の為に惜しまざるを得ない」と感想を漏らしている[69]。石光の発言から兵営設置による経済効果が読み取れるものの、保土ヶ谷は県立女子師範学校の誘致で混乱した経緯があり、また、横浜と比べて被害も大きくなかったので、連隊の誘致には消極的だった[70]。

だが、石光の発言は波紋を広げ、連隊誘致運動は神奈川県内において拡大する。最初に名前の挙がった橘樹郡鶴見町が歩兵第三連隊の誘致にむけて動き出したほか、八月以降、地域振興を模索する横浜線沿線の村々も誘致運動に着手、高座郡の大野村や相原村はそれぞれ東京の町田町や八王子市を巻き込みながら競争を展開していく[71]。また、橘樹郡高津村においても世田谷砲兵連隊の移転説が浮上しており、東京の軍事施設は郊外へ移転する兆候を見せていた[72]。さらに一〇月には埼玉県川口町の誘致運動も強まり、軍隊を求める動きは兵営を持たない東京隣県にも波及[73]、誘致の目的も横浜の求める警備上の理由から単なる地域振興論へと移行していった。そうしたなか、渡辺勝三郎は内務大臣若槻礼次郎に対して陳情書を提出、警備の必要性から改めて軍隊の常置を訴えている[74]。歩兵第三連隊をめぐる各地の動きは保土ヶ谷兵営の存在を脅かしていった。

しかし、東京隣県の誘致運動に対して陸軍は冷淡な態度を示し、各地の運動熱は急速に冷めていった[75]。では、なぜ陸軍は急に態度を変化させたのか。それを理解するには、当時、陸軍大臣宇垣一成によって進められていた軍備整理（宇垣軍縮）に目をむける必要がある。陸軍中央は総力戦に対応した軍備の近代化と軍縮世論の沈静化をめざし、四個師団の削減を計画していたが、八月五日に廃止対象となる具体的な師団名が報じられると、全国の兵営所在地で部隊の存置運動が発生する[76]。例えば、横浜との関係では、甲府市が横浜への連隊移転を意識した兵営存置運動を展開している。甲府の市会と商工会議所は横浜への歩兵第四九連隊の移転を懸念し、九月三日に陸軍省へ陳情団を派遣して連隊の移転がないことを確認している[77]。次第に存置運動は地域間競争の様相を呈し始めた。このように全国規模で存置運動が発生するなか、新たな兵営を求める動きは、軍縮政策を進める陸軍中央にとって容認できなかったのだろう。そして、その流れが保土ヶ谷兵営の存在を左右することになった。

一一月一日、第一師団司令部は横浜警備隊の撤収を決定し、東京警備司令部もその旨を横浜市等に通達する。横浜を訪れた東京警備司令部参謀長の秦真次大佐は、「今回の引き揚げは既に警察乃至憲兵隊の完備に伴ひ斯くと決定した訳であるが、一面には予算の関係と兵士教育の都合もある」と、撤収理由について述べた上で、非常時には東京から部隊が駆けつけることに触れ、「駐屯箇所が稍遠方に移されたと思へばいゝ訳で出動の要があったと仮定して今迄ならば三十分で市内に到達したものが今度は約二時間を必要とする事になった丈けである」と、部隊撤収後の警備体制について説いている[78]。しかし、電話線や鉄道が寸断した震災直後の状況を考えれば、秦の説明には無理があり、横浜市の警備体制は大きく後退することになった。陸軍側は連隊移転論の根元にある保土ヶ谷兵営を廃止することで、誘致熱の沈静化を図ったと考えられる。それに対して岡野欣之助は保土ヶ谷町長や警察署長と協議を行い、横浜市長とも面会した上で、横浜警備隊の留置に乗り出したものの、すでに時機を逸しており、歩兵第三大隊第一大隊は一一月五日に麻布兵営に帰還していった[79]。その後、復興会は一一月二九日に陸軍大臣と東京警備司令官に感謝状を送り、「希くは将来を御賢慮遊ばされ軍隊の常置を実現せられ以て帝都の関門たる将又各国居留民を有する本市の安寧を確保せられん事を切望して止まさるなり」と、改めて軍隊の常置を願い出るが、それが実現することはなかった[80]。軍縮という国家的な政策の前に、治安維持装置を求める横浜側の動きは挫折していったのである。

他方、横浜憲兵隊は八月一五日に常設の部隊となり、その管轄区域は山梨県にも拡大、既存の甲府憲兵分隊も横浜憲兵隊の指揮下に組み込まれた。これによって横浜は神奈川県及び山梨県の憲兵行政の中心地となり、再び警察と憲兵による警備体制が復活することになった。この時期、師団所在地以外で憲兵隊が置かれたのは横浜のみで、そこからも警備体制の強化が窺える。しかし、治安維持の観点から兵営を求める声はその後も根深く残り、横浜市域の軍事化を促す素地となっていく。そうした点を踏まえて見ると、本章の冒頭で引用した連隊設置を求める陳情書には、治安維持装置を求める横浜側の意志が滲み出ているのである。

## 小括

関東大震災は既存の警備体制を崩すと同時に、横浜と軍隊の関係を変える大きな転換点となった。横浜の人々は危機的な状況に直面したことで、従来の認識を変え、駐屯部隊による治安維持機能を求めていく。復興運動の過程で浮上した連隊常置論は軍隊を持たない横浜市が導き出した問題の解決策であった。この事例から明らかなように、軍隊は都市の最終的な治安維持装置として機能しており、関東大震災はそのことを鮮明にしていった。

日露戦後の講和反対騒擾では、横浜市内の警察や憲兵に加え、東京から第一師団の来援する仕組みが機能していたが、横浜憲兵分隊の廃止など軍事的位置の低下に伴い、横浜の警備は専ら警察の手に委ねられた。ただ、警察の力で対処できない場合は、第一師団や東京憲兵隊の即応展開が可能で、それを担保していたのは電話や鉄道など東京と横浜を結ぶ都市間の社会基盤であった。見方を変えれば、横浜は駐屯部隊を有さない代わりに、治安維持の最終的手段を東京に依存していたといえる。これは気球隊以外の部隊がない埼玉県も同様だっただろう。しかし、関東大震災によって連絡や輸送の手段は断たれ、さらに東京と横浜が同時に地震の被害を受けたため、軍隊の来援は大きく遅れた。第一師団は横浜よりも東京の治安維持を優先したのである。ここに駐屯部隊を持たない地域の限界があった。その結果、横浜の人々は軍隊の必要性を痛感し、復興運動の過程で連隊常置を求めていく。東京警備司令部の新設以後、保土ヶ谷兵営の造営によって横浜側の希望は部分的に実現するが、陸軍の軍縮政策が進むなか、連隊の常置は実現しなかった。軍縮という国家的な政策の前で横浜側の動きは挫折していったのである。横浜憲兵隊が新たに設置されたものの、東京衛戍地の位置と震災直後の状況を考えれば、問題の根本的な解決には至らなかった。

以上の経緯を整理すると、①地域振興論と異なる兵営誘致論と、②横浜の置かれた軍事的な環境が浮き彫りとなってくる。軍隊は治安出動や災害出動を通じて国内の安定装置として機能しており、近代の都市は内部に軍隊を置くことで、地域の安全保障を確保した。だが、駐屯部隊を持たない横浜は関東大震災を契機にそれを積極的に求めるようになる。軍隊の設置は地域経済の面だけでなく、安全保障の面でも大きな意義があり、横浜の事例はそのことを明確にしている。つまり、関東大震災は都市における軍隊の治安維持機能を顕在化させたのである[81]。横浜のような問題は軍隊を持たない他の都市でも十分起こり得ただろう。改めて指摘するまでもないが、軍隊の有する治安維持機能は、軍隊と地域の関係を考察する際の基底の一つとして考えなければならない。

他方、京浜地域における東京衛戍地の存在は大きく、駐屯部隊を持たない隣接地域の軍事的機能も吸収していた。それ故に東京の危機は周辺地域の安定にも影響を及ぼした。そうした点から横浜の連隊誘致運動は、近代都市の治安維持装置を求めるとともに、東京衛戍地の傘から脱却しようとする試みでもあった。しかし、関東大震災は軍隊設置の契機となったが、地域側の意思の不統一や宇垣軍縮の進展によって実現しなかった。比較的有利な条件は整っていたものの、横浜側の一方的な希望だけでは不十分であり、軍隊の常設には、地域側と軍隊側の利害が一致する必要があった。保土ヶ谷兵営をめぐる動きは国家レベルの政策に左右される軍隊の性格を物語っている。

さて、東京警備司令部の新設によって京浜地区を一体とする警備体制が確立したが、結果的に大正末期から昭和初期を通じて軍隊の出動するような事態は発生しなかった。一九二五年一二月二一日、橘樹郡鶴見町で大規模な騒擾が発生したが、神奈川県警察と横浜憲兵隊、さらに警視庁から応援を得て鎮圧に成功している(82)。再び横浜市の警備体制は警察が主体となったのである。他方、関東大震災直後に燃え上がった神奈川県内の連隊誘致運動は宇垣軍縮後も燻り続け、横浜以外の地域でも連隊移転説がたびたび浮上していった(83)。

注

(1) 例えば、地方都市において軍隊は災害対処の最終的な機関として機能していた。その詳細は拙稿「軍隊の『災害出動』制度の展開――高田衛戍地の事例分析を中心に――」(『年報日本現代史』第一七号、二〇一二年)を参照。

(2) 今井清一『横浜の関東大震災』(有隣堂、二〇〇七年)二八〇頁。

(3) 軍隊をめぐる運動については、小菅信子「満州事変と民衆意識に関するノート――『甲府連隊』存置運動を中心に――」(『紀尾井史学』第九号、一九八九年一二月)、佃隆一郎「宇垣軍縮と〝軍都・豊橋〟――〝衛戍地〟問題をめぐる『豊橋日日新聞』の主張――」(『愛大史学』第四号、一九九五年)、土田宏成「陸軍軍縮時における部隊廃止問題」(『日本歴史』第五六九号、一九九五年一〇月)、裏田道夫「高田第十三師団誘致と倉石源造」(『上越市史研究』第四号、一九九九年三月)、荒川章二『軍隊と地域』(青木書店、二〇〇一年)、上山和雄「『軍郷』における軍隊と人々――下総台地の場合――」(上山和雄編『帝都と軍隊――地域と民衆の視点から――』日本経済評論社、二〇〇二年)、高村聰史「静岡県の軍隊配置と誘致運動――軍都浜松を中心に――」(同前)、佃隆一郎「宇垣軍縮での師団廃止発覚時における各〝該当地〟の動向」(『国立歴史民俗博物館研究報告』第一二六集、二〇〇六年)、拙稿「新潟県における兵営設置と地域振興――新発田・村松を中心として

――」(『地方史研究』第三二五号、二〇〇七年二月)などを参照。

(4)横浜市総務局市史編集室編『横浜市史Ⅱ』第一巻上(横浜市、一九九三年)三〇〇～三〇九頁。

(5)『横浜貿易新報』一九二三年五月一一日。

(6)京浜地域の警備体制に関しては土田宏成「帝都防衛態勢の変遷――関東大震災前後を中心として――」(前掲『帝都と軍隊』所収)を参照。

(7)一八九九年四月八日、陸達第三五号「歩兵隊兵員徴集区指定表」(『明治三十二年　陸軍省達書　記録』所収、防衛研究所戦史研究センター史料室所蔵、請求番号:陸軍省-陸軍省達書-M三二～一-一)。

(8)横浜における憲兵部隊の変遷は拙稿「横浜憲兵隊の創設」(横浜市史資料室編・発行『市史通信』第八号、二〇一〇年七月)を参照。

(9)横浜における騒擾の経過は神奈川県警察史編さん委員会編『神奈川県警察史』上巻(神奈川県警察本部、一九七〇年)六二一～六二七頁及び横浜市会事務局編『横浜市会史』第二巻(横浜市会事務局、一九八三年)九〇～九六頁を参照。

(10)田崎治久編『日本之憲兵　正・続』(三一書房、一九七一年)六七～六八頁。

(11)『貿易新報』一九〇五年九月一四日。

(12)講和反対騒擾に関する陸軍側の記録は、防衛研究所戦史研究センター史料室所蔵『明治三十八年九月分　副臨号書類綴　大本営陸軍副官部』(請求番号:大本営-日露戦役-M三八～七-一二〇)及び同『明治三十八年自九月至十二月　暴徒ニ関スル内報綴　大本営陸軍副官部』(請求番号:大本営-日露戦役-M三八～三五-一四八)に収められている。ここでは前者所収の「横浜市騒擾事件ニ関スル詳報」(件名表題:「留守第一師団長ヨリ横浜騒擾事件派遣隊詳報進達」、一九〇五年九月一九日、作成:後備独立歩兵大隊長田中次郎)を中心に陸軍の対応を整理した。

(13)同右「横浜市騒擾事件ニ関スル詳報」。矢吹秀一への報告書に依れば、横浜の居留外国人も派遣部隊の到着を歓迎している。陸軍部隊の派遣には、外国人を保護する外交的な意味もあったと考えられる。

(14)『貿易新報』一九〇五年九月一四日。

(15)軍備拡張の経緯は防衛庁防衛研修所戦史部編『戦史叢書　陸軍軍戦備』(朝雲新聞社、一九七九年)及び山田朗『軍備拡張の近代史――日本軍の膨張と崩壊』(吉川弘文館、一九九七年)を参照。

(16) 宇都宮市史編さん委員会編『宇都宮市史』近・現代編Ⅱ（宇都宮市、一九八一年）六〇九〜六一七頁、栃木県史編さん委員会編『栃木県史』通史編六（栃木県、一九八二年）四七八〜四九一頁、水戸市史編さん近現代専門部会編『水戸市史』下巻（一）（水戸市役所、一九九三年）七二八〜七四七頁、甲府市市史編さん委員会編『甲府市史』通史編第三巻（甲府市役所、一九九〇年）二二七〜三五七頁、山梨県編『山梨県史』通史編五（山梨県、二〇〇五年）三四三〜三四六頁。

(17) 一九〇七年九月一七日、軍令陸第三号。

(18)「聯隊区司令部位置及事務開始ノ件」（『明治四〇年一〇月　貳大日記』所収、防衛研究所戦史研究センター史料室所蔵、請求番号：陸軍省 - 貳大日記 - M四〇 - 一〇 - 一五）。

(19)『横浜貿易新報』一九〇八年三月八日、三月九日。その後、横浜連隊区司令部の旧庁舎は横浜監獄の営繕材料として一九〇九年一月に司法省に移管された（「建物保管転換ノ件」、『明治四十二年一月　壹大日記』所収、防衛研究所戦史研究センター史料室所蔵、請求番号：陸軍省 - 壱大日記 - M四二 - 一 - 一〇）。

(20) 一九〇七年一〇月一〇日、陸軍省令第一七号。

(21) 一九一三年一二月一八日、陸軍省令第一六号。管区表改正の経緯は「憲兵隊配置及憲兵分隊管区表改正ノ件」（『大正二年甲輯第一・二類　永存書類』所収、防衛研究所戦史研究センター史料室所蔵、請求番号：陸軍省 - 大日記甲輯 - T二 - 一 - 一七）を参照。なお、富士見町の横浜憲兵分隊跡地には、一九二〇年一一月に横浜市の職業紹介所が完成する（『横浜貿易新報』一九二〇年一一月一七日、一一月二五日）。

(22) 前掲『日本之憲兵　正・続』六〇三頁。

(23) 一九一六年五月三〇日の憲兵隊配置及憲兵分隊管区表改正（陸軍省令第七号）によって横浜市域の管轄は渋谷憲兵分隊から横須賀憲兵分隊に移った（「憲兵隊配置及憲兵分隊管区表改正ノ件」、『大正五年甲輯第一類　永存書類』所収、防衛研究所戦史研究センター史料室所蔵、請求番号：陸軍省 - 大日記甲輯 - T五 - 一 - 一）。以後の憲兵施設の推移は判然としないが、神奈川県警察部編『大正大震火災誌』（神奈川県警察部、一九二六年）五〇一頁及び前掲『日本之憲兵　正・続』五五三頁に依れば、一九二三年九月の関東大震災発生時点で、横浜市内には分遣所よりさらに小規模の横浜憲兵分駐所が存在した。

(24)『横浜貿易新報』、『東京朝日新聞』、『都新聞』一九一〇年三月二〇日。

(25) 米騒動に対する軍隊の出動は松尾尊兊「米騒動と軍隊」（京都大学人文科学研究所『人文学報』第一三号、一九六〇年一〇

月）、同「米騒動鎮圧の出兵規模」（『史林』第七一巻第一号、一九八八年一月）を参照。

(26) 吉良芳恵「横浜と米騒動（上）——警備・廉売体制——」（『横浜開港資料館紀要』第一三号、一九九五年三月）。

(27) 『京浜労働運動史研究』第五号（一九六二年）二四頁。大塚惟精の発言は神奈川県総務部編『昭和十五年府県制発布五十周年記録』（一九四〇年）に収められているが、原典は確認できていない。

(28) なお、海軍の出兵は艦隊条例や鎮守府条例、要港部条例等によって規定されていたが、海軍省は一九〇〇年六月二一日に、「海中ノ孤島其他沿海ノ地方ニシテ其他ニ陸軍軍隊ノ駐在セサルカ若ハ其ノ力ノ及ハサル場合ニ主トシテ適用セラル、儀ニ有之候為御心得此段及御通牒候也」（「海軍ノ兵力ヲ用ユル場合ニ関シ通牒ノ件」、『明治三十三年六月壹大日記』所収、防衛研究所戦史研究センター史料室所蔵、請求番号：陸軍省－大日記－M三六～六－八）と、陸軍省や各府県に通達している。関東大水害や米騒動の際に海軍の出動事例はあったものの、基本的に陸上での治安維持及び救護活動は陸軍の手に委ねられていた。

(29) 『時事新報』横浜・横須賀版、『東京朝日新聞』、『都新聞』一九一九年四月二九日。

(30) 偶然、神奈川県庁を訪問していた経営学者の渡辺鋳蔵は、埋地大火の体験記を「横浜市の大火を見る記」として『中央公論』一九一九年六月号に掲載しており、「部長や庁内の人達は自らも火の車の様に回転して、警視庁に自動車ポンプの来援を請求するやら、応援巡査の出張を依頼するやら、救護の手段を打合せるやら、防火、避難の準備をするやら、こゝも火事場其まゝの騒ぎとなった」と、県庁内の状況を記している（横浜市総務局市史編集室編『横浜市史Ⅱ　資料編七』横浜市、二〇〇〇年、所収）。

(31) 『横浜貿易新報』一九一九年四月三〇日。

(32) 横浜の被害は諸井孝文・武村雅之「一九二三年関東大震災における死者発生のプロセス（その二）——旧横浜市での人的被害の発生状況——」（『歴史地震』第二二号、二〇〇七年）を参照。

(33) 横浜の関東大震災の概説は前掲『横浜の関東大震災』を参照。なお、神奈川県警察の治安維持政策は宮地忠彦『震災と治安秩序の構想——大正デモクラシー期の「善導」主義をめぐって』（クレイン、二〇一二年）一五三～一六四頁が詳細にまとめている。

(34) 管見の限り、神奈川県警察に関するまとまった刊行物は戸部警察署長であった遠藤至道が著した『補天石』（水月道場、一九二四年）が最初である。続いて横浜市内七警察署の罹災状況を整理した横浜市役所市史編纂係編『横浜震災誌』第三冊（横浜市役所市史編纂係編、一九二六年）、神奈川県警察部によって編纂された前掲『大正大震火災』が刊行された。さらに後者の編纂作業の中心人物であった西坂勝人高等課長によって『神奈川県下の大震火災と警察』（大震火災と警察刊行会、一九二六年）も刊行され、それと連動する形で警友会（神奈川県警察の親睦団体）も『警友』第二巻九号（一九二七年九月）を「震災記念号」として震災の状況を振り返っている。加えて、戦後に『警友』は一九六四年の新潟地震を契機に災害特集を組み、震災当時の警察幹部を集めた座談会「関東大震災を顧みて――天災は忘れたころにくると大先輩大いに語る――」（『警友』第二一巻第四号、一九六六年）を掲載している。また、神奈川県警察史編さん委員会編『神奈川県警察史』上巻（神奈川県警察本部、一九七〇年）の関東大震災関係の叙述はそれらの記録に依拠している。

(35) 関東大震災前後の横浜市の消防体制については、直島博和「近代消防制度の展開と関東大震災――横浜市を事例として――」（『神奈川地域史研究』第二五号、二〇〇七年一二月）が消防をめぐる議論からその変遷の整理を試みている。

(36) 金原左門は戦後に西坂勝人のヒアリング調査を行っており、その成果は西坂勝人述「関東大震災をめぐって」として『神奈川県史研究』第一三号（一九七一年一一月）に収められている。当時の軍務局長を予備役中将の長岡外史とするなど、若干の誤りがあるものの、震災当時に逼迫した状況を窺い知ることができる。また、西坂は自叙伝である白雲洞主人「警察今昔物語（十一）」（『警友』第二六巻第一〇号、一九七一年一〇月）でも『神奈川県下の大震火災と警察』の記述を中心に震災当時の状況を回想している。

(37) 東京における軍隊の活動については、拙稿「軍隊の対応」（災害教訓の継承に関する専門調査会編『一九二三　関東大震災報告書』第二編、中央防災会議、二〇〇九年）を参照。

(38) 前掲『神奈川県下の大震火災と警察』二二七頁。

(39) 神奈川方面警備隊の活動については、奥平俊蔵『不器用な自画像――陸軍中将奥平俊蔵自叙伝』（柏書房、一九八三年）二三七～二五〇頁、横浜市役所市史編纂係編『横浜市震災誌』第四冊（横浜市役所市史編纂係、一九二七年）一～一〇六頁、『神奈川方面警備隊法務部日誌』（横浜市中央図書館所蔵）を参照。なお、神奈川方面警備隊の活動は別稿で改めて検証したい。

(40) 拙稿「関東大震災と『横浜貿易新報』――震災臨時号の分析を中心に――」（『横浜市史資料室紀要』第一号、二〇一一年三月）。

(41)『横浜貿易新報』一九二三年九月一五日。
(42)『横浜貿易新報』一九二三年九月二三日夕刊。
(43)『横浜貿易新報』一九二三年九月二四日夕刊。
(44)『横浜貿易新報』一九二三年九月二五日夕刊。
(45)『横浜市日報』一九二三年九月二九日。
(46)『横浜貿易新報』一九二三年九月二九日夕刊。
(47)渡辺正男編『横浜市復興会誌』（横浜市復興会、一九二七年）一一七～一一九頁。『横浜市日報』一九二三年一〇月七日、一〇月八日。
(48)『横浜貿易新報』一九二三年一〇月六日夕刊。
(49)同右。
(50)横浜市編『横浜復興誌』第一編（横浜市役所、一九三二年）一五〇頁。
(51)『横浜貿易新報』一九二三年一〇月八日夕刊。
(52)前掲「横浜憲兵隊の創設」。
(53)横浜における憲兵の活動は前掲『大正震火災誌』五〇一～五一四頁、同『日本之憲兵　正・続』五五三頁及び同『横浜市震災誌』第四冊一〇七～一一六頁を参照。
(54)同右『日本之憲兵　正・続』五五〇、五五三～五五四、六八一頁。
(55)『横浜市日報』一九二三年一〇月一三日。
(56)『横浜市日報』一九二三年一〇月一七日。
(57)『東京震災録』前輯（東京市役所、一九二六年）六二一～六六頁。
(58)一九二三年一一月一五日、勅令第四八〇号。
(59)一九二三年一一月一五日、軍令陸第一〇号。
(60)大江志乃夫『戒厳令』（岩波書店、一九七八年）一二三～一二四頁、前掲「帝都防衛態勢の変遷」。
(61)中村信太郎編『大礼記念　保土ヶ谷名鑑』（保土ヶ谷名鑑社、一九二九年）五二～五四頁、保土ヶ谷区史編集部会『保土ヶ谷区史』（保土ヶ谷区制七十周年記念事業実行委員会、一九九七年）二九六頁。
(62)『東京日日新聞』一九二三年一二月五日。
(63)『横浜貿易新報』一九二四年二月二日。
(64)『横浜貿易新報』一九二四年二月一〇日。
(65) 前掲「横浜憲兵隊の創設」。
(66)『横浜毎朝新報』一九二四年六月二九日。
(67)『横浜毎朝新報』一九二四年七月六日。
(68) 前掲『軍隊と地域』五五〜五八、九九〜一〇一頁。
(69)『横浜貿易新報』一九二四年七月八日。
(70)『横浜毎朝新報』一九二四年七月二一日。
(71)『横浜貿易新報』一九二四年八月一五日、九月四日、九月七日、九月九日、九月一四日、『横浜毎朝新報』九月一二日。高座郡相原村の有力者であった相澤菊太郎の日記に依れば、同村では一九二四年九月五日と六日に連隊招致に関する協議会が催されている（『相澤日記』相澤栄久、一九七二年、五七二頁）。高座郡の連隊誘致運動については相模原市市史編さん委員会編『相模原市史』第四巻（相模原市役所、一九七一年）五三〜五六頁を参照。
(72)『横浜毎朝新報』一九二四年七月二五日。
(73)『横浜貿易新報』一九二四年一〇月四日。
(74)「軍隊常置に関し横浜市長より内務省大臣上申の件」（『大正十三年　内務大臣決裁書類』所収、国立公文書館所蔵、アジ歴レファレンスコード：A〇五〇三二五二三八〇〇）。
(75)『横浜貿易新報』一九二四年一〇月二四日。
(76) 前掲「陸軍軍縮時における部隊廃止問題」。
(77) 前掲『甲府市史』通史編第三巻、六九六〜六九八頁。
(78)『横浜貿易新報』、『横浜毎朝新報』、『東京日日新聞』一九二四年一一月二日。
(79)『横浜貿易新報』、『横浜毎朝新報』一九二四年一一月四日、一一月五日、一一月六日。

（80）前掲『横浜市復興会誌』三一二～三一四頁。

（81）例えば、大阪の都市計画について論じた高梨光司『都市改造講和』（大阪日日新聞社、一九二四年）は、「唯師団移転問題に就て多少考へねばならぬことは、大都市には或る程度の軍隊の駐屯が、必要であるといふことであります。これは昨年の関東大震災に依つて、明らかに証拠立られました。大震災当時治安の維持は云ふまでもなく、物資の配給其他に於て、目醒ましい活動を見せたのは、陸海軍の軍隊であって、警察官や各省府市の官公吏は、其仕事の能率の挙らぬ点に於て、寧ろ無能と評しても、よい位でありました。（中略）然しながら天災はいつ何時起つて来るか分りません。さる場合に於て、郊外電車其他の交通機関の杜絶することは云ふ迄もないことで、急速に軍隊の来援を求めやうとすれば、尠くとも歩兵と工兵輜重兵等の特科隊の一部とは、是非とも市内或ひは其近接地に駐屯せしめて置く必要があります」と述べ、軍隊駐屯の必要性を説いている。また、震災当時、近衛師団長であった森岡守成も「大都市内に軍隊駐屯の可否」として、「都市の発展に伴ひ、最初設けたる軍隊の配置が市の中心になり、軍隊教育上不便を感ずること尠からざるの理由を以て、漸次郊外に移転するの気運に向ひつゝある際、彼の大震災に近衛、第一両師団の主力にても猶不足を感じ、隣接師団より兵員を招致せし結果より、却て市街内に軍隊を駐屯せしむべしとの輿論を生ずるに至れり」と、人々の意識の変化を指摘している（森岡守成『余生随筆』日本国防協会、一九三七年、二一六～二一七頁）。

（82）同事件の概要はサトウマコト『鶴見騒擾事件百科』（二三〇クラブ、一九九九年）を参照。

（83）『横浜貿易新報』一九三一年八月二四日。

# 終　章

## 第1節　関東大震災後の治安維持システム

### (1)　宇垣軍縮と関東地方の警備体制

政治・経済の中心地を襲った巨大地震は日本社会の様々な面に変革を迫っていった。もちろん、それは軍事の面においても同様で、最大の軍事拠点が機能不全に陥ったことは、陸軍を動揺させただけでなく、第一次世界大戦を経験しなかった人々に空襲の問題を突き付けた(1)。

例えば、参謀本部内では、地震と空襲に備えるため、震災直後から遷都論が浮上する。参謀本部員であった今村均少佐は、参謀次長の武藤信義中将から極秘裏にその調査を命じられ、朝鮮半島の京城や兵庫県の加古川流域、東京の八王子付近を候補地とする意見書を作成した(2)。結局、この仕事は、一九二三（大正一二）年九月一二日に遷都を否定する詔書が出されたことで立ち消えとなるが、陸軍は遷都による抜本的な解決を模索していた(3)。一方、陸軍省は九月二六日に「空中攻撃各種災害及不逞ノ暴挙等ニ対シテ帝都ヲ防衛シ其ノ災害ヲ制限シ内外ノ交通連絡ヲ確保スル為考慮スヘキ要綱」として、「東京市再建ニ関スル軍事上ノ意見」を作成したほか、一一月五日には、その詳細を定めた「東京市再建ニ関スル軍事上細部ノ意見」を作成、帝都復興院に提出するなど、具体的な改善策を示している。[4] 陸軍は帝都復興計画に自らの考えを組み込むことで、地震や空襲に備えようとした。[5]

他方、第7章で明らかにしたように、関東大震災は軍隊の治安維持機能を見直す契機となり、兵営設置を求める声に繋がったほか、震災後に各地で作成された「防災計画」でも災害時の軍隊の役割が明確に位置づけられた。例えば、一九二四年九月一日に制定された大阪府の「非常変災要務規約」は、第一条に「大阪市ニ於ケル非常変災ニ対シ常時之ガ応急準備ヲ計画シ以テ大阪府庁、大阪市役所、第四師団、大阪憲兵隊ノ救護事務ヲ適切ニ協調セシムルト共ニ市内各団体ヲシテ之ニ対スル秩序アル援助ヲ為サシムルヲ以テ要旨トス」と、軍隊の存在を明示している。また、第二条では、「本規約ハ戒厳ノ布告若クハ宣告アリタル場合ハ戒厳司令官ノ権限又ハ命令ニ抵触セサル範囲ニ於テノミ其適用アルモノトス」と、行政戒厳も想定されていた。[6]

さらに興味深いのは、震災が軍事的空間の変化にも影響を与えた点である。既述の通り、陸軍大臣宇垣一成中将は陸軍の近代化と効率化を図るため、師団削減を念頭に置いた大規模な軍備縮小計画（宇垣軍縮）を進めた。一九二四年八月五日、『東京朝日新聞』が廃止される師団として、第一三師団（高田）、第一四師団（宇都宮）、第一五師団（豊橋）、第一七師団（岡山）、第一八師団（久留米）の名前を報じると、該当する地域は大きな衝撃を受け、激しい兵営存置運動を展開していく。[7] だが、その効果はなく、翌二五年三月二七日に第一三、一五、一七、一八の四個師団の廃止が正式に発表され、小千谷（新潟県）を除く衛戍地を残しつつ、四月三〇日にすべて解体された。

注目したいのは、廃止候補に挙がりつつも、それを免れた第一四師団の存在である。栃木県や宇都宮市の自治体史は、存置成功の理由を住民運動の成果としているが、その理由ならば、他の師団所在地も存置運動に努めた点は同じである。[8] 改めて考えたいのは、第一四師団と隣接する第一師管や東京衛戍地との位置関係である。震災時、師管外の軍事動員として最初に招集されたのは、第一三師団と第一四師団で、最も早く来援したのは、九月三日午前に到着した歩兵第六六連隊（宇都宮）であった。この点から第一四師団には、帝都防衛の控えとしての役割が期待されたのだろう[9]。また、多くの部隊を抱える東京衛戍地は、隣接府県の最終的な治安維持装置として機能していたが、震災によって社会基盤が崩壊、兵力も不足した結果、神奈川方面への迅速な部隊展開は不可能となった。第一四師団の存置には、東京衛戍地の弱点を補う意味もあったと考えられる。

そうした点は第一四師管の変化からも窺える。陸軍省は師団廃止とともに、軍令陸第一号で陸軍管区表を改正、廃止師団の管轄区域を他師団が埋めるべく、大規模な師管の改編を行った[10]。第一四師団は第一三師団の廃止によって松本連隊区司令部や歩兵第五〇連隊を隷下に収めたほか、第一四師管は長野・群馬・栃木・茨城の四県に跨ることになった。これによって、第一師管である東京・神奈川・千葉・埼玉（宇垣軍縮以降、第一四師管から第一師管へ移管）・山梨の一府四県は、第一四師管に覆われる形となる。つまり、第三師管（第三師団／名古屋）である静岡と接する神奈川・山梨の一部分を除けば、第一師管の外縁部は第一四師管に接することになった。その結果、仮に第一師管内で不測の事態が発生した場合でも、第一四師団長を通じて第一四師管から応援を得ることが容易となった。実際、一九三六（昭和一一）年の二・二六事件では、最初に第一四師団が動員されている。なお、宇垣軍縮による第一師管内の変化はほとんどなく、南関東に所在する兵力は維持された。これもまた震災の教訓に基づく判断といえるだろう。

以上のように、宇垣軍縮によって軍事的空間の再編が促される一方、陸軍は関東大震災の教訓を警備体制に反映していった。南関東一帯に大きな被害を出した地震は、既存の制度では対応できない想定外の事態で、遷都論を含め、陸軍は抜本的な解決を図ろうとしたが、帝都復興を望む世論の前に挫折していった。以後、陸軍は東京衛戍地の限界を踏まえつつ、帝都復興や軍縮政策に取り組み、国民もそうした動きを敏感に察知していく。軍民ともに関東大震災を契機に、軍隊の機能と国内の治安維持を再考していったのである。

## (2) 出兵計画と関東大震災の教訓

帝都復興など都市のハード面とは別に、警備計画などソフト面においても、関東大震災以後、全国レベルで変化があった。震災時に露見した問題点を改善するため、師管や衛戍地を越えた出兵計画が準備される。

例えば、第一四師団（宇都宮）は「第十四師団臨時出動規定」を作成し、一九二三（大正一二）年一二月二八日に陸軍省に提出している。(11) その第一条は、「本規定ハ臨時派遣歩兵隊編成要領ニ拠リ東京ニ派遣スヘキ部隊ニ関スルモノノ外天災又ハ人為ニ因ル非常ノ場合ニ際シ臨時兵力ノ出動ニ関スル事項ヲ規定スルモノトス」と作成の目的を示したほか、第二条では、出動を要する場所を①「主トシテ人為ノ非常ニ因リ出動スヘキ場所ヲ予メ想定シ得ル所」、②「地震、大火、洪水若クハ水平社運動等ニ因リ出動ノ場所ヲ予期シ得サル所」、③「軍隊所在ノ衛戍地」の三種類に区分する。このうち①は足尾銅山、茨城県多賀郡炭鉱、岩鼻火薬製造所の三箇所で、主に労働争議を意識していた。また、第三条では、次のように活動の大枠を定めている。

出動部隊ノ任務ハ警察官及憲兵ヲ援助シ派遣地ノ治安ヲ維持シ又ハ秩序ヲ回復シ又ハ特ニ命セラレタル物件ノ保護ニ任スルモノニシテ之カ為或ハ暴徒ヲ鎮圧シ或ハ住民官公署ヲ掩護シ或ハ特ニ重要ナル官民ノ施設、術工物等ヲ警戒シ或ハ地方ト協力シテ罹災者ヲ救護シ或ハ地方民ノ実施スル応急作業ヲ援助スル等其出動事件ノ種類ニ由リ異ルモノトス然レトモ軍隊自ラ直接捜査ノ任ニ当リ又兵器弾薬ノ使用ハ止ムヲ得サル最後ノ手段タルモノトス

ここで軍隊の任務や警察官及び憲兵との関係、さらに兵器使用の方針などが示されており、軍隊の行動規範を窺い知ることができる。さらに同規定は、「兵力及編成」、「物件」、「輸送及行軍」、「情報及連繋」、「経理」、「雑件」等の項目で第一四師団の活動方針を定めていった。これは基本的に第一四師管内の対応だが、東京方面への出動も考慮されており、関東大震災の活動が影響したのは間違いない。

同様の点は一九二四年三月七日に第一七師団（岡山）が陸軍省に提出した「災害騒擾ニ方リ出兵計画準備書」及び「出動部隊服務参考」[12]、同二六日に第七師団（旭川）が陸軍省に提出した「第七師管内事変ニ対スル応急準備規定」からも確認できる[13]。管見の限り、こうした類の規定が現存しているのは、第七師団、第一四師団、第一七師団の三師団のみだが、おそらく全国の師団で震災の経験を踏まえた出兵計画が策定されたと考えられる。

第一七師団の計画は、一九二四年二月に調製され、陸軍省への提出と同時に、師管内の各部隊に通達された。同書は第一条において、「本書ハ天災地変又ハ一般社会的問題等ニ基因シテ騒擾ヲ惹起シ安寧秩序ヲ害スルニ方リ軍隊固有ノ威力ヲ用ユルニアラサレハ之カ鎮静ヲ期シ得サル場合ニ於テ師団司令部条例第五条又ハ衛戍条例九条ニ拠ル出兵計画ニ一般ノ準拠ヲ与フモノトス」と作成の根拠を示しつつ、「防護担任」、「編成」、「装備」、「経理及給養」、「輸送準備」、「兵器ノ使用」、「報告」等の項目で第一七師団の活動方針を定めた。ただし、同規定には、第一四師団のような師管を越えた出兵は想定されていない。

だが、いくつかの条項には、明らかに震災の教訓が反映されている。例えば、輸送に関する第二四条では、鉄道が杜絶した場合を想定、また、第二六条では、鉄道・電信・電話等の保護にも言及している。さらに付則の第三四条では、「分屯地ニ在ル衛戍司令官及防護担任官ハ災害非常又ハ騒擾ニ方リ事急速ヲ要シ若クハ通信杜絶等ノ為師団長ノ指示ヲ受クル遑ナキ場合ニ於テハ其ノ衛戍地又ハ防護担任区域内ニ限リ直ニ兵員ヲ派遣シ罹災者其ノ他一般ノ救護ニ従事セシムルコトヲ得」と、上級司令部との連絡が絶たれた場合を想定している。

この規定で特徴的なのは、師団長の権限で防護担任官を指定している点である。指名された防護担任官は、①連隊区管内、②旅管内、③師管内の三段階に応じて、独自の判断で非常事態に対応することができた。このうち①の場合は、福山（歩兵第四一連隊）、浜田（歩兵第二一連隊）、松江（歩兵第六三連隊）の各衛戍司令官が防護担任官に指定され、衛戍区域を越えた連隊区での出兵を可能とした。また、②の場合は、それが旅団長となっている。史料的な確証は得られないが、これは震災直後の国府台衛戍地の状況を教訓としたのだろう。本来、衛戍司令官や旅団長にそうした権限はないが、事前に師団長が対応策を準備することで、臨機応変な行動を可能にした。

加えて、非常時に発生する流言に対しても対策を講じている。第二七条は「出動軍隊ノ到着スヘキ第一日ノ目標ハ先ツ騒擾中心地ヲ距ル若干ノ地点或ハ災害地ノ外縁ニシテ交通、通信ニ便ナル地点ニ撰ヒ以テ情況不明ノ裡ニ不時ノ衝突ヲ予防シ又ハ過早ニ災害ノ渦中ニ投スルノ不利ヲ避クルヲ要ス」と慎重な対応を示した。また、計画準備書の付録である出動部隊服務参考の第一七条においても「災害ニ方リ治安維持ニ任スルモノハ仮令多少ノ根拠アル流言ト雖絶対且積極的ニ之ヲ阻止スルヲ要ス」とあり、流言への警戒を謳っている。この背景には、情報が錯綜するなか、流言を信じた苦い経験があったのだろう。なお、出動部隊服務参考は「出動軍隊ノ職域行動」、「警備ニ関スル軍隊ノ部署」、「地方機関トノ連絡」、「宣伝諜報」、「雑件」の五項から構成され、参考となる具体例が示されている。

一方、第七師団の規定は、北海道全域を対象としたもので、三月二五日に隷下の部隊に通達された。その第一条は、「本規定ハ当師管内衛戍地外ニ於ケル天災地変又ハ人為ニ因ル非常ノ場合ニ際シ臨時兵力ノ出動ニ関スル事項ヲ規定スルモノトス」とした上で、「但シ衛戍地内ニ関シテハ衛戍条例ニ基キ本規定ニ準シ計画シ置クモノトス」と規定、先に挙げた二つの師団と同様に、非常時の対応方法を定めた。また、第三条では、出動を要する場所として、①「事変ニ際シ軍隊自ラ警備スヘキ軍用建築物及兵器工場等ニシテ予メ計画準備シ得ヘキ場所」と、②「天災地変若クハ民衆運動、同盟罷業等ニ因リ出動ノ場所ヲ予期シ得サル所」を挙げている。ちなみに①の場所は、室蘭日本製鋼所、小樽の陸軍諸施設、石狩陸軍無線電信所、釧路連隊区司令部などである。陸軍の施設は別として、大規模な工場を入れている点は第一四師団の規定にも通じている。また、第五条は出動に際しての行動指針を次のように示す。

出動部隊ノ任務ハ事変ニ際シ自ラ軍用建築物、兵器工場等ノ保護ニ任シ又ハ治安ヲ維持スルニ在リ而シテ治安維持ニ任スル軍隊ハ努メテ地方官憲、特ニ警察官憲ノ後援トナリ其勤務ノ服行ヲ容易ナラシムルヲ以テ主眼トス而シテ暴力ニ対スル諸物件ノ警護、警察力ヲ無視スル民衆ノ制止、団結力アル暴民ノ鎮圧等ハ自ラ主体トナリ之ニ当リ又地方官憲ノ検挙ニ際シテハ要スレハ威力アル後援ニ任スヘキモ直接自ラ犯罪ノ捜査ヲ為サス又地方官民ト協力シテ罹災者ヲ救護シ或ハ其実施スル応急作業ヲ援助スル等其出動スル事変ノ種類、状況ニ応シ其行動ヲ異ニスルモノトス

先に挙げた第十四師団臨時出動規定第三条と同様に、ここでも出動部隊の任務や警察との関係が示されたほか、「如何ナル場合ニ在リテモ兵器弾薬ヲ使用スルハ已ムヲ得サル最後ノ手段タルモノトス」と、武器の使用についても記されている。出兵時の軍隊の仕事は、あくまでも警察の支援にあり、自らが前面に立つことを極力避けようとしていた。これまで検討してきたように、その背景には、一般軍人と警察官、憲兵との権限の違いが存在したほか、出兵で生じる批判を回避する意図もあった。

もう一点注目すべきは、第一五条の「大正十二年十一月北達第二五九号臨時派遣歩兵隊編成ニ関スル規定ニ拠リ東京ニ派遣セラルヘキ要員ハ警備担任隊長ノ予備部隊ニ編入シ置クモノトス」で、第七師団も東京への兵力派遣を想定していた。第十四師団臨時出動規定第一条にも「臨時派遣歩兵隊編成要領」の文言があるように、内容の詳細は不明だが、陸軍中央から発せられた臨時派遣歩兵隊編成要領が出兵計画作成の背景にあったと推察できる。関東大震災で明らかとなった東京衛戍地の限界を解消するため、より広範囲からの兵力支援が必要となった。見方を変えれば、巨大地震の前に、もはや南関東の兵力だけでは不十分で、陸軍は師管を越えた軍事動員を模索していったのである。

他方、肝心の東京衛戍地においても震災の教訓を活かした治安維持システムが構築される。地震発生時、東京衛戍地の最大の問題は、責任者である東京衛戍司令官が不在だった点で、先に述べた東京警備司令部及び専任司令官の新設は、それ自体が震災時に露見した問題を改善するものであった。

以後、東京警備司令部は、横浜・川崎方面の状況も意識しつつ、警備体制の再編を図っていく。一九二四年五月三

○日、東京警備司令部は衛戍条例や衛戍勤務令、東京衛戍服務規則に基づき、「警備勤務参考書」を作成[14]、出兵時の具体的な対応方法を定めた。そのなかで、「平時ノ事変災害等ニ際シ治安維持災害救防ニ任スル軍隊ノ行動亦固ヨリ情況ニ適合スルヲ要スルモ非常特異ノ場合ノ外百般ノ措置総テ條令法規ノ精神ヲ尊重シ其解釈ノ範囲ニ於テ之ヲ律セサルヘカラス」と法の遵守を説いた上で、「此間ニ処シテ其行動ヲ誤ラス然カモ堅確ナル意志ヲ以テ事ニ当リ其成果ヲ大ナラシメンカ為ニハ平素関係法規ノ研究ヲ十分ニシ其精神ヲ了得シ確乎タル準拠ヲ有スルコト極メテ肝要ナリ」と事前準備の重要性を唱えている。対象となる法令には、戒厳令も含まれており、震災時の準備不足を教訓にしている。また、大部分の部隊が東京を離れる秋季演習前には、毎年、「在京部隊出張不在間ニ於ケル応急警備計画」を作成、在京部隊の帰還まで習志野の騎兵旅団や陸軍士官学校生徒隊が警備の穴を埋めることになった[15]。

このように関東大震災で明らかとなった治安維持上の問題点を解決するため、陸軍は全国規模で警備体制の改善を図っていった。師管・衛戍地の枠組みを越えた即応体制や、兵力不足の穴埋めを事前に準備するなど、関東大震災を契機に、陸軍は初めて全国規模の軍事動員を意識するようになったのである。

## 第2節　昭和初期の出兵制度と軍事の論理

ここで明治維新から関東大震災に至る国内の治安維持システムの変遷を踏まえながら、本書の冒頭に立ち返り、一九三〇（昭和五）年八月に陸軍省の作成した「治安維持等の為の兵力使用に関する参考」（以下、「兵力使用の参考」）の内容を①出兵制度、②軍隊と他の行政機関との関係、③軍隊と国民との関係の三つの視点から整理してみたい[16]。

### (1)　出兵制度

出兵制度の基本は、①出兵請求権を有する地方長官もしくは警視総監の要請に基づき、師団長や衛戍司令官が隷下の部隊を出動させる場合と、②緊急を要するため、師団長や衛戍司令官が独自の判断で隷下の部隊を出動させる場合の二種類であった。いずれも軍隊の出動は師団長や衛戍司令官の権限の及ぶ範囲、前者の場合は師管内、後者の場合は衛戍区域内に限られ、師団制移行以後、関東大震災まで師管の枠組みを越えた出動はなかった。こうした制度を規定する法令は、軍隊については師団司令部条例や衛戍条例、地方官について地方官官制や警視庁官制であった。また、北海道庁官制、朝鮮総督府官制、朝鮮総督府地方官官制、台湾総督府官制、台湾総督府地方官官制、関東庁官制、樺太庁官制などにも出兵請求権が規定されていた。

昭和初期において、これらの法令が出兵制度を定めていたものの、一八八八（明治二一）年五月以前は鎮台条例や師管営所官員条例などで出兵の大枠が定められたほか、師団制移行以降も師管営所官員条例を引き継ぐ旅団司令部条例に出兵に関する規定が存在した。しかし、旅団司令部や旅管の役割が低下するなか、旅団長の権限は次第に縮小、出兵に関する規定も消滅する。

一方、地方官側の出兵請求権は変わらず、警視総監に権限が移った東京府を除き、一貫して地方長官（＝府県知事）の権限に属していた。ここで文官と武官の権限は明確に分かれており、地方官側は出兵の要請はできても、軍隊を直接指揮することはできなかった。その点について「兵力使用の参考」は、「法文上地方官は出兵を請求する職権を有するだけであつてこれを命令し又は出動軍隊の兵種、兵力を定め或は其の用法等に関し指示することは出来ないのである」と地方官の権限を示した上で、軍隊側の対応について、「出兵の要求を受けた長官は出動軍隊の兵力編組及其の行動に関し全責任を負はなければならぬ」と、部隊を動かす師団長や衛戍司令官の責任を明らかにしている。ただし、各機関の入り組む実際の現場では、軍隊側が地方官庁や警察側の権限を尊重したため、それらの指示で動く場合もあり、軍事の論理を貫徹できない状況も生じていた(17)。

当初、士族反乱や農民一揆への対応を目的とした出兵制度は、時代の変化とともに多様化し、暴動発生時の治安出動だけでなく、災害発生時には、救護活動を目的とする災害出動を行うようになった。「兵力使用の参考」は軍隊が出動する要因を、①政治的な場合（＝政治運動）、②経済的な場合（＝労働争議・失業問題）、③思想的な場合（＝社会主義運動）、④天災地変の場合の四つに場合に大別し、それぞれの注意点を述べている。(18) このうち①〜③の場合は暴動への対応であるが、④の場合はそれらと性格が異なっており、「天災地変に原因する出動軍隊の行動は他の場合に比し比較的容易であつて此の場合には屢々軍隊が諸般の労役、救護、配給等にも当らねばならぬ場合がある」としつつ、「此等の任務は危急に際し地方側の機能停止するか又は力及ばず万止むを得ざる場合応急的に従事するのである」と、救護活動を説明している。また、「此等の行動に依て治安維持の目的の一半は達せられるものである」と、治安維持のなかに救護活動を位置付けた。その上で、「地方側の機能恢復に伴ひ成るべく速に之を地方側に移すべきである」と、軍隊側の姿勢を示している。

第3章で触れたように、軍隊は災害時の救護活動を治安維持活動とともに、国内全体の警備の中で捉えていた。つまり、災害に対応する地方官庁や警察、消防が機能不全に陥った場合、軍隊は救護活動を通じて国内の治安維持を図った。そうした軍隊の機能は、衛戍地における日常的な災害対応だけでなく、関東大震災などの大規模な災害においても発揮され、国民の生命や財産の保護に繋がったのである。

### (2) 軍隊と他の行政機関との関係

これまで検討してきたように、軍隊側は国内の治安維持を地方官や警察、消防の役割と考えており、一歩身を引いた立場から治安出動や災害出動を展開していた。「兵力使用の参考」の記述でも、そうした軍隊側の姿勢が読み取れる。例えば、先に示した災害時の救護活動の位置づけでも、軍隊の関与は最終的な手段で、本来の救護活動は地方官や警察の仕事に位置づけている[19]。この論理は治安維持活動においても同様であった。

第4章において警察の強制力を規定した行政執行法を踏まえつつ、軍隊に破壊消防や私有地進入の権限がない点を指摘した。ただし、警察の要請を受けた場合、その補助機関として行うことは可能であった。これは司法警察権の行使についても同様で、「兵力使用の参考」の「司法警察に関する行動に就ての注意」は、「現行犯人の逮捕は何人と雖之を行ふことが出来るのであるから出動した軍隊が是等犯人を逮捕することは差支ない処である」とする一方、「然しながら軍隊自体が此の如き司法警察に関する業務に従事するときは往々にして世人の誤解を招き色々の問題を惹起し勝であるから特に必要でない限りは司法警察に関する事項（例へば不逞分子の検挙、犯罪の捜索、取調、殺人、放火、強窃盗等の犯人逮捕等）は成るべく其の本務を有して居る憲兵警察官をして之に当らしめ軍隊は直接之に当らぬ方が良い」とする。ここでも警察官や憲兵と、一般軍人との線引きが明確になっている。だが、「尤も是等犯人逮捕の為警察官憲より所要の援助を請求せられた場合之に応じて後援することは何等差支ない処である」としたほか、「軍隊が直接に是等の犯人を逮捕した場合には速に之を憲兵、警察側へ引渡すことを忘れてはならぬ」と、災害対応と同様に、警察の存在を通じた権限の行使を唱えている。

このように軍隊は要請に応じて出動しても、現行犯以外に直接手を出すことは出来ず、警察や憲兵の存在があって初めて力を発揮することができた。見方を変えれば、権限がない故に、治安維持活動や救護活動において軍隊は、警察の補助機関、「応援」という形に徹せざるを得なかったのである。しかし、「兵力使用の参考」が「出動軍隊の行動は対敵の場合とは其の精神に於て全然異つて居るのであつて地方人民との接触に際しても其の権利義務に不法の拘束侵害を加へてはならぬ」としつつ、「此の事は兵卒が幹部の監視下にない場合に兎角問題を起し勝であるから十分に注意せねばならぬ」と注意を促している。実際の現場では、暴動鎮圧に出動した部隊が危うい対応を行っており、そのことが問題となっていた。災害対応を含め、国内の治安維持に対する機能が拡大したことで、平時における軍隊と他の行政機関、さらに国民との接触面は拡がり、それに伴う摩擦も生じる様になった。

他方、日比谷焼打ち事件を契機に、補助憲兵制度が成立、当初、それに充当されるのは乗馬兵科に限られたが、関東大震災では、乗馬兵科以外も補助憲兵に充てることが可能になった。憲兵に補助憲兵を増派して対応するシステムは、明治末期から大正期にかけて、治安維持の有効な手段として機能していく。現行犯以外にも強制力を行使できる憲兵の存在は大きかったと考えられる。だが、「兵力使用の参考」は「補助憲兵は真に憲兵の補助であつて憲兵の不足を補ふのが本旨であるから出動せる軍隊とは全然其の性質が違つて居ることである」と補助憲兵の性格を説き、「軍隊を出す代りに補助憲兵を間に合すと云ふ様な考で多数の補助憲兵を出すが如きは制度本来の趣旨に違つて居るのであるから事実多数の補助憲兵を憲兵に付せざれば憲兵が其の任務を遂行し得ないと云ふ様な場合には一応翻つて全般の状況を顧み軍隊の出動を要する時機にあらざるやを考査する必要がある」と注意を促している。補助憲兵の派遣は場当たり的な措置で、最終的には軍隊の出動が求められた。

大規模な暴動や災害に際して事態が地方官や警察、消防の対処能力を超えた場合、最後に頼るべき存在は軍隊以外になく、地方官や警察も次第に軍隊の存在に期待を寄せるようになる。その究極の形態が行政戒厳で、関東大震災では、機能不全に陥った警察に代わり、軍隊を治安維持の前面に押出していった。その状況を踏まえつつ、「兵力使用の参考」は戒厳令についての見解も示している。同資料の「法律若は緊急勅令に依り戒厳令の一部を適用する兵力の使用に就て」の項目は、「戒厳は戦時若は事変或は平時土寇を鎮定する場合に施行せらるゝのであるから単に平時の治安維持と云ふ様な場合には其の侭本令を適用する事は出来ない」としながらも、「過去の事例に徴すると地方の安寧秩序を維持し人民の危急を救ふ為戒厳令第十四条に掲ぐる停止、禁止、検査、調査、押収、毀壊、退去等の諸件を戒厳に準じ軍部をして執行せしむるを適当とする場合が発生する」と、軍隊が国民の権利や自由を制限する状況を示している。要するに、行政戒厳には、警察や憲兵と同じ権限を軍隊に与える意味があったのである。

ただし、具体的な方法を示す「戒厳令第九条及第十四条に就て」の項目では、戒厳令第九条の規定が「臨戦地境内ニ於テハ地方行政事務及ヒ司法事務ノ軍事ニ関係アル事件ヲ限リ其地ノ司令官ニ管掌ノ権ヲ委スルモノトス故ニ地方官地方裁判官及ヒ検察官ハ其戒厳ノ布告若クハ宣告アル時ハ速カニ該司令官ニ就テ其指揮ヲ請フ可シ」とする一方、「此の第九条に規定する軍事に関係ある地方行政事務及司法事務は司令官に管掌の権はあるのであるが事務其のものは軍部自らが執らないで平時の制度に依る地方官憲をして執らしむるのが適当であるから此の辺は誤解なきを要する」と、治安維持について、本来の権限を持つ地方官庁や警察、司法機関等の活用を訴えている。

明治維新直後は行政制度が固まっておらず、また、諸機関の役割分担も不明確だったが、地方自治や警察制度の充実とともに、各々の機関の権限は鮮明になっていった。この過程で諸機関は相互の機能を尊重しつつ、各種業務を展開していく。地方官や警察の要請に応じて出動しても、本来、軍隊には、治安維持に関する明確な権限がなかったため、できることは限られた。見方を変えれば、軍隊による国内の治安維持は、本格的に想定されていなかったともいえる。軍隊側は地方官や警察の権限を尊重する故に、それらの補助機関に徹しており、その姿勢は震災時の行政戒厳でも見られた。ただし、巨大な組織である故に、そうした認識をすべての将兵が共有したわけでなく、混乱する現場では、不当な拘束や組織間の感情的な対立など、様々な問題が発生していたのである。

### (3) 軍隊と国民

第3章で検討した災害出動制度の確立過程から明らかなように、軍隊が存立基盤である国民の存在を重視するようになったのは間違いない。それは軍民対立の危険性を孕んだ治安出動においても同様で、「兵力使用の参考」からは軍隊側の慎重な姿勢が確認できる。例えば、政治運動に対する出動では、軍隊が政治運動の圏外に位置することを示した上で、「不用意に其の範囲を脱逸するときは軍隊を政争の渦中に投じ建軍の本旨に悖るに至るから特に慎重の考慮を要する」としたほか、労働争議に対する出動においても、「軍隊自ら争議の対象となり其渦中に入らぬ様にする事は特に必要である」と注意を促している。軍隊側が国民との対峙を避けようとしていたことがわかる。

加えて、軍隊の実力行使を如実に表す武器の使用についても、「治安維持の為に軍隊が出動した以上最後の手段として兵器の威力に訴へることは当然の事である」としつつ、「然しながら此の場合に於ける出動軍隊の対象は同胞であり等しく陛下の赤子であつて戦時対敵の場合とは大に赴きを異にして居るのであるから兵器を使用する場合と範囲とに就ては十分研究をして置く必要がある」と原則を述べ、将兵に自制を求めている。また、実際の使用については、①制止、②警告、③使用の三段階を示し、それを最終的な手段に位置付けた。暴動鎮圧は最終局面に至る前に処理するのが望ましかった。さらに携帯すべき武器の種類に関しては、「兵器は小銃、拳銃の類を適当とし重、軽機関銃以上の兵器は抗敵者の装備に応ずる場合以外は適当でない」としたほか、「銃剣、刀は騒擾の状態によつて脅威となることもあるが概して効果は少なく既往の事例に徴するも殆ど着剣は行はしめてない」と種類別の効果を述べている。昭和初期に至る治安出動の経験から陸軍は暴動鎮圧の方法を蓄積、効率的な対処方法を編み出していった。

以上のように、軍隊は治安維持の最後の要として機能するため、出兵制度や具体的な対応方法を定める一方、他の行政機関の権限を尊重しつつ、国民との関係維持にも努めた。そうした姿勢は時として軍事の論理を揺るがすことに繋がったが、軍隊側は自らの存立基盤を守るため、社会の要求に応じなければならなかった。繰り返しになるが、出兵について「兵力使用の参考」は、「軍隊は其の行動を厳正公明にし熟慮軽挙を戒め以て出動目的の範囲外に脱逸せる行動を戒めねばならぬ。其の他徒らに其の成功を誇り地方官憲を侮蔑し或は其の無力を嗤ふが如き態度に出づることは治安維持の常設機関である地方官憲の立場を失はしめる許りで無く軍部と地方官民との折合を損ひ将来の為禍を招くの虞があるから厳に戒めねばならぬ」と結論付けている。ただし、こうした状態は平時における論理であって、軍隊の対外的機能が発揮される戦時は、軍事の論理が他の行政機関の権限や国民の生活を侵食していった。大きな歴史の流れから見て、「兵力使用の参考」が作成された一九三〇年前後はその転換点を迎えつつあった。

## 第3節　軍隊の対内的機能の変遷

さて、本書では、これまで軍事法制の変遷と、暴動や災害に対する軍隊の対応を中心に、軍隊の対内的機能の変化を検討してきた。そこで明らかになった成果を①暴動への対応（＝治安出動）、②災害への対応（＝災害出動）、③関東大震災時の活動の三つの視点から整理し、軍隊の対内的機能についてまとめたい。

### (1)　治安出動

明治期の軍事制度の状況を師管レベルと衛戍地レベルの視点から見ていくと、まず前者については、明治初年の段階で激しく変化していたことがわかる。直轄の兵力を持たない新政府は、諸藩の持つ兵力の解体をめざす一方、農民一揆が頻発する状況では、それらに頼らざるを得なかった。また、地方制度を変えていく過程でも、規制をかけつつ、諸藩の兵力を容認、性急にそれを変えることはなかった。だが、直轄の兵力を得ると、政府は廃藩置県を進め、中央から地方長官を派遣するようになる。この時点で諸藩の兵力は否定され、非常時の対応は県治条例や鎮台条例に定められた。ここで軍隊を動かす権限は、地方長官から鎮台の指揮官に移り、文官と武官の役割も明確に分れた。

だが、徴兵制の施行とともに、構成員を変えつつあった軍隊は、農民一揆に対応する準備はなく、また、地方の軍事拠点も即応能力に乏しかったため、結果的に否定したはずの旧藩兵力に依存する傾向にあった。そうした状況は一八七七（明治一〇）年の西南戦争の勃発前、士族反乱が頻発する時期まで続くが、徴兵制の定着だけでなく、警察制度の整備と相俟って、政府は独力で暴動を鎮圧できるようになった。

しかしながら、一八七八年には、暴動を抑えるはずの軍隊が竹橋事件を起こし、政府に大きな衝撃を与えた。陸軍中央は軍紀の粛清を図るとともに、軍内部の秩序を維持する憲兵を新設、西南戦争に従軍した警察官たちを採用していった。注目すべきは、この憲兵の存在が軍隊だけでなく、一般人にも強制力を行使した点である。以後、警察（消防を含む）と憲兵、軍隊の三者が国内の治安維持システムを構成する主要な要素になっていく。

政府に対する抵抗が自由民権運動へ移行すると、表面上、軍隊は国内の治安維持から姿を消し、警察や憲兵の存在が浮上してくる。大規模な暴動に繋がる種は、警察の日常的な活動で抑えられたほか、暴動が発生した場合も大量の警察官を投入することで鎮静化に成功した。また、警察力で不十分な場合は、憲兵が投入され、共同で事態に対処している。その後、一八八四年の秩父事件では、①警察による対応、②憲兵の応援、③軍隊の出動という三段階の対処方式が見られるようになった。以後、各府県の地方長官はこの形を基本に暴動に対処していく。

一八八八年、鎮台制廃止と同時に、師団制が採用され、師団長が出兵の鍵を握ることになった。一方、軍隊の所在地でも平時における警備体制の構築が進められる。明治維新以降、政治の中枢であると同時に、天皇の所在する空間となった東京では、皇居を中心に軍隊による警備体制が構築され、「衛戍」制度の導入とともに、全国の軍隊所在地の模範となっていく。東京衛戍地の最大の特徴は、近衛兵と鎮台兵が存在する点で、それぞれの役割に応じて、東京の警備を分担していた。特に皇室を守る前者は、非常時に備え、皇居周辺の警備体制を整えたものの、初期段階では十分に機能せず、皇居焼失という失態を許したほか、近衛兵同士が衝突する事態も招いた。このように警備体制の脆弱性が露見するなか、皇居の警備については、近衛兵だけでなく、市井の消防や警察も加わっていった。

諸機関が混在する状況は市街地の警備においても同様で、明治維新直後は軍隊が大きな役割を担っていたが、全国的な流れと同様に、警察力の充実で軍隊の役割は低下していった。また、消防も町火消の存在が大きく、軍隊の出る幕はなかったが、各部隊は自衛用の消防設備を整え、兵営周辺で発生した災害には、人員を派遣して救護活動にあたった。これが後の災害出動制度に繋がっていく。このように警察や消防に比べ、存在は小さいものの、軍隊もまた東京の警備を担う重要な機関であった。東京の衛戍区域は明治二〇年代から三〇年代にかけて西方に拡大、さらに専任の衛戍司令官が置かれるなど、他の衛戍地と違う特異な地位を築いていく。

さて、ここまで整理してきたように、警察や消防、憲兵などの登場で軍隊の役割は相対的に低下、個々の機関の役割は明確に分かれていった。先に述べたように、治安維持に関する軍隊の権限は小さく、銃火器の使用についても抑制的であった。軍隊に求められたのは、武装集団による威圧で、治安維持の主体はあくまでも警察や憲兵であった。

しかし、そうした治安維持システムは一九〇五年の日比谷焼打ち事件を契機に綻びを見せ始める。地方農村部で発生していた暴動と異なり、都市部で発生した大規模な暴動は、警察自体が襲撃対象となるもので、警察や憲兵だけでは対応できない事態に陥った。これに対して軍隊が出動すると同時に、政府は戒厳令の一部を東京市などに適用して鎮静化を図った。日露戦争の終結直後だったものの、平時に戒厳令を適用したことで、行政戒厳の先例をつくった。これは機能不全に陥った警察に代わり、軍隊が治安維持の主体を担うことを意味した。また、補助憲兵制度も成立し、人数の少ない憲兵を他の兵科が補う仕組みもできあがった。ここで対処方式は、①警察による対応、②憲兵による対応、③補助憲兵の派遣、④軍隊の出動、⑤行政戒厳の施行の五段階になった。

### (2)　災害出動

軍隊の救護活動がいつ頃から始まったのかは定かではないが、少なくとも一八八五（明治一八）年の淀川大洪水では、工兵隊の活動が確認できるほか、一八九一年の濃尾地震では、第三師団長の指示で大規模な救護活動が展開された。ただし、災害時の出動に関する明確な規定はなく、軍隊による救護活動は、師団長の独断で行われた非公式なものであった。しかし、そうした活動は地域住民との良好な関係を築く上で大きな効果があり、以後、各地の部隊は指揮権を有する団隊長の裁量のもと、災害時の救護活動を展開していった。

日露戦後、軍隊に関する歪みが露見し始めると、世論を先導する新聞は、陸軍中央の姿勢を批判、軍隊と一般社会との接近を求めていく。その一環として登場したのが災害時の軍隊活用論であった。当初、陸軍中央はそうした新聞の主張に否定的だったが、一九〇七年八月水害以降は変化を見せ始め、一九〇九年の大阪大火では、第四師団が各種救護活動を展開、多くの支持を集めることになった。そうした状況が日露戦後の軍制改革と相俟って、一九一〇年の衛戍条例改正に繋がる。これによって災害時の出動が明文化され、その直後の関東大水害では、大規模な救護活動が展開された。軍隊は災害に対処する姿勢を広く一般社会に示したのである。この一連の流れは、軍隊が「国民」の存在を無視できなくなった表れであり、軍隊は積極的に一般社会との接近を図っていった。以後、小火程度の火災から大規模な水害に至るまで、それぞれの警備担当地域に応じて駐屯部隊が出動したほか、将兵の間にも災害に対処する意識が芽生えていった。また、軍隊の姿勢は在郷軍人会の活動にも影響を与えたと考えられる。

他方、国民は軍隊の姿勢の変化を歓迎しつつ、その存在を支持していった。しかし、災害出動が常態化すると、人々はそれを当然視し、対応を誤ると、批判の矛先を軍隊に向けるようになった。法令に定められた以上、軍隊側には災害に対処する義務があったが、過度な期待は、初年兵教育の遅延など、軍隊の本務を阻害する虞もあった。軍隊は国民の存在を意識する故に、災害出動を続けなければならず、特に最前線で一般社会と接する全国の駐屯部隊は、地域住民の視線と本務との狭間で葛藤しなければならなかった。支持基盤である国民から信頼を得るため、目に見える形の社会貢献は、軍隊が地域のなかで存立する上で必要不可欠となる。そうなった時点で、一般社会との接近を試みた災害出動制度は一つの到達点を迎え、関係維持以上の効果は期待できなくなった[20]。

以上のように、救護活動を主体とする災害出動は、軍隊の支持基盤を確保する一方、軍事の論理を崩す危険性も孕んでいた。軍人は常に軍事の論理を貫徹しようとしたものの、足元の部分では、軍事と異なる別の論理によって軍隊側の意図は崩れていった。大正期の軍隊は国民の存在を意識する故に、大きなジレンマを抱えたのである。

### (3)　関東大震災と軍隊

国内の治安維持に対する軍隊の関与、治安出動や災害出動の制度は、暴動や災害への対応と、関連法規の改正を積み重ねながら形成されてきたが、関東大震災はそうした仕組みを根底から覆し、様々な問題を浮き彫りにした。まさに関東大震災は「想定外」の災害で、警備体制の見直しを含め、その後の治安維持システムにも影響を与えた。

地震直後、被災地の中心にあった陸軍中枢部や在京部隊は、通信・連絡網が断絶するなか、組織的な行動をとることはできず、場当たり的な対応に終始した。また、被害の少なかった千葉県駐屯部隊も衛戍地の規制によって自発的に動くことはできなかった。その間に東京や横浜の火災は拡大、倒潰を免れた建物を焼き払っていった。そうした光景を前に、出身地が被災した兵士たちは、軍隊生活の束縛のなか、不安な気持ちを募らせていく。このような心理状態と、朝鮮独立運動の状況が合わさって、「朝鮮人暴動」を無批判に受け入れる素地が軍隊内でも形成された。結果的に「朝鮮人暴動」の流言は、朝鮮人や中国人、地方出身者の迫害という悲劇を生んだだけでなく、救護活動に割ける時間や人的資源を消費することになった。別の見方をすれば、「武力」を有する軍隊の本質、治安維持活動が救護活動以上に求められたことで、災害対処機関としての軍隊の機能は低下していった。

他方、全体を俯瞰しながら部隊を動かす最高指揮官も二転三転し、責任の所在も明らかでなかった。これは軍縮世論のなかで行われた東京衛戍総督部の廃止が響いている。専任司令官と幕僚がいなかったため、地震直後の指揮命令系統は乱れたほか、近衛師団長には禁闕守衛、第一師団長には第一師管の警備という独自の任務も加わった。しかし、東京衛戍地が混乱状況に陥るなか、第一師団長は横浜方面の警備を放棄している。この点からも明らかなように、震災時の応急対応は、とても一つの師団司令部や在京部隊で賄える業務量ではなかった。それ故に「戒厳地域」という新たな空間を創出しつつ、政府は被災地の陸軍部隊を一元的に統轄する関東戒厳司令部を置いていった。

さて、戒厳令の適用に踏み切った内閣は、軍隊の存在を前面に押し出すことで、混乱の収束を図ったが、肝心の陸軍側にその用意はなく、行政戒厳に即応することはできなかった。「朝鮮人暴動」の流言が拡大した二日午前の段階で、軍隊の目的は救護から治安維持に転換、各部隊は事実確認ができないまま、「朝鮮人暴動」を前提とした活動を展開していく。そうした軍隊の対応と「朝鮮人暴動」の流言、さらに戒厳令適用の情報が相俟って、被災地の混乱をさらに拡大させていった。戒厳令の適用は、政府の意図と反対の方向に作用していったのである。その背景には、具体的な効果がわからないまま、言葉だけが先行して広まった「戒厳令」のイメージがあったと考えられる。

しかしながら、戒厳司令部設置に伴う指揮命令系統の再編によって、軍隊側の活動体制は整い、治安維持活動や救護活動で人々は落ち着きを取り戻し始めた。歩兵や騎兵による治安維持活動だけでなく、衛生機関による救療活動や工兵隊による社会基盤の復旧、救援物資の供給は被災地の秩序を回復する上で効果があった。だが、軍隊の役割が大きくなると、人々は過度の負担を求めるようになり、軍隊教育の遅れなど、軍事の論理を阻害していった。

これまで検討してきたように、軍隊としては戦時に備えるのが本来の任務で、災害時の活動は、副次的な任務と考えていた。そのため地方官庁や警察の機能が回復したにもかかわらず、派遣部隊が様々な業務に濫用されることや、活動の長期化によって地方官や警察官の権限を侵すことに危機感を抱いていた。

そうしたなか、軍隊側は戒厳令の適用解除を見越しつつ、警察への機能の移管を進めていく。ただし、軍隊に対する期待もあったため、一〇月中旬以降は、補助憲兵を増やしつつ、段階的に本来の形に戻していった。一方、人々は震災を通じて軍隊による治安維持機能を改めて認識するようになった。特に横浜は、新たに兵営を抱えることで、東京衛戍地からの脱却を図っていく。これは宇垣軍縮の影響で実現しなかったが、東京から川崎・横浜方面の警備を担う東京警備司令部が新設されるなど、東京周辺の警備体制は震災の教訓を活かす形に変化していった。

行政戒厳によって軍隊の存在が一時的に前面に出たものの、軍隊の姿勢はあくまで地方官庁や警察への「応援」で、陸軍側は治安回復による早期撤収を模索していた。ここでも他の災害対応と同様に、軍内部の葛藤を見出すことができる。第一次世界大戦後の軍縮世論のなか、軍隊の立場は厳しかったが、地震後の応急対応によって国民からの支持を獲得した。陸軍首脳部もそうした世論の変化を敏感に感じており、末端の部隊に積極的な対応を求めていく。ただし、一部軍人の不祥事が軍全体の評価に影響を及ぼすことになった。さらに支持回復も一時的なもので、復興期に入ると、予算の関係から軍縮論が再浮上、最終的に宇垣軍縮に繋がった。

以上のように、軍隊の活動を総体的に見るならば、従来から指摘される「虐殺」問題へ関与は否定できず、その批判は免れない。同じ過ちを起さないためにも、私たちはこれを歴史的な教訓としなければならない。ただし、単純に軍隊の行動を批判するのではなく、それに至った背景を軍事の論理を踏まえながら正確に理解する必要もある。一方、指揮命令系統の混乱や制度上の限界、関係諸機関との対立などに直面しながらも、軍隊が人命や財産の保護に尽力した点は評価すべきである。現実的な問題として、都市の社会基盤が崩壊し、警察も機能不全に陥った状況では、治安維持を担えるのは軍隊以外になかった。もちろん、関東大震災によって浮上した課題も多く、現在の私たちはそれを冷静な視点で見つめなければならない。社会基盤の崩壊や指揮命令系統の混乱は、将来的に発生が予想される南関東直下地震でも起こり得る事態である。唯一の先例である関東大震災から学ぶべき点は多い。

### (4)　軍隊の対内的機能と国内の治安維持

序章で述べた通り、これまでの軍隊に関する研究は国外にむかう軍事力、すなわち軍隊の対外的機能についての研究が中心で、軍隊の対内的機能の検証作業は不十分であった。しかし、本書で明らかにしたように、軍隊は国内の秩序を保つ上で重要な役割を担っており、最終的な治安維持装置として機能していた。もちろん、それは暴動発生時だけでなく、災害発生時も同様で、警察や消防の機能が限界を迎えた時、頼るべき存在は軍隊以外になかった。軍隊は平時の治安維持装置である警察や消防が機能不全に陥った場合、それらの機能を補う力を持っていた。

ただし、軍隊の対内的機能は近代日本の発展と対外的な政策の中で絶えず変化してきた。明治・大正期の軍隊の対内的機能を通観すると、明治維新以降、四つの転換点があったことがわかる。すなわち、第一は政府直轄軍が自立する西南戦争前後、第二は大日本帝国憲法の発布によって国内統治の形が決まる明治二〇年前後、第三は日露戦争の勝利で軍隊の存在意義が問われた明治末期、そして第四は「想定外」の災害となった関東大震災の前後である。近代日本の軍隊には、創設当初から暴動鎮圧に関する機能があったものの、警察機構の整備によってその役割は低下、だが、一九一〇（明治四三）年三月の衛戍条例改正で軍隊の災害出動が制度化され、さらに関東大震災後は師管や衛戍地を越えた出動を準備するようになった。軍隊は時代の変化に応じつつ、対内的機能の中身を拡大させていったのである。これを大きく見れば、戦争を最終目的とする軍事の論理、対外的機能と対内的機能の相克の過程でもあった。平時と戦時、どちらかの機能に重きを置けば、もう一方の機能は必然的に低下することになった。

さて、警察機構の整備以降、一貫していたのは、軍隊側が治安維持への関与を避けようとした点である。これは軍隊教育の遅延という問題だけでなく、行政間の役割分担にも起因している。また、必要以上に治安維持に関与することで、国民の支持を失うことも危惧していた。軍隊の出動はあくまでも地方官への「応援」という位置づけで、諸機関の権限を尊重しつつ、補助機関に徹していた。この状態が崩れるのは、行政戒厳の場合だったが、必ずしも軍隊側に十分な用意があったわけではなかった。既存の研究は昭和戦前期を中心に、政治勢力として台頭し、諸機関の権限や国民の生活を侵食していく軍隊像を描いている。特に関東大震災については、ファシズム体制に繋がる契機と捉え、軍隊の権限拡大を指摘してきた(21)。ただし、これらは後の時代の人間が過去を大きく俯瞰した見方だろう。本書で明らかにしたように、軍隊は権限拡大に自制的で、平時においては他の機関や国民の存在を尊重していた。

他方、軍隊の駐屯は様々な弊害を生みつつも、地域の安定を維持する上で大きな効果があった。軍隊は有力な災害対処機関として機能したほか、その出動は災害鎮圧の最終的な手段となっていた。この点を考えると、全国に配置された衛戍地の存在は、国内の安定化を促す上で大きな意味を持った。また、警察の機動隊や常設の消防隊が整備されていない状況を考えれば、国内の治安維持における軍隊の役割は今日以上に大きかったと推察できる。

以上の点を鑑みると、軍隊の評価は国家権力の「暴力装置」にとどまらないことがわかる。戦争の遂行を最終目的とする以上、本質の部分では「暴力装置」かもしれないが、軍隊が時として国民の生命や財産を災害から守った点は看過できない。国家の実力は軍隊を通じて体現されており、それは外に対しては戦闘行動、内に対しては暴動鎮圧にむかったものの、災害時の救護活動にも有効に活用されていた。つまり、軍隊は使用方法の如何によって、国民を抑圧する機関にも、また、救済する機関にも成り得たのである。そうした軍隊の機能を左右したのは、軍隊を動かす部隊指揮官や府県知事の意識は当然だが、軍隊に対する国民の眼差しもまた重要な鍵となっていた。

注

（1）関東大震災と防空体制については、土田宏成『近代日本の「国民防空」体制』（神田外語大学出版局、二〇一〇年）を参照。

（2）今村均『今村均回顧録』（芙蓉書房、一九七〇年）一三一～一三三頁。

（3）「帝都復興ニ関スル詔書」（一九二三年九月一二日）。詔書には「抑モ東京ハ帝国ノ首都ニシテ政治経済ノ枢軸トナリ国民文化ノ源泉トナリテ民衆一般ノ瞻仰スル所ナリ。一朝不慮ノ災害ニ罹リテ今ヤ其ノ旧形ヲ留メスト雖依然トシテ我国都タル地位ヲ失ハス、是ヲ以テ其ノ善後策ハ独リ旧態ヲ回復スルニ止マラス進ンテ将来ノ発展ヲ図リ以テ巷衢ノ面目ヲ新ニセサルヘカラス」とあり、東京からの遷都を否定している。なお、教育総監部本部長であった宇垣一成は、「遷都は大英断を以て此際決行すべき大問題である。東京に基礎を有する紳士や富豪の頭脳では出来ない相談である。此等輩の囲繞せる雰囲気内に棲息せる当局には実行至難の仕事である。唯之を動かし得るは熱烈なる国論と冷静なる識者の活躍に待つのみである」と、遷都問題に関する感想を残している（宇垣一成著／角田順校訂『宇垣一成日記Ⅰ』みすず書房、一九六八年、四四七頁）。

（4）「東京市再建ニ関スル軍事上ノ意見」（鮫島茂文書・丹羽鋤彦旧蔵資料、横浜市史資料室所蔵、請求番号：三四一九‐三）、「東京市再建ニ関スル軍事上細部ノ意見」（同、請求番号：三四一九‐四）。史料の全文は拙稿「丹羽鋤彦と帝都復興②――「帝都復興参与会」関連資料について――」（『横浜市史資料室紀要』第二号、二〇一二年三月）を参照。

（5）『東京毎日新聞』一九二三年一〇月二〇日。

（6）大阪市監査部庶務課編『大阪市例規』（帝国地方行政学会、一九三六年）一五四九～一五五五頁。

（7）詳細は佃隆一郎「宇垣軍縮と〝軍都・豊橋〟――〝衛戍地〟問題をめぐる『豊橋日日新聞』の主張――」（『愛大史学』第四号、一九九五年）、同「宇垣軍縮での師団廃止発覚時における各〝該当地〟の動向」（『国立歴史民俗博物館研究報告』第一二六集、二〇〇六年）、土田宏成「陸軍軍縮時における部隊廃止問題」（『日本歴史』第五六九号、一九九五年一〇月）を参照。

（8）宇都宮市史編さん委員会編『宇都宮市史　近・現代編Ⅱ』（宇都宮市、一九八一年）六二六～六二八頁、栃木県史編さん委員会編『栃木県史　通史編六　近現代一』（栃木県、一九八二年）七二三～七三四頁。

（9）一九三一年七月に発生した第一四師団の存置運動において、宇都宮市などの関連自治体は、内閣総理大臣や陸軍首脳部に対する陳情書のなかで、「我第十四師団ハ関東平野ノ重鎮ニシテ帝都特別擁護ノ責務ニ任ズ」と、第一四師団の役割を理由に存置を求めている。この点からも第一四師団に帝都防衛の機能があったことが窺える（前掲『宇都宮市史　近・現代編Ⅱ』六三〇～六三三頁）。

（10）一九二五年三月二七日、軍令陸第一号。

（11）「第十四師団臨時出動規定ノ件」（『昭和四年　軍事機密大日記　第一冊』所収、防衛研究所戦史研究センター史料室所蔵、請求番号：陸軍省‐軍事機密大日記‐S四‐一‐一）。

（12）「災害騒擾ニ方リ出兵計画準備書提出ノ件」（『昭和四年　密大日記　第一冊』所収、防衛研究所戦史研究センター史料室所蔵、請求番号：陸軍省‐密大日記‐S四～一九）。

（13）「事変ニ対スル応急準備規定ノ件報告」（同右）。

（14）東京警備司令部「警備勤務参考書」（「警備勤務参考書送付ノ件」、『昭和六年　永存書類　甲第四類其二』所収、防衛研究所戦史研究センター史料室所蔵、請求番号：陸軍省‐大日記甲輯‐S六～四‐八）。「警備勤務参考書」は一九二四年五月三

〇日に作成された後、一九三一年五月三〇日に補修改正されている。本稿で引用したのは後者のもので、残念ながら前者は確認できていない。

(15)「秋季演習ノ為在京部隊出張不在間ニ於ケル応急警備ニ関スル件」(『大正十五年　密大日記　六冊ノ内第一冊』所収、防衛研究所戦史研究センター史料室所蔵、請求番号：陸軍省 - 密大日記 - S元〜一 - 一)。

(16)「治安維持等の為の兵力使用に関する参考配布の件」(『昭和五年甲第四類　永存書類』所収、防衛研究所戦史研究センター史料室所蔵、請求番号：陸軍省 - 大日記甲輯 - S五〜四 - 一一)。

(17) 具体的な事例については、拙稿「軍隊の『災害出動』制度の展開――高田衛戍地の事例分析を中心に――」(『年報日本現代史』第一七号、二〇一二年)、同「平時における政軍関係の相克――軍隊の雪害対応を中心に――」(『日本歴史』第八〇一号、二〇一五年二月)などを参照。

(18) 具体的には、①政治的な場合は「元来軍隊は政治運動の圏外に立つべきものであるから偏頗の処置は宜しくない」と政治への関与を、②経済的な場合は「事件そのものが比較的匆急に暴徒化し易く而も軍隊の出動だけでは事件の根本的解決が困難な場合が多い」とした上で、「軍隊を以て直接之が鎮圧に努むる一方地方官公機関及関係当事者の暴動の原因たる生活安定に対する方策の進捗に依る事件の根本的解決を必要とするから之に対する考慮を要する」と、総合的な対策を求めている。さらに③思想的な場合は、「最近に於ける此等方面の実情に考へ意外に矯激危険なる実行運動を誘発する虞が少くない」と十分な用意を促すとともに、「軍隊の内部に対する彼等の策動に就き十分の警戒を要することを忘れてはならぬ」と、社会主義思想の浸透についても警戒している(前掲「兵力使用の参考」)。

(19)「兵力使用の参考」は平時における軍隊と地方官憲との十分な意思疎通を唱えている。その上で、「出兵の時機は過早も遅延も共に不可であつて好機に投ぜねばならぬ」とし、「其の時機は一般警察力(多くの場合憲兵も参加しあるべし)ては最早地方の安寧秩序を維持し得ざるに至りし瞬間に軍隊が現出するが理想であつて実行は仲々困難な事であるから特に細心の注意と決断を要する」と、軍隊が出動するタイミングを提示している。

(20) 前掲「軍隊の『災害出動』制度の展開」。

(21) 例えば、松尾章一は、関東大震災八五周年シンポジウム実行委員会編『震災・戒厳令・虐殺』(三一書房、二〇〇八年)の冒頭において、自らの研究成果を振り返りつつ、「『虐殺事件』が起こされた最大の原因は、天皇の軍隊がこの自然大災害を好機として、一挙に反国家勢力を鎮圧してアジアへの侵略戦争を遂行するためのファシズム体制を構築することを企図して、戦争が起きてもいないのに、戒厳令を実施したためです」と、関東大震災における「虐殺」問題を昭和期の軍隊と関連付けて説明している（ⅳ～ⅴ頁）。

# あとがき

本書は二〇一四（平成二六）年九月に國學院大學に提出した博士論文「軍隊の対内的機能と国内の治安維持――明治・大正期の災害対応を中心に――」に加筆修正を加えたものである。大幅な加筆修正の結果、原型をとどめていないものもあるが、各章の基礎となった論文は次の通りである。

序　章　書き下ろし
第1章　書き下ろし
第2章　「渋谷周辺の軍事的空間の形成」（上山和雄編『歴史のなかの渋谷――渋谷から江戸・東京へ――』雄山閣、二〇一一年）
第3章　「軍隊の『災害出動』制度の確立――大規模災害への対応と衛戍の変化から――」（『史学雑誌』第一一七編第一〇号、二〇〇八年一〇月）
第4章　書き下ろし
第5章・第6章　「軍隊の対応」（災害教訓の継承に関する専門調査会編『一九二三　関東大震災報告書』第二編、内閣府中央防災会議、二〇〇九年）
第7章　「関東大震災と横浜市の警備体制――都市装置としての「軍隊」をめぐって――」（鈴木勇一郎・高嶋修一・松本洋幸編『近代都市の装置と統治――一九一〇～三〇年代』日本経済評論社、二〇一三年）

また、構成上、本書に組み込むことができなかったが、次の既発表論文もあわせて参照いただければ幸いである。

「関東大震災における軍事動員と非罹災地の動向――新潟県の事例を中心に――」（『軍事史学』第四八巻第一号、二〇一二年六月）

「軍隊の『災害出動』制度の展開――高田衛戍地の事例分析を中心に――」（『年報日本現代史』第一七号、二〇一二年九月）

「平時における政軍関係の相克――軍隊の雪害対応を中心に――」（『日本歴史』第八〇一号、二〇一五年二月）

稚拙ながらも、これまでの研究を一冊の本にまとめられたのは、多くの方々に支えられ、励まされてきた結果である。今日に至るまで、幸運なことに、すばらしい先生や先輩、同僚、友人たちに恵まれてきた。高校三年の夏、國學院大學のオープンキャンパスで出会った上山和雄先生には、学部生から博士号取得まで一貫してご指導をいただいた。筆者にとって上山先生は研究者としての「父親」であり、学業はもちろん、生活の面においても威厳あるご指導を受けた。常に学生たちを気にかける上山先生の懐の深さは、筆者の目標とするところである。また、鈴木淳先生（東京大学）には、修士課程一年の頃、国内留学の上山先生に代わり、大学院でご指導いただいた。研究に対する鈴木先生の鋭さに触れ、いつも気が引き締まる思いがした。さらに修士論文に行詰った時、「災害と軍隊」のテーマを後押しして下さったのも鈴木先生で、博論審査では、副査として大変有益なご指摘をいただいた。

さて、水田の広がる新潟県西蒲原郡で育った筆者が歴史学を志したのは、県立巻高等学校に通っていた時である。

最後は部員一人という寂しい部活であったが、三年間、歴史部に所属して郷土史の調査を行った。また、三年時は日本史の授業を多く履修するクラスで、毎日、友人たちと歴史について語り合った。そうするなかで、歴史学を本格的に学びたいという気持ちが湧き上がってきた。当初、地元国立大学の教育学部を出て高校教員になることをめざしたが、歴史学を学べる大学を探すことになり、恩師である稲岡嘉彰先生と同じ國學院大學の史学科に進学した。

大学入学後は、「史学会」という歴史研究サークルに入り、授業以外でも歴史を学ぶことになった。ここで諸先輩から史料の扱い方や論文の読み方、レジュメの作成方法、酒の飲み方等を教わった。先輩・同期・後輩と、サークルの繋がりは現在も大切にしている。また、史学科の先生方からは専門を問わず、様々な場面でご教示を受けた。近現代史関係では、上山先生以外にも栗田尚弥先生（沖縄東アジア研究センター）に学び、現在に続く「軍隊と地域」研究のヒントを得た。そして卒業論文では、新潟県の連隊所在地を対象にその事例分析を行った（拙稿「新潟県における兵営設置と地域振興――新発田・村松を中心として――」、『地方史研究』第三二五号、二〇〇七年二月）。

大学院進学後は、上山先生や鈴木先生のほか、國學院大學に出講されていた櫻井良樹先生（麗澤大学）や季武嘉也先生（創価大学）にご指導をいただいた。また、博論の副査を引き受けていただいた樋口秀実先生は、筆者の大学院進学と同時に専任教員に着任され、学業以外の部分でもお世話になった。上山研究室のゼミ生も多彩で、特に年齢の近い清水節氏（金沢工業大学）、北野剛氏（川崎市民ミュージアム）、坂口正彦氏（大阪商業大学）、内山京子氏（宮内庁書陵部）、手塚雄太氏（鎌ヶ谷市郷土資料館）からは多くの刺激を受けた。ゼミ終了後、史学科の大部屋（旧常磐松二号館）で行われる飲み会は、上山先生とゼミ生が様々な議論を交わす場で、毎回、楽しみであった。

学外においても、渡邉嘉之氏（練馬区教育委員会）、百瀬敏夫氏（横浜市史資料室）、高村聰史氏（横須賀市役所）、黒川徳男氏（北区立中央図書館）、中澤惠子氏（元千葉県史料研究財団）、菅野直樹氏（防衛省防衛研究所）、丹治雄一氏（神奈川県立歴史博物館）など、現場で活躍されている諸先輩にご指導いただいたほか、首都圏形成史研究会や地方史研究協議会、横浜近代史研究会、内務省研究会、歴史地震研究会などで研究報告を行い、参加者の方々から有益なご指摘をいただいた。特に首都圏形成史研究会では、高村直助先生（東京大学名誉教授）をはじめ、吉良芳恵先生（日本女子大学）、老川慶喜先生（跡見学園女子大学）、大豆生田稔先生（東洋大学）、大西比呂志先生（フェリス女学院大学）、神山恒雄先生（明治学院大学）から研究について厳しくも暖かいアドバイスを受け、また、同じ分野を研究する土田宏成氏（神田外語大学）や中村崇高氏（出版文化社）からは学問的な刺激を受けた。さらに鈴木先生には、災害教訓の継承に関する中央防災会議のプロジェクトに加えていただき、災害史研究を先導されてきた北原糸子先生（元国立歴史民俗博物館）や武村雅之先生（名古屋大学）から多くのことを学ばせていただいた。

博士課程満期退学後は財団法人（現・公益財団法人）横浜市ふるさと歴史財団に職を得て、横浜市史資料室や横浜開港資料館で勤務することになった。現場の仕事から学ぶことは多く、特に横浜開港資料館・横浜都市発展記念館・横浜市史資料室を運営する近現代歴史資料課の専門職（西川武臣氏・中武香奈美氏・羽田博昭氏・石崎康子氏・斉藤司氏・平野正裕氏・上田由美氏・伊藤泉美氏・岡田直氏・青木祐介氏・西村健氏）からは日々様々な刺激を受けている。また、同僚であった松本洋幸氏（大正大学）は尊敬する兄貴的な存在で、院生時代からお世話になってきた。この他にも一人ひとりのお名前を挙げることはできないが、本当に多くの方々にお世話になってきた。未熟な筆者を育んでいただいたすべての方に厚く御礼を申し上げたい。

最後になるが、父・三千雄、母・久美子をはじめ、これまで筆者を支えてきてくれた家族にも心から感謝を述べたい。おそらく筆者が歴史に興味を持ったきっかけは、幼少の頃に母から聞いた上杉謙信の話で、災害に関心を抱いたのは、現場の消防官として四二年間、第一線に立ち続けた父の姿を見てきたからだろう。両親の影響がなければ、筆者の今はなかった。他方、弟や妹には頼りない兄のせいで色々と迷惑をかけてきた。また、いつも暖かく見守ってくれた吉田・高山の両祖母にも心配をかけた。本当に申し訳ない限りである。不安定な身分だったにもかかわらず、一緒になってくれた妻・亜矢子にも感謝は尽きない。今回も子育てと出産で大変ななか、筆者の我儘を許してくれた。こうした家族の支援に応えるためにも、現状に胡座をかかず、今後とも歴史学の道に精進していきたい。

本書の刊行にあたっては、日本経済評論社の栗原哲也社長、谷口京延取締役にお世話になった。また、母校からは「國學院大學課程博士論文出版助成金」をいただき、サークルの後輩である佐藤貴浩氏（足立区立郷土博物館）には校正等のお手伝いをいただいた。この場を借りて厚く御礼を申し上げたい。

二〇一五年一二月

吉田律人

や行



わ行

## は行



## ま行

## た行



## な行

か行



さ行

# 人名索引

## あ行

な行



は行



ま行



や行



ら行



わ行

## さ行



## た行

# 索　　引

## 事項索引

### あ行



### か行

【著者略歴】

吉田　律人（よしだ・りつと）

1980年、新潟県生まれ。横浜開港資料館調査研究員。
國學院大學大学院文学研究科博士課程後期修了。博士（歴史学）。
2008年、財団法人横浜市ふるさと歴史財団専門職採用。
横浜市史資料室調査研究員を経て2013年より現職。

軍隊の対内的機能と関東大震災
——明治・大正期の災害出動——

2016年2月17日　第1刷発行　定価（本体6500円＋税）

著者　吉　田　律　人
発行者　栗　原　哲　也

発行所　株式会社　日本経済評論社
〒101-0051　東京都千代田区神田神保町3-2
電話　03-3230-1661　FAX　03-3265-2993
info8188@nikkeihyo.co.jp
URL：http://www.nikkeihyo.co.jp

装幀＊渡辺美知子　印刷＊文昇堂・製本＊誠製本

乱丁・落丁本はお取替えいたします。　Printed in Japan

ISBN978-4-8188-2407-2

櫻井良樹編　首都圏史叢書①

## 地域政治と近代日本

―関東各府県における歴史的展開―

A5判　四五〇〇円

ある特定の地域をみる場合、どこまでがその地域独自の歴史的展開であり、どこからが全国に共通する出来事なのか。日露戦争後大きく変化する日本の政治状況を検討する。

栗田尚弥編著　首都圏史叢書⑥

## 地域と占領

―首都とその周辺―

A5判　四五〇〇円

占領政策は地域でいかに実施され、地域社会はこれをどのように受け止めたのか。占領によって地域社会はどう変わったのか、変わらなかったのか。関東四都県に焦点をあて検討。

上山和雄編著　首都圏史叢書③

## 帝都と軍隊

―地域と民衆の視点から―

A5判　四六〇〇円

地域社会・民衆にとって、戦前日本の軍隊はいかなる存在であったのか。軍隊が密集した帝都とその周辺を対象に、平時・戦時における軍隊と地域・民衆との関わりを明らかにする。

大西比呂志・梅田定宏編著　首都圏史叢書④

## 「大東京」空間の政治史

―一九二〇～三〇年代―

A5判　四〇〇〇円

第一次大戦期から急速に進んだ「東京」の拡大と、そのなかで進展した都市空間再編の過程を、都市への官僚統制、都市の政治構造、地域社会の変化から解明する。

奥須磨子・羽田博昭編著　首都圏史叢書⑤

## 都市と娯楽

―開港期～一九三〇年代―

A5判　四二〇〇円

寄席・芝居・百貨店・競馬・郊外行楽は近代以降急速に発展する。都市とその近郊に住む人々の生活とともに都市の娯楽は質的・空間的にどのように変化したか。

鈴木勇一郎・高嶋修一・松本洋幸編著　首都圏史叢書⑦

## 近代都市の装置と統治

―一九一〇～三〇年代―

A5判　四八〇〇円

市街鉄道、上水道、市場など、様々なインフラや処理施設をはじめ、寺社、公園、墓地などの宗教・娯楽施設から、戦前の都市運営や支配の構造を探る。

（価格は税抜）